Photovoltaik – Physikalische Grundlagen und Konzepte

Gottfried Heinrich Bauer

Photovoltaik – Physikalische Grundlagen und Konzepte

Gottfried Heinrich Bauer
Fakultät V, Institut für Physik
Universität Oldenburg
Oldenburg, Niedersachsen, Deutschland

ISBN 978-3-662-66290-8 ISBN 978-3-662-66291-5 (eBook)
https://doi.org/10.1007/978-3-662-66291-5

Die Deutsche Nationalbibliothek verzeichnet diese Publikation in der Deutschen Nationalbibliografie; detaillierte bibliografische Daten sind im Internet über http://dnb.d-nb.de abrufbar.

Planung/Lektorat: Caroline Strunz
Springer Spektrum ist ein Imprint der eingetragenen Gesellschaft Springer-Verlag GmbH, DE und ist ein Teil von Springer Nature.
Die Anschrift der Gesellschaft ist: Heidelberger Platz 3, 14197 Berlin, Germany

Vorwort

Dieses Buch entstand aus meiner Vorlesung „Solarenergie" im Diplomstudiengang Physik der Carl von Ossietzky Universität Oldenburg, die ich über viele Jahre angeboten habe. Sein Anspruch ist, die Prinzipien und Konzepte der quantenhaften Solarenergiewandlung (Photovoltaik) konsistent mit physikalischen Formulierungen zu beschreiben. So sind die vorliegenden Kapitel mit Erkenntnissen aus den Gebieten Thermodynamik und Statistik, Atom- und Molekülphysik sowie Festkörper- und Halbleiterphysik garniert, die in meinen gleichlautenden Vorlesungen im Diplomstudiengang Physik in detaillierterer Form enthalten waren.

Den Lesern, die weniger Kenntnisse der im Physikstudium üblicherweise detailliert behandelten Gebiete vorweisen, möge der ausführliche Bezug zu den oben genannten Gebieten der Physik das Verständnis der Ausführungen in den folgenden Kapiteln und dem Anhang erleichtern.

Der Inhalt dieses Buches richtet sich vornehmlich an Studierende im Bachelor- und Masterstudiengang der Natur- und Ingenieurwissenschaften, beispielsweise der Fachrichtungen Physik, Chemie, Umweltwissenschaften, Elektrotechnik, Informatik. Außerdem mögen an der Fragestellung Photovoltaik interessierte Leser/innen Anregungen finden, über Wirkungsweise und grundlegende Zusammenhänge der Solarenergiewandlung nachzudenken, weitere Fragen zu formulieren oder auch nur aus Neugier sich mit dem Inhalt zu beschäftigen.

Die vorliegende Schrift enthält nach einer kurzen Darstellung der globalen energetischen Situation in Kap. 1 die Kapitel zur Strahlungsquelle Sonne mit spektraler und integraler Verteilung der Strahlung (Kap. 2) sowie zum thermodynamischen Limit der Wandelbarkeit von Strahlung aus einer thermischen Quelle (Kap. 3). Das darauf folgende Kap. 4 widmet sich grundlegenden Prinzipien, wie Absorption der Strahlung, Generation von Anregungszuständen, deren Relaxation und deren Transport sowie deren Umwandlung. Im Kap. 5 werden reale Solarzellen aus Halbleitern und aus molekularen Festkörpern behandelt, und im Kap. 6 folgen aktuelle Konzepte und Methoden zur Verringerung von Verlusten und zur Erhöhung der energetischen Ausbeute von Solarzellen. Im Anhang sind einige Details, die im Hauptteil kompakt behandelt werden, ausführlicher dargestellt.

Mein Wissen und meine Erkenntnisse zum Gebiet Photovoltaik wurden zu Beginn meiner Beschäftigung mit diesem Thema entscheidend durch Beiträge von A. deVos (*Endoreversible Thermodynamics for Solar Energy Conversion*) und von P. Würfel (*Physics of Solar Cells*) geprägt. Weitere Anregungen und Vertiefungen entstanden selbstverständlich auch durch regen Austausch und klärende Diskussionen mit Experten und Kollegen anlässlich vieler Zusammentreffen auf Tagungen, Konferenzen und Workshops. Ohne den Anspruch auf Vollständigkeit dieser Liste waren wichtige Gesprächspartner Peter Würfel und Tom Markvart sowie Gion Calzaferri, Reinhard Carius, Jean-François Guillemol, Yoshihiro Hamakawa, Wolfram Jägermann, Jean-Paul Kleider, Andreas Klein, Peter Landsberg, Michael Powalla, Uwe Rau, Pere Roca, Harald Ries, Roland Scheer, Susanne Siebentritt, Helmut Tributsch, Ralf B. Wehrspohn, Christopher Wronski und Miro Zeman.

Erwähnen möchte ich auch die Anregungen, Fragen und Kommentare aus meinem näheren Umfeld der CvO Universität Oldenburg, nämlich von meinen Studenten, Diplomanden, Doktoranden und von meinen wissenschaftlichen Mitarbeitern, aus deren Kreis ich PD Dr. Rudolf Brüggemann zu besonderem Dank verpflichtet bin.

Zudem möchte ich meinen Freunden/Kollegen Roland Scheer, Vladimir Dyakonov und Achim Kittel für die sehr hilfreichen Anregungen, Kommentare und Korrekturvorschläge zum Manuskript danken.

Mein so gewonnenes Verständnis auf dem Gebiet Photovoltaik möchte ich an die Leser/innen dieser Zeilen weitergeben.

Ein großes „merci beaucoup" geht an die Equipe des Springer Verlages, an Frau M. Maly für den Vorschlag, diese Schrift anzufertigen und insbesondere an Frau A. Groth für die anhaltende Hilfe bei der Textgestaltung, dem Layout, dem Design der Abbildungen und schließlich bei der Sprachbereinigung, sowie an Frau Tanika Kawatra in Chennai für die zahlreichen Korrekturen im Text.

Soubès   Gottfried Heinrich Bauer
August 2022

Inhaltsverzeichnis

Symbole, Abkürzungen

A	Fläche, Konstante, Abkürzungsfaktor, Länge, allg. Amplitude, Diodenfaktor
A, A^+	Akzeptor neutral, ionisiert
A_{12}	Einsteinkoeffizient
$\mathbf{A}$	Vektorpotential
B	Konstante, Länge, Abkürzungsfaktor
$\mathbf{B}$	Magnetische Induktion
B_{12}, B_{21}	Einsteinkoeffizienten
C	Konstante, Konzentrationsfaktor für Strahlung
CB	Leitungsband
CM	Carnotmaschine
D, D^-	Donator neutral, ionisiert
D	Zustandsdichte
D_{CB}, D_{VB}	Zustandsdichte im Leitungsband, im Valenzband
D_n, D_p	Diffusionskoeffizient für Elektronen, Löcher
$E_{x,y,z}$	Komponente der elektrischen Feldstärke
$\mathbf{E}$	Elektrische Feldstärke (vektoriell)
E_{int}	Innere Energie des Landsberg-Empfängers
F	Funktion
FF	Füllfaktor
FLUCO	Fluoreszenzkollektor
G	Etendue
$\hat{H}$	Hamiltonoperator
$\mathbf{H}$	Magnetische Feldstärke (vektoriell)
IMB	Intermediate Bandgap
J	Strom (Anzahl der Teilchen pro Zeit)
J_γ	Teilchenstrom (Photonen)
J_ϵ	Energiestrom
J_{np}	Teilchenstrom (Ladungsträger)
J_e	Elektrischer Strom
L	Länge, Funktion
L_D	Diffusionslänge
L_n, L_p	Diffusionslänge von Elektronen, Löchern
M_{CV}, M_{VC}	Dipolmatrixelement (Übergänge CB $\rightarrow$ VB und VB $\rightarrow$ CB)

N	Zahl, Anzahl
N_V, N_C	Zustandsdichte in VB, in CB
N_A, N_D	Dichte der Akzeptoren, Donatoren
P	Leistung, Wahrscheinlichkeit
P	Polarisation (vektoriell)
P^+	Proton
Q, $\dot{Q}$	Wärmemenge, Wärmestrom
QD	Abkürzung für Quantenpunkt
R	Radius, Reflexionsfaktor, Fläche
R_{Earth}	Erdradius ($6.37 \cdot 10^6$ m)
R_{Sun}	Sonnenradius ($6.9 \cdot 10^8$ m)
R_{rec}	Empfängerradius
dR	Flächenelement
RLZ	Raumladungszone
S	Entropie, Spinzustand, chemische Spezies
S_0, S_d	Oberflächenrekombinationsgeschwindigkeit bei $x = 0$, $x = d$
SRH	Abkürzung für Shockley-Reed und Hall (Rekombinationsraten)
SQ	Abkürzung für Shockley-Queisser (theoretisches Limit für Photovoltaik)
T	Temperatur
T_{abs}	Absorbertemperatur
TCO	transparent conductive oxide
T_{Earth}	Temperatur der Erde (im Weiteren verwendet $T_{Earth} = 300$ K)
T_{Sun}	Temperatur der Sonnenoberfläche (im Weiteren verwendet $T_{Sun} = 5\,800$ K)
U	Innere Energie
$\dot{U}$	Energetischer Anteil
V	Volumen, Spannung
VB	Valenzband
V_{bi}	Diffusionsspannung (built-in-potential)
V_{ext}	Externe Spannung
W	Arbeit, Weite der Raumladungszone
Z	Anzahl von Zuständen im k-Raum
a	Absorptionsvermögen, Wärmeleitwert, Länge, Fläche
a	Gittervektor der Elementarzelle
b	Konstante, Term für Strahlungstransfer, Länge
c, c_0	Lichtgeschwindigkeit, im Vakuum
d	Dicke, Abstand
d_{SE}	Abstand Sonne-Erde ($1.5 \cdot 10^{11}$ m)
e	Elementarladung ($+1.6 \cdot 10^{-19}$ As)
e	Einheitsvektor
f	Verteilungsfunktion, Dichte der freien Energie, Brennweite
g	Generationsrate
$\hbar$	Planck'sche Konstante ($h/2\pi = 1.055 \cdot 10^{-34}$ Ws^2)

i	Strom, laufende Zahl
j	Stromdichte (Teilchen) , laufende Zahl
j_e	Elektrische Stromdichte
$\mathbf{j}$	Stromdichte (vektoriell)
j_{phot}	Photostromdichte
j_0	Sperrsättigungsstromdichte
k	Boltzmannkonstante ($1.381 \cdot 10^{-23}\,\mathrm{WsK^{-1}}$)
k_i	Wellenvektor, Rate des Energietransfers
$k_{x,y,z}$	Komponente des Wellenvektors
l	Länge
m	Masse
m_n^*, m_p^*	Effektive Masse von Elektronen, Löchern
mpp	maximum power point (Punkt maximaler Leistung)
n	Modennummer, Brechungsindex, Elektronendichte in CB
$\mathbf{n}_{normal}$	Normalenvektor (senkrecht zum Oberflächenelement)
n_0	Thermische Gleichgewichtsdichte der Elektronen
n_{CB}	Elektronendichte im CB
Δ_n	Überschussdichte der Elektronen
oc	open circuit (Leerlauf)
p	Leistungsdichte, Druck,
p_{VB}	Löcherdichte im VB
Δ_p	Überschussdichte der Löcher
q	Wärmemenge
r	Rate, Reflexionsfaktor, Widerstandsterm, Radiuselement, Abstand
$r_{stim,\,spont}$	Rate von stimulierter, spontaner Emission
s	Entropiedichte, Weglänge,
sc	short circuit (Kurzschluss)
t	Transmissionfaktor
u	Funktion
u_ω	Energiedichte
$\mathbf{u}$	Teilchengeschwindigkeit (vektoriell)
v	Geschwindigkeit
w	Geometrische Breite
x	unabhängige Variable, Komponente der räumlichen Koordinate x
$\mathbf{x}$	Örtlicher Vektor
y	Komponente der räumlichen Koordinate y
z	Komponente der räumlichen Koordinate z
χ	Elektronenaffinität
χ_{el}	Polarisationsfunktion (Elektronen)
Γ	allgemeiner Fluss/Stromdichte
	(Anzahl pro Fläche und Zeit), Gammafunktion
$\Gamma_\epsilon, \Gamma_\gamma$	Energiestromdichte, Teilchenstromdichte (Photonen)
Δ	Differenz

Δp, Δn	Überschusskonzentration von Löchern (im VB) und Elektronen (im CB)
∇	Nablaoperator
Θ	Winkel
ϕ	Elektrostatische Energie ($\phi = e \cdot \varphi$)
ϕ_B	Barrierenhöhe
Ψ	Wellenfunktion des Elektrons
Ω	Raumwinkel
Ω_0	Raumwinkel $(R_{Sun}/d_{SE})^2 = 2.116 \cdot 10^{-5}$
Ω_{Sun}	Raumwinkel der Sonne für einen irdischen Beobachter
α	Absorptionsvermögen, optischer Absorptionskoeffizient, Winkel, Faktor
β	Abkürzungsfaktor, Winkel
γ	Faktor, als Index für Photonen
δ	Inkrement, Steigung von ϵ_C, Faktor
ϵ	Elektronenergie
ϵ_g	Bandabstand, optische Schwelle für Absorption
ϵ_V, ϵ_C	Energie im Maximum von VB, im Minimum von CB
ϵ_F	Fermienergie
ϵ_{Fp}, ϵ_{Fn}	Quasi-Fermi-Niveau von Löchern, von Elektronen
ε	Emissionsvermögen, dielektrische Suszeptibilität in Materie
ε_0	dielektrische Suszeptibilität im Vakuum ($8.85 \cdot 10^{-12}$ AsV^{-1} m^{-1})
ζ	unabhängige Variable, Riemann'sche Zeta-Funktion
η	Wirkungsgrad
η_C	Carnotwirkungsgrad
θ	Winkel
λ	Wellenlänge
μ	Chemisches Potential
μ_γ	Chemisches Potential von Photonen
μ_{np}	Chemisches Potential des Elektron-Loch-Ensembles
μ_p, μ_n	Beweglichkeit von Löchern, von Elektronen
μ, μ_0	Magnetische Permeabilität in Materie, im Vakuum ($1.25 \cdot 10^{-6}$ VsA^{-1} m^{-1})
ξ	Räumliche Position, externe Quantenausbeute, Verhältnis
π	Kreiszahl (3.141592)
ρ	Radius, lokale Raumladung
σ	Streuquerschnitt, elektrische Leitfähigkeit
σ, σ^*	Bindender, antibindender Zustand
σ_k	Flächenelement im k-Raum
σ_{SB}	Stefan-Boltzmann-Konstante ($5.67 \cdot 10^{-8}$ Ws m^{-2} K^{-4})
τ	Lebensdauer (Rekombination), Einschlusszeit (Plasma)
τ_ϵ, τ_k	Relaxierungszeit für Energie, für Wellenvektor
τ_{rec}	Rekombinationslebensdauer
ϕ	Winkel, elektrostatisches Potential
ω	Frequenz, Kreisfrequenz

Einführung

1

Überblick
Alle Abläufe im Universum haben mit Energie zu tun. So sind auch das menschliche Leben auf der Erde sowie jegliche unserer Aktionen von Energie und deren Verfügbarkeit bestimmt.

1.1 Verschiedene Formen der Primärenergie

Die von Menschen bisher überwiegend benutzten Formen von Energieträgern, Holz, Kohle, Erdöl, Erdgas und die Wasserkraft, sind Produkte der solaren Einstrahlung. Ihre Vorräte, wie auch die der Kernenergie (^{238}U), sind limitiert. Bei der Nutzung zur Deckung des aktuellen Bedarfs betragen die Reichweiten dieser Energieträger einige wenige Jahrzehnte für die fossilen und mehrere Jahrzehnte für nukleare Vorräte. Eine Ausnahme mit erheblich längerer Reichweite bildet schwerer Wasserstoff (Deuterium), der hauptsächlich aus den Meeren stammt und für die Kernfusion verwendet werden kann. Allerdings ist ihre technische Nutzung bisher nicht absehbar. Abgesehen von der begrenzten Verfügbarkeit kohlenstoffhaltiger Primärenergieträger ist deren Umwandlung mit dramatischen klimatischen Änderungen verbunden.

Die Solarenergie und ihre Produkte, Windenergie, Biomasse, hydraulische Energie, Meeresströmungen, Meereswärme etc., sind in Zeiträumen menschlichen Vorstellungsvermögens unbegrenzt. Die solare Strahlungsleistung beträgt an der äußeren Atmosphäre unseres Planeten 1 750 000 TW (vgl. Abb. 1.1). Sie übertrifft den aktu-

© Der/die Autor(en), exklusiv lizenziert an Springer-Verlag GmbH, DE,
ein Teil von Springer Nature 2023
G. H. Bauer, *Photovoltaik – Physikalische Grundlagen und Konzepte*,
https://doi.org/10.1007/978-3-662-66291-5_1

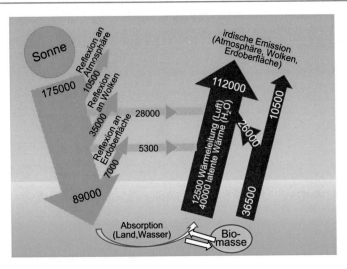

Abb. 1.1 Globale Energiefluss-Bilanz (Zahlenangaben in TW) (Daten aus [1])

ellen globalen Bedarf an Primärleistung von ca. 16 TW um mehr als vier Größenordnungen und würde deshalb selbst mit einem fiktiven sehr geringen Wirkungsgrad von $\eta^* = 0.01$ umgewandelt die Nachfrage gut decken. Da bisher ein signifikanter Anteil der solaren Strahlung von der Erde ins Weltall reflektiert wird, führte jedoch die Absorption eines solch hohen Anteils solarer Strahlung und die mit der unvollständigen Wandlung verbundene Produktion von Wärme ebenfalls zu erheblichen klimatischen Veränderungen.

Die zur Erdoberfläche gelangende solare Strahlungsleistung von $P_{Sun} = 89\,000$ TW erzeugt ausnutzbare Luftströmungen von $P_{Wind} = 400$ TW und generiert Biomasse mit ca. $P_{bio} = 100$ TW. Im Vergleich dazu ist das theoretische Potential von solar erzeugter hydraulischer Leistung $P_{hydro} = 5$ TW klein. Weiter folgen mit noch kleineren Werten die Energie aus Erdwärme, aus Gezeiten, aus Meereswellen sowie aus Meeresströmungen und Meereswärme, deren Nutzung lokal durchaus sinnvolle Beiträge leisten können, in der globalen Bilanz aber nicht ins Gewicht fallen. Die Abb. 1.2 zeigt wichtige Energieflüsse zur, auf und von der Erde.

1.2   Globaler und lokaler Bedarf an Primärenergie

Der globale Bedarf an Primärleistung von ca. 16 TW verteilt sich auf ca. 7 Mrd. Menschen. Mit einer hypothetischen Gleichverteilung erhielte jede Person etwas mehr als 2 kW. Allerdings ist die Verteilung der Primärleistung global und auch lokal extrem unterschiedlich und variiert von höchsten Werten $P^* > 12$ kW/Kopf in industrialisierten Ländern bis $P^{**} < 100$ W/Kopf in Entwicklungsregionen der sogenannten Dritten Welt.

Für die 83 Mio. Bürger/innen der Bundesrepublik Deutschland wurde im Jahr 2021 Primärenergie von ca. 11.8 ExaJoule ($11.8 \cdot 10^{18}$ Ws) bereitgestellt, die zu

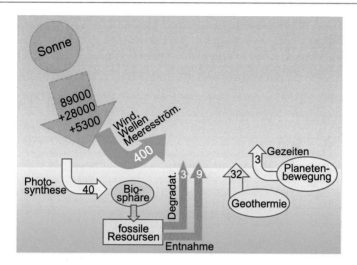

Abb. 1.2 Globale Bilanz von Flüssen erneuerbarer Energie, die größtenteils von der Sonne verursacht werden (Daten aus [2])

durchschnittlich 4.5 kW Primärleistung pro Person führen. Um solche Werte anschaulich zu machen, vergleichen wir sie mit der biologischen Leistung von nur $P_{\text{hum}} \approx$ 60 W eines ruhenden Menschen. Die gemittelte globale Primärleistung von 2 kW übertrifft demnach unsere biologische Ruheleistung um einen bedenkenswerten Faktor > 30; die gemittelte nationale Primärleistung sogar um Faktor 75.

1.3   Flächenbedarf und technologischer Aufwand von Photovoltaikanlagen

Einige Zahlenbeispiele für Solarzellen aus kristallinem Silizium und aus Dünnschichthalbleitern (Chalkogenide, Chalkopyrithe, Kesterite, μc-Si) sollen den Bedarf an Fläche und an Materialien veranschaulichen, der zur Bereitstellung der Hälfte der bundesdeutschen Primärleistung von ca. $2 \cdot 10^{11}$ W notwendig ist.

Mit einer zeitlich (täglich und saisonal) und örtlich gemittelten solaren Einstrahlung von $100 \, \text{Wm}^{-2}$ sowie einem mittleren Modulwirkungsgrad von $\eta_{\text{Mod}} = 0.15$ wird für die oben genannte Primärleistung eine Modulfläche von $1.2 \cdot 10^4 \, \text{km}^2$ (110 km $\times$ 110 km) benötigt (ca. 3.3 % der Fläche der Bundesrepublik Deutschland). Bezogen auf 83 Mio. Einwohner/innen wird jeder Person eine Solarzellenfläche von $150 \, \text{m}^2$ zugeordnet.

Traditionellerweise wird für elektronische Bauelemente, so auch für Solarzellen eine Lebensdauer von 30 Jahren angenommen. Das bedeutet, dass jährlich die Modulfläche $4 \cdot 10^2 \, \text{km}^2$ zu ersetzen ist; jede/r Bundesbürger/in benötigte somit jährlich $5 \, \text{m}^2$ neue Module.

Die jährliche Substitution von $4 \cdot 10^2$ km^2 Modulfläche erfordert für kristalline Siliziumzellen mit einer Schichtdicke von 250 μm[1] ca. $5 \cdot 10^4$ m^3/a hochreines Silizium. Mit Dünnschichtsolarzellen und Absorberschichten von ca. 1 μm reduziert sich der jährliche Materialbedarf für den Absorber dementsprechend auf ca. 100 m^3/a.

Literatur

1. http://asd-www.larc.nasa.gov/erbe/component2.gif
2. Bloss, W.H., Bauer, G.H.: Survey of renewable energy resources. In: Kappelmeyer, O., Koch, J., Meyer, J. (Hrsg.) Proc. 11th World Energy Conf., 1980, Munich (D). Fed. Inst. Geosciences and Natural Sciences, Hannover (D) (1980)

---

[1] Beim Schneiden der Wafer des aus der Schmelze gezogenen oder in Blöcken gegossenen Siliziums entstehen Sägeverluste gleicher Dicke.

Strahlungsquelle Sonne

2

Überblick

Um die Konzepte der Wandlung solarer Strahlung zu verstehen und um die Grenzen abzuleiten, bedarf es zunächst der Beschreibung der Energieform der solaren Strahlung. Ihr Ursprung ist der Fusionsreaktor Sonne, der die Fusionsenergie aus dem Inneren an seiner Oberfläche als Strahlung abgibt.

Die Beschreibung dieser thermischen Gleichgewichtsstrahlung und insbesondere ihrer spektralen Verteilung gelingt – nach Planck – nur mit Annahme von diskreten Energien, also von Strahlungspartikeln (Photonen).

Der Austausch von Strahlung zwischen Quelle und Empfänger über Emission und Absorption bestimmt die Temperatur von Absorbern und bestimmt maßgeblich die Ausbeute der Wandlung.

Für die Wandlung von Strahlung sind folglich bedeutsam:

- die Strahldichte am Empfänger, die mit passiven, konzentrierenden Elementen bis zu einem gewissen Grad vergrößert werden kann, um die Ausbeute zu erhöhen, und
- die thermodynamische Qualität der Strahlung bezogen auf die Temperatur des Empfängers, die mit den spezifischen Größen Energie, Entropie und Chemischem Potential beschrieben wird.

Mit diesen thermodynamischen Begriffen lässt sich das Limit der Umwandlung von Strahlung beispielsweise in photoelektrische, photochemische und photobiologische Komponenten bestimmen.

© Der/die Autor(en), exklusiv lizenziert an Springer-Verlag GmbH, DE, ein Teil von Springer Nature 2023
G. H. Bauer, *Photovoltaik – Physikalische Grundlagen und Konzepte*,
https://doi.org/10.1007/978-3-662-66291-5_2

2.1   Thermische Strahlung aus dem Fusionsreaktor Sonne

Die Sonne ist ein nuklearer Fusionsreaktor mit extrem energiereichen Elementar-
teilchen, Protonen, Neutronen und Elektronen hoher Dichten, die durch Gravitation
zusammengehalten werden. Im Zentrum der Sonne herrschen eine Protondichte von
ca. $10^{25}\,\text{cm}^{-3}$ und eine Temperatur von $T \approx 10^7\,\text{K}$. Unter solchen Bedingungen[1]
werden Protonen P^+ über mehrere Zwischenschritte unter anderem zu Helium ^2_4He
fusioniert [1]. Die wegen des Massendefektes in derartigen Fusionsreaktionen frei
werdende Energie beträgt im Mittel einige MeV pro Nukleon, die mit der hohen
Temperatur im Inneren der Sonne korreliert ist[2]. Die Fusionsenergie wird vom Zentrum der Sonne in radialer Richtung in Form von Konvektion und Strahlung nach
außen transportiert und an der Sonnenoberfläche ($R_{\text{Sun}} = 6.9 \cdot 10^8\,\text{m}$) als elektromagnetische Strahlung an den Weltraum abgegeben [2].

Der Massenverlust der Sonne beträgt $\dot{m} = 6 \cdot 10^9\,\text{kgs}^{-1}$, der einer gesamten
Strahlungsleistung von $3.6 \cdot 10^{26}\,\text{W}$ entspricht. Von der Oberfläche der Sonne ($6 \cdot 10^{18}\,\text{m}^2$) werden folglich $\Gamma_{\epsilon,\text{Sun}} = 6 \cdot 10^7\,\text{W}\,\text{m}^{-2}$ abgestrahlt.

Unser Fusionsreaktor Sonne hat derzeit die Hälfte seines Proton-Brennstoffes
verbraucht und hat in diesem Betriebsmodus noch eine weitere Lebensdauer von
ungefähr $4.5 \cdot 10^9$ Jahren vor sich.

2.2   Geometrische Konfiguration Sonne-Planeten

Die geometrische Konstellation in unserem Sonnensystem mit dem Mittelpunkt
Sonne und den Abständen der Planeten vom Zentrum bestimmt den Austausch von
Strahlung, also die Energiebilanz der Planeten. Die Temperaturen der Planeten ergeben sich aus Energieein- und -ausgang, sofern nicht aus oder in Reservoirs Beiträge
zur Bilanz entnommen oder eingetragen werden. Für die detaillierte Betrachtung
der Strahlungsbilanzen eignen sich die Raumwinkel Ω_i, unter denen die beteiligten
Emitter/Absorber Strahlung austauschen.

Im Weiteren vernachlässigen wir den elliptischen Orbit der Erde (die Variation
von Aphel $d_{\text{SE,A}} = 1.53 \cdot 10^{11}\,\text{m}$ zu Perihel $d_{\text{SE,P}} = 1.47 \cdot 10^{11}\,\text{m}$ beträgt ca.
1.04) und nehmen für alle Betrachtungen eine Kreisbahn der Erde um die Sonne mit
mittlerem Radius $d_{\text{SE}} = 1.5 \cdot 10^{11}\,\text{m}$ an.

Die Größe, die den Austausch von Strahlung zwischen Objekten beschreibt, ist der
Raumwinkel, unter dem diese Objekte sich gegenseitig sehen. Er entspricht der geometrischen Oberfläche eines Ausschnittes auf der Einheitskugel um das betreffende
Objekt. Für einen Kegel mit dem Öffnungswinkel α_i ergibt sich dieser Flächenaus-
schnitt und damit der zugehörige Raumwinkel (vgl. Abb. 2.1, *links*):

---

[1]Im Lawson-Kriterium wird die Bedingung formuliert, unter der eine Fusionsreaktion selbständig
und stationär verläuft, und zwar mit dem Produkt aus Dichte der fusionierfähigen Teilchen, deren
Temperatur und der Einschlusszeit $n \cdot kT \cdot \tau \geqslant 2.8 \cdot 10^{18}\,\text{cm}^{-3}\,\text{eV}\,\text{s}$.
[2]In der Saha-Gleichung werden die Dichten von Spezies im thermischen Gleichgewicht in Abhängigkeit der Energie zur Erzeugung formuliert.

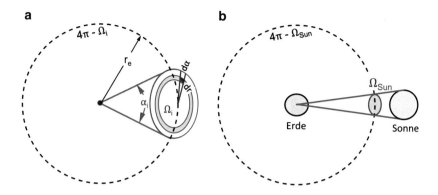

Abb. 2.1 Schematische Darstellung des Raumwinkels Ω_i als geometrische Fläche deren Rand der Kegel mit Öffnungswinkel α_i auf der Einheitskugel ($r_E = 1$) bildet (**a**) und geometrische Konstellation Sonne, Erde und Weltraum und entsprechende Raumwinkel Ω_{Sun} und $4\pi - \Omega_{Sun}$ (**b**)

$$\Omega_i = \int_0^{r_E=1} \int_0^{2\pi} dr\, d\alpha = 2\pi \int_0^{\alpha_i} \sin\alpha\, d\alpha = 2\pi(1 - \cos\alpha_i).$$

In dieser Darstellung bleibt für die Propagation der Strahlung in nichtstreuenden und nichtabsorbierenden Medien der Gesamtfluss im Raumwinkel erhalten.

Wegen der großen Abstände der Planeten von der Sonne und auch voneinander sind die Raumwinkel, unter denen sich alle beteiligten Partner sehen, extrem klein. Wir betrachten demzufolge nur den Energieeingang von der Sonne zu den Planeten, beispielsweise zur Erde, und vernachlässigen die Energieströme der Planeten untereinander und zur Sonne.

Die thermische Strahlung aus dem Weltraum mit Temperatur von $T_{univ} \approx 3\,\text{K}$ unter dem Raumwinkel von nahezu 4π trägt nur unmerklich zur Energiebilanz der Planeten, auch der Erde bei.[3] Andererseits sehen die Planeten (i) einschließlich der Erde zur Energieabgabe gleichermaßen nur den Weltraum unter $(4\pi - \Omega_{i,Sun})$ (Abb. 2.1).

Insbesondere erreicht die Erde außerhalb der Atmosphäre, wo noch keine Streuung, Absorption oder Reflexion die Ausbreitung der Strahlung beeinträchtigt, die um den Faktor $(R_{Sun}/d_{SE})^2$ verdünnte Energiestromdichte von der Sonne von $\Gamma_\epsilon(d_{SE}) = \Gamma_{\epsilon,Sun}(R_{Sun}/d_{SE})^2 = \Gamma_{\epsilon,Sun}\left(4.6\cdot10^{-3}\right)^2 = 1.27\cdot10^3\,\text{Wm}^{-2}$. Sofern diese auf dem Weg zur Erdoberfläche in der Atmosphäre nicht oder nur unmerklich Amplitude, Frequenz oder Richtung ändert (Erhaltung der Etendue), lässt sich die ursprünglich von der Sonnenoberfläche emittierte Energiestromdichte mit Hilfe passiver Elemente, wie Linsen oder Spiegel mit dem Konzentrationsfaktor $C_{max,th} = (d_{mSE}/R_{Sun})^2$ bestenfalls wieder auf den Wert bei R_{Sun}, nämlich auf $\Gamma_{\epsilon,0} = \Gamma_\epsilon(R_{Sun})$, und $\Gamma_{\gamma,0} = \Gamma_\gamma(R_{Sun})$ zurückführen (vgl. Abb. 2.2).

---

[3] Der Raumwinkel, den die Sonne und die Planeten unseres Sonnensystems von der Erde aus betrachtet einnehmen, ist sehr klein gegenüber dem Raumwinkel 4π, den der Weltraum bietet.

Abb. 2.2 Geometrische
Konstellation von Sonne und
Erde und solare Strahlung
zur Erde ohne (oben) und mit
maximaler Konzentration
(unten)

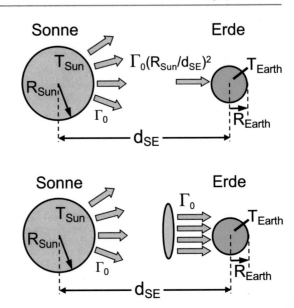

2.3   Die Sonne aus der Sicht eines irdischen Beobachters

Aus irdischer Sicht erscheint die Sonne als leuchtende Scheibe, die im gesamten
Raumwinkel von 4π den Anteil

$$\Omega_{\text{Sun}} = \pi \, (R_{\text{Sun}})^2 \, \frac{1}{(d_{\text{SE}})^2} = 6.7 \cdot 10^{-5}$$

bedeckt.

Ein beliebig ausgewähltes Flächenelement $\mathrm{d}\xi\,\mathrm{d}s$ der Sonnenoberfläche im Ring-
element $\mathrm{d}A_{\text{S}} = 2\pi \, R_{\text{Sun}}\sin(\theta)\mathrm{d}\theta$ (Abb. 2.3) emittiert den Photonenstrom

$$\mathrm{d}J_{\gamma,\Omega} = \Gamma_\gamma \mathrm{d}\xi\,\mathrm{d}s\,\mathrm{d}\Omega.$$

Mit $\mathrm{d}s = R_{\text{Sun}}\mathrm{d}\theta$ schreibt sich die Emission in die Richtung des Radiusvektors aus
dem Zentrum der Sonne $\mathrm{d}J_{\gamma,\Omega}$. In Richtung der Erde wird diese Emission durch den
Kosinus des Winkels θ modifiziert zu:

$$\mathrm{d}J_{\gamma,\Omega} = \Gamma_\gamma \mathrm{d}\Omega\mathrm{d}\xi \cos\theta \, \mathrm{d}s. \tag{2.1}$$

Umgeschrieben wird aus $\rho = R_{\text{Sun}} \sin\theta$ und $\mathrm{d}\rho/\mathrm{d}\theta = R_{\text{Sun}} \cos\theta$ nunmehr

$$\mathrm{d}\theta = \frac{1}{R_{\text{Sun}}} \frac{1}{\cos\theta}\mathrm{d}\rho,$$

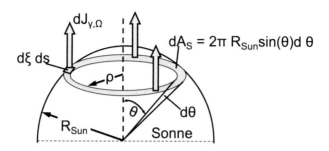

Abb. 2.3 Emission aus einer sphärischen Quelle, beispielsweise der Sonne, in die Richtung eines irdischen Beobachters

und man erhält schließlich

$$\mathrm{d}J_{\gamma,\Omega} \sim R_{\mathrm{Sun}}\mathrm{d}\Omega\mathrm{d}\xi \cos\theta \, \mathrm{d}\theta = R_{\mathrm{Sun}}\mathrm{d}\Omega \frac{1}{R_{\mathrm{Sun}}} \cos\theta \frac{1}{\cos\theta}\mathrm{d}\xi\mathrm{d}\rho$$
$$\sim \mathrm{d}\xi\mathrm{d}\rho. \quad (2.2)$$

Dieses Resultat zeigt, dass der Photonenstrom $\mathrm{d}J_{\gamma,\Omega}$ zum Beobachter weder vom Radius ρ auf der Scheibe, noch vom Winkel θ auf der Scheibe abhängt, also unabhängig ist von der Position auf der Sonnenscheibe, die sich demnach als homogen emittierende Kreisscheibe darstellt.

2.4 Spektrale Verteilung der solaren Strahlung

Die Oberfläche der Sonne betrachtet man mit guter Näherung als thermischen Gleichgewichtsstrahler, der nach dem Planck'schen Gesetz mit der Temperatur $T = T_{\mathrm{Sun}} \approx 5\,800\,\mathrm{K}$ emittiert und zudem das energieunabhängige Emissionsvermögen eines sogenannten schwarzen Strahlers $\varepsilon = 1$ besitzt. Im Folgenden vernachlässigen wir durchaus vorhandene lokale Inhomogenitäten auf der Sonnenoberfläche (sog. Sonnenflecken), sowie Protuberanzen, die erheblich höhere lokale Temperaturen von einigen zigtausend K aufweisen können, jedoch nur einen sehr geringen Anteil an der gesamten Emissionsfläche einnehmen.

2.4.1 Ansatz nach Planck

Zur Formulierung der spektralen Verteilung von thermischer Gleichgewichtsstrahlung versagt die klassische Elektrodynamik mit dem Bild der elektromagnetischen Wellen (Maxwell) mit beliebig einstellbaren Wellenlängen. Der Ansatz von Planck

Abb. 2.4 Schematische
Darstellung stationärer
Moden verschiedener
Wellenlängen der
elektrischen Feldstärke
(transversale Mode z. B.
E_y, E_z) im Planck-Volumen
mit Länge L_x

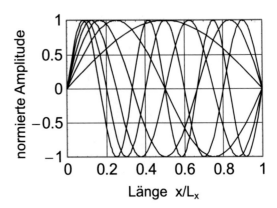

[3] beruht auf der Annahme diskreter Energiepakete der elektromagnetischen Strahlung (Quanten) anstelle von kontinuierlich auf der Energieskala verteilten Werten[4].

Die Beschreibung nach Planck beruht auf wellenartigen Partikeln (Photonen)
einer bestimmten Dichte, die in einem Volumen mit elektrisch ideal leitenden Wänden
propagieren. Diese Ränder erzwingen, dass die elektrischen Feldstärken der Wellen
in der Wand verschwinden. In stationärem Zustand passen somit nur bestimmte diskrete Wellenlängen (Moden) in die jeweiligen Ausbreitungsrichtungen. Die Wände
und somit das gesamte betrachtete Volumen mit den diskreten Strahlungspartikeln
weisen die Temperatur T auf [4]. Die energetische Verteilung der Quanten gehorcht
zudem der Bose-Einstein-Verteilungsfunktion (für Teilchen mit geradzahligem Spin
[5]).

Diese Annahmen gewährleisten, dass das Integral über alle energetischen Moden
$u_\omega(\hbar\omega, T)$ endlich bleibt

$$\int_0^\infty u_\omega(\hbar\omega, T)\mathrm{d}(\hbar\omega) = A,$$

wohingegen nach klassischer Elektrodynamik selbiges Integral mit einer kontinu-
ierlichen Besetzung mit Moden gegen unendlich strebt (sog. Violett-Katastrophe
[6]).

Im dreidimensionalen Volumen der Größe L_x, L_y, L_z bilden die stationären
Moden der elektrischen Feldstärken stehende Wellen, deren Amplituden an den Rän-
dern verschwinden (Abb. 2.4). Die Wellenlängen ($\lambda_{n,x}, \lambda_{n,y}, \lambda_{n,z}$), die in das kartesi-
sche Planck-Volumen passen, sind demnach inverse Anteile ($2L_i/n_i$) der doppelten
Längen L_x, L_y, L_z. Die zugehörigen Wellenvektoren sind:

$$k_x(n_x) = \frac{2\pi}{\lambda_{n_x}}, \quad k_y(n_y) = \frac{2\pi}{\lambda_{n_y}}, \quad k_z(n_z) = \frac{2\pi}{\lambda_{n_z}}.$$

---

[4]Mit dieser Erkenntnis beginnt die Ära der Quantenmechanik.

Die Modennummern $n_{x,y,z}$ (mit $n_{x,y,z} \in \mathbb{Z}$) sind mit den transversalen Komponenten des elektrischen Feldes im Planck-Volumen verknüpft:

$$E_{n,\text{trans},x} = E_{n,y,z} \sin(k_{n_x} x)$$

$$E_{n,\text{trans},y} = E_{n,z,x} \sin(k_{n_y} y)$$

und

$$E_{n,\text{trans},z} = E_{n,y,x} \sin(k_{n_z} z).$$

Die gesamte Palette der möglichen stationären stehenden Wellen erhält man durch Überlagerung der unabhängigen Moden aus den drei Raumrichtungen x, y, z, die mit n_x, n_y, n_z bezeichnet sind.

Die möglichen Optionen für die stehenden Wellen formulieren wir zunächst in Abhängigkeit der Wellenvektoren k_x, k_y, k_z, deren Kombination sich zu

$$k = \sqrt{k_x^2 + k_y^2 + k_z^2}$$

ergibt. Gleichermaßen gilt dementsprechend auch $n = \sqrt{n_x^2 + n_y^2 + n_z^2}$, so dass wir in der obigen Gleichung für den Wellenvektor k die individuellen Richtungsanteile k_i durch $k_i = \pi n_i / L_i$ ersetzen dürfen. Wir gelangen damit zu

$$k = \sqrt{(\frac{\pi}{L_x} n_x)^2 + (\frac{\pi}{L_y} n_y)^2 + (\frac{\pi}{L_z} n_z)^2}.$$

Aus den Beziehungen $k_i = \pi n_i / L_i$ erkennt man, dass Wellenvektoren k_i und Moden n_i äquidistant auf den entsprechenden kartesischen Achsenrichtungen k_i und n_i verteilt sind.

Ein Vorzeichenwechsel der Modennummern von n_x, n_y, n_z zu $-n_x$, $-n_y$, $-n_z$ ergibt – der Sinusfunktionen der stehenden Wellen wegen – keine zusätzlichen Lösungen.

Die Gesamtzahl von Moden in einem dreidimensionalen Volumenelement (Abb. 2.5) beträgt also $dN = dn_x dn_y dn_z$. Diese können wir summieren (integrieren sofern die Werte isotrop und sehr dicht liegen) und erhalten

$$dN = \frac{1}{8} 4\pi \; 2n^2 dn. \tag{2.3}$$

Im oben skizzierten Vektorraum der Moden genügt es (wegen der Symmetrie der Sinus-Funktionen), nur einen Oktanden zu betrachten. Allerdings erlauben wir den stehenden elektromagnetischen Wellen zwei Polarisationsrichtungen, beispielsweise die Feldstärkekomponenten E_y, E_z für die Propagation in x-Richtung.

Abb. 2.5 Dreidimensionaler
Vektorraum zur Veranschaulichung diskreter Moden
von stehenden Wellen
$k = \sqrt{k_x^2 + k_y^2 + k_z^2}$ = const. und
Andeutung einer Oberfläche
k = const. in einem
Oktanten (Ausschnitt aus
$4\pi k^2$)

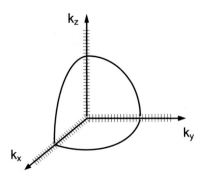

Um die energetische Verteilung der Strahlung eines Planck'schen Körpers zu ermitteln, übersetzt man die Beziehung der Moden pro Modenintervall $dN(dn)$ mit Hilfe von k und dk in Energie $\hbar\omega$, respektive Frequenz ω:

$$n = \frac{L}{\pi}k_n = \frac{L}{c\pi}\omega, \quad dn = \frac{L}{c\pi}d\omega.$$

Hier bezeichnen c und ω Lichtgeschwindigkeit (hier im Vakuum[5]) und Frequenz (Kreisfrequenz $\omega = 2\pi\nu$).

In einem kubischen Planck-Volumen mit $L_x = L_y = L_z = L$, ergibt sich folglich für die Anzahl der Moden

$$dN(\omega) = \frac{L^3}{c^3\pi^2}\omega^2 d\omega, \tag{2.4}$$

die bezogen auf das Volumen L^3 und das Frequenzintervall $d\omega$ die dreidimensionale Zustandsdichte der Photonen angibt:

$$D_{\text{phot}}(\omega) = \frac{dN(\omega)}{L^3 d\omega} = \frac{1}{c^3\pi^2}\omega^2. \tag{2.5}$$

Diese Zustandsdichte $D_{\text{phot}}(\omega)$ wird im Frequenzintervall $d\omega$ mit Photonen gemäß der Bose-Einstein-Verteilungsfunktion[6] besetzt:

$$f_{\text{Bose}} = \frac{1}{\exp\left[\dfrac{\hbar\omega - \mu_\gamma}{kT}\right] - 1}, \tag{2.6}$$

mit den Größen $\hbar\omega$, μ_γ, k, und T als Photonenenergie individueller Moden, Chemischem Potential des Photonenfeldes, Boltzmann-Konstante und Temperatur.

---

[5]Der Planck-Körper enthält keine Materie mit Ladungen, die im elektrischen Feld zu Schwingungen angeregt werden können.

[6]Die Energieverteilungsfunktion für nicht unterscheidbare Quantenteilchen mit ganzzahligem Spin, wie für Photonen, Phononen und für Elektronen in supraleitenden Zuständen ist die Bose-Einstein-Verteilung (vgl. Abschn. A.1.2).

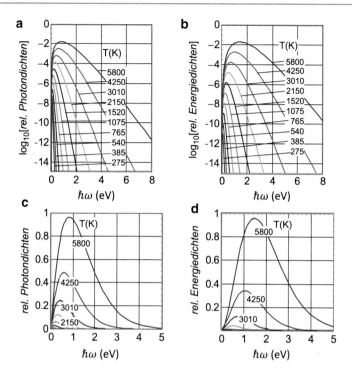

Abb. 2.6 Relative spektrale Photonendichten (**a**, **b**) und relative spektrale Energiedichten (**c**, **d**) (thermisches Gleichgewicht) im Planck-Volumen für verschiedene Temperaturen ($275\,\mathrm{K} \leq T \leq 5\,800\,\mathrm{K}$) in log-linear-Auftragung (**a**, **c**) und in linear-linear-Auftragung (**b**, **d**)

Im thermischen Gleichgewicht befindet sich das Photonenfeld des thermischen Strahlers auf gleicher Temperatur wie seine Umgebung und somit ist sein Chemisches Potential null ($\mu_\gamma = 0$).

Damit schreibt sich die Photonendichte pro Volumenelement im Planck-Strahler $\mathrm{d}n_\gamma(\omega) = \mathrm{d}N_\gamma(\omega)/L^3$ und folglich wird

$$\mathrm{d}n_\gamma(\omega) = \frac{1}{c^3\pi^2}\frac{\omega^2}{\exp\left(\dfrac{\hbar\omega}{kT}\right) - 1}\mathrm{d}\omega, \tag{2.7}$$

womit sich die Energiedichte im Planck-Volumen ergibt zu:

$$\mathrm{d}u_\epsilon(\omega) = \hbar\omega\,\mathrm{d}n_\gamma = \frac{\omega^2}{c^3\pi^2}\frac{\hbar\omega}{\exp\left[\dfrac{\hbar\omega}{kT}\right] - 1}\mathrm{d}\omega = \frac{1}{c^3\pi^2\hbar^3}\frac{(\hbar\omega)^3}{\exp\left[\dfrac{\hbar\omega}{kT}\right] - 1}\mathrm{d}(\hbar\omega).$$

$$\tag{2.8}$$

In der Abb. 2.6 sind spektrale Photonendichten und entsprechende Energiedichten im Planck-Volumen für verschiedene Temperaturen gezeigt.

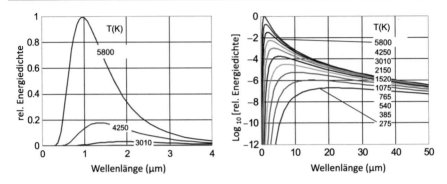

Abb. 2.7 Energiedichten (thermisches Gleichgewicht) im Planck-Volumen als Funktion der Photonenwellenlänge für verschieden Temperaturen ($275\,\mathrm{K} \leq T \leq 5\,800\,\mathrm{K}$)

Neben der Darstellung der Photonen- und Energiedichten als Funktion der Photonenenergie ist für manche Belange die Abhängigkeit von der Wellenlänge vorteilhaft, die man mit $\omega = 2\pi c/\lambda$ und $\mathrm{d}\omega = -(2\pi c/\lambda^2)\mathrm{d}\lambda$ für die Energiedichte $\mathrm{d}u_\epsilon(\lambda)$ erhält

$$\mathrm{d}u_\epsilon(\lambda) = \frac{16\pi^2 \hbar c}{\lambda^5} \frac{1}{\exp\left[\dfrac{2\pi \hbar c}{\lambda k T}\right] - 1}(-\mathrm{d}\lambda). \tag{2.9}$$

Abb. 2.7 zeigt diese Energiedichten als Funktion der Photonenwellenlänge wiederum für unterschiedliche Temperaturen. Die Verschiebung des Maximums für steigende Temperatur zu kleineren Wellenlängen (Wien'sches Gesetz) aus der Ableitung $\mathrm{d}u_\epsilon(\lambda)/\mathrm{d}\lambda$ ergibt näherungsweise

$$\lambda(u_\epsilon = \mathrm{max}) = \lambda^* \approx \frac{2\pi \hbar c}{5kT}. \tag{2.10}$$

2.4.2 Ansatz mit einem elektronischen Zwei-Niveau-System

In einem anderen Ansatz [7] werden die Ratengleichungen von elektronischen Übergängen in einem Modellsystem am Beispiel zweier Energieniveaus betrachtet (Abb. 2.8). Unteres und oberes Niveau liegen bei Energien $\epsilon_1, \epsilon_2 > \epsilon_1$ und haben Zustandsdichten $D(\epsilon_1) = D_1$ und $D(\epsilon_2) = D_2$; die Besetzung der Niveaus durch Elektronen gehorcht der Fermi-Dirac-Verteilung[7].

$$f_\mathrm{F} = \frac{1}{\exp\left[\dfrac{\epsilon - \epsilon_\mathrm{F}}{kT}\right] + 1}. \tag{2.11}$$

---

[7]Die Energieverteilungsfunktion für nicht unterscheidbare Quantenteilchen mit halbzahligem Spin, wie für Elektronen (ausgenommen in supraleitenden Zuständen) ist die Fermi-Dirac-Verteilungs-Funktion (vgl. Abschn. A.1.2)

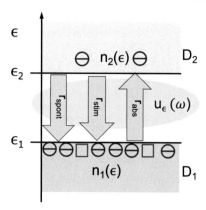

Abb. 2.8 Energietermschema eines idealen elektronischen Systems mit zwei Energiebändern und deren Zustandsdichten $D_1(\epsilon)$, $D_2(\epsilon)$ und Besetzungen n_1, n_2. Die Übergänge zwischen beiden Bereichen (z. B. Valenz- und Leitungsband) bestehen aus spontaner und stimulierter Emission von Photonen ($\epsilon_2 \rightarrow \epsilon_1$), sowie aus deren Absorption ($\epsilon_1 \rightarrow \epsilon_2$) im Photonenfeld $u_\epsilon(\omega)$

Die Raten der Elektronenübergänge $r_{i,j}$ zwischen Niveaus i, j bestimmen sich aus den Produkten von besetzten Anfangszuständen $D_i f_F(\epsilon_i)$, und unbesetzten Endzuständen $D_j(1 - f_F(\epsilon_j))$, sowie den Einstein-Koeffizienten für die Übergänge A_{21}, B_{21}, B_{12}. Die Raten der Absorption (r_{abs}) und der stimulierten Emission (r_{stim}) hängen zudem vom Photonenfeld u_ϵ ab; die Rate der spontanen Emission hingegen ist unabhängig von u_ϵ:

$$
\begin{aligned}
r_{abs} &= B_{12} \left(D_1 f_F(\epsilon_1)\right) \left(D_2 \left(1 - f_F(\epsilon_2)\right)\right) u_\epsilon(\omega), \\
r_{stim} &= B_{21} \left(D_2 f_F(\epsilon_2)\right) \left(D_1 \left(1 - f_F(\epsilon_1)\right)\right) u_\epsilon(\omega), \\
r_{spont} &= A_{21} \left(D_2 f_F(\epsilon_2)\right) \left(D_1 \left(1 - f_F(\epsilon_1)\right)\right).
\end{aligned}
\tag{2.12}
$$

In stationärem Zustand kompensieren sich die Raten

$$
r_{abs} = r_{stim} + r_{spont}.
\tag{2.13}
$$

Diese Gleichungen enthalten außer dem Term $u_\epsilon(\omega)$ nur bekannte Größen, wie Zustandsdichten und Energien von Niveaus, Temperatur und Einsteinkoeffizienten, wobei aus Symmetriegründen $B_{21} = B_{12} = B$ gesetzt werden kann[8]. Sie lassen sich zur Bestimmungsgleichung für $u_\epsilon(\omega)$ umschreiben:

$$
u_\epsilon(\omega) = \frac{A_{21} \left(D_2 f_F(\epsilon_2)\right) \left(D_1 \left(1 - f_F(\epsilon_1)\right)\right)}{B_{12} \left(D_1 f_F(\epsilon_1)\right) \left(D_2 \left(1 - f_F(\epsilon_2)\right)\right) - B_{21} \left(D_2 f_F(\epsilon_2)\right) \left(D_1 \left(1 - f_F(\epsilon_1)\right)\right)}.
\tag{2.14}
$$

---

[8]Für $T \rightarrow \infty$ folgt $u_\epsilon \rightarrow \infty$, was nur möglich ist, wenn $B_{12} = B_{21}$.

Mit den entsprechenden Termen der für Elektronenbesetzung anzuwendenden Fermi-Verteilung und mit $B_{12} = B_{21} = B$ erhalten wir

$$u_\epsilon(\omega) = \left(\frac{A_{21}}{B}\right) \left[\frac{1}{\exp\left[\frac{\epsilon_2 - \epsilon_1}{kT}\right] - 1}\right]. \qquad (2.15)$$

Die spektrale Energiedichte von thermischer Gleichgewichtsstrahlung kann auch mit einem statistischen Ansatz hergeleitet werden, in dem elektronische Energieniveaus einem Strahlungsfeld ausgesetzt sind.

Die Faktoren A_{21} und B lassen sich mittels dem Gesetz von Rayleigh-Jeans mit der Anpassung für kleine Frequenzen ω ausdrücken [8]:

$$\frac{A_{21}}{B} = \left(\frac{\hbar\omega}{kT}\right) \left(\frac{2kT\,(\hbar\omega)^2}{\pi c^3 \hbar^2}\right) = \frac{(\hbar\omega)^3}{\pi^2 c^3 \hbar^2}. \qquad (2.16)$$

Diese Betrachtung der Besetzung und Emission von zwei Energieniveaus lässt sich auf mehrere, beispielsweise auch sehr dicht um die Werte ϵ_1 und ϵ_2 liegende Niveaus erweitern und beschreibt damit auch die Besetzung und die Emission aus energetischen Regimen oder Bändern, wie solche in Anordnungen von Atomen/Molekülen oder in Halbleitern/Isolatoren.

2.4.3   Emission aus dem Planck-Volumen

Im Planck-Volumen sind die Photonen (elektromagnetische Wellen) isotrop in Raum und in Richtung, also im Raumwinkel 4π, verteilt und werden durch ein Flächenelement dA aus dem Inneren emittiert (siehe Abb. 2.9). Die Apertur dA lässt Photonen unabhängig von deren Wellenlänge passieren, das heißt, wir betrachten keine Beugung an Kanten oder an Spalten. Zudem soll durch die Emission von Photonen das Reservoir im Planck-Volumen nicht verringert werden, weil dA infinitesimal klein ist.

Die Emission in Form des Photonenstroms J_γ durch die Apertur dA ergibt sich aus der spektralen Photonenstromdichte $d\Gamma_\gamma$ und spiegelt selbstverständlich die spektrale Verteilung $dn_\gamma(\omega)$ im Planck-Volumen wider.

Abb. 2.9 Photonenstrom-dichte $d\Gamma_\gamma$ durch ein Flächenelement dA in den Raumwinkel $d\Omega$, der gegenüber der Normalen n_{normal} um den Winkel Θ geneigt ist

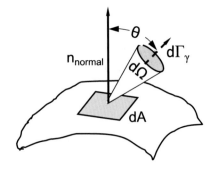

Der spektrale Energiestrom dJ_ϵ, der mit Lichtgeschwindigkeit des Vakuums c_0 die Apertur dA in den Raumwinkel $d\Omega$ passiert, schreibt sich

$$dJ_\epsilon = du_\epsilon c_0 \frac{d\Omega}{4\pi} \cos\Theta \, dA. \tag{2.17}$$

Dabei ergibt die Integration von $du_\epsilon(\omega)$ über den gesamten spektralen Frequenzbereich $0 \leq \omega \leq \infty$ die Energiedichte $u_\epsilon = \int_0^\infty du_\epsilon$.
Der resultierende Energiestrom J_ϵ durch dA in den genannten Raumwinkel bestimmt sich aus dem Integral

$$J_\epsilon = u_\epsilon c_0 \frac{dA}{4\pi} \int_0^{\pi/2} \cos\Theta \sin\Theta \, d\Theta = u_\epsilon \frac{c_0}{4\pi} dA \frac{1}{2} \sin^2\Theta = u_\epsilon \frac{1}{4} c_0 dA. \tag{2.18}$$

Mit $u_\epsilon(\omega)$ erhalten wir

$$J_\epsilon = dA \frac{1}{4\pi^2 \hbar^3 c_0^2} \int_0^\infty \frac{(\hbar\omega)^3}{\exp[\hbar\omega/kT] - 1} d(\hbar\omega). \tag{2.19}$$

Das bestimmte Integral in dieser Gleichung vom Typ

$$\int \xi^n \frac{1}{\exp[a\xi] - 1} d\xi$$

ist analytisch lösbar (eine Gamma-Funktion), das für $n = 3$ zum Ergebnis

$$\frac{J_\epsilon}{dA} = \Gamma_\epsilon = \frac{\pi^2}{4c_0^2} \frac{k^4}{\hbar^3} \frac{1}{15} T^4 = \sigma_{SB} T^4, \tag{2.20}$$

mit der Stefan-Boltzmann-Konstante[9] σ_{SB} führt.

$$\sigma_{SB} = 5.667 \cdot 10^{-8} \, W K^{-4} \, m^{-2}.$$

---

[9]Die Anzahl der Dimensionen n geht quantitativ in die Berechnung der Besetzungsmöglichkeiten des Vektorraumes, also in die Zustandsdichte und somit auch in die spektrale Verteilung der Photonendichte ein. Die folgende Integration enthält die unabhängige Variable ω in der Potenz n, also in der Zahl der Dimensionen, wie in $(\hbar\omega)^n$. Demzufolge enthält das Integral für den Energiestrom ebenfalls n, beispielsweise in $\sim T^{(n+1)}$, wodurch konsequenterweise die Temperaturabhängigkeit im Planck'schen Strahlungsgesetz, sowie die der Stefan-Boltzmann-Konstante σ_{SB} dimensionsabhängig werden [9]. Allgemein formuliert ist

$$\sigma_{SB}(n) = 2\pi^{(n-1)/2} \frac{\Gamma_{(n+1)} \zeta_{(n+1)}}{\Gamma_{(n+1)/2}} \frac{k^{n+1}}{(2\pi\hbar)^n c^{n-1}}$$

mit Γ und ς als Gamma- und als Riemann'sche Zeta-Funktion.

2.5   Absorptions- und Emissionsvermögen

Das Verhalten von Materie hinsichtlich Absorption und Emission von Strahlung lässt sich quantitativ mit Kenngrößen des Absorptionsvermögens $\alpha(\omega)$ und des Emissionsvermögens $\varepsilon(\omega)$ beschreiben. Beide Größen geben an, wie effektiv Strahlung von Materie absorbiert ($0 \leq \alpha(\omega) \leq 1$) und emittiert ($0 \leq \varepsilon(\omega) \leq 1$) wird. In Näherungsbetrachtungen werden häufig ideale Werte für Absorption $\alpha = 1$ und Emission $\varepsilon = 1$ verwendet.

2.5.1   Wellenlenabhängigkeit von Absorptions- und Emissionsvermögen

Kondensierte Materie enthält geladene Teilchen, wie Elektronen und Ionen im Gitter, die im elektrischen Feld der Strahlung angeregt werden können[10]. Die Frequenzabhängigkeit der beiden Größen $\alpha(\omega)$, $\varepsilon(\omega)$ erklärt sich mit dem Modell des Ein-Oszillators, nämlich eines Dipols im elektrischen Feld. Die harmonische örtliche Auslenkung des Dipols mit der Frequenz der Komponenten des E-Feldes führt zu einer Schwingung. Die Lösung der Schwingungsgleichung weist Real- und Imaginärteil der Amplitude der Auslenkung auf, wobei der Beitrag des Realteils die Propagationsgeschwindigkeit der Strahlung in der Materie beeinflusst (verringert), was sich im Brechungsindex niederschlägt. Der Imaginärteil dagegen enthält die Dämpfung der Amplitude entlang des Propagationsweges der Strahlung und damit die Absorption. Verständlicherweise ist die Frequenz der beiden Größen α und ε von der Art und der Stärke der Kopplung der schwingenden Ladungen in der Materie abhängig. Zudem sind beide Materieeigenschaften, also frequenzabhängiger Brechungsindex und frequenzabhängige Absorption, aneinander gebunden (vgl. Kramers-Kronig-Relation im Anhang A.3 oder [10]).

2.5.2   Kirchhoff'sches Strahlungsgesetz

Das Gesetz von Kirchhoff [11] verbindet die spektrale (wellenlängenabhängige) Absorption mit der Emission von Strahlung von nicht ideal schwarzen Körpern auf der Grundlage der Erhaltung der Energieströme. Während ein ideal schwarzer Körper Strahlung jeglicher Wellenlänge vollständig absorbiert ($\alpha = 1$) und aus Erhaltungsgründen auch wieder vollständig emittiert ($\varepsilon = 1$), sind Absorptions- und Emissionvermögen in nicht ideal schwarzen, sog. grauen Körpern, jeweils unvollständig ($\alpha < 1$, $\varepsilon < 1$). Der Austausch von Strahlung von einem solchen grauen, spektral selektiven Absorber/Emitter (Index 1) mit einem ideal schwarzen Nachbarn (Index 2) in einer ideal schwarzen Umgebung (Kasten) ist in der Abb. 2.10 skizziert.

---

[10]Die Wechselwirkung von Strahlung in magnetischer Materie (z. B. in ferromagnetischen Festkörpern) wird der fehlenden Bedeutung für die Photovoltaik wegen nicht betrachtet.

Abb. 2.10 Strahlungsaustausch zwischen einem grauen (nicht ideal schwarzen) Körper (Index 1, mit $\alpha_1 < 1, \varepsilon_1 < 1$) und einem ideal schwarzen Körper (Index 2; $\alpha_2 = 1, \varepsilon_2 = 1$) in einer ideal schwarzen Umgebung (Kasten, Index 0)

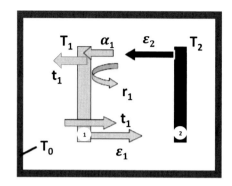

Beide Körper und die Umgebung (der Kasten) befinden sich im thermischen Gleichgewicht und haben demzufolge die gleiche Temperatur. Die von Platte 2 emittierte Strahlung wird an der Platte 1 teilweise reflektiert (r_1), von ihr teilweise absorbiert (α_1) und durch sie teilweise transmittiert (t_1). Damit ergibt sich

$$\varepsilon_2(\sigma_{SB}T_2^4) = 1(\sigma_{SB}T_2^4) = (\sigma_{SB}T_2^4)(r_1 + \alpha_1 + t_1)$$

oder auch

$$1 = r_1 + \alpha_1 + t_1. \tag{2.21}$$

Andererseits setzt sich die Energieabgabe von der Platte 1 in Richtung der Platte 2 zusammen aus aus dem reflektierten Teil, der von Platte 2 ankommt (T_2^4), aus dem Anteil der eigenen Emission (T_1^4) und aus dem Anteil, der von der hinteren Wand des Kastens stammt und durch Platte 1 transmittiert wird (T_0^4):

$$\sigma_{SB}T_2^4 r_1 + \sigma_{SB}T_1^4 \varepsilon_1 + \sigma_{SB}T_0^4 t_1 = \sigma_{SB}T_1^4. \tag{2.22}$$

Im thermischen Gleichgewicht ist $T_0 = T_1 = T_2$; außerdem gilt für die beiden ideal schwarzen Körper (Kasten 0 und Platte 2) jeweils $\varepsilon_0 = \varepsilon_2 = 1, \alpha_2 = \alpha_0 = 1, t_0 = t_2 = 0$, woraus

$$r_1 + \varepsilon_1 + t_1 = 1 \tag{2.23}$$

wird.

Damit erhalten wir die Beziehung zwischen Emissions- und Absorptionsvermögen:

$$\alpha_1 = \varepsilon_1$$

Allgemein ausgedrückt gilt die Identität von Absorptions- und Emissionsvermögen für jegliche Art von Materie und beliebige Wellenlängen oder Photonenenergien

$$\alpha(\omega) = \varepsilon(\omega). \tag{2.24}$$

Eine Abweichung von dieser Identität führte unmittelbar zu einer Verletzung des 2. Haupsatzes der Thermodynamik, weil in einer stationären Situation ein Körper mit $\alpha_i \neq \varepsilon_i$ weniger oder mehr Strahlung absorbierte als er emittierte und somit kälter oder wärmer würde als ein Vergleichsobjekt mit regulärem Absorptions-/Emissionsvermögen, mit dem er im Strahlungsaustausch steht.

2.6   Strahlungsbilanzen

Über Strahlungsaustausch sind alle Komponenten des Universums mit Laufzeiten der Lichtgeschwindigkeit innerhalb des entsprechenden Ereignishorizontes miteinander verbunden. So steht auch die Erde im Strahlungsaustausch mit ihrer Umgebung, nämlich mit der Sonne, dem Mond, den Planeten und allen Strahlungsquellen im Universum.

Aus der Strahlungsbilanz aller beteiligten Emitter und Empfänger ergeben sich deren individuelle Temperaturen[11]. Diese Temperaturen bestimmen die Strahlungsbeiträge und damit die Umwandlung von Strahlung in andere Energieformen. Die Temperatur der Vorrichtung zur Strahlungswandlung, sei sie solarthermisch, photovoltaisch, photochemisch oder photobiologisch, bestimmt und limitiert aus thermodynamischen Gründen den Wirkungsgrad der Wandlung.

2.6.1   Sonne-Erde

Eine einfache Bilanz für stationäre Verhältnisse erlaubt beispielhaft die Abschätzung der Erdtemperatur T_{Earth}, die sich zur Bestimmung der Wandlungswirkungsgrade solarer Strahlung in irdischen Anlagen verwenden lässt.

Die Summe aller Energieströme zur Erde ($\sum J_{\epsilon,\text{Earth,in}}$) wird kompensiert durch den Energiestrom, den die Erde aussendet ($J_{\epsilon,\text{Earth,out}}$). Unberücksichtigt bleibt zunächst die Speicherung von Sonnenenergie beispielsweise in fossilen Trägern und/oder die Entnahme aus solchen. Zur Näherung werden Beiträge von Mond und Planeten deren extrem kleinen Raumwinkeln (Ω_i) und geringen Energieströmen wegen nicht berücksichtigt. Zudem werden Absorptions- und Emissionsvermögen α_i und ε_i der betrachteten Strahlungsquellen Sonne, Erde, Universum, als ideal ($\alpha_i = 1$, $\varepsilon_i = 1$), also unabhängig von Wellenlänge, Polarisationsrichtung etc., angenommen.

$$\varepsilon_{\text{Sun}}\sigma_{\text{SB}}T_{\text{Sun}}^4\Omega_0\alpha_{\text{Earth}}\pi R_{\text{Earth}}^2 + \varepsilon_{\text{Univ}}\sigma_{\text{SB}}T_{\text{Univ}}^4\alpha_{\text{Earth}}(4\pi - \Omega_{\text{Sun}})R_{\text{Earth}}^2$$
$$= \varepsilon_{\text{Earth}}\sigma_{\text{SB}}T_{\text{Earth}}^4 4\pi R_{\text{Earth}}^2. \tag{2.25}$$

---

[11]Prinzipiell ändert sich die Energie eines Photons im Gravitationsfeld. Diese „gravitational red shift" ist für die Gavitationsfelder von Sonne und Erde vernachlässigbar, jedoch nicht für Gravitationsfelder von sehr massereichen Objekten wie von Schwarzen Löchern.

Der Faktor $\Omega_0 = (R_{Sun}/d_{SE})^2$ beschreibt die Reduktion der solaren Photonen-stromdichte auf dem Weg von der Sonnenoberfläche zur Erde. Dieser Faktor resultiert aus der dreidimensionalen Ausbreitung des Photonenstromes aus einer sphärischen Quelle. Hingegen bezeichnet Ω_{Sun} den Raumwinkel, unter dem ein irdischer Beob-achter die Sonne sieht; diesem Beobachter erscheint deshalb das Universum – nach Vernachlässigung der Planeten, Sterne etc. – unter dem Raumwinkel $(4\pi - \Omega_{Sun})$. Die Konzentration der Strahlung um einen Konzentrationsfaktor C verringert die-sen Abschwächungsfaktor auf $C\Omega_0$ und erhöht den Raumwinkel der Sonne für den irdischen Betrachter auf $C\Omega_{Sun}$.

Da $\Omega_{Sun} << 4\pi$ ist, wird die Erdtemperatur näherungsweise

$$T_{Earth} \approx \sqrt[4]{\frac{1}{4}\Omega_0 T_{Sun}^4 + T_{Univ}^4} \approx 288 \text{ K}. \tag{2.26}$$

Obwohl in diesem Ansatz mit den idealisierten Größen aller Absorptions- als auch Emissionsvermögen $\alpha_i = 1$, $\varepsilon_i = 1$ starke Vereinfachungen vorgenommen sind, kompensieren sich offensichtlich einige grobe Annahmen derart, dass man einen durchaus realistischen Wert für T_{Earth} erhält.

2.6.2   Sonne-Erde mit Speicherung oder Entnahme chemischer Energie

Die Strahlungsbilanz zur Bestimmung der Erdtemperatur lässt sich modifizieren, wenn ein spezifischer Anteil der von der Sonne zur Erde eingestrahlten Energie nach geeigneter Konversion, beispielsweise über Photosynthese, photochemische Prozesse oder Photovoltaik mit der Rate $\dot{U}$ in chemische Energie umgewandelt wird (Abb. 2.11). $\dot{U}$ bezeichnet den Nettoanteil von Speicherung oder von Entnahme vor-handener chemischer Energie (wie Holz, Kohle, Gas, Öl) und trägt laut Strahlungs-bilanz zur Verringerung ($\dot{U} > 0$) oder zur Erhöhung ($\dot{U} < 0$) der Temperatur der

Abb. 2.11 Energieströme zur und von der Erde ohne **(a)** und mit **(b)** zusätzlicher Speicherung/Entnahme von Energie aus bestehenden Reservoirs

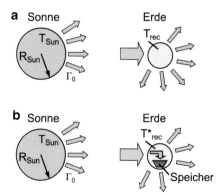

Erde T_{rec}^* bei. Die modifizierte Bilanzgleichung lautet somit

$$\varepsilon_{Sun}\sigma_{SB}\left(T_{Sun}^*\right)^4 \Omega_0\alpha_{rec}\pi\, R_{rec}^2 + \varepsilon_{Univ}\sigma_{SB}T_{Univ}^4\alpha_{rec}(4\pi - \Omega_{Sun})R_{rec}^2$$
$$= \varepsilon_{rec}\sigma_{SB}(T_{rec}^+)^4 4\pi\, R_{rec}^2 + \dot{U}. \qquad (2.27)$$

Wie oben als Näherung verwendet, sind die Absorptions- und Emissionsvermögen von Quelle (Sonne), Empfänger (Erde) und Universum

$$\varepsilon_{Sun} = \varepsilon_{rec} = \varepsilon_{Univ} = \alpha_{rec} = 1,$$

sowie $\Omega_{Sun} \ll 4\pi$. Damit wird

$$T_{Earth}^* \approx \sqrt[4]{\frac{1}{4}\Omega_0\left(T_{Sun}^*\right)^4 + T_{Univ}^4 - \frac{\dot{U}}{R_{rec}^2\sigma_{SB}4\pi}}. \qquad (2.28)$$

Es ist unschwer zu erkennen, dass die Temperatur der Erde sich verringert, wenn ein Teil der zugeführten Strahlungsleistung nach Umwandlung gespeichert wird. Andererseits erhöht sich die Temperatur durch Entnahme und Wandlung aus fossilen Beständen.

Beispielhaft sind in Abb. 2.12 die Auswirkungen von Speicherung/Entnahme aus/in Reservoirs auf die Temperatur T_{rec} eines Empfängers (Erde) abgeschätzt, wenn ein Anteil der solaren Einstrahlung $\dot{U} = (10^{-4} - 10^{-1})\Gamma_{\epsilon,Sun}$ einem Speicher zugeführt oder entnommen wird. Diese Abschätzung ist ausschließlich qualitativ zu verstehen, weil Temperaturänderungen unseres Planeten in sehr komplexer Weise von weitaus mehr Faktoren beeinflusst werden.

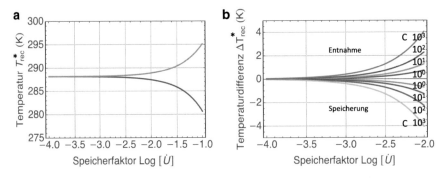

Abb. 2.12 Temperatur T_{rec}^* (**a**) für Speicherung resp. für Entnahme in/aus chemischem Reservoir als Funktion der anteilig zur Erde eingestrahlten solaren Energie ($\dot{U} = (10^{-4} - 10^{-2})\Gamma_{\epsilon,Sun}$) und Differenzen der Temperatur ΔT_{rec}^* (**b**) für verschiedene Faktoren der Strahlungskonzentration $C = 10^0 - 10^3$ (Abszisse wie links)

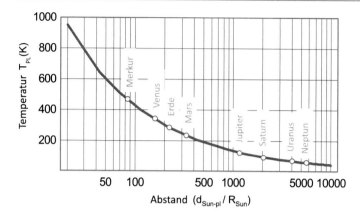

Abb. 2.13 Temperaturen von sphärischen ideal schwarzen Absorbern/Emittern im Abstand d_{SP} der Planeten unseres Sonnensystems vom Zentrum (insbesondere die äußeren Planeten verhalten sich real nicht wie ideal schwarze Körper)

2.6.3 Sonne-Planeten

Analog zur Betrachtung der Strahlungsbilanz zwischen Sonne und Erde kann man unter gleichsam idealen Bedingungen (Absorptions- und Emissionsvermögen $\alpha_i = 1$, $\varepsilon_i = 1$) die Gleichgewichtstemperaturen der Planeten unseres Sonnensystems bestimmen. In einfacher Approximation verzichten wir auf die genauen Daten der Planetenorbits und verwenden nur den mittleren Radius ihrer Bahnen um die Sonne. Die Temperatur von Planeten T_{Pl} ergibt sich damit aus dem zugehörigen Abstand d_{SP} (Orbitradius) (Abb. 2.13).

Die in einem bestimmten Abstand von der Sonne auf Planeten, in Satelliten/Raumstationen etc. sich ergebenden Wandlungswirkungsgrade sind wiederum wesentlich von der Temperatur der Empfänger bestimmt[12,13].

$$T_{Pl} \approx \sqrt[4]{\frac{1}{4}\left(\frac{R_{Sun}}{d_{SP}}\right)^2 T_{Sun}^4 + \left[1 - \left(\frac{1}{4}\right)\left(\frac{R_{Sun}}{d_{SP}}\right)^2\right] T_{Univ}^4}. \qquad (2.29)$$

---

[12]Die korrekte Temperatur der Planeten kann aufgrund der individuellen Absorptions- und Emissionsvermögen sowie deren lokaler Verteilung merklich von den hier abgeschätzten Temperaturen abweichen. In Raumstationen und Satelliten, deren Energieversorgung via Photovoltaik vorgenommen wird, stellt sich die Temperatur des Strahlungswandlers in Abhängigkeit der Absorptions- und Emissionseigenschaften und der Orientierung zur Quelle von allen Komponenten in sehr komplexer Weise ein.

[13]Die Raumwinkel für solare Strahlungszufuhr zu den einzelnen Planeten (d_{SP}) und Objekten im Orbit (d_{SO}) hängen von deren Abstand zur Sonne d_{SP} ab und lassen sich durch $\Omega_{in}(d_{SP/O}) = (1/4)(R_{Sun}/d_{SP})^2$ ausdrücken.

2.7   Konzentration solarer Strahlung

Von einer sphärischen Quelle wie der Sonne propagieren Photonen homogen in
radialer Richtung im Raumwinkelelement Ω, sofern keine Streuung, Absorption
oder sonstige Wechselwirkung stattfindet. Die Stromdichte der Photonen verringert
sich mit dem Quadrat des Abstandes vom Zentrum der Quelle (Abb. 2.14), die
Gesamtzahl N im Raumwinkelelement bleibt jedoch erhalten.

Die Auswirkung der Abnahme der Photonenstromdichte auf die Wandlung lässt
sich mit der Propagation eines Ensembles idealer Teilchen (ideales Photonengas der
Dichte u_ϵ) zeigen, das sich mit Lichtgeschwindigkeit bewegt und dessen Volumen
sich in quadratischer Abhängigkeit mit der Distanz d von der Quelle vergrößert. Aus
dem Volumenelement in der Nähe der sphärischen Quelle bei d_1 mit Oberfläche $\mathrm{d}A_1$,
Dicke $c_0\mathrm{d}t$ und Dichte $u_{\epsilon 1}$ wird somit in der Entfernung d_2 das Volumen $\mathrm{d}A_2 c_0\mathrm{d}t =
d_2^2 \mathrm{d}A_1 c_0\mathrm{d}t$. Da die Dichte der Photonen – beispielsweise in Form der Energiedichte
u_ϵ – entsprechend der Volumensänderung von $\mathrm{d}A_1 c_0\mathrm{d}t$ zu $\mathrm{d}A_2 c_0\mathrm{d}t$ zurückgeht,
steigt die Entropie $s(p, T, N)$ des Ensembles der N Partikel mit Vergrößerung des
Volumens bei Erhalt der Inneren Energie $u(T)$ ($\mathrm{d}u = Nk\mathrm{d}T = 0$) um

$$\Delta s_{1 \to 2} = \int_1^2 \frac{1}{T} p\mathrm{d}V = \int_1^2 \frac{Nk}{V} \mathrm{d}V = Nk \left(\ln \left[\frac{V_2}{V_1} \right] \right) = 2Nk \left(\ln \left[\frac{d}{R_{\mathrm{Sun}}} \right] \right).$$

Mit der Erhöhung des entropischen Terms Δs sinkt die Freie Energie des Ensembles wegen $f = u - Ts$ und gleichermaßen sinkt mit f auch die Wandelbarkeit der
Strahlung [5,6]. Die Umkehrung der Verdünnung, die Konzentration solarer Strahlung, ist eine geeignete Maßnahme zur Steigerung des Wirkungsgrades.

2.7.1   Konzentrationsfaktor Raumwinkel

In den Bilanzen des Strahlungsaustausches zwischen Sonne und Erde, wird das
Angebot der solaren Strahlung mit der Größe $\Gamma_{\epsilon,\mathrm{Sun}} C \Omega_0 = \Gamma_{\epsilon,\mathrm{Sun}} C (R_{\mathrm{Sun}}/d_{\mathrm{SE}})^2$
ausgedrückt, in der d_{SE} und C den Abstand von der Sonne und den Konzentrations-
faktor angeben. Dem Empfänger Erde bietet sich zur Rückgabe der Strahlung an die

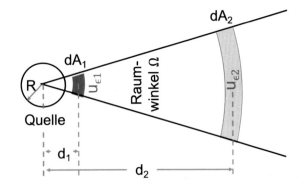

Abb. 2.14 Propagation von
Strahlung aus einer
sphärischen Quelle in den
Raumwinkel Ω und
Verdünnung der
Energiedichte des
Photonengases mit
Entfernung von der Quelle
($u_{\epsilon 1} \to u_{\epsilon 2}$)

Sonne der Raumwinkel $C\Omega_{\text{Sun}} = C\pi\Omega_0$ an. Außerdem sieht der irdische Empfänger für die Emission noch den Weltraum unter dem Raumwinkel $(4\pi - C\Omega_{\text{Sun}})$.

2.7.2 Konzentration mit der Näherung der geometrischen Optik

2.7.2.1 Gedankenexperiment mit Rotaionsellipsoid

Mit einem Gedankenexperiment, nämlich einer sphärischen Quelle thermischer Strahlung (S) und einem sphärischen Empfänger R, jeweils in einem Brennpunkt eines ideal reflektierenden Rotaionsellipsoids positioniert, kann man die maximale Konzentration der von S auf R übertragbaren Strahlung (Abb. 2.15) bestimmen. Mit den Einschränkungen der geometrischen Optik sieht in dieser Anordnung die Quelle S nur den Empfänger R und der Empfänger R nur die Quelle S.

Die kugelsymmetrische Quelle emittiert mit Emissionsvermögen $\varepsilon_S = 1$ radial isotrop; die Reflexion am idealen Ellipsoid fokussiert die von S stammenden Photonen auf den kugelförmigen Empfänger (Absorptionsvermögen $\alpha_R = 1$), der alle ankommenden Photonen absorbiert. Im Gegenzug emittiert R thermische Gleichgewichtsstrahlung, die von der Quelle S absorbiert wird ($\alpha_S = 1$). Da sich die Energieströme Quelle-Empfänger in stationärem Zustand ausgleichen, gilt wegen $\alpha_S = \alpha_R = \varepsilon_S = \varepsilon_R = 1$

$$A_S T_S^4 = A_R T_R^4.$$

Aus der Identität der Energieströme $J_{\epsilon,S} = A_S \Gamma_{\epsilon,S} = J_{\epsilon,R} = A_R \Gamma_{\epsilon,R}$ erhält man über die Energiestromdichten $\Gamma_{\epsilon,S}$ und $\Gamma_{\epsilon,R}$ den Konzentrationsfaktor

$$C = \frac{\Gamma_{\epsilon,R}}{\Gamma_{\epsilon,S}} = \frac{A_S}{A_R}.$$

Für $A_S = A_R$ und damit auch für gleiche Radien der beiden Emitter/Absorber sind die Energie- und Teilchenstromdichten auf deren Oberflächen gleich, sprich, es herrscht maximale Strahlungskonzentration.

Im Bild der geometrischen Optik würde formal für $A_R < A_S$, also für vergleichsweise kleine Empfängerradien, die Empfängertemperatur T_R die Temperatur der

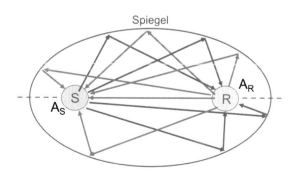

Abb. 2.15 Strahlungsaustausch zwischen einer Quelle S (mit Oberfläche A_S) und einem Empfänger R (mit Oberfläche A_R), die jeweils im Brennpunkt eines ideal reflektierenden Rotationsellipsoids positioniert sind

Quelle T_S übersteigen:

$$T_R > T_S,$$

ein offensichtlicher Widerspruch zum 2. Hauptsatz der Thermodynamik.

   Dieser Konflikt löst sich auf, wenn man berücksichtigt, dass der Ansatz mit Strahlenoptik eine Näherung darstellt. In der exakten Beschreibung mit Wellenoptik wird
die Phasenlage der Wellenamplituden berücksichtigt. Die sich überlagernden Amplituden müssen konstruktiv interferieren, um einen Beitrag zum Energiestrom zu liefern. An der Oberfläche des Empfängers interferieren diese Amplituden nicht mehr
konstruktiv, sobald dessen Radius kleiner ist als derjenige der Quelle. Damit kann
die Strahldichte am Empfänger auch nicht größer werden als die auf der Emittero-
berfläche. Hingegen wird für größere Empfängerradien $A_R > A_S$ entsprechend die
Temperatur des Empfängers $T_R < T_S$.

2.7.2.2 Konzentration mit paraxialer Abbildung

Die Konzentration von Strahlung läßt sich vergleichsweise einfach mit paraxialer
Strahlenoptik beschreiben, wie in der Abb. 2.16 angedeutet ist. Die Sonne wird von
der im Abstand a aufgestellten idealen Linse mit Brennweite f auf die Position des
Empfängers im Abstand b von der Linse abgebildet. Für die Abbildung gilt

$$\frac{1}{a} + \frac{1}{b} = \frac{1}{f}.$$

Da der Abstand von der Sonne $a = d_{SE} = 1.5 \cdot 10^{11}$ m gegenüber dem Abstand b
sehr viel größer ist ($a \gg b$) – schließlich müssen Linse und Empfänger auf der Erde
in wesentlich kleineren geometrischen Abmessungen untergebracht werden – wird

$$b = \frac{fa}{a - f} \approx f.$$

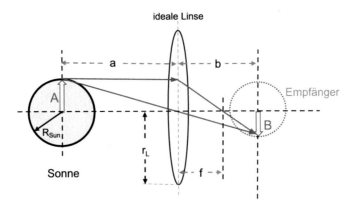

Abb. 2.16 Strahlengang für die Abbildung der sphärischen Quelle Sonne zur Konzentration solarer
Photonen mittels einer idealen Linse mit Radius r_L und Brennweite f

Der Empfänger liegt also näherungsweise in der Ebene des Brennpunkts der Linse.

Bei dieser Abbildung wird ein Längenelement der Quelle, beispielsweise der Radius der Sonne $R_{\text{Sun}} = A$, in der Bildebene zu

$$B = \frac{bA}{a} \approx \frac{fA}{a}.$$

Ein Flächenelement auf der Sonne wird dementsprechend in der Bildebene mit Faktor $(fa/A)^2$ bewertet. (Das Verhältnis $R_{\text{Sun}}/d_{\text{SE}} = A/a = \sqrt{\Omega_0}$ wurde in Abschn. 2.6 und 2.7.1 eingeführt.) Die ideale Linse sammelt die im Abstand $d_{\text{SE}} = a$ von der Sonne propagierende Photonenstromdichte $\Omega_0 \Gamma_{\gamma,\text{Sun}}$ auf der Fläche πr_{L}^2 und gibt diese als Photonenstrom

$$J_{\gamma,a} = \Omega_0 \Gamma_{\gamma,\text{Sun}} \pi r_{\text{L}}^2$$

vollständig an den Empfänger weiter.

Die solare Photonenstromdichte vor dem Eintritt in die Linse $\Omega_0 \Gamma_{\gamma,\text{Sun}}$ wird demnach am Ort des Empfängers

$$\Gamma_{\gamma,\text{rec}} = \Omega_0 \Gamma_{\gamma,\text{Sun}} \pi r_{\text{L}}^2 \left(\frac{a}{fA} \right)^2 = \Gamma_{\gamma,\text{Sun}} \pi r_{\text{L}}^2 \left(\frac{1}{f} \right)^2 = C \Omega_0 \Gamma_{\gamma,\text{Sun}}.$$

Die Verdünnung der solaren Strahlung im Abstand Erde-Sonne um den Faktor Ω_0 wird mit einer idealen Linse um den Konzentrationsfaktor

$$C = \pi \frac{r_{\text{L}}^2}{f^2} \tag{2.30}$$

reduziert.

a) **Sphärische Quelle und sphärischer Empfänger**

Die ideale Linse in der Abb. 2.17 erhält Strahlung von der Sonne im Raumwinkel

$$\Omega_{\text{S}} = 2\pi (1 - \cos \alpha_{\text{S}}) = 2\pi \left(1 - \cos \left(\arctan \frac{r_{\text{L}}}{a} \right) \right),$$

wobei $a = d_{\text{SE}}$ zu setzen ist.

Der sphärische Empfänger erhält den vollständigen Photonenstrom der Eingangsapertur unter dem Raumwinkel

$$\Omega_{\text{R}} = 2\pi (1 - \cos \alpha_{\text{R}}) = 2\pi \left(1 - \cos \left(\arctan \frac{r_{\text{L}}}{b} \right) \right)$$

mit $b \approx f$.

Der Radius der Linse r_{L} bestimmt also über Ω_{S} den von der Quelle gelieferten und in Ω_{R} auf den Empfänger abgebildeten Anteil. Für sehr große Linsendurchmesser, beispielsweise im Grenzfall $r_{\text{L}} \to \infty$ erreichen beide Raumwinkel $\Omega_{\text{S}} = \Omega_{\text{R}} = 2\pi$.

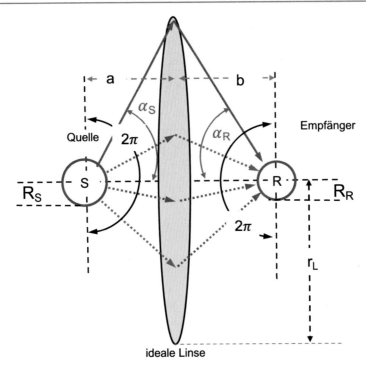

Abb. 2.17 Schematischer Austausch von Photonen aus einer sphärischen Quelle S über eine ideale Linse zu einem sphärischen Empfänger R

Die Konzentration (Faktor C) der Strahlung auf dem Empfänger ist für eine ideale Linse nicht abhängig von deren Durchmesser, steigt jedoch mit kleiner werdendem Empfängerradius R_R und erreichte für Werte $R_R < R_{Sun}(f/a)$ sogar eine höhere Strahldichte am Empfänger als auf der Sonnenoberfläche. Wiederum ein Widerspruch zur Thermodynamik (vgl. Abschn. 2.7.2.1) aufgrund der Beschreibung mit Beziehungen der geometrischen Optik.

b) Sphärische Quelle und ebener Empfänger

Die Abbildung der Sonne auf eine ebene Fläche ist für viele thermische Kollektoren und Solarzellenmodule von Bedeutung (Abb. 2.18).

Der gesamte Photonenstrom ($J_{\gamma,\text{Sun}}$) zu und von der Linse ($J_{\gamma,\text{rec}}$) lässt sich auch in Abhängigkeit der Raumwinkel $d\Omega_0 = d\Omega_S = 2\pi \sin\alpha_S d\alpha_S$ und $d\Omega_R = 2\pi \sin\alpha_R d\alpha_R$ ausdrücken. So werden aus den Photostromdichten, die der Linse von der Sonne und von der Linse dem Empfänger zugeführt werden, die Photonenströme

$$J_{\gamma,\text{Sun}} = \Gamma_{\gamma,\text{Sun}} \int_{\alpha_S=0}^{\Theta_S} 2\pi \cos\alpha_S \sin\alpha_S d\alpha_S = \Gamma_{\gamma,\text{Sun}} \Omega_S \qquad (2.31)$$

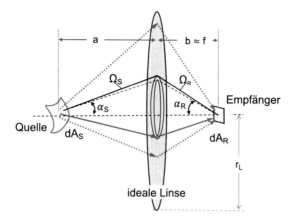

Abb. 2.18 Strahlungsaustausch zwischen einer sphärischen Quelle (S) und einem ebenen Empfänger (R), beispielsweise einem thermischen Kollektor oder einem Solarzellenmodul mit Konzentration der solaren Strahlung durch eine ideale Linse beliebig großen Durchmessers

und

$$J_{\gamma,R} = \Gamma_{\gamma,R} \int_{\alpha_R=0}^{\Theta_R} 2\pi \cos\alpha_R \sin\alpha_R \, d\alpha_R = \Gamma_{\gamma,R} \Omega_R. \tag{2.32}$$

Der Einfluss der Linsengröße auf die Strahlungskonzentration ergibt sich aus der Beziehung zwischen Raumwinkel Ω_i, Winkel α_i, dem Linsenradius r_L und den Abständen $a = d_{SE}$, resp. $b \approx f$ mit

$$\Omega_i = 2\pi \left(1 - \cos\Theta_i\right), \; \Theta_S = \arctan\frac{r_L}{d_{SE}}, \; \Theta_R = \arctan\frac{r_L}{f}.$$

Der Photonenstrom von der Sonne, der auf die Linse trifft, wird zum Empfänger weitergeleitet: $J_{\gamma,\text{Sun}} = J_{\gamma,R}$. Aus dieser Identität folgt

$$\Gamma_{\gamma,\text{Sun}} 2\pi \left(1 - \cos\left(\arctan\left(r_L/d_{SE}\right)\right)\right) = \Gamma_{\gamma,R} 2\pi \left(1 - \cos\left(\arctan\left(r_L/f\right)\right)\right),$$

woraus sich das Verhältnis der Photonenstromdichten am Empfänger zu der Quelle als Funktion des Linsenradius bestimmen lässt

$$\xi = \frac{\Gamma_{\gamma,R}}{\Gamma_{\gamma,\text{Sun}}} = \frac{1 - \cos\left(\arctan\left(r_L/f\right)\right)}{1 - \cos\left(\arctan\left(r_L/d_{SE}\right)\right)}. \tag{2.33}$$

Der Linsendurchmesser r_L regelt somit die Strahlungskonzentration auf dem Empfänger. Für $r_L \longrightarrow 0$ verschwindet formal $\Gamma_{\gamma,R}$; die maximale Konzentration $\Gamma_{\gamma,R} = \Gamma_{\gamma,\text{Sun}}$ wird erreicht mit $r_L \longrightarrow \infty$ und $\Omega_S = \Omega_R = 2\pi$.

In realen Systemen ist Konzentration durch endliche Linsengrößen, wegen deren endlicher Dicke und zudem durch Reflexion, sphärische Abberation und wellenlängenabhängigen Brechungsindex erheblich eingeschränkt.

2.7.3 Etendue als Erhaltungsgröße

Der Phasenraum in der geometrischen Optik ist ein vierdimensionales Gebilde, das alle Zustände der Propagation von Photonen enthält. In einer gedachten Fläche (z. B. der x-y-Ebene bei $z = z_0$), von welcher Strahlung senkrecht ausgeht oder durch diese senkrecht hindurch tritt, ist der Phasenraum durch die zwei Ortskoordinaten $x = x(z_0)$ und $y = y(z_0)$ sowie durch die Richtungskomponenten k_x und k_y gegeben; die zeitliche Komponente, notwendig zur Formulierung von transienten Vorgängen, und die spektrale Komponente (für Änderungen der Wellenlänge wegen fehlender Frequenzverschiebung oder Streuung) werden hier nicht betrachtet. Das Volumen dieses vierdimensionalen Phasenraums bezeichnet die Etendue G, als

$$G = \int \int dG$$

mit

$$dG_i = n^2 dS_i \cos(\alpha_i) d\Omega_i. \tag{2.34}$$

Im Strahlungsaustausch zwischen einer Quelle S und einem Empfänger R sind dS und dR die betrachteten Flächenelemente, die emittieren resp. absorbieren und $d\Omega_S$ und $d\Omega_R$ die zugehörigen Raumwinkel, die gegenüber den Flächennormalen n_S, n_R um die Winkel α_S und α_R geneigt sind.

Die Anteile der ausgetauschten Strahlung (Abb. 2.19) von S zu R lauten

$$dG_S = n^2 dS \cos(\alpha_S) d\Omega_S = n^2 dS \cos(\alpha_S) \left(\frac{dR \cos(\alpha_R)}{d^2} \right), \tag{2.35}$$

und ebenso von R zu S

$$dG_R = n^2 dR \cos(\alpha_R) d\Omega_R = n^2 dR \cos(\alpha_R) \left(\frac{dS \cos(\alpha_S)}{d^2} \right). \tag{2.36}$$

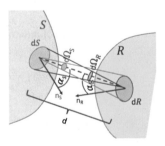

Abb. 2.19 Strahlungsaustausch zwischen einer Quelle S und einem Empfänger R im Abstand d voneinander in einem homogenen Medium mit Brechungsindex n. Die Körper S und R emittieren jeweils aus den Flächenelementen dS und dR in die Raumwinkel $d\Omega_S$ und $d\Omega_R$, die gegenüber den Flächennormalen n_S und n_R um die Winkel α_S und α_R geneigt sind

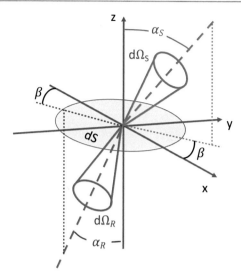

Abb. 2.20 Strahlungsaustausch über eine Grenzfläche dS zwischen zwei Medien S und R mit unterschiedlichen Brechungsindizes n_S und n_R. Die Ausrichtung der Raumwinkel von Strahlungsein- und Austritt dΩ_S und dΩ_R sind gegenüber der Flächennormalen (z-Achse) – der unterschiedlichen Brechungsindizes wegen – um die Winkel $\alpha_S \neq \alpha_R$ nach dem Snellius-Gesetz geneigt; der Winkel β in beiden Medien ist gleich

Hieraus ergibt sich

$$dG_S = dG_R. \tag{2.37}$$

Die differentielle Etendue wird folglich bei der Propagation von Strahlung – hier in einem homogenen Medium, wie für Wandlung solarer Strahlung und deren eventuelle Konzentration relevant – erhalten; somit ist auch die gesamte Etendue G eine Erhaltungsgröße.

Beim Durchgang von Strahlung durch die Grenzfläche dS zwischen zwei Medien mit unterschiedlichen Brechungsindizes n_S und n_R (Abb. 2.20) wird die Propagationsrichtung nach dem Gesetz von Snellius vom Winkel α_S zum Winkel α_R gebeugt

$$n_S \sin(\alpha_S) = n_R \sin(\alpha_R). \tag{2.38}$$

Die Richtung der Propagation in dieser Betrachtung ist umkehrbar.

Die Ableitung der Snellius-Beziehung nach dem Winkel $d(n_i \sin(\alpha_i)/d\alpha_i$ ergibt

$$n_S \cos(\alpha_S)dS = n_R \cos(\alpha_R)dS, \tag{2.39}$$

die man mit den Termen der Snellius-Beziehung multipliziert, um

$$n_S \cos(\alpha_S)dS(n_S \sin(\alpha_S)) = n_R \cos(\alpha_R)dR(n_R \sin(\alpha_R)). \tag{2.40}$$

zu erhalten.

Für beide Seiten gilt $d\beta_S = d\beta_R = d\beta$, somit wird nach zusätzlicher Multiplikation mit der betrachteten Fläche der Phasengrenze dS

$$n_S^2 \cos(\alpha_S) \sin(\alpha_S) dS \, d\beta = n_R^2 \cos(\alpha_R) \sin(\alpha_R) dS \, d\beta. \qquad (2.41)$$

Da der Raumwinkel sich allgemein ergibt aus $\sin(\alpha_i) d\alpha_i \, d\beta = d\Omega_i$, folgt

$$n_S^2 \cos(\alpha_S) d\Omega_S \, dS = n_R^2 \cos(\alpha_R) d\Omega_R \, dS, \qquad (2.42)$$

was identisch ist mit

$$dG_S = dG_R. \qquad (2.43)$$

Diese Erhaltung der Größe Etendue beim Übergang von Strahlung von einem zum einem anderen Medium gilt es zur Bestimmung maximal möglicher Konzentration mit Hilfe passiver optischer Elemente (Linsen, Spiegel) zu erfüllen.

2.7.4 Nichtabbildende Konzentration

Nichtabbildende Strukturen zur Konzentration von Strahlung bestehen im Gegensatz zu technologisch aufwendigen optischen Spiegel- oder Linsensystemen für abbildende Konzentration aus vergleichsweise geometrisch einfachen reflektierenden Flächen (Abb. 2.21). Der Konzentrationsfaktor C für solare Strahlung ergibt sich hier aus dem Verhältnis der Eingangs- zur Ausgangsfläche des Konzentrators (hier $C = A_1/A_2$), sofern alle Strahlen, die den Eingang passieren, auch den Ausgang erreichen. In solchen nichtabbildenden Systemen begrenzt die Linie des Randstrahls (Randstrahlprinzip nach [12]) die eingangsseitige Fläche A^* der Strahlung, die den Ausgang erreicht (Abb. 2.22).

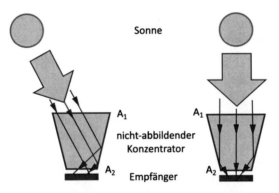

Abb. 2.21 Schematische Darstellung von Konzentration mit nichtabbildenden, konusförmigen verspiegelten Trögen für unterschiedliche Sonnenstände. Der Konzentrationsfaktor erreicht bestenfalls das Verhältnis von Eingangs- zu Ausgangsfläche A_1/A_2. Die wirksame Eintrittsfläche A_1^*, die wesentlich von der Position der Strahlungsquelle abhängt, wird durch das Randstrahlprinzip festgelegt. Hier werden nur Strahlen am Eingang berücksichtigt, die den Ausgang erreichen

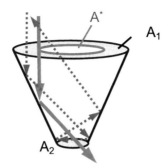

Abb. 2.22 Nichtabbildender konusförmiger Konzentrator. Aufgrund des Randstrahlprinzips ist die zur Konzentration wirksame Eintritsfläche A_1^* modifiziert

Ein Nachteil der nichtabbildenden Konzentration besteht in der inhomogenen Verteilung der Photonenstromdichte auf dem Empfänger, deretwegen die Wandlungsfähigkeit gegenüber der mit homogener Verteilung geringer ausfällt.

Ein Vorteil von nichtabbildenden Strukturen besteht allerdings in der Möglichkeit der Konzentration von Strahlung aus einer Quelle mit unterschiedlichen Positionen, wie dem über den Tag oder saisonal variierenden Sonnenstand (Abb. 2.22). In abbildenden Systemen muss dazu eine aufwendige und meist teure Nachführung vorgesehen werden.

2.8   Partikeleigenschaften solarer Strahlung

Während viele Effekte von Strahlung sehr einfach mittels Welleneigenschaften beschrieben werden, ist insbesondere für photovoltaische, photochemische und photobiologische Vorgänge das Partikelbild (Photonen) das geeignetere Konzept. In diesem Bild lassen sich für quantenhaftes Verhalten wichtige Größen bestimmen, wie:

- der gesamte Strom der solaren Photonen zur Erde,
- der Anteil der Photonen mit einer Mindestenergie, nämlich einer energetischen Schwelle, zur Auslösung von Absorptionsprozessen und zur Generation von Anregungszuständen,
- die mittlere Energie der Photonen und
- der Impuls der Photonen, der auf einen Absorber oder Reflektor übertragen wird.

Strahlung jedweder Art ist sowohl Partikel als auch Welle; oftmals wird dieses Phänomen Welle-Teilchen-Dualismus[14] genannt. Beide Beschreibungsarten sind gültig

---

[14]Das Problem hier ist nicht physikalischer Natur, sondern besteht im Defizit des menschlichen Sprachschatzes, denn wir haben keinen gemeinsamen Ausdruck für beide Varianten.

und richtig, nur kann man sie für die einzelnen realen Effekte unterschiedlich komfortabel formulieren.

2.8.1 Gesamter solarer Photonenstrom

Die gesamte solare Photonenstromdichte zur Erde $\Gamma_\gamma(d_{SE})$ erhalten wir durch die Integration der spektralen Photonenstromdichte im Abstand d_{SE} von der Sonne

$$\Gamma_\gamma(d_{SE}) = \frac{1}{4\pi^2}\left(\frac{R_{Sun}}{d_{SE}}\right)^2 \int_0^\infty \left(\frac{1}{c_0^2\hbar^3}\right)\left(\frac{1}{\hbar\omega}\right)\frac{(\hbar\omega)^2}{\exp[\hbar\omega/kT_{Sun}]-1}\mathrm{d}(\hbar\omega),$$

$$(2.44)$$

und demzufolge

$$\Gamma_\gamma(d_{SE}) = \frac{1}{4\pi^2}\left(\frac{R_{Sun}}{d_{SE}}\right)^2\left(\frac{1}{c_0^2\hbar^3}\right)\left(2k^3T_{Sun}^3\zeta[3]\right) = 7.05\cdot 10^{17}\,\mathrm{cm}^{-2}\,\mathrm{s}^{-1}.\quad (2.45)$$

2.8.2 Mittlere Energie solarer Photonen

In ähnlicher Weise kann die mittlere Energie der solaren Photonen $\bar\epsilon$ aus dem Quotienten der Integration über die Photonenenergie und der Integration über deren Stromdichte bestimmt werden

$$\bar\epsilon_{phot} = \frac{\displaystyle\int_0^\infty \frac{1}{c_0^24\pi^2\hbar^3}\frac{(\hbar\omega)^3}{\exp[\hbar\omega/kT_{Sun}]-1}\mathrm{d}\,(\hbar\omega)}{\displaystyle\int_0^\infty \frac{1}{c_0^24\pi^2\hbar^3}\frac{(\hbar\omega)^2}{\exp(\hbar\omega/kT_{Sun}]-1}\mathrm{d}\,(\hbar\omega)} \approx 1.405\,\mathrm{eV}.\quad (2.46)$$

Bemerkenswert ist hier, dass der energetische Wert, der der Temperatur der Sonne[15] entspricht, sich zu vergleichsweise geringeren

$$kT_{Sun} = 1.38\cdot 10^{-23}\,(\mathrm{J/K})(5\,800\,\mathrm{K}) = 8.0\cdot 10^{-20}\,\mathrm{J} = 0.50\,\mathrm{eV}$$

ergibt.

2.8.3 Energetische Barriere für solare Photonen

Bei der Absorption von Photonen in Materie werden Elektronen energetisch angeregt. Bei dieser Anregung – wir beschränken uns hier auf Ein-Elektronen-Prozesse –

---

[15]Hier zählt wiederum die Temperatur der Sonnenoberfläche $T_{Sun} \approx 5\,800\,\mathrm{K}$.

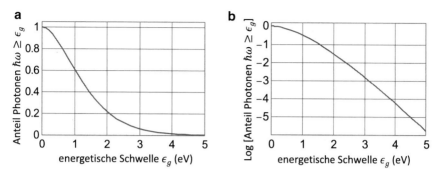

Abb. 2.23 Prozentualer Anteil ξ von Photonen mit Energie $\hbar\omega \geq \epsilon_g$ über der Photonenenergie in linearer Auftragung (**a**) und mit logarithmischer Ordinate (**b**)

wird die Energie des Photons $\hbar\omega$ auf ein Elektron übertragen, das einen entsprechend höheren Energiezustand $\Delta\epsilon = \hbar\omega$ besetzt. Die energetische Schwelle $\Delta\epsilon = \epsilon_g$ diskriminiert mithin Photonen mit $\hbar\omega \geq \epsilon_g$, die absorbiert werden, von solchen $\hbar\omega < \epsilon_g$, für die die Materie transparent ist. Die Rate der absorbierten Photonen entspricht demnach direkt der Rate der möglichen Prozesse bei der Wandlung von Strahlung in elektrische Energie in Halbleitern oder in Molekülen.

Der Anteil $\xi(\epsilon_g)$ der Photonen mit einer Mindestenergie $\hbar\omega \geqslant \epsilon_g$ ergibt sich aus der Integration der Photonenstromdichte $\Gamma_\gamma(\hbar\omega)$ mit unterer Grenze ϵ_g, oberer Grenze $\hbar\omega \rightarrow \infty$ bezogen auf die gesamte Photonenstromdichte (Abb. 2.23)

$$\xi\left(\epsilon_g\right) = \frac{\displaystyle\int_{\epsilon_g}^{\infty} \frac{1}{c_0^2 4\pi^2 \hbar^3} \frac{(\hbar\omega)^2}{\exp\left[\hbar\omega/kT_{\text{Sun}}\right] - 1} \mathrm{d}\left(\hbar\omega\right)}{\displaystyle\int_{0}^{\infty} \frac{1}{c_0^2 4\pi^2 \hbar^3} \frac{(\hbar\omega)^2}{\exp\left[\hbar\omega/kT_{\text{Sun}}\right] - 1} \mathrm{d}(\hbar\omega)}. \tag{2.47}$$

2.8.4 Impuls solarer Photonen und Photonendruck

Bei der Wechselwirkung von Strahlung mit Materie, sei es zur Absorption, Reflexion oder Emission ist außer der Energieerhaltung auch die Erhaltung des Wellenvektors und des Spins gefordert. Dementsprechend werden bei der Absorption und der Reflexion von Photonen auf die Materie auch Impulse übertragen, sprich ein Druck ausgeübt. Wegen der sehr geringen Beiträge der Spins ist dieser Effekt insbesondere für Strahlungswandlung von vernachlässigbarer Bedeutung.

Zur Berechnung des Photonendrucks auf einen Absorber im Abstand d von der Sonne summieren wir die Impulse $p(\hbar\omega)$ der Einzelphotonen aus der spektralen Photonenstromdichte, die sich aus dem jeweiligen Wellenvektor $k = p/\hbar$ ergeben. In Absorption wird der Photonenimpuls einfach, in Reflexion hingegen, wegen der Richtungsumkehr des Photons, doppelt gezählt.

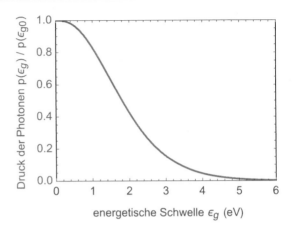

Abb. 2.24 Spektraler Druck von absorbierten Photonen als Funktion der Schwellenergie (z. B. Bandabstand) $p(\epsilon_g)/p(\epsilon_g = 0)$

Die Absorption von Photonen in einem ideal absorbierenden Medium ($\alpha(\hbar\omega < \epsilon_g) = 0$ und $\alpha(\hbar\omega \geq \epsilon_g) = 1$)) liefert den Gesamtdruck

$$p_{\text{Sun, abs}}(d) = \left(\frac{R_{\text{Sun}}}{d}\right)^2 \int_{\epsilon_g}^{\infty} \frac{(h\omega)^2}{c_0^2 4\pi^2 \hbar^3} \left(\frac{\hbar\omega}{c_0}\right) \left(\frac{1}{\exp[\hbar\omega/kT_{\text{Sun}}] - 1}\right) d(\hbar\omega).$$

$$(2.48)$$

Für den hier exemplarisch gewählten Bandabstand $\epsilon_g = 0$, ergibt sich aus dem bestimmten Integral der Form

$$\int_0^{\infty} \zeta^n \frac{1}{\exp[\zeta/a] - 1} d\zeta,$$

sowie mit der Gamma-Funktion, der Druck der solaren Photonen

$$p_{\text{Sun, abs}}(d) = \left(\frac{R_{\text{Sun}}}{d}\right)^2 \frac{1}{c_0^3} \frac{6}{90} \pi^4 \frac{(kT_{\text{Sun}})^4}{\hbar^3 (2\pi)^2}.$$

$$(2.49)$$

Für irdische Verhältnisse setzen wir $d = d_{\text{SE}}$, $T_{\text{Sun}} = 5\,800$ K, Konzentrationsfaktor $C = 1$ und $\epsilon_g = 0$ und erhalten den vergleichsweise kleinen Wert für Absorption

$$p_{\text{Sun, abs}} = 4.6 \cdot 10^{-12} \text{ VAs cm}^{-3} = 4.6 \cdot 10^{-10} \text{ N cm}^{-2},$$

$$(2.50)$$

der sich für einen idealen Reflektor verdoppelt zu

$$p_{\text{Sun, refl}} = 2 p_{\text{Sun, abs}} = 9.2 \cdot 10^{-10} \text{ N cm}^{-2}.$$

$$(2.51)$$

Eine numerische Lösung des Druckes von absorbierten Photonen als Funktion der Schwellenergie $p(\epsilon_g)$ ist in Abb. 2.24 dargestellt.

Obwohl der Effekt des Photonendrucks für Strahlungswandlung auf der Erde nahezu[16] unbedeutend ist, wird er für Objekte innerhalb und außerhalb des irdischen Orbits (Raumstationen, Satelliten) sehr wichtig, weil über mittlere und lange Zeiten die lokale Position verändert wird, sowohl durch Absorption von Strahlung als auch durch Emission, die sich richtungsabhängig nicht ausgleichen.

2.9   Entropiestromdichte solarer Photonen

Solare Photonen transportieren nicht nur Energie, sondern auch Entropie, weil die Quelle eine thermische Verteilung aufweist, und die Strahlung dadurch thermische Qualität hat. Wir betrachten dazu ein Ensemble von Photonen in einem hypothetischen Volumen, das sich mit Lichtgeschwindigkeit bewegt und weder eine räumliche (ebene Welle für große Abstände von der Sonne) noch eine energetische Dispersion erfährt ($dN_i = 0$, $dV = 0$, $\dot{U} = 0$).

Die Temperaturabhängigkeit der Photonen ergibt sich nach dem Planck'schen Gesetz aus der Energiestromdichte mit

$$\Gamma_{\epsilon,\text{Sun}} = \sigma_{\text{SB}} \varepsilon_{\text{Sun}} T_{\text{Sun}}^4.$$

Die entsprechende Entropiestromdichte $\Gamma_{S,\text{Sun}}$ folgt aus der Fundamentalrelation der Thermodynamik

$$dU = T\,dS - p\,dV + \Sigma \mu_i dN_i, \tag{2.52}$$

in der die Innere Energie U eines Ensembles mit den unabhängigen Variablen, Entropie S, Volumen V, Teilchenzahl N_i, und mit den abhängigen, Temperatur T, Druck p und Chemischem Potential der einzelnen Teilchensorten μ_i, ausgedrückt ist.

Das totale Differential der Inneren Energie $U = U(S, V, N_i)$ schreibt sich mit den Termen [13]

$$dU = \left(\frac{\partial U}{\partial S}\right)_{V,N_i} dS + \left(\frac{\partial U}{\partial V}\right)_{S,N_i} dV + \left(\frac{\partial U}{\partial N_i}\right)_{S,V} dN_i,$$

die Temperatur, Druck und Chemisches Potential ausdrücken

$$\left(\frac{\partial U}{\partial S}\right)_{V,N_i} = T, \quad \left(\frac{\partial U}{\partial V}\right)_{S,N_i} = -p, \quad \left(\frac{\partial U}{\partial N_i}\right)_{S,V} = \mu_i. \tag{2.53}$$

Aus

$$\left(\frac{\partial U}{\partial S}\right)_{V,N_i} = T = \left(\frac{\partial U}{\partial T}\right)_{V,N_i} \left(\frac{\partial T}{\partial S}\right)_{V,N_i}$$

---

[16] Auch wenn die Auswirkungen auf den theoretisch maximal erreichbaren Wirkungsgrad der Wandlung solarer Strahlung gering sind, wird der Einfluss des Photonendruckes noch immer kontrovers diskutiert.

und mit $U = \sigma_{SB}\varepsilon T^4$ erhält man

$$\sigma_{SB}\varepsilon 4T^3 \left(\frac{\partial T}{\partial S}\right)_{V,N_i} = T \qquad (2.54)$$

oder

$$\sigma_{SB}\varepsilon 4T^2 dT = dS. \qquad (2.55)$$

Die Integration führt zu der Entropiestromdichte der Strahlung eines schwarzen Körpers wie der Sonne

$$\Gamma_S = \frac{4}{3}\sigma_{SB}\varepsilon T^3 + \Gamma_{S,0}. \qquad (2.56)$$

Die Integrationskonstante $\Gamma_{S,0}$ wird bestimmt[17] durch $\Gamma_{S,0} = \Gamma_S(T \to 0) = 0$.

In analoger Weise lassen sich Stromdichten von anderen thermodynamischen Potentialen wie die der Freien Energie einer thermischen Gleichgewichtsstrahlung erzeugen:

$$\Gamma_F = \Gamma_\epsilon - T\Gamma_S.$$

Für kleine Abstände von der Strahlungsquelle ist die im jeweiligen Raumwinkel auftretende Volumensänderung zu berücksichtigten, die beispielsweise die Stromdichte der Entropie vergrößert und die der Freien Energie entsprechend verringert.

2.10   Das Chemische Potential von Strahlung

Das Chemische Potential von Strahlung μ_γ quantifiziert die Qualität von Photonen in Bezug auf deren Wandlung in photoelektrischen, photochemischen oder photobiologischen Prozessen. Der Wert von μ_γ wird definiert mit Hilfe der Wechselwirkung dieser Strahlung mit Materie. Im chemischen Gleichgewicht, heißt, im stationären Zustand, wird die Materie aus dem thermischen Gleichgewicht (Temperatur T) durch Photonen ausgelenkt. Diese können Gitterschwingungen (Phononen) oder Elektronen anregen. Die Anregung von Phononen ist hier unbedeutend, weil die Frequenzen der Schwingungsmoden im Gitter nicht gut zu den Photonenenergien der Solarstrahlung passen ($\hbar\omega_{phonon} \ll \hbar\omega_{photon}$).

In einem idealen elektronischen Bandsystem, in dem ausschließlich strahlende Übergänge, wie Absorption und spontane und induzierte Emission, erlaubt sind (vgl. Abschn. 2.4.2), sind Elektronen (Fermionen) und Photonen (Bosonen) über die Ratengleichungen gekoppelt. Im stationären Zustand (Absorptionsrate = Emissionsrate) sind folglich die Chemischen Potentiale des Elektronensystems μ_{np} und der Strahlung μ_γ gleich. Das elektronische System, das unter Strahlungsanregung

---

[17]Für $T \to 0$ existiert für ein Ensemble von nichtunterscheidbaren Teilchen nur die eine Realisierungsmöglichkeit des energetisch tiefsten Zustandes.

mit energieabhängigen Konzentrationen konsistent beschrieben werden kann, bildet wegen $\mu_{np} = \mu_\gamma$ die „Messvorrichtung" zur Quantifizierung der Qualität der Strahlung.

In thermodynamischer Beschreibung gilt für das Ensemble der Photonen in einem hypothetischen Volumen (Empfänger) im chemischen Gleichgewicht

$$dU = T\,dS - p\,dV + \Sigma\mu_i\,dN_i = 0$$

mit U, T, S, p, V, μ_i, N_i für Innere Energie, Temperatur, Entropie, Druck, Volumen, Chemisches Potential und Dichte der Teilchensorte. Die unabhängigen Variablen bei der Bedingung $dU = 0$ sind Entropie (sorgt für thermisches Gleichgewicht und bestimmt die Temperatur), Volumen (bestimmt den Druck), und Teilchenaustausch (ordnet das chemische Gleichgewicht). Die kontinuierliche Emission und Absorption von Photonen im System äußert sich in $dN_i \neq 0$ und führt im Term $\Sigma\mu_i\,dN_i = 0$ zu $\mu_i = 0$.

Zur vollständigen Beschreibung des elektronischen Anregungszustandes bedarf es der Kenntnis aller Übergangsraten im beleuchteten System und zudem der Kenntnis der Besetzung aller Energieniveaus. Die Besetzungen der Niveaus sind jede mit jeder über die Ratengleichungen gekoppelt. Das System von gekoppelten Differentialgleichungen ist ungemein komplex und im Allgemeinen nur numerisch lösbar.

Allerdings vereinfacht sich die Fragestellung der Besetzung, wenn man annehmen kann, dass nicht nur im thermischen Gleichgewicht, sondern auch im angeregten Zustand die elektronische Besetzung der Energieniveaus (in Halbleitern sind das z. B. das Valenz- und das Leitungsband, in organischer Materie das HOMO- und das LUMO-Niveau) einer Maximum-Entropie-Verteilung entspricht, also den Charakter einer Temperaturverteilung annimmt. Diese Annahme ist sehr wohl gerechtfertigt, wenn die Relaxation von Energie ϵ und Wellenvektor k im angeregten Zustand (τ_ϵ und τ_k) schnell ist im Vergleich mit der Zeit zur Rückkehr in den Grundzustand (Rekombinationslebensdauer $\tau_{rec} \gg \tau_\epsilon$). Üblicherweise sind Relaxationszeiten für Energie und Wellenvektor ähnlich ($\tau_\epsilon \approx \tau_k$).

Für den Fall, dass die Bedingung $\tau_{rec} \gg \tau_\epsilon$ nicht erfüllt wird, ist der Anregungszustand auch nicht langlebig genug, um an die Ränder des Systems zu gelangen, wo er an Kontakten als elektrische Potentialdifferenz wirksam würde. Solche Materie scheidet für die hier diskutierten Zwecke der Strahlungswandlung generell aus.

Zur Quantifizierung des Chemischen Potentials von Strahlung dient das oben genannte elektronisches Modellsystem mit zwei durch eine energetische Lücke $\epsilon_2 - \epsilon_1 = \Delta\epsilon = \epsilon_g$ voneinander getrennten Energiebereichen (Abb. 2.8). Zudem ist dieses System streng mit einem thermischen Reservoir der Temperatur T verbunden.

Ein derartiges Modellsystem repräsentiert sowohl die extrem dicht liegenden Niveaus im Valenz- und Leitungsband in Halbleitern, als auch die vergleichsweise weniger dicht liegenden Niveaus von HOMO- und LUMO-Zuständen in Molekülen[18].

---

[18]HOMO für **h**ighest **o**ccupied **m**olecular **o**rbit, LUMO für **l**owest **u**noccupied **m**olecular **o**rbit.

Im stationären Zustand gilt:

$$r_{\text{abs}} = r_{\text{spont}} + r_{\text{stim}}. \tag{2.57}$$

Die Raten der Übergänge zwischen den Energiebereichen $D_1(\epsilon)$, $D_2(\epsilon)$ sind abhängig von der Besetzung der Niveaus, den Matrixelementen für optische Übergänge (M_{12}, M_{21}) und vom Photonenfeld u_γ und lauten für eine Störung mit der Photonenenergie $\hbar\omega$:

$$r_{\text{abs}} = u_\gamma \int_0^\infty D_1(\epsilon) f(\epsilon) D_2(\epsilon)(1 - f(\epsilon + \hbar\omega)) M_{21}(\epsilon, \hbar\omega) d\epsilon \tag{2.58}$$

$$r_{\text{spont}} = D_\gamma \int_0^\infty D_2(\epsilon) f(\epsilon + \hbar\omega) D_1(\epsilon)(1 - f(\epsilon)) M_{21}(\epsilon, \hbar\omega) d\epsilon, \tag{2.59}$$

$$r_{\text{stim}} = u_\gamma \int_0^\infty D_2(\epsilon) f(\epsilon + \hbar\omega) D_1(\epsilon)(1 - f(\epsilon)) M_{21}(\epsilon, \hbar\omega) d\epsilon, \tag{2.60}$$

Die Dichte der von Elektronen besetzten Energien wird mit $f(\epsilon_i)$ angegeben; die von unbesetzten Zuständen (in halbleiterphysikalischer Nomenklatur die der Löcher) entsprechend mit $(1 - f(\epsilon_i))$. Die Größe D_γ bezeichnet die Zustandsdichte der Photonen, nämlich $D_\gamma = ((n)^2(\hbar\omega)^2)/(\pi^2\hbar^3 c^3)$ mit Brechungsindex der Materie n, Photonenenergie $\hbar\omega$ und Lichtgeschwindigkeit $c = c_0/n$.

Die Annahme der schnellen Relaxation[19] der Elektronen in den Bändern und der gute thermische Kontakt zum externen Temperaturreservoir erlauben die Formulierung der Besetzungsfunktionen $f(\epsilon)$ resp. $(1 - f(\epsilon))$ mit der Fermi-Statistik [14]. In dieser Formulierung wird jeder Spezies im Anregungszustand ein individuelles Ferminiveau (Quasi-Fermi-Niveau) zugewiesen, ϵ_{Fn} für Elektronen in D_2 und ϵ_{Fp} für fehlende Elektronen (Löcher) in D_1.

Die Besetzung von Zuständen in $D_2 = D(\epsilon_2)$ (z. B. Elektronen im Leitungsband) wird demzufolge

$$f(\epsilon + \hbar\omega) = \frac{1}{\exp\left[\dfrac{\epsilon + \hbar\omega - \epsilon_{\text{Fn}}}{kT}\right] + 1}, \tag{2.61}$$

und die Dichte der unbesetzten in $D_1 = D(\epsilon_1)$ (entsprechend Löcher im Valenzband) lautet

$$(1 - f(\epsilon)) = \frac{1}{\exp\left[\dfrac{-\epsilon + \epsilon_{\text{Fp}}}{kT}\right] + 1}. \tag{2.62}$$

---

[19]In physikalischer Sprechweise nennt man den Effekt starke „Elektron-Elektron-Kopplung", die aus der Coulomb-Wechselwirkung herrührt, sowie starke „Elektron-Phonon-Kopplung" (Coulomb-Wechselwirkung von Elektronen und GitterIonen) mit $\tau_\epsilon \approx (10^{-13} - 10^{-12})$s.

Der Ansatz der Fermi-Statistik mit Quasi-Fermi-Niveaus gilt ausnahmslos nur für die angeregten Zustände, nämlich für Elektronen in D_2 und für „fehlende Elektronen" in D_1. Hingegen ergeben sich die Besetzung von Elektronen $(1 - f(\epsilon))$ in D_1 und die der unbesetzten Zustände $f(\epsilon + \hbar\omega)$ in D_2 aus der Neutralitätsbedingung, also aus der Erhaltung der Gesamtzustandsdichte:

$$(1 - f(\epsilon + \hbar\omega)) = 1 - \frac{1}{\exp\left[\dfrac{\epsilon + \hbar\omega - \epsilon_{Fn}}{kT}\right] + 1} = \frac{\exp\left[\dfrac{\epsilon + \hbar\omega - \epsilon_{Fn}}{kT}\right]}{\exp\left[\dfrac{\epsilon + \hbar\omega - \epsilon_{Fn}}{kT}\right] + 1},$$
$$(2.63)$$

und

$$f(\epsilon) = 1 - \frac{1}{\exp\left[\dfrac{-\epsilon + \epsilon_{Fp}}{kT}\right] + 1} = \frac{\exp\left[\dfrac{-\epsilon + \epsilon_{Fp}}{kT}\right]}{\exp\left[\dfrac{-\epsilon + \epsilon_{Fp}}{kT}\right] + 1}. \qquad (2.64)$$

Die Ratenbilanz wird nach $u(\gamma)$ aufgelöst und mit den detaillierten Termen von r_{abs}, r_{spon}, r_{stim} ausgestattet

$$u_\gamma = D_\gamma \frac{\int_0^\infty D_2(\epsilon) D_2(\epsilon) M_{21}(\epsilon, \hbar\omega) \left[f(\epsilon + \hbar\omega)(1 - f(\epsilon)) \right] d\epsilon}{\Xi} = \frac{\Theta}{\Xi} \qquad (2.65)$$

mit Abkürzung Ξ für den Nenner

$$\Xi = \int_0^\infty D_2(\epsilon) f(\epsilon) D_2(\epsilon)(1 - f(\epsilon + \hbar\omega)) M_{12}(\epsilon, \hbar\omega) d\epsilon$$
$$- \int_0^\infty D_2(\epsilon) f(\epsilon + \hbar\omega) D_2(\epsilon)(1 - f(\epsilon)) M_{21}(\epsilon, \hbar\omega) d\epsilon$$
$$= \int_0^\infty D_1(\epsilon) D_2(\epsilon) M_{21}(\epsilon, \hbar\omega) \left[f(\epsilon)(1 - f(\epsilon + \hbar\omega)) - f(\epsilon + \hbar\omega)(1 - f(\epsilon)) \right] d\epsilon$$
$$= \int_0^\infty D_2(\epsilon) D_1(\epsilon) M_{21}(\epsilon, \hbar\omega) \left(f(\epsilon + \hbar\omega)(1 - f(\epsilon)) \right) \left[\frac{f(\epsilon)(1 - f(\epsilon + \hbar\omega))}{f(\epsilon + \hbar\omega)(1 - f(\epsilon))} - 1 \right] d\epsilon.$$
$$(2.66)$$

Außer dem Term in der rechteckigen Klammer im Nenner Ξ sind Zählerausdruck und Nenner identisch. Der Klammerausdruck

$$\frac{f(\epsilon)(1 - f(\epsilon + \hbar\omega)}{f(\epsilon + \hbar\omega)(1 - f(\epsilon))} - 1$$

ergibt

$$
= \frac{\left(\dfrac{\exp\left[\dfrac{-\epsilon + \epsilon_{Fp}}{kT} \right]}{\exp\left[\dfrac{-\epsilon + \epsilon_{Fp}}{kT} \right] + 1} \right) \left(\dfrac{\exp\left[\dfrac{\epsilon + \hbar\omega - \epsilon_{Fn}}{kT} \right]}{\exp\left[\dfrac{\epsilon + \hbar\omega - \epsilon_{Fn}}{kT} \right] + 1} \right)}{\left(\dfrac{1}{\exp\left[\dfrac{\epsilon + \hbar\omega - \epsilon_{Fn}}{kT} \right] + 1} \right) \left(\dfrac{1}{\exp\left[\dfrac{-\epsilon + \epsilon_{Fp}}{kT} \right] + 1} \right)} - 1
$$

$$
= \exp\left[\frac{-\epsilon + \epsilon_{Fp} + \epsilon + \hbar\omega - \epsilon_{Fn}}{kT} \right] - 1 = \exp\left[\frac{\hbar\omega - (\epsilon_{Fn} - \epsilon_{Fp})}{kT} \right] - 1. \quad (2.67)
$$

Dieser Ausdruck ist nicht abhängig von der unabhängigen Variablen ϵ in den Integralen in Zähler und Nenner. Damit erweist sich der besagte Klammerausdruck als Vorfaktor des Integrals im Nenner der Gleichung für die gesuchte Größe u_γ:

$$
u_\gamma = D_\gamma \frac{\int_0^\infty D_2(\epsilon) D_1(\epsilon) M_{21}(\epsilon, \hbar\omega) \left[f(\epsilon + \hbar\omega)(1 - f(\epsilon)) \right] d\epsilon}{\int_0^\infty D_2(\epsilon) D_1(\epsilon) M_{21}(\epsilon, \hbar\omega) \left[f(\epsilon + \hbar\omega)(1 - f(\epsilon)) \right] \left[\exp\left(\frac{\hbar\omega - (\epsilon_{Fn} - \epsilon_{Fp})}{kT} \right) - 1 \right] d\epsilon}
$$
$$\quad (2.68)$$

$$
u_\gamma = D_\gamma \frac{1}{\exp\left[\dfrac{\hbar\omega - (\epsilon_{Fn} - \epsilon_{Fp})}{kT} \right] - 1}. \quad (2.69)
$$

Als Resümee wird die Photonendichte u_γ der durch Strahlung angeregten Materie als Funktion der Separation der Quasi-Fermi-Niveaus $(\epsilon_{Fn} - \epsilon_{Fp})$ des Elektronensystems und gleichermaßen als Funktion des Chemischen Potentials des strahlenden Systems $\mu_\gamma = \mu_{np}$ ausgedrückt (verallgemeinertes Planck'sches Strahlungsgesetz [16]).

In unserem Modellsystem sind Elektronen und Photonen durch die Ratengleichungen gekoppelt. Folglich müssen im stationären Zustand die Chemischen Potentiale beider Spezies $\mu_{el} = \epsilon_{Fn} - \epsilon_{Fp}$ und μ_γ gleich sein

$$
(\epsilon_{Fn} - \epsilon_{Fp}) = \mu_{el} = \mu_\gamma, \quad (2.70)
$$

denn sonst würden sich die Raten der Übergange nicht kompensieren.

Mit dieser Methode [15] lässt sich die Aufspaltung der Quasi-Fermi-Niveaus $(\epsilon_{Fn} - \epsilon_{Fp}) = \mu_{np}$ nach der Anregung des Elektronensystems z. B. mit optischer Strahlung jeglicher Wellenlänge, spektraler Verteilung oder Strahldichte aus der Photonenstromdichte u_γ, die das System emittiert, bestimmen.

Die Größe μ_γ, die die Arbeitsfähigkeit des photogenerierten Anregungszustandes einem Absorber der Temperatur T_{abs} kennzeichnet, bildet die obere Grenze der extrahierbaren elektrischen oder chemischen Energie. Das Chemische Potential und die Aufspaltung der Quasi-Fermi-Niveaus kann experimentell aus der von der angeregten Materie emittierten Strahlung ermittelt werden, um damit beispielsweise die maximal erreichbare Leerlaufspannung einer hypothetischen Solarzelle vorherzusagen [16,17].

2.11 Fragen/Aufgaben zu Kap. 2

1. Welche Werte nehmen die Komponenten der magnetischen Feldstärke an den Rändern der Planck'schen Box an?
2. Berechne die Werte von σ'_{SB} für $n = 2$ und $n = 4$ Dimensionen und erkläre, von welcher Größe der Exponent in T^n im Planck'schen Strahlungsgesetz herrührt! Diskutiere die Auswirkung der Dimension $n = 2$ auf den Photonenstrom!
3. Berechne die Frequenz ω^* der maximalen spektralen Photonendichte $u_\epsilon(\omega)$ im Planck'schen Strahler und begründe, warum man die Wellenlänge λ^* für maximale Dichte $u_\epsilon(\lambda)$ nicht aus $\lambda = 2\pi c/\omega$ erhält!
4. Erkläre den frappanten Unterschied der mittleren Photonenenergie des Planck'schen Strahlers „Sonne" $\bar{\epsilon}_{phot}$ gegenüber der der mittleren thermischen Energie kT_{Sun}!
5. Ein Würfel der Kantnlänge $L = 1$m, von dem 4 Seiten das Absorptionsvermögen $\alpha_s = 1$ (schwarz) und die restlichen 2 Seiten $\alpha_{gr} = 0.1$ (grau) haben, wird der Strahlung von 1kWm^{-2} ausgesetzt. Berechne die Temperatur des Würfels, dessen thermische Leitfähigkeit beliebig groß sei, wenn er a) nur auf einer schwarzen, b) nur auf einer grauen Seite bestrahlt wird?
6. Diskutiere, ob ein zylindrisches, ideal innen verspiegeltes Rohr zur Konzentration solarer Strahlung geeignet ist!
7. Beweise (verbal), dass das Kirchhoff'sche Strahlungsgesetz $\alpha = \varepsilon$ auch für individuelle Photonenenergien gilt!
8. Ein Farbstoff mit Stokes-Shift für Absorption bei $\hbar\omega_1$ und Emission bei $\hbar\omega_2 < \hbar\omega_1$ wird durch ein schmales Bandfilter mit Durchlassenergie ebenfalls $\hbar\omega_1$ mit Photonen der Energie $\hbar\omega_1$ bestrahlt. Die Emission des Farbstoffs mit $\hbar\omega_2$ (wegen der Stokes-Shift) erlaubt das Bandfilter nicht! Diskutiere, ob/wie sich ein stationärer Zustand im Farbstoff einstellt!

Literatur

1. Chitre, S.M.: Lectures in solar physics. In: Atia, H.M., Bathnagar, A., Ulmschneider, P. (Hrsg.) Lecture Notes in Physics. Springer, Berlin (2003)
2. Iqbal, M.: An Introduction to Solar Radiation. Academic, Toronto (1983)
3. Planck, M.: Ann. Phys. **309**, 318 (1901)
4. Zemansky, M.W., Dittman, R.H.: Heat and Thermodynamics. Mc Graw-Hill, New York (1997)
5. Landsberg, P.T.: Thermodynamics and Statistical Dynamics. Dover Publ., New York (1978) und Kittel, Ch., Krömer, H.: Physik der Wärme. Oldenbourg, München (1993)
6. Kondepudi, D., Progogine, I.: Modern Thermodynamics. Wiley, Chichester (1998)

7. Haken, H., Wolf, C.: Physics of Atoms and Quanta. Springer, Berlin (1994)
8. Rayleigh, L.: Phil. Mag. **49**, 539 (1900)
9. deVos, A.: Endoreversible Thermodynamics for Solar Energy Conversion. Wiley-VCH, Weinheim (D) (2008)
10. Anselm, A.A. (übersetzt von M.M. Samohvalov): Introduction to Semiconductor Theory. MIR, Moskau (1981)
11. Kirchhoff, G.R.: Ann. Phys. Chem. **109**(2), 275 (1860), und Born, M., Wolf, E.: Principles of Optics. Pergamon Press, New York (1959)
12. Welford, W.T., Winston, R.: The Optics of Non-Imaging Concentrators. Academic, New York (1978)
13. Callen, H.B.: Thermodynamics. Wiley, New York (1960)
14. Würfel, P.: Physics of Solar Cells. Wiley-VCH, Weinheim (2009)
15. Würfel, P.: J. Phys. C., Solid Stat. Phys. **15**, 3967 (1982)
16. Würfel, P., Finkbeiner, S., Daub, E.: Appl. Phys. A **60**, 67 (1995)
17. Bauer, G.H., Brüggemann, R., Tardon, S., Vignoli, S., Kniese, R.: Thin Sol. Films **480–481**, 410 (2005)

Theoretische Grenzen der Wandlung solarer Strahlung

3

Überblick

Die Sonne als thermischer Gleichgewichtsstrahler emittiert aufgrund ihrer Oberflächentemperatur von $T_{Sun} = 5\,800$ K hauptsächlich Photonen im Energiebereich $0.2\,\text{eV} \leq \hbar\omega \leq 3.5\,\text{eV}$. Die Energieverteilung dieser Photonen entspricht dem Planck'schen Strahler.

Die Wechselwirkung dieser Photonen mit Materie führt zur Absorption der Photonen und zur Anregung des elektronischen Systems der Materie.

Die Wirkung der Strahlung in Materie und die Möglichkeiten zur Wandlung der Energie der Photonen lassen sich insbesondere mit Formulierungen der Thermodynamik und der Statistik mit Berücksichtigung der spezifischen Verteilungsfunktionen nachvollziehen.

3.1 Thermodynamische Beziehungen

3.1.1 Carnot-Ansatz

Die energetische Ausbeute bei der Wandlung von Wärme aus zwei Reservoirs unterschiedlicher Temperaturen $T_1 > T_2$ ist durch den Carnot-Wirkungsgrad [1]

$$\eta_C = (T_1 - T_2)/T_1 \tag{3.1}$$

gegeben (Abb. 3.1). In der Energiebilanz einer idealen Wärmekraftmaschine, wie der Carnot-Maschine, werden die zugeführten Wärmemengen, Q_1 bei T_1 und Q_2 bei T_2

© Der/die Autor(en), exklusiv lizenziert an Springer-Verlag GmbH, DE, ein Teil von Springer Nature 2023
G. H. Bauer, *Photovoltaik – Physikalische Grundlagen und Konzepte*, https://doi.org/10.1007/978-3-662-66291-5_3

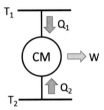

Abb. 3.1 Schematische Darstellung einer Carnot-Maschine zwischen Temperaturniveaus $T_1 > T_2$ mit zugeführten Wärmen Q_1, Q_2 und abgeführter Arbeit W. Abgeführte Wärmen werden negativ gezählt

zur abgegebenen Arbeit W kombiniert

$$Q_1 + Q_2 = W. \tag{3.2}$$

Da der Carnot-Prozess vollständig reversibel abläuft, gilt zudem die Clausius-Bedingung

$$\frac{Q_1}{T_1} + \frac{Q_2}{T_2} = 0,$$

nach der die gesamte Entropie

$$\sum \frac{Q_i}{T_i} = \Sigma S_i = 0$$

verschwindet. Bei der Anwendung der Carnot'schen Erkenntnisse auf reale Prozesse muss jedoch bedacht werden, dass der Carnot-Kreisprozess beliebig langsam verläuft, und deshalb die abgegebene Leistung gegen null geht.

Für Temperaturen, wie die der Sonnenoberfläche (5 800 K) und der Erde (300 K), wäre der Carnot-Wirkungsgrad $\eta_C = 0.948$, schlösse man die Maschine auf der Seite von T_1 direkt an die Sonnenoberfläche an.

3.1.2 Energietransport durch Strahlung

Da der direkte Kontakt zur Energiequelle Sonne schwerlich vorstellbar ist, wird der Transport der Wärme von der Sonne zum terrestrischen Empfänger von den Photonen bestritten. Die Herleitung des Wandlungswirkungsgrades aus Energie- und Entropieeinträgen in den Strahlungsempfänger (Wandler) muss wegen der spezifischen Temperaturabhängigkeiten der strahlungsbedingten Energie- ($J_{\epsilon,i} \sim T_i^4$) und Entropieströme ($J_{S,i} \sim T_i^3$) modifiziert werden [2]. Man berücksichtigt also, dass die Energiezufuhr zum Empfänger nicht entropiefrei vorgenommen werden kann.

Wir betrachten hier die Freie Energie $F = U - TS$ eines Ensembles von Photonen [2] aus einer thermischen Strahlungsquelle mit Temperatur T_{Sun}. Die Freie Energie spezifiziert den Anteil der Inneren Energie U eines Systems, der in mechanische, elektrische oder chemische Energie umwandelbar ist. Die Photonen mit der Qualität

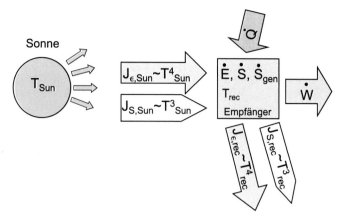

Abb. 3.2 Energie- und Entropieströme ($J_{\epsilon,i}$, $J_{S,i}$, $\dot{W}$, $\dot{Q}$, $\dot{S}$, $\dot{S}_{\text{gen}}$) zu und von einem auf Temperatur T_{rec} befindlichen Strahlungsempfänger. Mit diesem Konzept wird die Freie Energie solarer Photonen bestimmt

der Sonnentemperatur gelangen zu einem Empfänger, der sich auf der Temperatur T_{rec} befindet (Abb. 3.2).

Dieser Empfänger ist mit Innerer Energie E und Entropie S ausgestattet und erhält demnach von der Sonne die Energie- und Entropieströme $J_{\epsilon,\text{Sun}}$ und $J_{S,\text{Sun}}$, emittiert selbst Energie- und Entropieströme $J_{\epsilon,\text{rec}}$ und $J_{S,\text{rec}}$, bekommt eventuell noch Wärme $\dot{Q}$ von seiner Umgebung zugeführt, generiert intern wegen nicht reversibler Prozesse zusätzlich Entropie $\dot{S}_{\text{gen}}$ und gibt Leistung $\dot{W}$ ab[1].

Für die Freie Energie der Strahlung $\dot{F} = \dot{E} - T_{\text{rec}}\dot{S}$ erstellt man die Bilanzen der Energie

$$\dot{E} = J_{\epsilon,\text{Sun}} - J_{\epsilon,\text{rec}} + \dot{Q} - \dot{W} \tag{3.3}$$

und der Entropie des Empfängers[2]

$$\dot{S} = J_{S,\text{Sun}} - J_{S,\text{rec}} + \frac{\dot{Q}}{T_{\text{rec}}} + \dot{S}_{\text{gen}}. \tag{3.4}$$

Wir schreiben die Freie Energie $\dot{F}$ für Stationarität (heißt $\dot{E} = 0$ und $\dot{S} = 0$)

$$\dot{F} = \dot{E} - \dot{S}T_{\text{rec}} = 0$$

oder detailliert

$$\dot{F} = J_{\epsilon,\text{Sun}} - J_{S,\text{Sun}}T_{\text{rec}} - \left(J_{\epsilon,\text{rec}} - J_{S,\text{rec}}T_{\text{rec}}\right) + \dot{Q} - \frac{\dot{Q}}{T_{\text{rec}}}T_{\text{rec}} - \dot{W} - \dot{S}_{\text{gen}}T_{\text{rec}}. \tag{3.5}$$

---

[1] $\dot{E}$, $\dot{S}$, $\dot{S}_{\text{gen}}$ sind die Ableitungen der internen Größen des Empfängers nach der Zeit.

[2] Die Kontinuitätsgleichung beschreibt die Erhaltung einer Teilchensorte $n(\mathbf{x}, t)$ in einem Volumenelement durch den Teilchenzufluss $\mathbf{J}$ und die zeitliche Änderung ohne Erzeugungs- und Vernichtungsterme: $\nabla + dn/dt = 0$.

Diese Beziehung wird umgestellt zu

$$\dot{W} = \left(J_{\epsilon,\text{Sun}} - J_{S,\text{Sun}} T_{\text{rec}} \right) - \left(J_{\epsilon,\text{rec}} - J_{S,\text{rec}} T_{\text{rec}} \right) - \dot{S}_{\text{gen}} T_{\text{rec}}. \qquad (3.6)$$

Man weiß zwar nicht wie groß der Term $\dot{S}_{\text{gen}}$ im Allgemeinen ist, kann jedoch für geschlossene Systeme $\dot{S}_{\text{gen}} \geq 0$ annehmen, so dass die vom System extrahierbare Leistung sich darstellt als

$$\dot{W} \leq \left(J_{\epsilon,\text{Sun}} - J_{S,\text{Sun}} T_{\text{rec}} \right) - \left(J_{\epsilon,\text{rec}} - J_{S,\text{rec}} T_{\text{rec}} \right). \qquad (3.7)$$

Der Quotient aus abgegebener Leistung $\dot{W}$ und zugeführter solarer Strahlungsleistung $J_{\epsilon,\text{Sun}}$ ergibt den Wirkungsgrad.

Setzt man die entsprechenden Abhängigkeiten der Energie- und Entropieströme von der Temperatur ein ($J_{\epsilon,i} \sim T_i^4$ und $J_{S,i} \sim \frac{4}{3} T_i^3$), folgt daraus der maximal erreichbare Wirkungsgrad für die Wandlung solarer Strahlung nach P. Landsberg [2] (Abb. 3.3).

$$\eta_{PL} \leqq 1 - \frac{4T_{\text{rec}}}{3T_{\text{Sun}}} - \frac{T_{\text{rec}}^4}{T_{\text{Sun}}^4} \left(1 - \frac{4}{3} \right) = 1 - \frac{T_{\text{rec}}}{T_{\text{Sun}}} - \frac{1}{3} \left[\frac{T_{\text{rec}}}{T_{\text{Sun}}} - \left(\frac{T_{\text{rec}}}{T_{Sun}} \right)^4 \right]. \qquad (3.8)$$

Der Wirkungsgrad η_{PL} enthält den Carnot-Wirkungsgrad ($1 - T_{\text{rec}}/T_{\text{Sun}}$), der durch den Term des Strahlungstransports reduziert ist

$$\eta_{\text{PL}} \leqq \eta_{\text{C}} - \frac{1}{3} \left[\frac{T_{\text{rec}}}{T_{\text{Sun}}} - \left(\frac{T_{\text{rec}}}{T_{\text{Sun}}} \right)^4 \right]. \qquad (3.9)$$

Den hier abgeleiteten Wirkungsgrad $\eta_{\text{PL,max}} = 0.931$ erreicht man allerdings nur, wenn die Temperatur des Empfängers der der Umgebung (Erde) gleicht ($T_{\text{rec}} = T_{\text{Earth}}$). In diesem Spezialfall kann jedoch vom Empfänger wegen der verschwinden den Temperaturdifferenz ($T_{\text{rec}} - T_{\text{Earth}} = 0$!) gar keine Wärme an die Umgebung abgegeben werden; folglich ist auch die abgebbare Ausgangsleistung der Vorrichtung null.

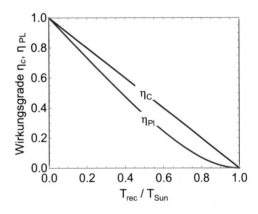

Abb. 3.3 Wirkungsgrad η_{PL} für die Wandlung solarer Strahlung mit dem Ansatz der Freien Energie von Photonen (P. Landsberg) [2], zum Vergleich mit dem Carnot-Wirkungsgrad η_{C}

Abb. 3.4 Prinzip der Curzon-Ahlborn-Maschine mit reversiblem inneren Teil und der irreversiblen Versorgung mit Wärmeströmen aus den Temperaturreservoirs T_1 und T_2 über Wärmeleitung durch die Elemente a_1, a_2

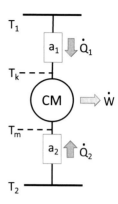

3.2 Endoreversible Thermodynamik

Die endoreversible[3] Thermodynamik [3] beschreibt die Energiewandlung von zyklisch und reversibel arbeitenden Maschinen (z. B. Carnot-Maschinen), die mit Wärmeströmen aus zwei Reservoirs mit unterschiedlichen Temperaturen $T_1 \neq T_2$ versorgt werden. Die Zufuhr der Wärmeströme aus beiden Temperaturreservoirs jedoch kostet einen gewissen Betrag, nämlich den des Transports vom Reservoir zur Maschine.

3.2.1 Curzon-Ahlborn-Maschine

Die Funktion der endoreversiblen Maschine nach Curzon und Ahlborn [4] wird hier exemplarisch beschrieben, weil die bestimmenden Größen, wie Wärmeströme, Leistung und Wirkungsgrad, analytisch ermittelt werden können.

Der Carnot-Maschine werden Wärmen über Wärmeleitung zugeführt, die linear von der Temperaturdifferenz in den Zuleitungen abhängen (Abb. 3.4). Die Erkenntnisse aus der Betrachtung dieser Curzon-Ahlborn-Anordnung lassen sich qualitativ auf Vorrichtungen mit Energiezufuhr durch Strahlung übertragen.

Die Wärmeströme $\dot{Q}_1$ und $\dot{Q}_2$ werden zur Carnot-Maschine geführt, deren Eingangstemperaturen $T_k \leq T_1$ und $T_m \geq T_2$ von denen der Reservoirs abweichen. Die Maschine liefert Leistung $\dot{W}$ nach außen, die aus dem Defizit der zugeführten Wärmeströme besteht. Der Wirkungsgrad der Vorrichtung ist selbstverständlich der Carnot-Wirkungsgrad η_C, sofern er mit den Temperaturen T_k, T_m der Zwischenniveaus ausgedrückt wird:

$$\eta = \eta_C = 1 - (T_m/T_k).$$

---

[3]Die griechische Vorsilbe ‚endo' bedeutet ‚intern', das heißt, dass der innere Prozess der Wandlung reversibel abläuft.

Von Bedeutung ist jedoch der Wirkungsgrad der gesamten Anlage, also

$$\eta = \eta(T_1, T_2, a_1, a_2).$$

Zur Herleitung dieses Wirkungsgrades verwenden wir zum einen die Transportbeziehungen für die zugeführten Energien, im einfachen Beispiel für Wärmeströme und Wärmeleitung $\dot{Q}_i = a_i(T_i^1 - T_j^1)$ und die Clausius-Bedingung $\sum \dfrac{\dot{Q}_i}{T_i} = 0$.

$$\dot{Q}_1 = a_1(T_1 - T_k) \, , \tag{3.10}$$

$$-\dot{Q}_2 = \dot{Q}_2^* = a_2(T_m - T_2) \, , \tag{3.11}$$

und mit

$$\eta_C = \eta = 1 - \frac{T_m}{T_k} \, , \tag{3.12}$$

erhält man

$$T_m = T_k(1 - \eta)$$

sowie

$$T_k = T_m \frac{1}{1 - \eta}.$$

Über die Clausius-Bedingung gelangt man von den Wärmeströmen ($\dot{Q}_i$) zu den internen Temperaturen T_k, T_m

$$T_k = \frac{a_1}{a_1 + a_2} T_1 + \frac{a_2}{a_1 + a_2} \frac{1}{1 - \eta} T_2 \tag{3.13}$$

und

$$T_m = \frac{a_1}{a_1 + a_2}(1 - \eta)T_1 + \frac{a_2}{a_1 + a_2} T_2. \tag{3.14}$$

und damit unter anderem zu

$$\dot{Q}_1 = \frac{a_1 a_2}{a_1 + a_2} \frac{1}{1 - \eta} [T_1(1 - \eta) - T_2]. \tag{3.15}$$

Mit der Abkürzung $a^* = \frac{a_1 a_2}{a_1 + a_2}$ und mit $\dot{W} = \eta \dot{Q}_1$ wird

$$\dot{W} = \left(\frac{a_1 a_2}{a_1 + a_2} \right) \frac{\eta}{1 - \eta} [T_1(1 - \eta) - T_2] = a^* \frac{\eta}{1 - \eta} [T_1(1 - \eta) - T_2]. \tag{3.16}$$

Der Wirkungsgrad der Curzon-Ahlborn-Maschine η_{CA} als Funktion der externen Temperaturen T_1, T_2 und der Leitungsterme a^* ist demnach

$$\eta_{CA} = \frac{a^*T_1 - \dot{Q}_1 - a^*T_2}{a^*T_1 - \dot{Q}_1} = 1 - a^* \frac{T_2}{a^*T_1 - \dot{Q}_1} = 1 - \frac{T_2}{T_1 - \dot{Q}_1/a^*}. \quad (3.17)$$

In Abb. 3.5 sind exemplarisch Wärmeströme $\dot{Q}_1$, $\dot{Q}_2$ und entnommene Leistung $\dot{W}$ als Funktion des Wirkungsgrades η für zwei verschiedene Kombinationen von Temperaturen gezeigt. Der Wirkungsgrad der Curzon-Ahlborn-Maschine gleicht dem Carnot-Wirkungsgrad $(1 - \frac{T_2}{T_1})$ bis auf den Nenner, der durch den Transportterm $T_1 - \frac{\dot{Q}_1}{a^*}$, anstelle von T_1 verkleinert wird. Erkennbar nähert sich der Wirkungsgrad der Curzon-Ahlborn-Maschine dem Carnot-Wirkungsgrad, wenn die Wärmezufuhr mit beliebig hohen Leitungstermen a_1 und a_2 ausgestattet ist (Abb. 3.6).

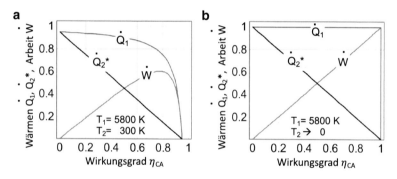

Abb. 3.5 Normierte Wärmeströme $\dot{Q}_1$, $\dot{Q}_2^*$, und abgegebene Leistung $\dot{W}$ einer Curzon-Ahlborn-Maschine für $a^* \to \infty$ und $T_1 = 300$ K (**a**) resp. $T_2 \to 0$ (**b**) als Funktion des Wirkungsgrades η; jeweils für $T_1 = 5\,800$ K

Abb. 3.6 Wirkungsgrad der Curzon-Ahlborn-Maschine η_{CA} als Funktion des Wärmestroms $\dot{Q}_1$ mit Parameter Leitungsterm $a^* = (a_1 a_2)/(a_1 + a_2)$

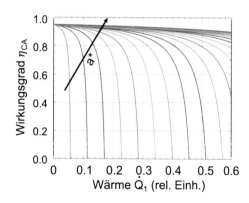

3.2.2   Stefan-Boltzmann-Konzept

Im Stefan-Boltzmann-Konzept (so genannt von A. De Vos [5]) werden analog zum Konzept von Curzon und Ahlborn dem idealen Wandler die Wärmeströme irreversibel zugeführt. Wegen der Temperaturabhängigkeit der thermischen Strahlungsleistung ($J_\epsilon \sim T^4$) werden die Transportterme b mit der vierten Potenz der Temperatur ($\dot{Q}_i \sim T_i^4$) bewertet (vgl. Abb. 3.7).

Die zugehörigen Gleichungen für Wärmeströme und Temperaturen $\dot{Q}_1$, $\dot{Q}_2$, T_k, T_m lauten nunmehr

$$\dot{Q}_1 = b_1(T_1^4 - T_k^4) \,, \tag{3.18}$$

$$-\dot{Q}_2 = \dot{Q}_2^* = b_2(T_m^4 - T_C^4). \tag{3.19}$$

Wiederum mit der Clausius-Bedingung ergeben sich die internen Temperaturen

$$T_k^4 = \frac{b_1 T_1^4}{b_1 + b_2(1-\eta)^3} + \frac{b_2 T_2^4}{b_1(1-\eta) + b_2(1-\eta)^4} \tag{3.20}$$

sowie

$$T_m^4 = \frac{b_1(1-\eta)^4 T_1^4}{b_1 + b_2(1-\eta)^3} + \frac{b_2(1-\eta)^3 T_2^4}{b_1 + b_2(1-\eta)^3}. \tag{3.21}$$

Daraus erhalten wir den Wärmestrom $\dot{Q}_1$ und die Leistung $\dot{W}$ über $\dot{Q}_1 = b_1(T_H^4 - T_k^4)$ sowie $\dot{W} = \eta \dot{Q}_1$. Wir erhalten damit

$$\dot{Q}_1 = b_1 b_2 \frac{T_1^4(1-\eta)^4 - T_2^4}{b_1(1-\eta) + b_2(1-\eta)^4} \tag{3.22}$$

und

$$\dot{W} = b_1 b_2 \eta \frac{T_1^4(1-\eta)^4 - T_{2C}^4}{b_1(1-\eta) + b_2(1-\eta)^4}. \tag{3.23}$$

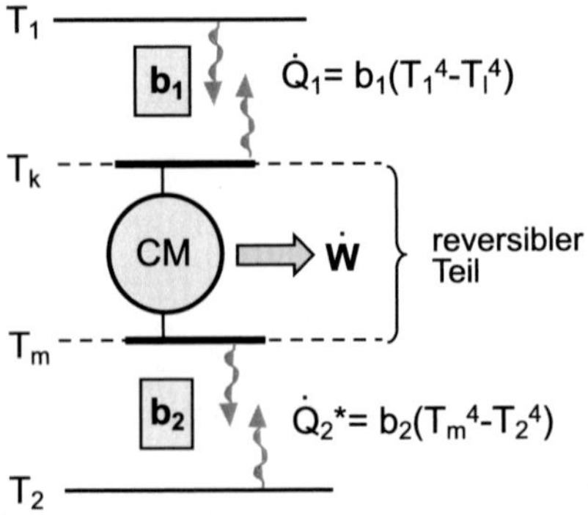

Abb. 3.7 Schematischer Aufbau einer Boltzmann-Maschine, in der die zugeführten/abgegebenen Wärmeströme – im Gegensatz zur Curzon-Ahlborn-Maschine – in der vierten Potenz von der Temperatur abhängen

Die Transportterme b_i verstehen sich als Kombination von optischem Emissions- und Absorptionsvermögen, Stefan-Boltzmann-Konstante (σ_{SB}) und Raumwinkel, unter dem die Strahlung empfangen beziehungsweise emittiert wird.

Abb. 3.8 zeigt beispielhaft den Wärmestrom $\dot{Q}_1$ und die Leistung $\dot{W}$ als Funktion des Wirkungsgrades η für verschiedene Transportterme b_1, b_2. Die Gößen $\dot{Q}_1$ und $\dot{W}$ verhalten sich wegen der starken Abhängigkeit der Wärmeströme (Strahlungsleistungen) von der Temperatur ($\sim T^4$) nur qualitativ ähnlich wie die der Curzon-Ahlborn-Maschine.

Eine Anordnung wie die der Boltzmann-Maschine, in der die Wärmeströme jeweils durch Strahlung zu und abgeführt werden, beschreibt beispielsweise das Verhalten von Solarzellen im Weltraum mit der Temperatur der Senke $T_2 = T_{univ} = 3$ K. Deren Bilanz der Energieströme $\dot{Q}_1$, $\dot{Q}_2$, $\dot{W}$ lautet hier

$$\dot{Q}_1 = \varepsilon_{sun}\sigma_{SB}\Omega_{in}T_{sun}^4 a_{rec} - \varepsilon_{rec}\Omega_{in}\sigma_{SB}T_k^4 a_{univ} \tag{3.24}$$

$$\dot{Q}_2^* = \varepsilon_{rec}\sigma_{SB}(4\pi - \Omega_{in})T_m^4 a_{univ} - \varepsilon_{univ}(4\pi - \Omega_{in})\sigma_{SB}T_{univ}^4 a_{rec} \tag{3.25}$$

$$\dot{Q}_1 - \dot{Q}_2^* = \dot{W} \tag{3.26}$$

sowie

$$\frac{\dot{Q}_1}{T_k} - \frac{\dot{Q}_2^*}{T_m} = 0. \tag{3.27}$$

Hier bezeichnet Ω_{in} den Raumwinkel, unter dem der Empfänger (rec) die Sonne sieht; der entsprechende Raumwinkel für Emission in die Umgebung (z. B. Weltraum) oder Absorption aus der Umgebung beträgt demzufolge $(4\pi - \Omega_{in}) = \Omega_{out}$.

Zur Abschätzung von Wirkungsgrad $\eta_B = \eta(T_k, T_m, \dot{Q}_1)$ und Ausgangsleistung $\dot{W}$, idealisieren wir die Größen $\alpha_i = 1$, $\varepsilon_i = 1$ und erhalten

$$\dot{Q}_1 = \sigma_{SB}\Omega_{in}T_{sun}^4 - \Omega_{in}\sigma_{SB}T_k^4, \tag{3.28}$$

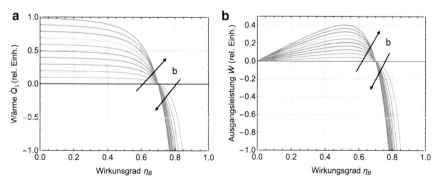

Abb. 3.8 Wärmestrom $\dot{Q}_1$ (**a**) und abgegebene Leistung $\dot{W}$ (**b**) einer Boltzmann-Maschine als Funktion des Wirkungsgrades für unterschiedliche Transportterme $0 \leq b_1 \leq 20$, $b_2 = 20$; beispielhaft ausgewählt $T_1 = 2T_2$

Abb. 3.9 Wirkungsgrad η_B der Boltzmann-Maschine als Funktion des Wärmestroms $\dot{Q}_1$ mit der Näherung kleiner Empfängertemperaturen $T_2 = 3\,\mathrm{K}$ ($\dot{Q}_1$ steht synonym für die Strahlungskonzentration)

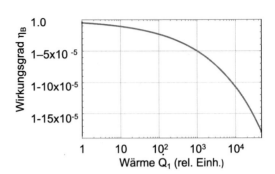

$$\dot{Q}_2^* = \sigma_{SB}(4\pi - \Omega_{in})T_m^4 - (4\pi - \Omega_{in})\sigma_{SB}T_{univ}^4, \tag{3.29}$$

aus denen die Temperaturen T_k, T_m sich ergeben zu

$$T_k = \sqrt[4]{T_H^4 - \frac{\dot{Q}_1}{\sigma\,\Omega_{in}}}, \tag{3.30}$$

$$T_m = \sqrt[4]{T_2^4 + \frac{\dot{Q}_2^*}{\sigma\,\Omega_{out}}} = \sqrt[4]{T_2^4 + \frac{\dot{Q}_1(T_m/T_k)}{\sigma\,\Omega_{out}}}, \tag{3.31}$$

Da $T_2 = T_{univ} = 3\,\mathrm{K}$ mit Potenz 4 in der Bilanz der Wärmeströme auftritt, kann dieser T_2-Term in der obigen Gleichung vernachlässigt werden. Damit ergibt sich

$$T_m^3 \approx \frac{\dot{Q}_1(1/T_k)}{\sigma\,\Omega_{out}}, \tag{3.32}$$

und

$$T_m \approx \sqrt[3]{\frac{\dot{Q}_1(1/T_k)}{\sigma\,\Omega_{out}}}. \tag{3.33}$$

Mit den beiden Temperaturen T_k, T_m sowie mit dem Wärmestrom $\dot{Q}_1$ lassen sich (numerisch) Wirkungsgrad $\eta_B = 1 - (T_m/T_k)$ und Leistung $\dot{W} = \eta_B\,\dot{Q}_1$ bestimmen.

Diese hängen zum einen von dem im Empfänger benutzten Wärmestrom $\dot{Q}_1$ ab, zum andern auch von der über den Raumwinkel Ω_{in} eingestellten Konzentration der solaren Strahlung.

Der Wirkungsgrad liegt mit unserer Näherung, als Folge der der vergleichsweise sehr geringen Temperatur der Wärmesenke $T_m \approx T_{univ} = 3K$, nahe eins, sofern die Wärmeentnahme $\dot{Q}_1$ für den vorgegebenen Konzentrationsfaktor Ω_{in} nicht zu groß wird (Abb. 3.9).

Abb. 3.10 Schematischer
Aufbau der
Mueser-Maschine abgeleitet
aus der Vereinfachung der
Boltzmann-Maschine durch
den direkten Kontakt der
Niedertemperaturseite des
idealen Wandlers mit der
Umgebung z. B. $T_2 = T_{\text{Earth}}$

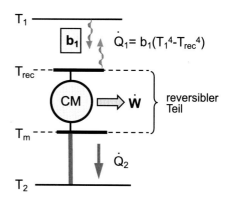

3.2.3 Mueser-Maschine

In terrestrischen Anwendungen vereinfacht sich das Boltzmann-Konzept drastisch zum Mueser-Konzept, denn nun kann die Niedertemperaturseite mit T_2 der Maschine direkt an die Umgebung Erde mit der Temperatur $T_2 = 300$ K angeschlossen werden (Abb. 3.10) [5].

Der Empfänger erhält hier die solare Strahlung unter dem Raumwinkel Ω_{in}, sowie die der Umgebung aus $(4\pi - \Omega_{\text{in}})$. Er darf Strahlung der Temperatur T_{rec} in den Raumwinkel Ω_{out} emittieren. Demzufolge schreiben sich die Zu- (linke Seite) und die Abgänge der Wärmeströme (rechte Seite) analog zu denen der Boltzmann-Maschine

$$\Omega_{\text{in}}\varepsilon_{\text{Sun}}\sigma_{\text{SB}}T_{\text{Sun}}^4\alpha_{\text{rec}} + (4\pi - \Omega_{\text{in}})\,\varepsilon_{\text{univ}}\sigma_{\text{SB}}T_{\text{univ}}^4\alpha_{\text{rec}} = \Omega_{\text{out}}\varepsilon_{\text{rec}}\sigma_{\text{SB}}T_{\text{rec}}^4 + \dot{Q}_1.$$
(3.34)

$\Omega_{\text{in}}, \Omega_{\text{out}}, \varepsilon_{\text{Sun}}, \varepsilon_{\text{univ}}, \varepsilon_{\text{rec}}, \alpha_{\text{rec}}$, bezeichnen wiederum Raumwinkel für Strahlungsein- und Ausgang inklusive potentieller Strahlungskonzentration mit $\Omega_{\text{sun}} = 5.3 \times 10^{-6} \leq \Omega_{\text{in}} \leq 4\pi$, $\Omega_{\text{out}} = 4\pi - \Omega_{\text{in}}$, und Emissions- ($\varepsilon_i$), sowie Absorptionsvermögen (α_i) von Sonne, Empfänger und terrestrischer Umgebung.

Im idealen Wandler CM, der zwischen T_{rec} und T_2 arbeitet, wird $\dot{Q}_1$ mit dem Carnot-Wirkungsgrad η_C in die Leistung $\dot{W}$ überführt. Wegen

$$\dot{Q}_1 = \frac{\dot{W}}{\eta_C} = \frac{\dot{W}}{1 - (T_2/T_{\text{rec}})} \ ,$$

ergibt die obige Bilanz der Wärmeströme (mit $T_2 = T_{\text{Earth}}$)

$$\Omega_{\text{in}}\varepsilon_{\text{Sun}}\sigma_{\text{SB}}T_{\text{Sun}}^4\alpha_{\text{rec}} + (4\pi - \Omega_{\text{in}})\,\varepsilon_{\text{univ}}\sigma_{\text{SB}}T_{\text{univ}}^4\alpha_{\text{rec}} - \Omega_{\text{out}}\varepsilon_{rec}\sigma_{\text{SB}}T_{\text{rec}}^4$$
$$= \frac{\dot{W}}{1 - (T_{\text{Earth}}/T_{\text{rec}})}.$$
(3.35)

Der Quotient von $\dot{W}$ und solarem Energiestrom $\Omega_{\text{in}}\varepsilon_{\text{Sun}}\sigma_{\text{SB}}T_{\text{Sun}}^4$ ist der Wirkungsgrad, der mit angenommenen idealen Emissions- und Absorptionsgrößen $\varepsilon_i = 1$ und

Abb. 3.11 Wirkungsgrade η_{Mue} einer Mueser-Maschine als Funktion der normierten Empfängertemperatur T_{rec}/T_{Sun} für verschiedene Faktoren der Strahlungskonzentration. (AM0-Beleuchtung entspricht dem Raumwinkel Ω_0.)

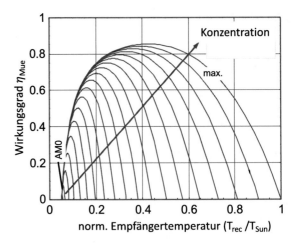

$\alpha_i = 1$ schließlich lautet:

$$\eta_{Mue} = \left[1 - \frac{\Omega_{out}}{\Omega_{in}} \left(\frac{T_{rec}}{T_{Sun}}\right)^4 + \frac{(4\pi - \Omega_{in})}{\Omega_{in}} \left(\frac{T_{univ}}{T_{Sun}}\right)^4\right] \left(1 - \frac{T_{Earth}}{T_{rec}}\right). \quad (3.36)$$

Die Beiträge aus Emittern mit Temperaturen von $T_{univ} = 3\,\text{K} \leq T \leq T_{earth} = 300\,\text{K}$, etc. sind allerdings sehr klein, so dass man diese im ersten Klammerausdruck des Mueser-Wirkungsgrades zunächst vernachlässigt und man folglich

$$\eta_{Mue} = \left[1 - \frac{\Omega_{out}}{\Omega_{in}} \left(\frac{T_{rec}}{T_{Sun}}\right)^4\right] \left(1 - \frac{T_{Earth}}{T_{rec}}\right) \quad (3.37)$$

erhält.

Der Wirkungsgrad η_{Mue} setzt sich, wie der Wirkungsgrad nach Landsberg η_{PL}, aus einem Transportterm (eckige Klammer) und dem Carnot-Wirkungsgrad zusammen.

In Abb. 3.11 sind Mueser-Wirkungsgrade für verschiedene Faktoren der Strahlungskonzentration C als Function der auf T_{Sun} normierten Empfängertemperatur T_{rec}/T_{Sun} aufgetragen. Die jeweiligen Konzentrationsfaktoren sind in den Verhältnissen der Raumwinkel Ω_{in}/Ω_{out} enthalten. Der maximale Wirkungsgrad $\eta_{Mue,max} = 0.86$ eines terrestrischen Empfängers wird bei maximaler Strahlungskonzentration ($\Omega_{in} = 4\pi$) erreicht; die entsprechende Temperatur des Empfängers beträgt dann $T_{rec,\,opt} \approx 2\,450$ K.

Die höchsten Empfängertemperaturen T_{rec} werden erreicht, wenn der der Carnot-Maschine zugeführte Wärmestrom null ist. Die Abb. 3.12 zeigt die Temperatur $T_{rec,max}$ zusammen mit der Temperatur für maximale Ausgangsleistung $T_{rec,\eta max}$. Dann wird zwar der Carnot-Wirkungsgrad maximal, aber die Ausgangsleistung der Anlage ist null. Die niedrigste Temperatur $T_{rec,min}$ stellt sich ein, wenn der Maschine der maximal mögliche Wärmestrom $\dot{Q}_{1,max} = \dot{Q}_1(T_{rec} = T_2)$ Maschine entzogen wird. Für diesen Betrieb ist der Wirkungsgrad der Maschine null.

Abb. 3.12 Empfängertemperaturen $T_{\text{rec,max}}$, $T_{rec,\eta_{\max}}$ und zum Vergleich $T_{\text{rec,min}}$ als Funktion der Strahlungskonzentration $C\Omega_0$

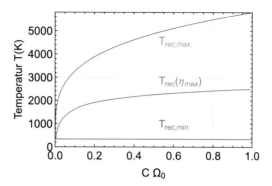

Zur genaueren Berechnung von realen Systemen sind die Strahlungsein- und -ausgänge nach den Anteilen der Raumwinkel aufzuschlüsseln; außerdem sollten die temperatur- und energieabhängigen Absorptions- und Emissionvermögen berücksichtigt werden.

Die gezeigten konzentrationsabhängigen Wirkungsgrade sind berechnet für Strahlungszufuhr auf den Querschnitt eines sphärischen Empfängers, nämlich auf eine Fläche πR_{rec}^2, während die Strahlung von der Fläche $4\pi R_{\text{rec}}^2$ emittiert wird.

Einen solarthermischen Wandler wird man sicherlich geometrisch derart auslegen, dass die Flächen für Strahlungsein- und Strahlungsaustritt identisch sind, nämlich flächenhaft mit ebener Vorderseite und gleichartiger Rückseite, die zudem mit bestmöglicher Isolation gegen Emission von Strahlung und Abgabe von Wärme durch Wärmeleitung und Konvektion versehen ist.

Anstelle irdischer Anwendungen lässt sich diese Betrachtung auch auf die Planeten unseres Sonnensystems erweitern, indem man im Mueser-Wirkungsgrad die Temperatur T_{Earth} durch die der Planeten T_{Pl} mit dem Abstand der Planeten zur Sonne d_{SP} ersetzt[4] :

$$T_{\text{Pl}} \approx \sqrt[4]{\frac{1}{4}\left(\frac{R_{\text{Sun}}}{d_{\text{SP}}}\right)^2 T_{\text{Sun}}^4 + \left[1 - \left(\frac{1}{4}\right)\left(\frac{R_{\text{Sun}}}{d_{\text{SP}}}\right)^2\right] T_{\text{univ}}^4}. \qquad (3.38)$$

In Abb. 3.13 finden sich Mueser-Wirkungsgrade η_{Mue} für nichtkonzentrierte Solarstrahlung als Funktion der Temperatur für verschiedene Planeten unseres Sonnensystems. Der Mueser-Wirkungsgrad hängt nicht vom Abstand der Planeten d_{SP} ab, weil die solare Strahldichte und die Temperatur T_{Pl} gleichartig mit d_{SP} abnehmen.

---

[4]Raumwinkel für Strahlungseingänge sind abhängig vom Abstand d_{SP} und sind ausgedrückt durch $\Omega_{\text{in}}(d_{\text{SP}}) = (1/4)\,(R_{\text{Sun}}/d_{\text{SP}})^2$.

Abb. 3.13 Theoretische
Mueser-Wirkungsgrade η_{Mue}
auf verschiedenen Planeten
des Sonnensystems
(Temperaturen aus
Abb. 2.13)

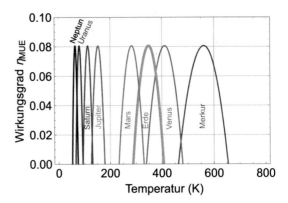

3.2.4 Mueser-Anordnung für maximale Strahlungskonzentration

In Abb. 3.14 ist sehr anschaulich gezeigt, wie man mit einer Mueser-Anordnung
die maximale Konzentration der Solarstrahlung erzeugt [6]. Ein sphärischer, ideal
schwarzer Absorber ist umgeben von einem ebenfalls sphärischen idealen Spiegel
mit einer Öffnung der Apertur A in Richtung zur Sonne. Die Apertur ist so gewählt,
dass der Absorber entweder nur die Sonne oder im Spiegel sich selbst sieht. Er
besitzt eine genügende thermische Leitfähigkeit, damit auf seiner Oberfläche eine
homogene Temperaturverteilung entsteht (T_{rec}). Entsprechend T_{rec} emittiert er zum
Spiegel und durch die Apertur zurück zur Sonne.

Ohne Entnahme von Wärme ($\dot{Q}_1 = 0$) nimmt der Absorber die Temperatur der
Sonne T_{Sun} an, denn der Strahlungseingang entspricht wegen der Energieerhaltung
dem Strahlungsausgang.

Mit Entnahme von Wärme ($\dot{Q}_1 > 0$) fehlt dieser Anteil in der Energiebilanz
und die Temperatur $T_{\text{rec}} < T_{\text{Sun}}$ sinkt; der entnommene Anteil wird in der Carnot-
Maschine in $\dot{W}$ umgewandelt. Wird die gesamte durch die Apertur gegebene solare
Strahlung in Form von Wärme dem Absorber entzogen, stellt sich im Absorber
$T_{\text{rec}} = T_{\text{Earth}}$ ein, und die Carnot-Maschine antwortet mit $\eta = 0$.

In der Energiebilanz für den Absorber

$$\Omega_{\text{in}}\varepsilon_{\text{Sun}}\sigma_{\text{STB}}T_{\text{Sun}}^4\alpha_{\text{rec}} = \Omega_{\text{out}}\varepsilon_{\text{rec}}\sigma_{\text{STB}}T_{\text{rec}}^4) + \dot{Q}_1 \tag{3.39}$$

ersetzt man $\dot{Q}_1 = \dot{W}/\eta = \dot{W}(T_{\text{rec}}/(T_{\text{rec}} - T_{\text{Earth}})$ und gelangt zu

$$\dot{W} = \left(\Omega_{\text{in}}\varepsilon_{\text{Sun}}\sigma_{\text{STB}}T_{\text{Sun}}^4\alpha_{\text{rec}} - \Omega_{\text{out}}\varepsilon_{\text{rec}}\sigma_{\text{STB}}T_{\text{rec}}^4\right)\left(1 - \frac{T_{\text{Earth}}}{T_{\text{rec}}}\right). \tag{3.40}$$

Mit idealisierten Größen $\varepsilon_{\text{Sun}} = \varepsilon_{\text{rec}} = \alpha_{\text{rec}} = 1$, and $\Omega_{\text{in}} = \Omega_{\text{out}}$ werden Ausgangsleistung und Wirkungsgrad

$$\dot{W} = \Omega_{\text{in}}\sigma_{\text{STB}}T_{\text{Sun}}^4\left(1 - \left(\frac{T_{\text{rec}}}{T_{\text{sun}}}\right)^4\right)\left(1 - \frac{T_{\text{Earth}}}{T_{\text{rec}}}\right), \tag{3.41}$$

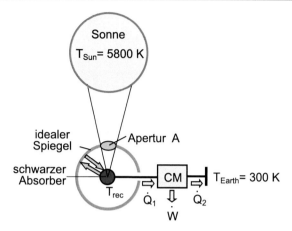

Abb. 3.14 Schematischer Aufbau einer Mueser-Maschine mit maximaler Strahlungskonzentration. Ein sphärischer, ideal schwarzer Absorber ist umgeben von einem ebenfalls sphärischen idealen Spiegel mit einer Öffnung der Apertur A in Richtung zur Sonne. Die Apertur ist so gewählt, dass der Absorber entweder nur die Sonne oder im Spiegel sich selbst sieht [6, 7]. Der Absorber T_{rec} ist mit einer Carnot-Maschine (CM) verbunden, die auf der anderen Seite an die Umgebung mit Temperatur $T_{Earth} = 300\,K$ angeschlossen ist und die Leistung $\dot{W}$ liefert

$$\eta = (\dot{W})/(\Omega_{in}\sigma_{STB}T_{Sun}^4) = \left[1 - \left(\frac{T_{rec}}{T_{Sun}}\right)^4\right]\left(1 - \frac{T_{Earth}}{T_{rec}}\right), \qquad (3.42)$$

der dem Mueser-Wirkungsgrad für maximale Konzentration der Strahlung entspricht. Eine ähnliche Anordnung findet sich im Abschn. 6.6 in Form eines thermophotovoltaischen Wandlers.

3.3   Direkte Wandlung in elektrische Energie durch Anregung eines Elektronensystems

Die Umwandlung solarer Strahlung direkt in elektrische Leistung lässt sich allgemein mit der Anregung eines elektronischen Systems durch Photonen erörten. Unser ideales, absorbierendes Modellsystem wird auf der Temperatur $T_{abs} = T_{Earth}$ gehalten[5]. Es besteht aus zwei durch eine Energielücke getrennten Energiebereichen $\epsilon_2 > \epsilon_1$ (vgl. Abb. 2.8) und soll nur Absorption, spontane sowie induzierte Emission von Photonen erlauben. Bei der Absorption wird jeweils nur ein Elektron angeregt, und dieses bleibt genügend lange Zeit im angeregten Zustand. Beim Übergang zum Grundzustand wird jeweils auch nur ein Photon emittiert.

Die Anregung durch Strahlung bewirkt die Auslenkung der Elektronen aus der thermischen Gleichgewichtsverteilung und die Einstellung eines Zustandes, der –

---

[5]Die Energie für die thermische Gleichgewichtsstrahlung wird durch den Kontakt zum Reservoir der Niedertemperatur bereitgestellt.

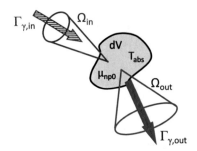

Abb. 3.15 Erhaltung der Photonenströme $\Omega_{in} \Gamma_{\gamma,in} = \Omega_{out} \Gamma_{\gamma,out}$ in einem idealen elektronischen Bandsystem ohne elektrischen Kontakt nach außen (strahlendes Limit im Leerlauf mit $\mu_{np0} = \mu_{\gamma,0}$)

unter üblicherweise herrschenden Bedingungen – mit einem Chemischen Potential $\mu_{np} = \mu_\gamma = (\epsilon_{Fn} - \epsilon_{Fp})$ des Elektronenensembles beschreibbar ist (vgl. Abschn. 2.10).

Unter stationärer Beleuchtung kann dieses System in verschiedenen Versionen betrieben werden:

- ohne elektrischen Kontakt nach außen gleichen sich die Ströme der absorbierten und der emittierten Photonen aus

$$J_{\gamma,in} = \Omega_{in} \Gamma_{\gamma,in} = \Omega_{out} \Gamma_{\gamma,out} = J_{\gamma,out};$$

- mit elektrischem Kontakt nach außen folgt bei Entnahme eines gewissen Anteils der angeregten Ladungen aus der gesamten Bilanz der Teilchenströme aus Photonen und Ladungen, dass die interne Dichte des Anregungszustandes sinkt und mit ihm auch das Chemische Potential, das von der Beleuchtung herrührt;
- mit der Zufuhr von Ladungen aus einer äußeren Quelle $J_{np} < 0$ steigt die Konzentration des Anregungszustandes (Dichte der Elektron-Loch-Paare) und mithin die Rate der Emission von Photonen. Das System emittiert merkliche Photonenströme, auch und insbesondere, wenn von außen keine Bestrahlung vorgenommen wird.

3.3.1   Ratenbilanz ohne elektrischen Kontakt nach außen und maximales Chemisches Potential

Unser Modellsystem ohne elektrische Kontakte erhält Photonen von der Sonne im Raumwinkel Ω_{in} sowie vom Weltraum $(4\pi - \Omega_{in})$, und absorbiert diese vollständig für $\hbar\omega \geq \epsilon_g$ mit $\epsilon_g = (\epsilon_2 - \epsilon_1)$. Im gleichen Energiebereich emittiert das System entsprechend der Temperatur T_{abs} und dem Chemischen Potential μ_γ nach den Beziehungen des verallgemeinerten Planck'schen Gesetzes (siehe Gl. 2.68).

Die Bilanz der Photonenströme im strahlenden Limit (Abb. 3.15) lautet somit:

$$\frac{\Omega_{\mathrm{in}}}{c_0^2 4\pi^3 \hbar^3} \int_{\epsilon_\mathrm{g}}^{\infty} \frac{(\hbar\omega)^2}{\exp\left[\dfrac{\hbar\omega}{kT_{\mathrm{Sun}}}\right] - 1} \mathrm{d}(\hbar\omega) + \frac{(4\pi - \Omega_{\mathrm{in}})}{c_0^2 4\pi^3 \hbar^3} \int_{\epsilon_\mathrm{g}}^{\infty} \frac{(\hbar\omega)^2}{\exp\left[\dfrac{\hbar\omega}{kT_{\mathrm{univ}}}\right] - 1} \mathrm{d}(\hbar\omega)$$

$$= \frac{4\pi}{c_0^2 4\pi^3 \hbar^3} \int_{\epsilon_\mathrm{g}}^{\infty} \frac{(\hbar\omega)^2}{\exp\left[\dfrac{\hbar\omega - \mu_{\gamma,o}}{kT_{\mathrm{abs}}}\right] - 1} \mathrm{d}(\hbar\omega). \tag{3.43}$$

In dieser Gleichung sind außer dem Term $\mu_{\gamma,0}$ (für das Chemische Potential ohne Elektronenentnahme) alle anderen Größen bekannt, wie Raumwinkel für Strahlungseingang von der Sonne (Ω_{in}), vom Universum ($4\pi - \Omega_{\mathrm{in}}$), Temperaturen von Sonne, Universum und Absorber ($T_{\mathrm{Sun}}, T_{\mathrm{univ}}, T_{\mathrm{abs}} = T_{\mathrm{Earth}}$), Raumwinkel für Strahlungsemission (beispielsweise $\approx 4\pi$) sowie die Naturkonstanten Lichtgeschwindigkeit c_0, Planck'sche Konstante $\hbar$ und Boltzmann-Konstante k. Folglich ist diese Bilanz auch eine Bestimmungsgleichung für das Chemische Potential $\mu_{\gamma,0} = \mu_{\mathrm{np},0}$ des elektronischen Systems.

In dieser Bilanz ist der Beitrag der Photonen aus dem Universum gegenüber dem Beitrag von der Sonne ohne und demzufolge vor allem mit Konzentration solarer Strahlung vernachlässigbar. Damit wird in der Strombilanz der solare Photonenstrom entsprechend T_{Sun}^4 mit der Emission des Absorbers bei $T_{\mathrm{abs}}^4 = T_{\mathrm{Earth}}^4$ durch ein positives Chemisches Potential des Absorbers $\mu_\gamma > 0$ ausgeglichen.

In der Näherung für nicht zu kleine Photonenenergien $\hbar\omega \geq kT_{\mathrm{Sun}} \approx 0.5\,\mathrm{eV}$ und den oben genannten Vereinfachungen (Vernachlässigung der Strahlungsbeiträge von Universum, Mond, Fixsternen und allen Planeten) schreibt sich die vereinfachte Bilanz der Photonenströme, wenn man anstatt der Bose-Einstein-Verteilungsfunktion die Boltzmann-Approximation verwendet:

$$\Omega_{\mathrm{in}} \int_{\epsilon_\mathrm{g}}^{\infty} (\hbar\omega)^2 \exp\left[-\frac{\hbar\omega}{kT_{\mathrm{Sun}}}\right] \mathrm{d}(\hbar\omega)$$

$$= 4\pi \int_{\epsilon_\mathrm{g}}^{\infty} (\hbar\omega)^2 \exp\left[-\frac{\hbar\omega - \mu_{np,o}}{kT_{\mathrm{abs}}}\right] \mathrm{d}(\hbar\omega).$$

Über die Näherung der Integralausdrücke vom Typ

$$\int x^2 \exp\left[\beta x\right] \mathrm{d}x = \left(\frac{x^2}{\beta} + \frac{2x}{\beta^2} + \frac{2}{\beta^3}\right) \exp\left[\beta x\right],$$

erhält man

$$\exp\left[\frac{\mu_{\mathrm{np,oc}}}{kT_{\mathrm{abs}}}\right] = \left(\frac{\Omega_{\mathrm{in}}}{4\pi}\right) \left(\frac{\epsilon_\mathrm{g}^2 kT_{\mathrm{Sun}} + 2\epsilon_\mathrm{g}\,(kT_{\mathrm{Sun}})^2 + 2\,(kT_{\mathrm{Sun}})^3}{\epsilon_\mathrm{g}^2 kT_{\mathrm{abs}} + 2\epsilon_\mathrm{g}\,(kT_{\mathrm{abs}})^2 + 2\,(kT_{\mathrm{abs}})^3}\right) \exp\left[-\frac{\epsilon_\mathrm{g}}{kT_{\mathrm{Sun}}} + \frac{\epsilon_\mathrm{g}}{kT_{\mathrm{abs}}}\right],$$

und schließlich

$$\mu_{\text{np,oc}} = kT_{\text{abs}} \ln \left[\left(\frac{\Omega_{\text{in}}}{4\pi} \frac{kT_{\text{Sun}}}{kT_{\text{abs}}} \right) \exp \left[-\frac{\epsilon_g}{kT_{\text{Sun}}} + \frac{\epsilon_g}{kT_{\text{abs}}} \right] \right],$$

sowie ausgeschrieben [7]

$$\mu_{\text{np,oc}} = \Delta\varepsilon_{F,oc} = \epsilon_g \left(1 - \frac{T_{\text{abs}}}{T_{\text{Sun}}} \right) + kT_{\text{abs}} \ln \left[\frac{T_{\text{Sun}}}{T_{\text{abs}}} \right] - kT_{\text{abs}} \ln \left[\frac{\Omega_{\text{out}}}{\Omega_{\text{in}}} \right]. \quad (3.44)$$

Das Chemische Potential in einem räumlich homogenen elektronischen System ohne Entnahme oder Zufuhr von elektrischen Ladungen, also im sogenannten Leerlaufbetrieb ($\mu_{\gamma,0}$), setzt sich aus drei Termen zusammen[6] [7]:

- der mit dem Carnot-Faktor modifizierten energetischen Schwelle (optischer Bandabstand), nämlich $(1 - (T_{\text{abs}}/T_{\text{Sun}}))\epsilon_g = 0.948\,\epsilon_g$,
- der kinetischen Energie der Ladungsträger im System, wobei das Verhältnis der Mittelwerte (der exponentiellen Verteilungen) der Dichten im Anregungszustand zu den im System auf Temperatur T_{abs} thermalisierten Niveaus, also $(kT_{\text{Sun}}/kT_{\text{abs}})$, zum Chemischen Potential $\mu_{\text{np,0}}$ in logarithmischer Gewichtung als $\ln[kT_{\text{Sun}}/kT_{\text{abs}}]$ beiträgt (für die betreffenden Temperaturen ergeben sich $0.0779\,\text{eV}$), und
- einem Term, der die mögliche Konzentration der Solarstrahlung in Form des Verhältnisses der Raumwinkel ($\Omega_{\text{in}}/\Omega_{\text{out}}$) enthält. Dieser Beitrag ist negativ, und er verschwindet erst bei maximaler Konzentration ($\Omega_{\text{in}} = 4\pi$).

Da der Faktor des Photonenstroms $J_{\gamma,\text{in}}$ proportional zum Raumwinkel Ω_{in} steigt, ist das Chemische Potential im Leerlauf logarithmisch von der Bestrahlung abhängig $\mu_{\text{np,0}} \sim \ln[J_{\gamma,\text{in}}]$.

In Abb. 3.16 ist das Chemische Potential μ_γ als Funktion der energetischen Schwelle ϵ_g für nichtkonzentrierte und für maximal konzentrierte solare Strahlung gezeigt.

Die drei Terme, die das Chemische Potential beschreiben, enthalten jeweils die Temperatur des Absorbers T_{abs} als bestimmende Größe. Im Grenzfall für $T_{\text{abs}} \to 0$ wird $\mu_{\text{np,oc}} \to \epsilon_g$, unabhängig von der Temperatur T_{Sun} und vom Konzentrationsfaktor C, der in $\ln[4\pi/\Omega_{\text{in}}]$ untergebracht ist.

Aus physikalischer Sicht verschwindet für $T_{\text{abs}} \to 0$ die thermische Besetzung aller angeregten Niveaus und schon ein einziges photogeneriertes Elektron im Anregungszustand schiebt das Chemische Potential des Elektronensystems zum Wert $\mu_{\text{np,oc}} = \epsilon_g$.

Die thermische Besetzung von Anregungszuständen in Form von $T_{\text{abs}} > 0$ ist gewissermaßen der Widersacher der Auslenkung aus dem thermischen Gleichgewicht durch Photonen und der Gegner des photovoltaischen Effektes.

---

[6]Zahlenwerte für $T_{\text{Sun}} = 5\,800\,\text{K}$, $T_{\text{Earth}} = 300\,\text{K}$.

Abb. 3.16 Chemisches Potential $\mu_{\gamma,0}$ eines idealen, kontaktlosen elektronischen Systems unter Bestrahlung mit solaren Photonen ($T_{Sun} = 5\,800\,K$) ohne und mit maximaler Konzentration ($T_{abs} = T_{Earth} = 300\,K$) als Funktion der energetischen Schwelle ϵ_g

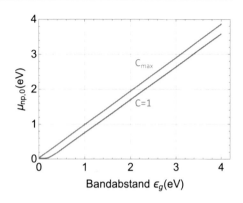

Die Aufspaltung der Quasi-Fermi-Niveaus, nämlich das Chemische Potential des Anregungszustandes, ist abhängig von der Rate der Anregung, hier also vom Strom $J_{\gamma,in}$ der Photonen, die komplett absorbiert werden. Außer dieser Angabe bedarf es jedoch keiner weiteren Spezifizierung der anregenden Quelle, beispielsweise der spektralen Verteilung der Photonen. Die Anregung kann also durch beliebige Störungen des thermischen Gleichgewichts erfolgen (Photonen aus Taschenlampe, Laser, Mondlicht, etc.).

Mit der Größe „Chemisches Potential" μ_{np} lässt sich der Anregungszustand eines elektronischen Systems quantitativ bestimmen.

3.3.2   Ratenbilanz mit Entnahme von angeregten Zuständen

Mit der Ratenbilanz für Photonen und Ladungen im Volumen dV eines idealen elektronischen Absorbers[7] lässt sich auch die Beziehung zwischen elektrischem Strom J_{el} und elektrischer Spannung V_{ext} aufzeigen.

Die Entnahme von Anregungszuständen aus einem beleuchteten elektronischen System verringert deren interne Dichte und somit das Chemische Potential des Systems $\mu_{np} = \mu_{\gamma} = (\epsilon_{Fn} - \epsilon_{Fp})$. Demzufolge reduziert sich die Emission von Photonen $J_{\gamma,out}(T_{abs}, \mu_{np})$.

Der Entzug von Anregungszuständen in Form von Ladung bei Chemischem Potential $\mu_{np} = \epsilon_{Fn} - \epsilon_{Fp} > 0$ führt zur Abgabe von elektrischer Leistung des Systems nach außen. Diese Leistungsabgabe ist in Abb. 3.17 durch den Richtungspfeil der positiven Ladung angedeutet, die den Absorber verlässt.

---

[7]Ideal heißt hier, dass alle solaren Photonen, die den Absorber erreichen, absorbiert werden (keine Reflexion). Jedes absorbierte Photon generiert ein Elektron-Loch-Paar und jedes angeregte Elektron-Loch-Paar emittiert bei Rekombination ein Photon.

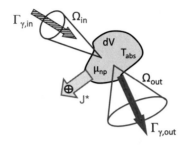

Abb. 3.17 Teilchenstromdichten von Photonen und deren Raumwinkel zu und vom Volumenelement dV des idealen elektronischen Absorbers im strahlenden Limit mit Entzug von positiver Ladung. Der Strom von positiver Ladung aus dem System J^* kennzeichnet den Generatorbetrieb

Die Bilanz der Teilchenströme (Photonen ($\Omega_i \Gamma_{\gamma,i}$)) und Ladungen ($J^* = (1/e) J_{el}^*$) ergibt sich zu:

$$J_{\gamma,in}(T_{Sun}) = J_{\gamma,out}(T_{abs}, \mu_{np}) + J^*(\mu_{np}) = J_{\gamma,out}(T_{abs}, \mu_{np}) + (1/e) J_{el}^*(\mu_{np}). \tag{3.45}$$

$J_{el}^* = e J^*$ bezeichnet den elektrischen Strom im Generatorbetrieb.

Die Summe aller Teilchenströme (Photonen und Ladungen), schematisch im Abb. 3.17 dargestellt, ergänzt sich zu null. Im Gegensatz dazu ergänzt sich die Summe der Energieströme nicht, weil der Anteil der Überschussenergie der Photonen ($\hbar\omega - \epsilon_g$), die in der schnellen Relaxation von Energie und Wellenvektor in Wärme umgewandelt wird, dem externen Wärmereservoir mit $T_{abs} = T_{Earth}$ zugeführt wird.

Im Detail lauten die Teilchenströme für die Photonen von der Sonne:

$$J_{\gamma,in}(T_{Sun}) = \left(\frac{\Omega_{in}}{c_0^2 4\pi^3 \hbar^3} \right) \int_{\epsilon_g}^{\infty} \frac{(\hbar\omega)^2}{\exp\left[\frac{\hbar\omega}{k T_{Sun}} \right] - 1} \, d(\hbar\omega), \tag{3.46}$$

sowie für die vom Absorber in den Raumwinkel Ω_{out} emittierten Photonen

$$J_{\gamma,out}(T_{abs}, \mu_{np}) = \left(\frac{\Omega_{out}}{c_0^2 4\pi^3 \hbar^3} \right) \int_{\epsilon_g}^{\infty} \frac{(\hbar\omega)^2}{\exp\left[\frac{\hbar\omega - \mu_{np}}{k T_{abs}} \right] - 1} \, d(\hbar\omega). \tag{3.47}$$

Die Differenz der beiden Photonenströme ergibt den elektrischen Ausgangsstrom als Funktion des Chemischen Potentials μ_{np} unter anderem mit den Kenngrößen der Raumwinkel.

$$J_{el}^*(\mu_{np}) = e \left[\left(\frac{\Omega_{in}}{c_0^2 4\pi^3 \hbar^3} \right) \int_{\epsilon_g}^{\infty} \frac{(\hbar\omega)^2}{\exp\left[\frac{\hbar\omega}{k T_{Sun}} \right] - 1} \, d(\hbar\omega) \right]$$

$$- e \left[\left(\frac{\Omega_{out}}{c_0^2 4\pi^3 \hbar^3} \right) \int_{\epsilon_g}^{\infty} \frac{(\hbar\omega)^2}{\exp\left[\frac{\hbar\omega - \mu_{np}}{k T_{abs}} \right] - 1} \, d(\hbar\omega) \right]. \tag{3.48}$$

Der erste Ausdruck bezeichnet den Strahlungseingang in das System mit dem über den Raumwinkel Ω_{in} wählbaren Konzentrationsfaktor $C = (\Omega_{in}/\Omega_{out})$ und mit der optischen Energieschwelle (Bandabstand) ϵ_g zur Absorption solarer Photonen. Zur Vereinfachung nennen wir diesen Term abgekürzt $A(\Omega_{in}, \epsilon_g)$.

$$A = \left(\frac{\Omega_{in}}{c_0^2 4\pi^3 \hbar^3} \right) \int_{\epsilon_g}^{\infty} \frac{(\hbar\omega)^2}{\exp\left[\frac{\hbar\omega}{kT_{Sun}} \right] - 1} \, d(\hbar\omega).$$

Der zweite Ausdruck in der Bilanz der Teilchenströme enthält neben Raumwinkel, Konstanten und Bandabstand das Chemische Potential μ_{np}, also die Arbeitsfähigkeit des Elektronenensembles. Mit der Näherung der Boltzmann-Energieverteilung anstatt der Bose-Einstein-Verteilung vereinfacht sich dieser Term zu

$$\left(\frac{\Omega_{out}}{c_0^2 4\pi^3 \hbar^3} \right) \int_{\epsilon_g}^{\infty} \frac{(\hbar\omega)^2}{\exp\left[\frac{\hbar\omega - \mu_{np}}{kT_{abs}} \right] - 1} \, d(\hbar\omega)$$

$$\approx \exp\left[\frac{\mu_{np}}{kT_{abs}} \right] \left(\frac{\Omega_{out}}{c_0^2 4\pi^3 \hbar^3} \right) \int_{\epsilon_g}^{\infty} (\hbar\omega)^2 \exp\left[-\frac{\hbar\omega}{kT_{abs}} \right] \, d(\hbar\omega)$$

$$= \exp\left[\frac{\mu_{np}}{kT_{abs}} \right] B. \qquad (3.49)$$

Mit der weiteren Größe B zur Abkürzung des Integrals

$$B = \left(\frac{\Omega_{out}}{c_0^2 4\pi^3 \hbar^3} \right) \int_{\epsilon_g}^{\infty} (\hbar\omega)^2 \exp\left[-\frac{\hbar\omega}{kT_{abs}} \right] \, d(\hbar\omega)$$

wird die dem System entnommene elektrische Stromdichte nunmehr sehr übersichtlich

$$J_{el}^*(\mu_{np}) = e \left(A - B \exp\left[\frac{\mu_{np}}{kT_{abs}} \right] \right). \qquad (3.50)$$

Der Term A repräsentiert den gesamten Photonenstrom von der Sonne, der absorbiert wird, und der dem maximalen Strom der entnehmbaren Ladung entspricht. Der Term B bezeichnet den Photonenstrom aus dem Absorber im thermischen Gleichgewicht, der verglichen mit dem solaren Photonenstrom (A), sehr klein ist. In der Bilanz der Ströme erscheint dieser Term um den Faktor $\exp\left[\mu_{np}/kT\right]$ vergrößert.

Wir erweitern diese Beziehung, um sie mit den Gleichungen von elektronischen Bauelementen (Dioden) einfacher vergleichen zu können (siehe Abschn. 4.12 und 5.2.3):

$$J_{el}^*(\mu_{np}) = e \left((A + B) - B \left(\exp\left[\frac{\mu_{np}}{kT_{abs}} \right] - 1 \right) \right). \qquad (3.51)$$

und approximieren wegen $A \gg B$ zu

$$J_{\text{el}}^*(\mu_{\text{np}}) = e \left(A - B \left(\exp\left[\frac{\mu_{\text{np}}}{k T_{\text{abs}}} \right] - 1 \right) \right). \tag{3.52}$$

Üblicherweise werden elektronische Komponenten und Bauelemente, so auch hier unser ideales System, als Verbraucher behandelt. Nach Konvention wird deshalb der zugeführte elektrische Strom positiv gezählt; nach dieser Vorgabe schreibt sich die Strom-Spannungs-Gleichung unseres Modells

$$J_{\text{el}}(\mu_{\text{np}}) = -J_{\text{el}}^*(\mu_{\text{np}}) = e \left[B \left(\exp\left[\frac{\mu_{\text{np}}}{k T_{\text{abs}}} \right] - 1 \right) - A \right]. \tag{3.53}$$

In dieser Darstellung ist die Beziehung identisch mit der Strom-Spannungs-Gleichung einer beleuchteten Diode (siehe Abschn. 4.12, 5.2.3 und [8]).

Zur Herleitung dieser Beziehung wurden keinerlei Eingaben aus der Festkörper- oder Halbleiterphysik verwendet, und folglich ist sie von sehr allgemeiner Bedeutung. Die verwendeten Annahmen resultieren ausschließlich aus der Thermodynamik und der Statistik, inklusive dem verallgemeinerten Planck'schen Strahlungsgesetz [9].

Unsere Annahmen beruhen auf der Kopplung von Fermionen (Elektronen) und Bosonen (Photonen) in entsprechenden Ratengleichungen für optische Übergänge in einem elektronischen System, das lediglich Absorption und spontane sowie induzierte Emission erlaubt. In unserem idealen System werden zudem Ladungen verlustfrei transportiert. Das gesamte Chemische Potential des photogenerierten Anregungszustandes stünde somit an geeigneten Kontakten zur Verfügung.

Wegen $A > 0$ zeigt die Strom-Spannungs-Relation $J_{\text{el}}(\mu_{\text{np}})$ unter Beleuchtung im vierten Quadranten negative Werte (Abb. 3.18). Wir verstehen diesen Bereich als negativen Verbrauch von elektrischer Leistung; unser System arbeitet demnach als Generator.

Die Beziehung $J_{\text{el}}(\mu_{\text{np}})$ besteht aus einer stetigen Funktion mit einer negativen Krümmung. Diese Krümmung ist ein ausschließlich thermodynamischer Effekt, also eine Auswirkung der Temperatur des Absorbers $T > 0\,\text{K}$ (vgl. Abb. 3.19).

Zudem zeigt diese Krümmung, dass das Produkt aus normierter Stromdichte und normiertem Chemischem Potential im vierten Quadranten stets kleiner ist als das entsprechende Produkt aus maximal erreichbarem Chemischem Potential und maximalem Photostrom,

$$J_{\text{el}} \mu_{\text{np}} < J_{\text{el}}(\mu_{\text{np}} = 0) \mu_{\text{np}}(J_{\text{el}} = 0).$$

Photonenströme lassen sich demnach aus thermodynamischen Gründen für $T_{\text{abs}} > 0$ prinzipiell nicht vollständig in elektrische Leistung umwandeln.

Die oben eingeführten Abkürzungen A und B werden im Abschn. 5.2.3 mit bekannten Begriffen aus der Halbleiterphysik, wie Stromdichten in Sperrsättigung oder im Kurzschluss und Spannung im Leerlauf, ersetzt.

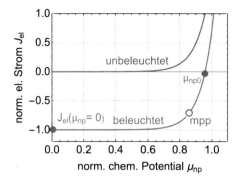

Abb. 3.18 Beziehung zwischen elektrischem Strom J_{el} und Chemischem Potential μ_{np} in einem idealen elektronischen Bändersystem bei $T = 300$ K mit und ohne Beleuchtung; mpp bezeichnet das maximale Produkt aus elektrischem Strom und Chemischem Potential (mpp für maximum power point/Punkt maximaler Ausgangsleistung); charakteristische Kenngrößen Kurzschluss ($J_{el}(\mu_{np} = 0)$) und Leerlauf ($\mu_{np}(J_{el} = 0)$) sind markiert

Abb. 3.19 Normierter elektrischer Strom J_{el} als Funktion des normierten Chemischen Potentials μ_{np} eines beleuchteten idealen elektronischen Systems für verschiedene Temperaturen T_{abs}

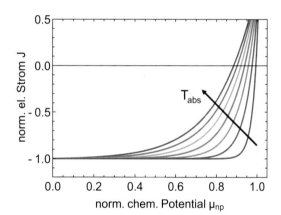

3.3.3 Wirkungsgrad eines idealen elektronischen Systems

Aus dem elektrischen Strom J_{el} des beleuchteten Systems und seiner Abhängigkeit vom Chemischen Potential μ_{np} (J_{el}) ergibt sich die elektrische Ausgangsleistung $p = J_{el}\mu_{np}(J_{el})$. Da sowohl J_{el} als auch μ_{np} von ϵ_g und vom Konzentrationsfaktor C abhängen, ist p auch von diesen Größen bestimmt.

Für die elektrische Ausgangsleistung ist die Differenz der Photonenströme aus Gl. (3.48) mit der Elementarladung e und mit dem Chemischen Potential μ_{np} zu multiplizieren [10][8].

$$p = e\mu_{np} \left[\left(\frac{\Omega_{in}}{c_0^2 4\pi^3 \hbar^3} \right) \int_{\epsilon_g}^{\infty} \frac{(\hbar\omega)^2}{\exp\left(\frac{\hbar\omega}{kT_{Sun}}\right) - 1} \, d\,(\hbar\omega) \right]$$

$$= - \left[\left(\frac{\Omega_{out}}{c_0^2 4\pi^3 \hbar^3} \right) \int_{\epsilon_g}^{\infty} \frac{(\hbar\omega)^2}{\exp\left(\frac{\hbar\omega - \mu_{np}}{kT_{abs}}\right) - 1} \, d\,(\hbar\omega) \right]. \qquad (3.54)$$

Die Ausgangsleistung verschwindet bei zwei charakteristischen Werten, bei $J_{el}(\mu_{np} = 0) = j_{sc}$ und $\mu_{np}(J_{el} = 0) = \mu_{np0}$.

Im Gebiet $0 \leqslant \mu_{np} \leqslant \mu_{np0}$ ist das Produkt $p < 0$ und das System wirkt als Generator elektrischer Leistung, dessen Betrag $| J_{el}\,\mu_{np} |$ ein Maximum annimmt für die ebenfalls charakteristischen Größen $J_{el,mpp}$ und $\mu_{np,mpp}$[9].

Der Wirkungsgrad η definiert sich aus der vom System abgegebenen elektrischen Leistung bezogen auf die dem System zugeführte Leistung der solaren Strahlung.

In der Abb. 3.20 sind die Wirkungsgrade $\eta(\epsilon_g)$ eines idealen elektronischen Systems bei Beleuchtung mit solaren Photonen als Funktion des Bandabstandes ϵ_g für verschiedene Faktoren der Strahlungskonzentration zwischen $C = 1$ und $C_{max} = 4,7 \cdot 10^4$ dargestellt.

Für kleine Bandabstände ϵ_g werden zwar viele solare Photonen $\hbar\omega \geq \epsilon_g$ absorbiert, jedoch wird deren Beitrag zum Anregungszustand und damit zum Chemischen Potential nur mit selbigen kleinen ϵ_g bewertet. Um die vorgegebene Temperatur T_{abs} einzuhalten, wird die hohe Überschussenergie der Photonen als Wärme abgegeben.

Für steigende Bandabstände wird der relative Anteil an Überschussenergie der solaren Photonen geringer, und somit steigt das Chemische Potential. Andererseits verringert sich die Zahl der absorbierten Photonen beispielsweise für $\epsilon_g > 2\,eV$ drastisch, und damit sinken die maximal erreichbare Stromdichte und der Wirkungsgrad.

3.3.4   Injektion von Ladungen aus einer äußeren Quelle

Die Injektion von Ladungen zum System aus einer äußeren Spannungsquelle wird mit denselben Ratengleichungen wie deren Extraktion beschrieben (Abb. 3.21). Die Spannung der externen Quelle (eV_{ext}) muss dazu das intern etablierte Chemische Potential der Elektronen übertreffen ($eV_{ext} > \mu_{np}$). Im speziellen Fall eines Elektronensystems ohne externe Beleuchtung und dementsprechend verschwindendem Chemischem Potential ($\mu_{np} = 0$) bewirkt die Injektion von Ladungen eine Erhöhung zu $\mu_{np} = eV_{ext}$. Demzufolge steigt auch die Emission der Photonen von ursprünglicher

---

[8]Ein erster, allerdings unvollständiger Ansatz dieser Art zur Bestimmung des Wirkungsgrades stammt von Trivich und Flinn [11].
[9]mpp für maximum power point/Punkt maximaler Leistung.

Abb. 3.20 Wirkungsgrade $\eta(\epsilon_g)$ eines idealen elektronischen Systems als Funktion des Bandabstandes ϵ_g für verschiedene Faktoren der Strahlungskonzentration C ($T_{Sun} = 5\,800$ K, $T_{abs} = 300$ K)

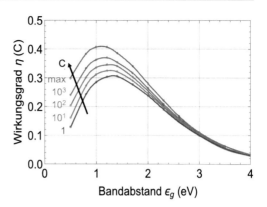

Abb. 3.21 Teilchenströme von Photonen aus dem Volumen dV und zugführter elektrischer Strom J_{el} (wiederum im Verbrauchermodus). Die Injektion von Ladungen bewirkt die Emission von Photonen; die Anordnung mit dieser Polung wirkt als Lumineszenzdiode

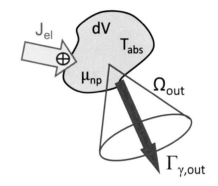

Abb. 3.22 Spektrale Photonenstromdichte aus einem Planck'schen Strahler bei unterschiedlichen Chemischen Potentialen. Aufgrund der exponentiellen Abhängigkeit der Photonenstromdichte vom Chemischen Potential μ_γ sind hier nur Photonenstromdichten für vergleichsweise geringe Unterschiede $\mu_{np} < 0$, $\mu_{np} = 0$, $\mu_{np} > 0$ dargestellt

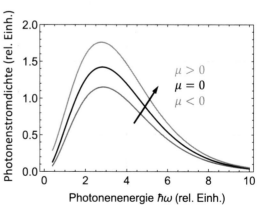

thermischer Gleichgewichtsrate zu derjenigen, die das verallgemeinerte Planck'sche Gesetz für $\mu_{np} = eV_{ext}$ fordert. Das elektronische System agiert nun als Lumineszenzdiode oder im Extremfall mit entsprechenden Vorkehrungen zur Resonanz des internen Strahlungsfeldes als Laserdiode.

Abb. 3.22 zeigt die spektrale Photonenstromdichte eines Planck'schen Strahlers für Chemische Potentiale mit vergleichsweise sehr geringen Unterschieden $\mu_{np} < 0$, $\mu_{np} = 0$, $\mu_{np} > 0$.

3.4   Wandlung monochromatischer Strahlung

Die in Abschn. 3.3.2 verwendeten Beziehungen der Raten der Photonen vereinfachen sich für die Anregung mit monochromatischer Strahlung $\hbar\omega = \epsilon_g$. Der Empfänger absorbiert und emittiert ausschließlich im Energiebereich $\hbar\omega = \epsilon_g \pm \Delta/2$. Anstatt der bestimmten Integrale in Gl. 3.54 für zu- und abgeführte Strahlungsbeiträge brauchen hier nur die energieabhängigen Planck'schen Terme bei $\epsilon = \epsilon_g$ betrachtet zu werden. Der monochromatischen Anregung wegen entfallen alle entropischen Terme, die aus der Überschussenergie der Photonen $\hbar\omega > \epsilon_g$ herrühren. Zudem soll weiterhin ideale Absorption der Photonen und idealer Transport der Ladungen an den Rand des Systems gelten.

Mit diesen Bedingungen zeigt sich ebenfalls, dass die vollständige Wandlung von Strahlung in elektrische oder chemische Energie mit einem absorbierenden (idealen!) System, das sich auf Temperatur $T_{abs} > 0$ befindet, prinzipiell ausgeschlossen ist, weil der Term $\exp[-(\hbar\omega - \mu_{np})/kT_{abs}]$ auch für monochromatische Anregung in der Beziehung $J_{el}(\mu_{np})$ erhalten bleibt.

3.5   Spektrale Unterteilung der solaren Strahlung

3.5.1   Spektral selektive Absorption

Nach der Beziehung von Kirchhoff (vgl. Abschn. 2.5.2) sind Emissions- und Absorptionsvermögen optischer Strahlung identisch $\varepsilon(\omega) = \alpha(\omega)$. Aufgrund von Eigenschaften der Materie, vornehmlich der Kopplung der Elektronen an die Ionen des Gitters, sind sie frequenzabhängig. Diese Frequenzabhängigkeit ermöglicht eine gezielte Verringerung der Emission eines Strahlers in spektralen Bereichen, die für die beabsichtigte Anwendung nicht relevant sind. Beispielhaft ist die Reduktion der Strahlung eines thermischen Emitters auf den Spektralbereich, der dem menschlichen Auge zugänglich ist[10] [12].

Für einen thermischen Absorber, der von der Sonne mit $T_{Sun} = 5\,800$ K bestrahlt wird, sich selbst auf sehr viel geringerer Temperatur befindet und demzufolge bei sehr viel geringeren Photonenenergien abstrahlt, lässt sich die Bilanz der ein- und ausgehenden Energien erheblich zugunsten des Absorbers verbessern. Dazu wird das Emissionsvermögen des Absorbers für kleine Photonenenergien sehr klein gewählt ($\varepsilon(\omega \leq \omega^*) \ll 1$) und man verzichtet somit auf den Teil der niederenergetischen solaren Photonen; der Löwenanteil der solaren Strahlung mit höheren Photonenenergien wird mit großem Absorptionsvermögen ($\alpha(\omega > \omega^*) \approx 1$) akzeptiert, während die Emission des Absorbers bei diesen Energien aufgrund seiner geringen Temperatur entbehrlich ist. Abb. 3.23 zeigt schematisch die normierten spektralen Anteile von Strahlung der Sonne und eines Emitters/Absorbers bei 300 K und die spektrale

---

[10]Glühstrumpf aus ThO_2 und CeO_2 nach C. Auer von Welsbach für gasbetriebene Lampen.

Abb. 3.23 Normierte Strahldichten eines Emitters von $T = T_{Sun} = 5800\,K$ und eines Absorbers mit $T = T_{Earth} = 300\,K$, sowie die spektrale Absorption/Emission α/ε des Absorbers zur Reduktion der abgestrahlten Leistung; die abrupte Änderung des Absorptions-/Emissionsvermögens liegt bei ϵ^*

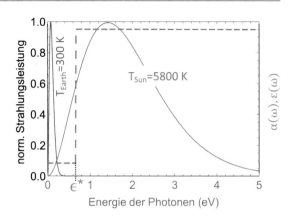

Absorption/Emission mit einem Übergang von geringen zu großen Werten von α resp. von ε bei der Photonenenergie ϵ^*.

Die energetische Schwelle $\epsilon^* = \hbar\omega^*$ kann derart gewählt werden, dass die dem Absorber verbleibende Strahlungsleistung, die sich aus Eingangs- und Ausgangsbeitrag zusammensetzt, maximal wird:

$$\int_{\epsilon^*}^{\infty} \frac{A\,(\hbar\omega)^3}{\exp\left[\frac{\hbar\omega}{kT_{Sun}}\right] - 1}\,d\,(\hbar\omega) - \int_{\epsilon^*}^{\infty} \frac{B\,(\hbar\omega)^3}{\exp\left[\frac{\hbar\omega}{kT_{Earth}}\right] - 1}\,d\,(\hbar\omega) \rightarrow max$$

Für die angegebenen Werte $T_{Sun} = 5800\,K$ und $T_{Earth} = 300\,K$ mit Absorptionsvermögen $\alpha(0 \leq \epsilon \leq \epsilon^*) = 0$ und $\alpha(\epsilon^* \leq \epsilon \leq \infty) = 1$ erhalten wir $\epsilon^* = 0.215\,eV$ (A und B bezeichnen die Normierungskonstanten von Emitter und Absorber).

3.5.2 Photonenenergie und energetische Schwelle zur Absorption

Für quantenhafte Solarenergiewandler mit einer energetischen Schwelle ϵ_g, wie der Bandabstand von Halbleitern oder von HOMO-LUMO-Übergängen in Molekülen, sind aus dem Spektrum der solaren Strahlung so gut wie alle Photonen unpassend. Ihre Energie reicht entweder zur Absorption nicht aus ($\hbar\omega < \epsilon_g$) oder ein Teil der Photonenenergie ($\hbar\omega > \epsilon_g$) wird als Überschussenergie im Absorber in Wärme umgewandelt und aus dem System abgeführt. Der energetische Beitrag der absorbierten Photonen wird deshalb im System nur mit dem Wert von ϵ_g bewertet.

Exemplarisch veranschaulicht Abb. 3.24 die spektralen, mit ϵ_g bewerteten Anteile, also die letztlich ausnützbaren Photonenenergien, für verschiedene optische Absorptionsschwellen ϵ_g.

3.5.3 Multispektrale Nutzung

Zur besseren Ausnutzung der Solarstrahlung lassen sich einzelne spektrale Anteile unabhängig voneinander verwenden, um somit sowohl die Anteile der Überschus-

Abb. 3.24 Spektrale, mit ϵ_g
bewerteten Anteile der
ausnützbaren
Photonenenergien der
Solarstrahlung für
verschiedene optische
Absorptionsschwellen ϵ_g

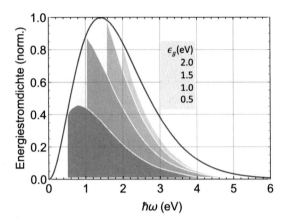

Abb. 3.25 Ausgangsleistungen
zweier hypothetisch idealer
elektronischer Systeme mit
$\epsilon_{g1} = 1.0\,\mathrm{eV}$ und
$\epsilon_{g2} = 2.0\,\mathrm{eV}$ für
verschiedene
Konzentrationsfaktoren C
($C = 1,\ 10,\ 10^2,\ 10^3,\ C_{max}$)
der solaren Strahlung

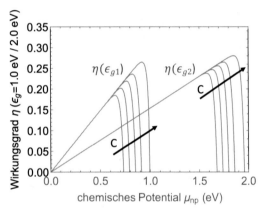

senergie $\hbar\omega > \epsilon_g$ als auch die der zu geringen Energie $\hbar\omega < \epsilon_g$ zu reduzieren
[13–17] (eine akribische Zusammenfassung der bereits in den 1980er-Jahren publi-
zierten Vorschläge finden sich in [18]). Für die im Weiteren erörterten Konzepte des
spectrum splitting sind ideale Verfahren zur spektralen Separation der solaren Energiebereiche angenommen; die Beschreibung einiger, gängiger Methoden finden sich
in Kap. 6.

Die exemplarische Unterteilung der Photonenenergie in zwei spektrale Regime
mit $\epsilon_{g1} = 1.0\,\mathrm{eV}$ und $\epsilon_{g2} = 2.0\,\mathrm{eV}$ führt zu den in Abb. 3.25 dargestellten Ausgangsleistungen hypothetisch idealer elektronischer Systeme. Hierzu werden die Integrale
in Gl. 3.54 mit entsprechenden Grenzen $\epsilon_{g1} \leq \hbar\omega \leq \epsilon_{g2}$, und $\epsilon_{g2} \leq \hbar\omega \leq \infty$
gewählt.

Zur Bestimmung der optimalen Werte von ϵ_g sucht man das Maximum der gesamten Ausgangsleistung, das sich bei gegebener Einstrahlung (spektrale Verteilung,
wie hier für einen idealen Planck'schen Strahler mit $T_{Sun} = 5\,800\,\mathrm{K}$, entsprechenden Konzentrationsfaktoren) in den gesamten Wirkungsgrad $\eta(\epsilon_{g,i})$ übersetzen lässt
(Abb. 3.26).

Naheliegend zur weiteren Steigerung der solaren Ausbeute von solchen elektronischen Systemen ist die spektrale Aufteilung in mehr als zwei Bereiche, deren

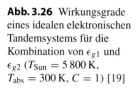
Abb. 3.26 Wirkungsgrade
eines idealen elektronischen
Tandemsystems für die
Kombination von ϵ_{g1} und
ϵ_{g2} ($T_{Sun} = 5\,800\,K$,
$T_{abs} = 300\,K$, $C = 1$) [19]

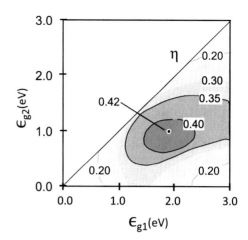

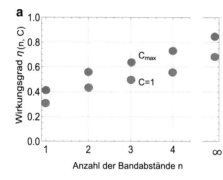

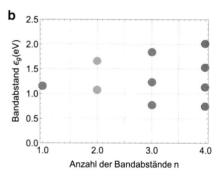

Abb. 3.27 Maximale (theoretische) Wirkungsgrade von Kombinationen aus $n = 1, 2, 3, 4$ spektralen Unterteilungen für Konzentrationsfaktoren $C = 1$ und $C = C_{max} = 4.7 \cdot 10^4$ **(a)**. Optimale (theoretische) Bandabstände für n multispektrale Strahlungswandler ($n = 1$–4, **b**) [20]

Wirkungsweise sowie Wirkungsgrade sich gleichartig ergeben. In der Abb. 3.27a sind die maximalen (theoretischen) Wirkungsgrade von Kombinationen aus $n = 1, 2, 3, 4$ spektralen Unterteilungen aufgezeigt, sowie im Limit $n \to \infty$.

Die zu den Wirkungsgraden in Abb. 3.27a gehörigen Kombinationen der energetischen Schwellen $\epsilon_{g,i}$ finden sich in Abb. 3.27b.

Selbstredend hängen Wirkungsgrad, Ausgangsleistung und die Werte der Kombinationen $\epsilon_{g,i}$ vom spektralen und integralen Angebot der solaren Strahlung ab und variieren mit den lokalen und saisonalen realen Gegebenheiten der Strahlung.

3.6   Fragen/Aufgaben zu Kap. 3

1. Formuliere die Leistungsziffern einer Curzon-Ahlborn-Maschine, wenn diese als Wärmepumpe und als Kuehler zwischen den Temperaturen T_1 und $T_2 < T_1$ betrieben wird? Welche Bereichen der Grösse η betrachtet man dazu?

2. Diskutiere algebraisch und physikalisch den Grenzwert $\mu_{np} \rightarrow \epsilon_g$ und den Grenzwert $\mu_{np}(T)$ für $T \rightarrow 0$!

3. Vergleiche quantitativ die Produktion der Entropie für die drei spezifischen Werte in der der Kennlinie $J(\mu_{np})$, nämlich bei $J = 0$ (Leerlauf), $J = J_{max} = J_{sc}$ (Kurzschluss), und $J(p_{max} = J_{mpp})$!

4. Bestimme das Chemische Potential des Elektronensystems $\mu_{np,0} = eV_{oc}$ und berechne (näherungsweise) eV_{mpp} für die Bandabstände $\epsilon_g = 0.5\,\text{eV}$ und für $\epsilon_g = 2.5\,\text{eV}$ für Anregung mit solarer Strahlung mit Konzentrationsfaktor $C_a = 1$ und $C_b = 100$!

5. Diskutiere qualitativ die Abhänggkeit (Tendenz) des Füllfaktors FF vom Konzentrationsfaktor C eines idealen elektronischen Systems unter Beleuchtung.

6. Bestimme das Chemische Potential $\mu_{np}(\epsilon_g)$ eines idealen elektronischen Systems für $T_{abs} \rightarrow T_{Sun}$!

Literatur

1. Zemansky, M.W., Dittman, R.H.: Heat and Thermodynamics. McGraw-Hill Comp., New York (1997); Feynman, R.P., Leighton, Sands, M.: The Feynman Lectures on Physics I. Addison-Wesley Publ. Comp., Reading (1965)
2. Landsberg, P.: J. Appl. Phys. **54**, 2842 (1983)
3. Novikov, I.I.: J. Nucl. Energy **7**(1–2), 125 (1958)
4. Curzon, F., Ahlborn, B.: Am. J. Physics **43**, 22 (1975)
5. deVos, A.: Thermodynamics for Solar Energy Conversion. Wiley-VCH, Weinheim (2008)
6. Würfel, P., Ruppel, W.: IEEE Transact. Electron. Dev., **ED-27**, 745 (1980)
7. Würfel, P.: Physics of Solar Cells. Wiley-VCH-Verlag, Weinheim (2005), und Physik der Solarzellen. Spektrum Akad., Heidelberg (1995)
8. Sze, S.M.: Physics of Semiconductor Devices. Wiley, New York (1981)
9. Würfel, P.: J. Phys. C **15**, 3967 (1982)
10. Shockley, W., Queisser, H.: J. Appl. Phys. **32**, 510 (1961)
11. Trivich, D., Flinn, P.: Solar Energy Research (F. Daniels, J. Duffie, Hrsg.), S. 143–147. Thames and Hudson, London (1955)
12. Watabe, Y.: Rohstoffwirtschaft und gesellschaftl. Entwickl. (P. Kausche, et al. (Hrsg.), S. 19–27. Springer Spektrum (2016)
13. De Vos, A.: J. Phys. D, Appl. Phys. **13**, 839 (1980)
14. Henry, C.: J. Appl. Phys. **51**, 4494 (1980)
15. Baruch, P.: J. Appl. Phys. **57**, 1347 (1985)
16. Luque, A., Marti, A., Stanley, C., Lopez, N., Cuadra, L., Zhou, D., McKee, A.: J. Appl. Phys. **96**, 03903990 (2004)
17. Yamagichi, M., Takamoto, T., Araki, K., Ekinsdaukes, N.: Sol. Energy **79**, 78 (2005)
18. Green, M.: Third Generation Photovoltaics. Springer Verlag, Berlin (2003)
19. Bauer, G.H., Kärn, M.: Proc. 2nd World Conf. on Photovolt. Solar Energy Conversion, Europ. Comm./Director. Gen. Joint Res. Cent., Ispr (I), , S. 132 (1998)
20. Marti, A., Araujo, G.L.: Sol. En. Mat. & Sol. Cells **43**, 203 (1995)

Grundlegende Prinzipien der Photovoltaik

4

Überblick

In Solarzellen wird ein elektronisches System durch solare Strahlung energetisch angeregt. Dieser Zustand muss eine gewisse Zeit, die Lebensdauer, vor der Rückkehr in den Ausgangszustand erhalten bleiben, damit die Energie zum Rand der absorbierenden Materie gelangen kann. Dort lässt sie sich an geeigneten Kontakten entnehmen.

In den folgenden Abschnitten wird die Strahlung, die mit Materie wechselwirkt, zum einen im Teilchenbild formuliert, zum anderen als Welle betrachtet.

Spezifische Eigenschaften der Materie, wie Energieniveaus oder Energiebänder von Elektronen oder von Gitterschwingungen sowie optische Übergänge zur Absorption oder Emission von Strahlung, werden bevorzugt im Teilchenbild zum Teil mit einfachen Ansätzen aus der Quantenmechanik beschrieben.

Die Propagation von Strahlung zu und innerhalb von Materie hingegen, formuliert man einfacher im Wellenbild, also mit elektromagnetischen Feldern und den Maxwell'schen Gleichungen.

Zur Erfassung der örtlichen Bewegung von angeregten Partikeln, wie die von Elektronen oder von Exzitonen im absorbierenden System und zu seinen Rändern dient im Allgemeinen die Boltzmann-Transportgleichung.

© Der/die Autor(en), exklusiv lizenziert an Springer-Verlag GmbH, DE, ein Teil von Springer Nature 2023
G. H. Bauer, *Photovoltaik – Physikalische Grundlagen und Konzepte*, https://doi.org/10.1007/978-3-662-66291-5_4

4.1 Anregung durch Strahlung

Die Wechselwirkung von solaren Photonen mit Materie erfolgt im Wesentlichen über die elektrische Feldstärke der elektromagnetischen Welle mit den Ladungen in der Materie, also mit Elektronen und mit Ionen.

Die Wechselwirkung von Strahlung mit freien Elektronen, vorrangig in Metallen, unterliegt wegen der hohen Dichten der Elektronen einer starken Kopplung der Elektronen untereinander und mit dem Gitter (Coulomb-Wechselwirkung) [1]. Diese Kopplung führt zur extrem schnellen (10^{-15} s) Relaxation und zur Einstellung einer thermischen Energieverteilung der Elektronen und der Gitterschwingungen. Im Vergleich zum unbeleuchteten Zustand führt die Absorption von Strahlung zur Erhöhung der Temperatur, erzeugt also Wärme (Solarthermie). Diese lässt sich nur mit den bekannten thermodynamischen Einschränkungen in entropiefreie Energieformen umwandeln.

Ionen im Gitter werden von der elektrischen Feldstärke der Strahlung wegen ihrer geringen Bindungsenergien und vergleichsweise großen Masse generell zu Schwingungsmoden in Frequenzbereichen des tiefen Infrarots angeregt, die nicht zu den Energien der solaren Photonen passen.

Hingegen liegen in einer Vielzahl von Molekülen und Halbleitern, die Energieniveaus und die energetischen Abstände zwischen diesen bei Werten, die gut mit denen der solaren Photonen ($0.5\,\text{eV} \leq \hbar\omega \leq 2.5\,\text{eV}$) übereinstimmen, und die demzufolge eine Wandlung solarer Strahlung ermöglichen. Die in solchen Energieniveaus gebundenen Elektronen können durch die Absorption von Photonen in höher gelegene Niveaus angeregt werden und verbleiben dort eine gewisse Zeit, die Rekombinationslebensdauer, bis zur Rückkehr in den Grundzustand.

4.2 Elektronische Zustände

In kondensierter Materie sind die Komponenten (Atome, Ionen, Elektronen) vergleichsweise dicht gepackt. Die Abstände ($r < 1\,\text{nm}$) sind so gering, dass sich die Wellenfunktionen der Elektronen dieser Komponenten überlappen [2]. Die lokale Annäherung von diskreten elektronischen Zuständen führt zur Interferenz der Wellenfunktionen und zur Aufspaltung der individuellen Energieniveaus, die in der Abb. 4.1 über dem inversen Abstand ($1/r$) schematisch dargestellt ist.

Die Aufspaltung von atomaren Energieniveaus als Folge der Wechselwirkung ist in einem Beispiel mit zwei Potentialtrögen in Abb. 4.2 gezeigt, die einmal unendlich weit voneinander entfernt, zum anderen in geringem Abstand voneinander angeordnet sind. Diese Betrachtung führt qualitativ ebenfalls zur Aufspaltung von Energieniveaus ($\epsilon_{1,u} - \epsilon_{1,d}$), die in einem einfachen eindimensionalen Ansatz mit mehreren ($n \to \infty$) rechteckigen Trögen quantitativ ausgedrückt werden kann (Abb. 4.3).

Das Verhalten der Elektronen in periodischen Potentialen von Kristallgittern wird mit einem eindimensionalen Modell, dem Kronig-Penney-Modell, deutlich [3–6] (und A.2). In diesem Ansatz wird eine allgemeine Wellenfunktion $\Psi(x)$ an das vorgegebene Potential $U(x)$, das hier einer periodischen Anordnung von Trögen

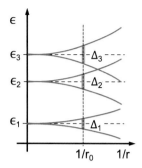

Abb. 4.1 Schematische Aufspaltung von individuellen diskreten Energieniveaus durch deren lokale Annäherung als Funktion des inversen Abstandes $(1/r)$. Die Verbreiterung der energetischen Bereiche Δ_i nimmt mit wachsender Energie zu

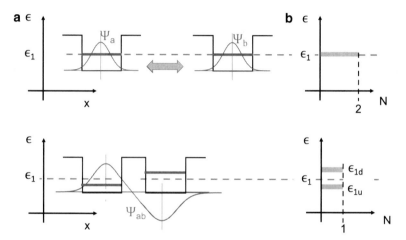

Abb. 4.2 Aufspaltung von diskreten Energieniveaus in zwei rechteckigen Potentialtrögen durch räumliche Annäherung (**a**), sowie Anzahl der entsprechenden Elektronenzustände $N(\epsilon)$ (**b**). Die zum Niveau ϵ_1 gehörigen Wellenfunktionen Ψ_a, Ψ_b, Ψ_{ab} sind qualitativ angedeutet

Abb. 4.3 Breite der energetischen Niveaus für rechteckige eindimensionale Potentialtröge als Funktion der Anzahl n der Tröge (qualitativ)

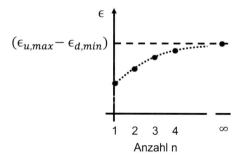

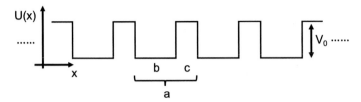

Abb. 4.4 Eindimensionales Trogpotential $U(x)$ im Kronig-Penney-Modell

entspricht, eingefügt (Abb. 4.4). Für Trog und Barriere werden in der Schrödinger-Gleichung

$$-(\hbar^2/2\,m)\nabla^2\Psi + U(x)\Psi = \epsilon\,\Psi$$

ebene Wellen ($\exp[ikx]$) angenommen, die mit einer Korrekturfunktion $u(x)$ zu modifizieren sind, um die ebenen Wellen an die ortsabhängige Potentialfunktion anzupassen:

$$\Psi(x) = u(x)\exp(ikx).$$

Mit den Randbedingungen der Stetigkeit der Funktion $\Psi(x)$ und ihrer ersten Ableitung erhält man hier beispielhaft für unendlich viele Tröge eine Beziehung zwischen Wellenvektor k und normierter Energie ϵ^*, die nur in bestimmten energetischen Bereichen Lösungen erlaubt (Abb. 4.5; die ausführliche analytische Herleitung findet sich im Anhang A.2):

$$k = (1/a)\arccos\left[L(\epsilon^*)\right] \tag{4.1}$$

mit

$$L = \frac{(1-2\epsilon^*)}{2\sqrt{\epsilon^*(1-\epsilon^*)}}\sinh\left[\sqrt{\Omega(1-\epsilon^*)}c\right]\sin\left[\sqrt{\Omega\epsilon^*}b\right]$$
$$+\cosh\left[\sqrt{\Omega(1-\epsilon^*)}c\right]\cos\left[\sqrt{\Omega\epsilon^*}b\right]. \tag{4.2}$$

Hier bezeichnen $\epsilon^* = \epsilon/V_0$ die auf das Trogpotential V_0 normierte Energie, $\Omega = (2mV_0/\hbar^2)$ und b sowie c, Trog- und Barrierenbreite.

Aus der Darstellung in Abb. 4.5 lässt sich entnehmen:

- in periodischen Potentialen existieren energetische Bereiche mit stationären Lösungen für Elektonen, die man Bänder nennt, sowie
- energetische Regionen zwischen den Bändern, in denen solche Lösungen nicht existieren (Energielücken).

Mit der abschnittsweisen Linearisierung der L-Funktion als Näherung für die erlaubten Regime kann $k = k(\epsilon^*)$ nach $\epsilon^* = \epsilon^*(k)$ aufgelöst werden und ergibt insbesondere für die Ränder der Energiebänder bei $k = 0$ und $k = \pm(\pi/a)$ die Beziehung $\epsilon^* \sim k^2$ (vgl. Abb. 4.6 und Anhang A.2).

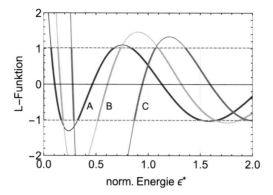

Abb. 4.5 L-Funktion aus dem Kronig-Penney-Modell zur Bestimmung der mit Elektronen besetzbaren energetischen Bereiche aus $k = k(\epsilon^*)$. Die erlaubten L-Werte ($-1 \leq L \leq +1$) sind hervor-
gehoben (Verhältnisse der Breiten Trog/Barriere sind: 0.2/1.8 (A); 0.5/1.5 (B) und 1.0/1.0 (C))

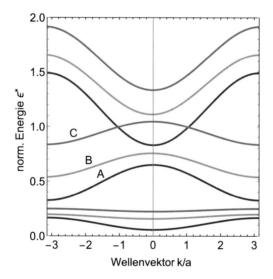

Abb. 4.6 Dispersionsrelation für Elektronen in einem eindimensionalen Potential von unendlich
vielen rechteckigen Trögen. Lösungen für Elektronenzustände sind Linien in 1-D, Flächen in 2-D
und Volumen in 3-D. Die erlaubte Bereiche (Bänder) verbreitern sich mit der Energie, während
die Bandlücken mit der Energie schmaler werden (vgl. L-Funktion in Abb. 4.5)(Verhältnisse der
Breiten Trog/Barriere sind: 0.2/1.8 (A); 0.5/1.5 (B) und 1.0/1.0 (C))

In analoger Weise wie für die eindimensionale Betrachtung lassen sich – mit eini-
gem numerischem Aufwand – die Beziehungen für Elektronenenergie als Funktion
der Wellenvektoren $\epsilon^*(\mathbf{k})$ in dreidimensionalen, periodischen Strukturen ermitteln.

Für die quantenhafte Wandlung solarer Energie bedarf es also Materialien mit
entsprechenden Bandstrukturen, beispielsweise Halbleiter oder molekularer Fest-

körper, in denen komplett[1] mit Elektronen besetzte Bänder von unbesetzten durch
eine Energielücke getrennt sind. Insbesondere die Energielücke zwischen höchstem
besetzem Band (Valenzband, resp. HOMO-Niveau) und tiefstem unbesetzem Band
(Leitungsband, resp. LUMO-Niveau) muss zur Energie der solaren Photonen passen.

4.3   Dichten elektronischer Zustände

Die Dichte der elektronischen Zustände, als Anzahl der möglichen Plätze pro
Volumen- und Energieintervall, bestimmt man aus den stationären Lösungen der
Funktion $\epsilon = \epsilon(\mathbf{k})$. Diese Lösungen enthalten diskrete und auf der $\mathbf{k}$-Achse äquidi-
stant verteilte Werte [1,6]. Ein Volumenelement im hier gewählten dreidimensionalen
Wellenvektorraum $V_{\mathbf{k}}$ konstruiert sich aus den reziproken Gittervektoren ($\mathbf{b}_i$) als

$$V_{\mathbf{k}} = \mathbf{b}_1(\mathbf{b}_2 \times \mathbf{b}_3).$$

Diese reziproken Gittervektoren $\mathbf{b}_i$ werden aus den räumlichen, ebenfalls dreidimensionalen Gittervektoren $\mathbf{a}_i$ erzeugt nach der Vorschrift

$$\mathbf{b}_i = 2\pi \frac{(\mathbf{a}_{i+1} \times \mathbf{a}_{i+2})}{\mathbf{a}_i\,(\mathbf{a}_{i+1} \times \mathbf{a}_{i+2})}$$

mit $i = mod\,3$.
Damit schreibt sich das Volumenelement

$$V_{\mathbf{k}} = (2\pi)^3\,\frac{1}{\mathbf{a}_1\,(\mathbf{a}_2 \times \mathbf{a}_3)}.$$

Das gesamte Gitter setzt sich aus N räumlichen Elementarzellen $\Delta V_{\mathbf{x}}$ zum
Gesamtvolumen $V_{\mathbf{x}} = N\Delta V_{\mathbf{x}}$ zusammen.
Jedem Wellenvektor der Lösung steht somit

$$\Delta V_{\mathbf{k}} = \frac{1}{N}V_{\mathbf{k}} = (2\pi)^3\,\frac{1}{N\,[\mathbf{a}_1\,(\mathbf{a}_2 \times \mathbf{a}_3)]} = (2\pi)^3\,\frac{1}{N\,[\Delta V_{\mathbf{x}}]} = (2\pi)^3\,\frac{1}{V_{\mathbf{x}}}$$

zur Verfügung.
Das Inverse dieses Volumens, nämlich $1/\Delta V_{\mathbf{k}}$, bezeichnet die räumliche Dichte
der Wellenvektoren.
Für die Anordnung der Wellenvektoren auf der Energieskala betrachtet man
ein Volumenelement $d\tau_{\mathbf{k}}$ (vgl. Abb. 4.7), das sich aus dem Flächenelement

---

[1]In der Näherung für kleine Temperaturen.

Abb. 4.7 Volumenelement
$d\sigma_k dk_\perp$ zur Bestimmung der
Anzahl der Wellenvektoren
pro räumlichem Volumen
und pro Energieintervall

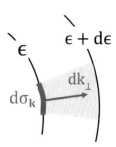

$d\sigma_{\mathbf{k}}(\epsilon = \text{const.})$ und dem Abstand $dk_\perp$ zur Fläche $\epsilon + d\epsilon$ zusammensetzt. Die Anzahl der Wellenvektoren pro räumlichem Volumen erhält man mit

$$dZ_{\mathbf{k}} = \frac{1}{V_{\mathbf{k}}} \int d\sigma_{\mathbf{k}} dk_\perp.$$

Da wir die Anzahl der Zustände in Abhängigkeit der Energie wissen wollen, schreiben wir

$$d\epsilon = \mid \nabla_{\mathbf{k}}\epsilon(\mathbf{k}) \mid dk_\perp$$

und daraus

$$dk_\perp = \frac{1}{\mid \nabla_{\mathbf{k}}\epsilon(\mathbf{k}) \mid} d\epsilon.$$

Folglich wird

$$dZ_{\mathbf{k}} = \frac{V_{\mathbf{x}}}{(2\pi)^3} \int \frac{d\sigma_{\mathbf{k}} d\epsilon}{\mid \nabla_{\mathbf{k}}\epsilon(\mathbf{k}) \mid}$$

oder auch

$$\frac{dZ_{\mathbf{k}}}{V_{\mathbf{x}} d\epsilon} = D'(\epsilon) = \frac{1}{(2\pi)^3} \int \frac{d\sigma_{\mathbf{k}}}{\mid \nabla_{\mathbf{k}}\epsilon(\mathbf{k}) \mid}.$$

Da die Besetzung von elektronischen Zuständen nach dem Pauli-Prinzip zwei Orientierungen des Spins ($\uparrow\downarrow$) zulässt [1,7], ergibt sich als Zahl der Wellenvektoren pro Volumen- und Energieintervall nunmehr

$$D(\epsilon) = \frac{2}{(2\pi)^3} \int \frac{d\sigma_{\mathbf{k}}}{\mid \nabla_{\mathbf{k}}\epsilon(\mathbf{k}) \mid}.$$

Mit Kenntnis von $\epsilon(\mathbf{k})$ lassen sich $d\sigma_{\mathbf{k}}(\epsilon = \text{const.})$ und auch der Gradient $\mid \nabla_{\mathbf{k}}\epsilon(\mathbf{k}) \mid$ berechnen. Damit sind auch $\int \frac{d\sigma_{\mathbf{k}}}{\mid \nabla_{\mathbf{k}}\epsilon(\mathbf{k}) \mid}$ und $D(\epsilon)$ bestimmbar.

Für isotrope, sphärisch symmetrische, dreidimensionale $\epsilon(\mathbf{k})$ mit

$$k^2 = k_x^2 + k_y^2 + k_z^2$$

Abb. 4.8 Elektronische
Zustandsdichten für einen
sphärisch symmetrischen,
isotropen ($D_{3d,iso}(\epsilon)$), sowie
für einen hypothetischen
realen Festkörper
($D_{3d,re}(\epsilon)$). In $0 \leq \epsilon \leq 3kT$
gilt die Näherung $\epsilon \sim k^2$ und
demzufolge ist auch dort
$D \sim \sqrt{\epsilon}$

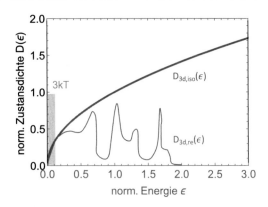

und für freie Elektronen ($\epsilon = (\hbar^2 k^2)/2m$) lautet

$$\nabla_{\mathbf{k}}\epsilon(\mathbf{k}) = \frac{d\epsilon}{dk} = \frac{\hbar^2}{2\,m}\sqrt{\frac{2m}{\hbar^2}}.$$

Die dreidimensionale, isotrope Zustandsdichte schreibt sich folglich

$$D_{3d,iso} = \left(\frac{2\,m}{\hbar^2}\right)^{3/2}\left(\frac{1}{2\pi}\right)\sqrt{\epsilon}.$$

Die Zustandsdichten in realer kondensierter Materie sind generell sehr viel komplexer als die unserer Näherung. Reale Gitter bestehen oft aus mehreren Komponenten, wie in biären, ternärnen, etc. Festkörpern mit komplizierten Gitterstrukturen und entsprechend komplizierten räumlichen Verteilungen von Potentialen. Manche solcher Materialien sind gar nicht periodisch, also ungeordnet, und deshalb nicht mit den gängigen Formulierungen in Translationssymmetrie zu beschreiben.

Dennoch zeigen Zustandsdichten vieler, auch ungeordneter Festkörper bei Wellenvektoren $k = 0$, $k = \pm\pi/a$, also an den Bandkanten, Minima oder Maxima für $\epsilon = \epsilon(k)$, die sich – in einem Energiebereich von $(2 - 3)kT$ – sehr gut mit der Funktion $\epsilon \sim \pm k^2$ annähern lassen. Da die Besetzung von Niveaus unter Strahlungsanregung sich auf selbigen vergleichsweise kleinen Energiebereich beschränkt, ist die Approximation $\epsilon \sim k^2$, wie sie sich aus dem Kronig-Penney-Ansatz ergibt, gerechtfertigt (vgl. Abb. 4.8).

4.4   Effektive Masse

Das lokale Potential von Ionen im Gitter beeinflusst die Bewegung von Ladungen (z. B. von Elektronen), insbesondere die Änderung des Wellenvektors als Folge externer Felder. Da Elektronen in Materie im Wellenbild beschrieben werden (vgl. Abschn. 4.3), sind Größen, wie Geschwindigkeit, Impuls und deren zeitliche Änderung, ebenfalls im Wellenbild zu formulieren [3–5]. In dieser Beschreibung, in der die

Unschärferelation $\Delta p \cdot \Delta x \geq \hbar$ berücksichtigt ist, wird die Gruppengeschwindigkeit $\mathbf{v}_{Gr}$ ausgedrückt mit

$$\mathbf{v}_{Gr} = \nabla_{\mathbf{k}} \omega(\mathbf{k}) = \frac{1}{\hbar} \nabla_{\mathbf{k}} \epsilon(\mathbf{k}).$$

Die zeitliche Änderung wird dann

$$\frac{\partial \mathbf{v}_{Gr}}{\partial t} = \frac{1}{\hbar} \frac{\partial}{\partial t} \left(\nabla_{\mathbf{k}} \epsilon(\mathbf{k}) \right),$$

woraus mit klassischem Ansatz und der äußeren Störung $\mathbf{F}$

$$\frac{\partial \mathbf{k}}{\partial t} = \frac{1}{\hbar} \frac{\partial \mathbf{p}}{\partial t} = \frac{1}{\hbar} \mathbf{F}$$

$$\frac{\partial \mathbf{v}_{Gr}}{\partial t} = \frac{1}{\hbar} \frac{\partial}{\partial t} \left[\frac{\partial \epsilon(\mathbf{k})}{\partial k_x}; \frac{\partial \epsilon(\mathbf{k})}{\partial k_y}; \frac{\partial \epsilon(\mathbf{k})}{\partial k_z} \right] \tag{4.3}$$

wird.

Ausgeschrieben erhält man aus der jeweils dreidimensionalen Abhängigkeit der drei Einzelkomponenten

$$\frac{\partial \mathbf{v}_{Gr}}{\partial t} = \frac{1}{\hbar} \begin{bmatrix} \frac{\partial^2 \epsilon(\mathbf{k})}{\partial k_x^2} \frac{\partial k_x}{\partial t} + \frac{\partial^2 \epsilon(\mathbf{k})}{\partial k_x \partial k_y} \frac{\partial k_y}{\partial t} + \frac{\partial^2 \epsilon(\mathbf{k})}{\partial k_x \partial k_z} \frac{\partial k_z}{\partial t} \\ \frac{\partial^2 \epsilon(\mathbf{k})}{\partial k_y \partial k_x} \frac{\partial k_y}{\partial t} + \frac{\partial^2 \epsilon(\mathbf{k})}{\partial k_y^2} \frac{\partial k_y}{\partial t} + \frac{\partial^2 \epsilon(\mathbf{k})}{\partial k_y \partial k_z} \frac{\partial k_y}{\partial t} \\ \frac{\partial^2 \epsilon(\mathbf{k})}{\partial k_z \partial k_x} \frac{\partial k_x}{\partial t} + \frac{\partial^2 \epsilon(\mathbf{k})}{\partial k_y \partial k_z} \frac{\partial k_y}{\partial t} + \frac{\partial^2 \epsilon(\mathbf{k})}{\partial^2 k_z^2} \frac{\partial k_z}{\partial t} \end{bmatrix} \tag{4.4}$$

und wegen $\frac{\partial k_i}{\partial t} = F_i$ folgt schließlich

$$\frac{\partial \mathbf{v}_{Gr}}{\partial t} = \frac{1}{\hbar^2} \begin{bmatrix} \frac{\partial^2 \epsilon(\mathbf{k})}{\partial k_x^2} & \frac{\partial^2 \epsilon(\mathbf{k})}{\partial k_x \partial k_y} & \frac{\partial^2 \epsilon(\mathbf{k})}{\partial k_x \partial k_z} \\ \frac{\partial^2 \epsilon(\mathbf{k})}{\partial k_y \partial k_x} & \frac{\partial^2 \epsilon(\mathbf{k})}{\partial k_y^2} & \frac{\partial^2 \epsilon(\mathbf{k})}{\partial k_y \partial k_z} \\ \frac{\partial^2 \epsilon(\mathbf{k})}{\partial k_z \partial k_x} & \frac{\partial^2 \epsilon(\mathbf{k})}{\partial k_y \partial k_z} & \frac{\partial^2 \epsilon(\mathbf{k})}{\partial^2 k_z^2} \end{bmatrix} \cdot \mathbf{F}. \tag{4.5}$$

In Analogie zur Bewegungsgleichung der Mechanik bezeichnet der Kehrwert dieser zweiten Ableitung der Energie $\epsilon(\mathbf{k})$ nach den Wellenvektoren eine Masse, die in diesem Zusammenhang „effektive Masse" m^* genannt wird [2,5,6].

$$\frac{1}{m^*} = \frac{1}{\hbar^2} \begin{pmatrix} \frac{\partial^2 \epsilon}{\partial k_x^2} & \frac{\partial^2 \epsilon}{\partial k_x \partial k_y} & \frac{\partial^2 \epsilon}{\partial k_x \partial k_z} \\ \frac{\partial^2 \epsilon}{\partial k_y \partial k_x} & \frac{\partial^2 \epsilon}{\partial k_y^2} & \frac{\partial^2 \epsilon}{\partial k_y \partial k_z} \\ \frac{\partial^2 \epsilon}{\partial k_z \partial k_x} & \frac{\partial^2 \epsilon}{\partial k_z \partial k_y} & \frac{\partial^2 \epsilon}{\partial k_z^2} \end{pmatrix} . \tag{4.6}$$

4.5 Unterscheidung Metall – Halbleiter

Phänomenologisch sind Metalle Festkörper, *die elektrische Ladung und Wärme gut leiten*. Beide Effekte beruhen auf dem Transport von Elektronen, deren Verteilungsfunktion der Impulse von beliebig kleinen externen Störungen, wie örtliche Gradienten des elektrischen Potentials (elektrische Feldstärken), Gradienten der Konzentration von Ladungsträgern oder Gradienten der Temperatur verursacht werden. Elektronen, die sich so verhalten, werden freie Elektronen genannt.

Im Gegensatz dazu sehen Elektronen in Halbleitern im Grenzfall $T \rightarrow 0$ im Impulsraum ($\epsilon(\mathbf{k})$-Darstellung) keine freien Zustände, die mit minimaler Änderung von Energie und Wellenvektor erreichbar sind. Die nächsten besetzbaren Niveaus sind eine energetische Stufe, die Bandlücke, entfernt.

Der physikalische Unterschied zwischen Metallen und Halbleitern besteht in der auf die Elementarzelle bezogenen Anzahl von Zuständen und der Anzahl der Elektronen, die dort (für $T \rightarrow 0$) untergebracht werden können. Ein triviales Beispiel mit einer eindimensionalen Anordnung von Elementarzellen zeigt die Auswirkung der Anzahl der Elektronen auf die Besetzung [2,6]:

In jeder Elementarzelle sind nach dem Pauli-Prinzip zwei Spin-Zustände ($\uparrow$, $\downarrow$) erlaubt [7].

- Besteht „die Mitgift" aus einem Elektron pro Elementarzelle, ist die gesamte Zustandsdichte des Bandes halb gefüllt und der Festkörper verhält sich der frei beweglichen Elektronen wegen metallisch.
- Sind in der Elementarzelle 2 Elektronen unterzubringen, ist die gesamte Zustandsdichte besetzt und die Materie ist isolierend/halbleitend (Abb. 4.9).

In realen Festkörpern mit komplexeren Zustandsdichten entscheiden gleichsam die $\epsilon(\mathbf{k})$-Funktion mit der Anzahl der Elektronen über metallisches oder halbleitendes Verhalten.

Abb. 4.9 Schematische Besetzung von Elementarzellen mit Zustandsdichten für zwei Spins (Z=2) und Besetzung mit je einem Spin ($N = 1$) wie in Metallen (**a**), sowie mit je zwei Spins ($N = 2$) besetzt wie in Halbleitern und Isolatoren (**b**)

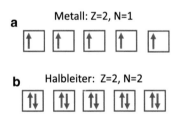

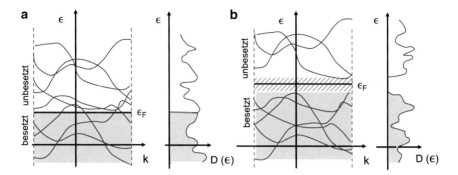

Abb. 4.10 Schematische $\epsilon(\mathbf{k})$-Funktionen über dem Wellenvektor k, sowie hypothetische Zustandsdichten $D(\varepsilon)$. Zustände mit Energien $\epsilon \leq \epsilon_F$ sind (in der Näherung $T \to 0$) mit Elektronen besetzt und für $\epsilon > \epsilon_F$ unbesetzt (Eigenschaften von Metallen) **(a)**. Im Gegensatz zu Metallen existiert in Halbleitern und Isolatoren eine energetische Lücke (schraffiert), in der keine $\epsilon(k)$- Werte existieren; sofern die Energieniveaus unterhalb dieser Bandlücke (wiederum für $T \to 0$) vollständig besetzt und oberhalb komplett unbesetzt sind, ist dieser Festkörper halbleitend. Das Ferminiveau liegt innerhalb dieser Bandlücke **(b)**

   In Metallen enthält das höchste besetzte Energieband weniger Elektronen als Zustände verfügbar sind, und das Ferminiveau[2] ϵ_F separiert **in** diesem Band (wiederum für $T \to 0$) besetzte von unbesetzten Niveaus.

   In Halbleitern und Isolatoren[3] ist – für $T \to 0$ – ein Band komplett besetzt, während das nächst und alle weiteren höheren Bänder vollständig unbesetzt sind (vgl. Abb. 4.10). Das Ferminiveau liegt hier in der Bandlücke zwischen besetztem und unbesetztem Band und seine Position ergibt sich aus der Bilanz aller mit der Verteilungsfunktion nach Fermi f_F bewerteten Zustände.

   Da sowohl in Metallen als auch in Halbleitern die Besetzung von der Temperatur abhängt, ist das Ferminiveau $\epsilon_F(T)$ temperaturabhängig. Bei der Bestimmung dieser Abhängigkeit wird die thermische Volumenänderung, die eine Änderung der Dichte von Niveaus bedingt, zur Vereinfachung oft nicht berücksichtigt.

   Als Beispiel für reale Zustandsdichten eines direkten und eines indirekten Halbleiters sind in Abb. 4.11 die $\epsilon = \epsilon(k)$-Relationen von Galliumarsenid (GaAs) und von Silizium (c-Si) gezeigt.

---

[2] Das Ferminiveau ϵ_F bezeichnet das energetische Niveau in der Fermi-Verteilungsfunktion, das in der Näherung $T \to 0$ die besetzten von den unbesetzten Niveaus trennt (vgl. Abschn. A.1.2).
[3] Die Unterscheidung zwischen Halbleiter und Isolator ist fließend und hängt davon ab, wie empfindlich man kleinste Ströme messen kann.

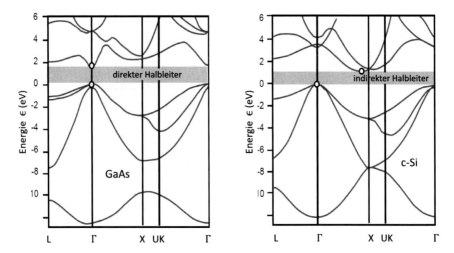

Abb. 4.11 Energie-Wellenvektor-Funktionen $\epsilon(\mathbf{k})$ von Galliumarsenid (GaAs) und kristallinem Silizium (c-Si) über dem Wellenvektor in verschiedenen Symmetrierichtungen. Die Lagen der Maxima und Minima der Energielücken liegen bei gleichen k-Werten in GaAs (direkter Halbleiter) und bei unterschiedlichen k-Werten in c-Si (indirekter Halbleiter)

4.6 Wechselwirkung von Strahlung mit Materie im Wellenbild

Die Wechselwirkung von Photonen mit Materie lässt sich mit der Anregung von Ladungen durch die elektrische Feldstärke der elektromagnetischen Wellen verstehen. Die Mitwirkung von Ladungen in Materie bei der Propagation elektromagnetischer Felder wird als dielektrische Funktion $\tilde{\varepsilon}$ – in der Sprache der Optik als Brechungsindex $\tilde{n}$ – verstanden. Beide Größen, $\tilde{\varepsilon}(\omega)$ und $\tilde{n}(\omega)$ sind komplex, setzen sich also aus Real- und Imaginärteil zusammen. Sie beschreiben die Phasengeschwindigkeit der Wellenausbreitung und die Dämpfung der Wellenamplitude. Dielektrische Funktion und Brechungsindex beruhen auf demselben Effekt und sind ineinander ausdrückbar ($\tilde{\varepsilon}(\omega) = \tilde{n}^2(\omega)$).

4.6.1 Komplexer Brechungsindex

Die Propagation von elektromagnetischer Strahlung in Materie sowie über Phasengrenzen beschreibt man mit den orts- und zeitabhängigen elektrischen und magnetischen Feldstärken in den Maxwell-Gleichungen [8]:

$$\nabla \times \mathbf{E} = -\mu\mu_0 \frac{\partial \mathbf{H}}{\partial t} \tag{4.7}$$

$$\nabla \times \mathbf{H} = \varepsilon\varepsilon_0 \frac{\partial \mathbf{E}}{\partial t} + \mathbf{j}. \tag{4.8}$$

Wir kombinieren diese beiden Gleichungen zu

$$\nabla \times \mathbf{H} = \varepsilon\varepsilon_0 \frac{\partial \mathbf{E}}{\partial t} + \mathbf{j} = \varepsilon\varepsilon_0 \frac{\partial \mathbf{E}}{\partial t} + \sigma \left[\mathbf{E} + (\mathbf{v} \times \mu\mu_0 \mathbf{H}) \right]. \tag{4.9}$$

Wir vernachlässigen den Einfluss des Magnetfeldes auf den Ladungstransport:

$$\mathbf{j} = \sigma \left(\mathbf{v} \times \mu\mu_0 \mathbf{H} \right) \approx 0,$$

und setzen

$$\nabla \cdot (\mu\mu_0 \mathbf{H}) = 0,$$

was bedeutet, dass wir keine magnetischen Monopole zulassen. Zudem nehmen wir an, im betrachteten, genügend großen Volumen herrsche Ladungsneutralität

$$\nabla \cdot (\mathbf{E}) = \frac{\rho}{\varepsilon\varepsilon_0} = 0.$$

Damit schreibt sich die elektrische Feldstärke

$$\Delta \mathbf{E} = \varepsilon\varepsilon_0 \mu\mu_0 \frac{\partial^2 \mathbf{E}}{\partial t^2} + \sigma\mu\mu_0 \frac{\partial \mathbf{E}}{\partial t}. \tag{4.10}$$

Mit dem Ansatz einer harmonischen Welle $\mathbf{E} = \mathbf{E}_0 \exp[i\mathbf{k}x] \exp[-i\omega t]$ erhalten wir die Lösung für die Wellenausbreitung in x-Richtung mit dem komplexen Wellenvektor $\tilde{k}_x$, der die Materieeigenschaften Dielektrizitätsfunktion ε, magnetische Permeabilität μ, elektrische Leitfähigkeit[4] σ enthält:

$$\tilde{k}_x^2 = \varepsilon_0\mu_0\omega^2\varepsilon\mu + i\mu_0\mu\sigma\omega = \frac{\varepsilon\mu}{c_0^2}\omega^2 + i\frac{\mu\sigma}{\varepsilon_0 c_0^2}\omega \tag{4.11}$$

und damit

$$\tilde{k}_x = \pm\frac{\omega}{c_0}\sqrt{\varepsilon\mu + i\frac{\sigma\mu}{\varepsilon_0\omega}}. \tag{4.12}$$

Mit der „Abkürzung" der Vakuumlichtgeschwindigkeit $c_0^2 = (1/\varepsilon_0\mu_0)$ wird der komplexe Wellenvektor bezogen auf den Wellenvektor im Vakuum $k_0 = (\omega/c_0)$

$$\frac{\tilde{k}_x}{k_0} = \tilde{n} = n_1 + in_2 \tag{4.13}$$

zum komplexen Brechungsindex. Aus

$$\tilde{n}^2 = \varepsilon\mu + i\frac{\sigma\mu}{\varepsilon_0\omega} = (n_1 + in_2)^2 = n_1^2 - n_2^2 + 2in_1n_2 \tag{4.14}$$

---

[4]In diesem Ansatz sind ε, μ, σ isotrop, also richtungsunabhängig; im Fall von Richtungsabhängigkeiten sind ε, μ, σ als Tensoren zu formulieren.

wird

$$\left(n_1^2 - n_2^2\right) = \varepsilon\mu \tag{4.15}$$

sowie

$$2in_1n_2 = \frac{\sigma\mu}{\varepsilon_0\omega}. \tag{4.16}$$

Außerdem gilt

$$(\varepsilon\mu)^2 = \left(n_1^2 - n_2^2\right)^2 = \left(n_1^2 + n_2^2\right)^2 - (2n_1n_2)^2 = \left(n_1^2 + n_2^2\right)^2 - \left(\frac{\sigma\mu}{\varepsilon_0\omega}\right)^2. \tag{4.17}$$

Mit $\left(n_1^2 + n_2^2\right)$ und $\left(n_1^2 - n_2^2\right)$ erhält man durch Addition resp. Subtraktion den Realteil

$$n_1^2 = \frac{1}{2}\left[\sqrt{1 + \left(\frac{\sigma}{\varepsilon\varepsilon_0\omega}\right)^2} + 1\right], \tag{4.18}$$

und den Imaginärteil

$$n_2^2 = \frac{1}{2}\left[\sqrt{1 + \left(\frac{\sigma}{\varepsilon\varepsilon_0\omega}\right)^2} - 1\right]. \tag{4.19}$$

Für nichtmagnetische Materie, wie Halbleiter und für die hier in Betracht gezogenen molekularen Festkörper, in denen zudem die Leitfähigkeit vernachlässigbar klein ist ($\sigma \longrightarrow 0$), vereinfachen sich Real- und Imaginärteil des Brechungsindex zu

$$n_1 = \sqrt{\varepsilon}$$

und

$$n_2 = 0.$$

Die beiden Größen n_1 und n_2 sind nicht unabhängig voneinander, sondern der Kausalität wegen miteinander verbunden. Diese Kopplung lässt sich mit einem Ein-Oszillatormodell zeigen. Die lokale Schwingung eines Elektrons $x(t)$ im lokalen elektrischen Feld $E_{x,\text{loc}}(\omega_a, \omega_0, t)$ mit Störungsfrequenz ω_a und Eigenfrequenz des Systems ω_0 lautet:

$$x(t) = -\left(\frac{e}{m_e}\right)\left[\frac{1}{\omega_0^2 - \omega_a^2 + i\beta\omega_a}\right]E_{x,\text{loc}}\exp\left[i\omega_a t\right]. \tag{4.20}$$

Das lokale Feld $E_{x,\text{loc}}$ wird mit der Beziehung von Clausius-Mossotti [1,2] in das externe Feld $E_{x,\text{ext}}$ umgewandelt. Die dielektrische Funktion ε ist in der dielektrischen Verschiebung $\mathbf{D} = \varepsilon_0\varepsilon\mathbf{E}_{\text{ext}}$ enthalten und führt zur Lösung der komplexen dielektrischen Funktion

$$\tilde{\varepsilon}(\omega_a) = 1 + \left(\frac{n_v e^2}{m_e \varepsilon_0}\right)\left[\frac{1}{\omega}_0^2 - \omega_a^2 + i\beta\omega_a - \left(\frac{n_v e^2}{3m_e \varepsilon_0}\right)\right]. \qquad (4.21)$$

Anschaulich schwingt also das Ensemble der Elektronen mit Dichte n_v im elektrischen Feld mit der externen Störungsfrequenz ω_a. Es erreicht die maximale lokale Auslenkung x_{max} bei einer Phase, die um $\pi/2$ gegenüber dem Ort der maximalen Geschwindigkeit bei $x = 0$ (lokaler Nulldurchgang) versetzt ist: in der Darstellung von ω_a in der Frequenzebene gerade die Beschreibung mit Real- und Imaginärteil.

Die Verbindung zwischen Real- und Imaginärteil geht aus der Kramers-Kronig-Relation hervor, in der die Bedingung der Kausalität über die Fouriertransformierte der dielektrischen Funktion eingeführt wird [9](vgl. Abschn. A.3).

$$\varepsilon_1(\omega_a) - 1 = \frac{1}{\pi}P\int_{-\infty}^{+\infty}\frac{\varepsilon_2(\omega^*)}{\omega^* - \omega_a}d\omega^* = \frac{2}{\pi}P\int_0^{+\infty}\frac{\omega^*\varepsilon_2(\omega^*)}{\omega^{*2} - \omega_a^2}d\omega^*$$

$$\varepsilon_2(\omega_a) = \frac{1}{\pi}P\int_{-\infty}^{+\infty}\frac{\varepsilon_1(\omega^*) - 1}{\omega^* - \omega_a}d\omega^* = \frac{2\omega_a}{\pi}P\int_0^{+\infty}\frac{\varepsilon_1(\omega^*)}{\omega^{*2} - \omega_a^2}d\omega^*.$$

Wir erhalten demnach den frequenzabhängigen Real- oder den Imaginärteil der dielektrischen Funktion bei der Frequenz ω^*, indem wir den Imaginär- resp. Realteil im Integral über den gesamten positiven Frequenzbereich mit der Gewichtungsfunktion $(\omega^{*2} - \omega_a^2)^{-1}$ bewerten.

4.6.2 Propagation in Materie und Amplitudendämpfung

Die Propagation einer elektromagnetischen Welle (Photonen) formulieren wir mit dem komplexen Brechungsindex $\tilde{n}(\omega)$; ω ist hier die externe anregenden Frequenz ω_a aus dem vorhergehenden Abschnitt. Wir wählen für die transversale Welle die Propagationsrichtung x und eine der beiden transversalen Komponenten, beispielsweise $E_y(x, t)$, und erhalten:

$$E_y(x, t) = E_{y0}\exp[i(n_1 + in_2)k_{0x}]\exp[-i\omega t]. \qquad (4.22)$$

Die Amplitude E_y schwingt mit Frequenz ω, erhält in Ausbreitungsrichtung x die Phase $n_1 k_{0x}x$, sowie die Amplitudenänderung $i^2 n_2 k_{0x}x = -n_2 k_{0x}$. In Ausbreitungsrichtung ($dx/dt > 0$) wird die Amplitude gedämpft, was wir als Absorption verstehen (Abb. 4.12).

Mit dem Wissen, dass die Leistung einer elektromagnetischen Welle $p \backsim |\mathbf{E}|^2$ entspricht, wird die Absorption des Photonenflusses mit dem Absorptionskoeffizienten der Strahlungsleistung, nämlich mit $\alpha = 2n_2 k_{0x}$, ausgedrückt (Gesetz von Lambert und Beer).

Abb. 4.12 Dämpfung der
Amplitude verschiedener
Phasen einer einzigen
Wellenlänge als Funktion
des in einem absorbierenden
Medium zurückgelegten
Weges

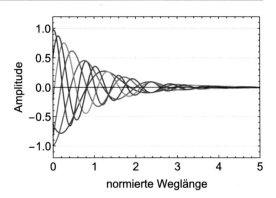

4.6.3   Propagation über Phasengrenzen/Reflexion

Die Beschreibung der Propagation über Phasengrenzen verschiedener Medien enthält die in den Maxwellgleichungen verwendeten transversalen Felder $\mathbf{E}_{y,z}(x, t)$,
$\mathbf{H}_{y,z}(x, t)$ sowie deren an die Materie angepasste Größen dielektrische Verschiebung und magnetische Induktion $\mathbf{D}_{y,z}(x, t) = \varepsilon_0 \varepsilon \mathbf{E}_{y,z}(x, t)$ und $\mathbf{B}_{y,z}(x, t) =$
$\mu_0 \mu \mathbf{H}_{y,z}(x, t)$.

Die Randbedingungen fordern Stetigkeit der zur Phasengrenze tangential orientierten $\mathbf{E}$, $\mathbf{H}$ sowie der normal orientierten Komponenten $\mathbf{D}$, $\mathbf{B}$ [10,11].

Die Erhaltung von Tangentialkomponenten der elektrischen und magnetischen
Feldanteile an der Phasengrenze zwischen Materie 1 und Materie 2 schreiben sich

$$\mathbf{E}_{t,1} = \mathbf{E}_{t,2} \text{ und } \mathbf{H}_{t,1} = \mathbf{H}_{t,2},$$

und analog gilt für die Normalkomponenten

$$\varepsilon_0 \varepsilon_1 \mathbf{E}_{n,1} = \mathbf{D}_{n,1} = \mathbf{D}_{n,2} = \varepsilon_0 \varepsilon_2 \mathbf{E}_{n,2} \text{ und } \mu_0 \mu_1 \mathbf{H}_{n,1} = \mathbf{B}_{n,1} = \mathbf{B}_{n,2} = \mu_0 \mu_2 \mathbf{H}_{n,2}.$$

Im Allgemeinen sind zur Beschreibung der Propagation über eine Phasengrenze
in beiden Medien jeweils die Amplituden von vorwärts ($A^f_{1,2}$) und von rückwärts
laufenden Anteilen ($A^r_{1,2}$) der elektrischen und der magnetischen Feldstärken zu
berücksichtigen. Dieser Weg führt zu den Fresnel-Gleichungen [10], aus denen unter
anderem das Snellius-Brechungsgesetz abgeleitet werden kann.

4.6.3.1 Senkrechter Einfall auf ebene Phasengrenze
Zur Diskussion der Vorgänge an Phasengrenzen eignet sich der Enfachheit halber
eine ebene Grenzfläche zwischen zwei nichtmagnetischen Medien ($\mu_1 = \mu_2 =$
1), die senkrecht zur Ausbreitung einer elektromagnetischen Welle angeordnet ist
(Abb. 4.13). Die Amplituden $A^{f,r}_{1,2}$ repräsentieren sowohl elektrische $E^{f,r}_{1,2}$ als auch
magnetische Feldstärken $H^{f,r}_{1,2}$.

Abb. 4.13 Vorwärts- (f) und rückwärts (r) laufende Anteile von Amplituden an einer Phasengrenze zwischen zwei Medien (1) und (2) bei senkrechter Orientierung zur Ausbreitungsrichtung

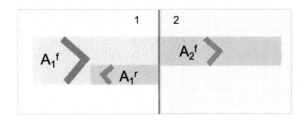

Aus dem allgemeinen Ansatz $A = A_0\exp[\mathrm{i}kx]\exp[-\mathrm{i}\omega t]$ für jeweils elektrische und für magnetische Amplituden mit Propagation in x-Richtung ergeben sich die y- and z-Komponenten der entsprechenden Felder. Sind die Felder linear abhängig von den Kenngrößen der Materie ε_i, μ_i, lässt sich jegliche Wellenform aus der Superposition von harmonischen Anteilen mit entsprechenden Amplituden, Phasen und Frequenzen konstruieren.

Wir fordern Kontinuität an der Grenzfläche – diese liege bei $x = 0$ – zunächst für die elektrische Feldstärke, deren Amplitude E_{10}^{f}, und Frequenz ω bekannt sind; die zugehörigen Wellenvektoren im Medium 1 und 2 ergeben sich danach zu

$$k_1 = k_0\tilde{n}_1 = \frac{\omega}{c_0}\tilde{n}_1, \quad k_2 = k_0\tilde{n}_2 = \frac{\omega}{c_0}\tilde{n}_2.$$

Die Bilanz der elektrischen Feldstärke bei $x = 0$ wird demnach

$$E_1 = E_{10}^{\mathrm{f}}\exp\left[\mathrm{i}\frac{\omega}{c_0}\tilde{n}_1 x\right]\exp[-\mathrm{i}\omega t] + E_{10}^{\mathrm{r}}\exp\left[-\mathrm{i}\frac{\omega}{c_0}\tilde{n}_1 x\right]\exp[\mathrm{i}\omega t]$$

$$= E_2 = E_{20}^{\mathrm{f}}\exp\left[\mathrm{i}\frac{\omega}{c_0}\tilde{n}_2 x\right]\exp[-\mathrm{i}\omega t], \tag{4.23}$$

und man erhält daraus

$$E_{10}^{\mathrm{f}} + E_{10}^{\mathrm{r}} = E_{20}^{\mathrm{f}}. \tag{4.24}$$

Mit zwei Unbekannten, nämlich E_{10}^{r} und E_{20}^{f} benötigen wir zur Bestimmung eine zweite Gleichung, die die Forderung der Kontinuität der magnetischen Feldstärke bei $x = 0$ für die betrachtete nichtmagnetische Materie liefert:

$$H_1 = H_{10}^{\mathrm{f}}\exp\left[\mathrm{i}\frac{\omega}{c_0}\tilde{n}_1 x\right]\exp[-\mathrm{i}\omega t] + H_{10}^{\mathrm{r}}\exp\left[-\mathrm{i}\frac{\omega}{c_0}\tilde{n}_1 x\right]\exp(\mathrm{i}\omega t)$$

$$= H_2 = H_{20}^{\mathrm{f}}\exp\left[\mathrm{i}\frac{\omega}{c_0}\tilde{n}_2 x\right]\exp[-\mathrm{i}\omega t], \tag{4.25}$$

Nach den Regeln der Elektrodynamik sind die z-Komponenten von $\mathbf{H}_{i,z}$ an die y-Komponenten des elektrischen Feldes gekoppelt und die y-Komponenten von $\mathbf{H}_{y,i}$ an die z-Komponenten von $\mathbf{E}_{z,i}$.

Mit der Beziehung $\nabla \times \mathbf{E} = -\mu_0\mu\,(\partial\mathbf{H}/\partial t)$, wird die $\mathbf{H}$-Gleichung in eine zweite Relation für $\mathbf{E}$ an der Grenzfläche $x = 0$ umgewandelt, welche lautet

$$i\tilde{n}_1 \frac{\omega}{c_0} E_{10}^{\mathrm{f}} - i\tilde{n}_1 \frac{\omega}{c_0} E_{10}^{\mathrm{r}} = i\tilde{n}_2 \frac{\omega}{c_0} E_{20} \qquad (4.26)$$

oder

$$E_{10}^{\mathrm{f}} - E_{10}^{\mathrm{r}} = \frac{\tilde{n}_2}{\tilde{n}_1} E_{20}^{\mathrm{f}}. \qquad (4.27)$$

Aus der Kombination dieser beiden Gleichungen ergeben sich die Verhältnisse der Amplitude der an der Phasengrenze transmittierten $A_{2,i}^{\mathrm{f}}/A_{1,i}^{\mathrm{f}} = t_{12}$ sowie der an der Phasengrenze reflektierten Amplitude $A_{1,i}^{\mathrm{r}}/A_{1,i}^{\mathrm{f}} = r_{12}$. Diese Faktoren für Transmission t_{12} und Reflexion r_{12} sind komplex und beziehen sich wohlgemerkt auf Amplituden und sind nicht die der transmittierten oder reflektierten Energieflüsse:

$$\tilde{r}_{1,2} = \frac{E_{10}^{\mathrm{r}}}{E_{10}^{\mathrm{f}}} = \left(\frac{\tilde{n}_1}{\tilde{n}_2} - 1\right)\left(\frac{\tilde{n}_1}{\tilde{n}_2} + 1\right)^{-1} = \frac{\tilde{n}_1 - \tilde{n}_2}{\tilde{n}_1 + \tilde{n}_2}, \qquad (4.28)$$

und

$$\tilde{t}_{1,2} = \frac{2\tilde{n}_1}{\tilde{n}_1 + \tilde{n}_2}. \qquad (4.29)$$

Man erkennt leicht, dass $r_{1,2}$ und $t_{1,2}$ sich definitiv nicht zu „1" addieren, wohingegen die Produkte aus den Quadraten der Amplituden mit dem entsprechenden Wellevektor die jeweiligen Energieflüsse bezeichnen, deren Größen sich zur Erhaltung der gesamten Energieflüsse ergänzen.

$$\left(E_{10}^{\mathrm{f}}\right)^2 n_1 = \left(E_{10}^{\mathrm{r}}\right)^2 n_1 + \left(E_{20}^{\mathrm{f}}\right)^2 n_2,$$

oder auch zusammengefasst

$$1 = \left(r_{1,2}\right)^2 + \left(t_{1,2}\right)^2 \frac{n_2}{n_1}.$$

4.6.4 Matrix-Transfer-Formalismus

In Anordnungen vieler Einzelschichten (Anzahl $n > 3$), die in zahlreichen optoelektronischen Bauelementen Anwendung finden, gibt es entsprechend der Anzahl n die Beiträge aus Transmission und Reflexion von allen Einzelschichten inklusive deren Interferenzeffekte. Die schrittweise Formulierung von Amplitudenbeiträgen in Einzelschichten solcher Systeme ist sehr unhandlich und in vielen Fälle unmöglich.

Das geeignete Verfahren zur Beschreibung der optischen Eigenschaften von solchen Vielschichtsystemen besteht im Matrix-Transfer-Formalismus [10, 11]. Hierbei werden die vorwärts und rückwärts propagierenden Amplituden A_i^{f}, A_i^{r}, beispielsweise der elektromagnetischen Feldstärke in der Schicht i, aus den entsprechenden

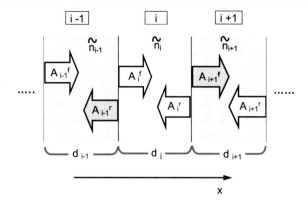

Abb. 4.14 Vorwärts und rückwärts propagierende Amplituden in einem Vielschichtsystem. Die Anteile in Schicht i werden aus den Anteilen der Nachbarschichten $(i-1)$ und $(i+1)$ gebildet. In jeder Einzelschicht bestimmt der komplexe Brechungsindex $\tilde{n}_i$, mit denen der Nachbarn $\tilde{n}_{i-1}$, $\tilde{n}_{i+1}$ die Transmissions- und die Reflexionsanteile und auch die Phasenbeziehungen

Amplituden $A_{i-1}^{\mathrm{f}}, A_{i-1}^{\mathrm{r}}, A_{i+1}^{\mathrm{f}}, A_{i+1}^{\mathrm{r}}$ der Nachbarschichten $(i-1)$ und $(i+1)$ gebildet (Abb. 4.14).

In Schicht i sind die Amplituden für vorwärts- (f) und zurücklaufende (r) Komponenten

$$A_i^{\mathrm{f}} = A_{i-1}^{\mathrm{f}}\tilde{t}_{i-1,i}\exp\left[\mathrm{i}k_0\tilde{n}_{i-1}d_{i-1}\right] + A_i^{\mathrm{r}}\tilde{r}_{i,i-1}\exp\left[\mathrm{i}k_0\tilde{n}_i d_i\right] \qquad (4.30)$$

und

$$A_i^{\mathrm{r}} = A_i^{\mathrm{f}}\tilde{r}_{i,i+1}\exp\left[\mathrm{i}k_0\tilde{n}_i d_i\right] + A_{i+1}^{\mathrm{r}}\tilde{t}_{i+1,i}\exp\left[\mathrm{i}k_0\tilde{n}_{i+1}d_{i+1}\right]. \qquad (4.31)$$

Allerdings ist diese Darstellung mit den Beiträgen zu i von den Nachbarn auf beiden Seiten $(i-1)$ und $(i+1)$ nicht sehr anwendungsfreundlich.

Wir schreiben deshalb abgekürzt

$$A_i^{\mathrm{r}} = \alpha A_{i-1}^{\mathrm{f}} + \beta A_i^{\mathrm{r}} \qquad (4.32)$$

sowie

$$A_i^{\mathrm{r}} = \gamma A_i^{\mathrm{f}} + \delta A_{i+1}^{\mathrm{r}}. \qquad (4.33)$$

Diese Beziehungen lassen sich in eine anwendungsfreundlichere Version umschreiben, die nur die Beiträge aus einer Richtung, entweder nur von $i+1$ oder nur von $i-1$ enthält:

$$\begin{pmatrix} A_i^{\mathrm{f}} \\ A_i^{\mathrm{r}} \end{pmatrix} = \begin{bmatrix} \alpha - \dfrac{\beta\gamma^*}{\delta^*} & \dfrac{\beta}{\delta^*} \\ -\dfrac{\gamma^*}{\delta^*} & \dfrac{1}{\delta^*} \end{bmatrix} \begin{pmatrix} A_{i-1}^{\mathrm{f}} \\ A_{i-1}^{\mathrm{r}} \end{pmatrix} \qquad (4.34)$$

In dieser Form lassen sich nunmehr die interessierenden Größen, wie Amplituden, Amplitudenquadrate mit allen Dämpfungs-, Reflexions- und Interferenzeffekten von der Eingangsgrenzfläche ($i = 0$) bis zur letzten Schicht ($i = n$), einfach berechnen. Die Koeffizienten in den Abkürzungen, die außer den Wellenvektoren der propagierenden Amplituden die Schichteigenschaften, wie komplexe Brechungsindizes ($\tilde{n}_i = n_{i,1} + in_{i,2}$) und Schichtdicken d_i, enthalten, lauten mit der Abbkürzung $\alpha_j = in_{2,j}$

$$\alpha = t_{i-1,i}\exp[ik_0\tilde{n}_{i-1}d_{i-1}]\exp[-\lambda_{i-1}d_{i-1}], \qquad (4.35)$$

$$\beta = r_{i,i-1}\exp[ik_0\tilde{n}_id_i]\exp[-\lambda_id_i], \qquad (4.36)$$

$$\gamma^* = r_{i-1,i}\exp[ik_0\tilde{n}_{i-1}d_{i-1}]\exp[-\lambda_{i-1}d_{i-1}], \qquad (4.37)$$

$$\delta^* = t_{i,i-1}\exp(ik_0\tilde{n}_id_i)\exp(-\lambda_id_i), \qquad (4.38)$$

4.6.5   Einkopplung von Strahlung in Materie

Beim Übergang elektromagnetischer Wellen zwischen Medien unterschiedlicher Brechungsindizes, wie von Luft zu einem Festkörper, wird ein Teil der Strahlung reflektiert (vgl. Abschn. 4.6.1). Mit Schichten oder Schichtfolgen spezifischer Dicken und geeigneter Brechungsindizes lässt sich die Reflexion deutlich verringern (Antireflexionsschichten) und die Einkopplung der Photonen verbessern (vgl. Abschn. 6.1.2).

Zudem gelingt durch topologische (periodische oder aperiodische) Strukturierung der Absorberoberfläche und/oder einer zusätzlichen Anti-Reflexbeschichtung eine weitere Reduktion der Reflexion. Ein solcher Ansatz firmiert unter dem Schlagwort „Photon-Management" und hat intensive theoretische und experimentellen Studien veranlasst [12].

4.7   Absorption von Strahlung im Teilchenbild

Die Absorption von Photonen in Materie wird als quantenmechanisches Störungsproblem behandelt [13]. Man betrachtet den Übergang eines Elektrons vom besetzten Ausgangszustand i zum unbesetzten Endzustand f mit deren Bloch-Funktionen $|i\boldsymbol{k}\rangle$ und $|f\boldsymbol{k}'\rangle$.

Die Photonen werden mit dem Vektorpotential $\boldsymbol{A}$ des elektromagnetischen Feldes beschrieben. Der Hamilton-Operator $\hat{H}$ (Energiebilanz dieses Vorgangs) setzt sich zusammen aus den Beiträgen aller am Übergang beteiligten Teilchen, wie Photon, Elektron, Phonon.

$$\hat{H}^* = \sum_i \hat{H}_i = \hat{H}_{\text{phot}} + \hat{H}_{\text{el}} + \hat{H}_{\text{phon}}.$$

Die Wahrscheinlichkeit eines solchen Elektronenüberganges $i \rightarrow f$ ergibt sich somit [13,14] und Anhang A.4 zu

$$w_{if} = \frac{2\pi}{\hbar} |\langle f|\hat{H}^*|i\rangle + \sum_{m_i} \frac{\langle f|\hat{H}^*|m_i\rangle\langle m_i|\hat{H}^*|i\rangle}{\epsilon_i - \epsilon_{m_i}}|^2 \delta(\epsilon_i - \epsilon_f).$$

Der erste Term $\langle f|\hat{H}^*|i\rangle$ beschreibt direkte Übergänge vom Zustand i nach f. Der zweite Term enthält in der Summe alle Übergänge von i nach f über Zwischenniveaus m_i, die beispielsweise mit Beteiligung von Phononen stattfinden (sogenannte indirekte Übergänge).

In optisch angeregten Übergängen von Elektronen sind die üblichen Erhaltungsgrößen Energie, Impuls/Wellenvektor zu erfüllen. Da der Löwenanteil der solaren Photonen im Wellenlängenbereich $300\,\text{nm} \leq \lambda \leq 2000\,\text{nm}$ liegt, sind deren Wellenvektoren $0.02^{-1}\text{nm}^{-1} \geq (2\pi/\lambda) \geq 0.003^{-1}\text{nm}^{-1}$ im Vergleich zu Kristall-Impulsen $(2\pi/a)$ mit typischen Atomabständen in Gittern oder Molekülen von $a = (0.2 - 0.5)\,\text{nm}$ in der Bilanz der Impulserhaltung so gut wie immer vernachlässigbar ($k_{phon} \geq k_{phot} \approx 0$).

Die in kondensierter Materie von besetzten Niveaus $\epsilon_i(\mathbf{k}_i)$ mit minimaler Photonenenergie erreichbaren unbesetzten Zustände $\epsilon_f(\mathbf{k}_f)$ liegen entweder bei gleichen Werten des Wellenvektors $\mathbf{k}_i = \mathbf{k}_f$ (direkt) oder aber bei unterschiedlichen $\mathbf{k}$-Werten, also bei $\mathbf{k}_i \neq \mathbf{k}_f^*$ (indirekt).

Diese Unterscheidung, also die Einteilung in *direkte* und *indirekte* Übergänge folgt aus der entsprechenden Beziehung von $\epsilon = \epsilon(\mathbf{k})$, die sich ihrerseits aus der lokalen Anordnung der Gitterelemente (Atome, Moleküle) in den Elementarzellen ergibt [13]–[15](siehe auch Abschn. 4.5).

4.7.1 Direkte Übergänge zwischen Energiebändern

In einem direkten Übergang wird ein Elektron mittels eines Photons mit Energie $\hbar\omega = \epsilon_f - \epsilon_i$ vom Ausgangs- $\epsilon_i(\mathbf{k})$ zum unbesetzten Endzustand $\epsilon_f(\mathbf{k})$ ohne Änderung seines Wellenvektors $\mathbf{k}_f - \mathbf{k}_i = 0$ angeregt (Abb. 4.15). Der Beitrag des Wellenvektors des Photons ist hierbei vernachlässigbar.

Entsprechend der spektralen Verteilung der solaren Strahlung liegen die für Photovoltaik relevanten Energien von Bandlücken bei einigen Hundert meV bis zu wenigen eV. Die Photoanregung führt nach Thermalisierung zur Besetzung mit Löchern (fehlenden Elektronen) an der oberen Bandgrenze des Energiebereiches ϵ_i sowie mit Elektronen an der unteren Grenze des Bandes ϵ_f.

Im Vergleich zu den Werten der Bandlücken und der Breite der Bänder erstreckt sich die stationäre Besetzung von angeregten Ladungen auf wenige kT_{abs}, also auf $(2-3) \cdot 26\,\text{meV}$, so dass deren Dichten mit der Näherung für dreidimensionale Zustandsdichten $D \sim \sqrt{\epsilon}$ ausgedrückt werden können[5] (vgl. Abschn. 4.3).

---

[5]Dimenionsabhängig (d) ist $D(\epsilon) \sim \epsilon^{d-0.5}$.

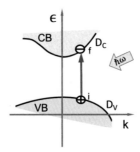

Abb. 4.15 Direkter Übergang eines Elektrons vom Niveau ϵ_i zum Niveaus ϵ_f nach optischer Anregung im $\epsilon(\mathbf{k})$-Diagramm; der Wellenvektor des Elektrons bleibt erhalten $\Delta\mathbf{k} = 0$

Mit dieser parabolischen Näherung sind die Energien im Ausgangs- sowie im Endzustand

$$\epsilon_i = \frac{\hbar^2 k^2}{2m_i^*}$$

und

$$\epsilon_f = \frac{\hbar^2 k^2}{2m_f^*} + \Delta\epsilon_g,$$

wobei $\epsilon_g = \epsilon_f(k = 0) - \epsilon_i(k = 0)$ der minimalen Energiedifferenz der beiden betrachteten Bänder entspricht.

Die Anzahl der bei solchen Übergängen beteiligten Zustände[6] $Z(\hbar\omega)\mathrm{d}(\hbar\omega)$ lässt sich nach 4.3 mit der Abkürzung der effektiven reduzierten Masse

$$\left(\frac{1}{m_i^*} + \frac{1}{m_f^*}\right)^{-1} = \left(\frac{m_i^* m_f^*}{m_i^* + m_f^*}\right) = m_r^*$$

auch als Funktion der Wellenvektoren in ϵ_i resp. ϵ_f formulieren:

$$Z(\hbar\omega)\mathrm{d}(\hbar\omega) = \frac{8\pi k^2}{2\pi^3}\mathrm{d}k = \frac{(2m_r)^{3/2}}{2\pi^2\hbar^3}(\hbar\omega - \epsilon_g)^{1/2}\mathrm{d}(\hbar\omega). \qquad (4.39)$$

Da die Wahrscheinlichkeit zum direkten Übergang proportional zur Anzahl der kombinierten Zustände ist, verhält sich der energieabhängige Absorptionskoeffizient $\alpha(\hbar\omega)$ für solche direkten Übergänge in wurzelförmiger Abhängigkeit von der Photonenenergie

$$\alpha(\hbar\omega) = A^*\sqrt{\hbar\omega - \Delta\epsilon_g}. \qquad (4.40)$$

Zur Bestimmung des Bandabstandes ϵ_g aus experimentellen Daten wird das Quadrat von α_{dir} über der Photonenenergie $\hbar\omega$ aufgetragen (Abb. 4.16). Der Achsenabschnitt der Abszisse liefert ϵ_g.

---

[6]Man beachte, dass für $\Delta\mathbf{k} = 0$ jeder Ausgangszustand i nur einen Endzustand f erreichen kann.

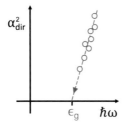

Abb. 4.16 Absorptionskoeffizient α_{dir}^2 mit hypothetischen experimentellen Werten als Funktion der Photonenenergie $\hbar\omega$ für direkte Übergänge zwischen zwei Energiebändern. Der Schnittpunkt der Funktion der experimentellen Werte mit der Abszisse liefert den Bandabstand ϵ_g

4.7.2   Indirekte Übergänge zwischen Energiebändern

Sofern das Maximum des besetzten Ausgangszustandes und das Minimum des unbesetzten Endzustandes nicht beim selben Wert des Wellenvektors liegen, wird für den durch Photonen angeregten Übergang mit minimaler Energie $\hbar\omega = \epsilon_f - \epsilon_i$ einerseits die Mitwirkung eines Phonons aus dem thermischen Reservoir des Gitters gefordert. Andererseits kann auch ein passendes (optisches) Phonon durch das Photon angeregt werden (vgl. Anhang A.5). Die Energie- und Impulsbilanz[7] fordert folglich

$$\hbar\omega = \epsilon_f - \epsilon_i \pm \epsilon_{phon}$$

und

$$\mathbf{k}(\epsilon_f) \pm \mathbf{k}(\epsilon_i) = \pm\mathbf{k}_{phon}.$$

Ein solcher indirekter Übergang mit den Varianten der Phononabsorption (Bereitstellung) aus dem Gitter und der Phononemission (Generation) ist schematisch in Abb. 4.17 dargestellt.

Die Energieerhaltung für einen indirekten Übergang lautet entweder

$$\hbar\omega_1 = \epsilon_f - \epsilon_i - \epsilon_{phon},$$

oder

$$\hbar\omega_2 = \epsilon_f - \epsilon_i + \epsilon_{phon}.$$

In indirekten Übergängen sind Anregungen von allen besetzten Zuständen in ϵ_i zu jeglichen unbesetzten Zuständen in ϵ_f erlaubt. Mit der jeweiligen Anzahl der Zustände

$$N(\epsilon_i) = \frac{1}{2\pi^2\hbar^3}\left(2m_i^*\right)^{3/2}\sqrt{\epsilon_i}$$

---

[7]In der einschlägigen Literatur wird häufig der Phononwellenvektor $\mathbf{k}_{phon}$ auch mit $\mathbf{q}$ bezeichnet.

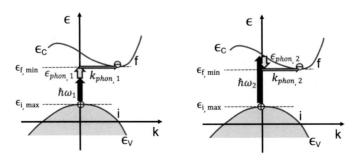

Abb. 4.17 Optisch angeregter indirekter Übergang eines Elektrons vom Niveau $\epsilon_{i,\max}$ zum Niveaus $\epsilon_{f,\min}$ mit $\mathbf{k}_i \neq \mathbf{k}_f$ ($\epsilon_{f,\min} - \epsilon_{i,\max} = \epsilon_g$). Die Differenz der Wellenvektoren $\mathbf{k}_i - \mathbf{k}_f$ wird durch den Wellenvektor des Phonons $\mathbf{k}_{phon} = \mathbf{k}_i - \mathbf{k}_f$ ausgeglichen

und

$$N(\epsilon_f) = \frac{1}{2\pi^2\hbar^3}\left(2m_f^*\right)^{3/2}\sqrt{\epsilon_f - \epsilon_g}.$$

Mit $\epsilon_f = \epsilon_i + \epsilon_g$ wird die letzte Gleichung umgeschrieben

$$N(\epsilon_f) = \frac{1}{2\pi^2\hbar^3}\left(2m_f^*\right)^{3/2}\sqrt{\hbar\omega + \epsilon_i - \epsilon_g \mp \epsilon_{phon}}.$$

Die thermische Besetzung von Phononmoden $N_{phon}(\epsilon_{phon})$ folgt der Bose-Einstein-Statistik

$$f_{Bose} = \left(\exp\left[\frac{\epsilon_{phon}}{kT}\right] - 1\right)^{-1}.$$

Wir verwenden diese, um die Entnahme eines Phonons aus dem Reservoir zu beschreiben und das „Pendant" $(1 - f_{phon})$, um die Wahrscheinlichkeit zu charakterisieren, dass ein Phonon mit Hilfe eines Photons generiert wird.

Die Wahrscheinlichkeit $\alpha(\hbar\omega)$ zur Absorption eines Photons in indirekten Übergängen mit Beteiligung von Phononen ergibt sich demzufolge zu

$$\alpha(\hbar\omega) = f_{phon}A^*\int_0^{-(\hbar\omega-\epsilon_g\mp\epsilon_{phon})}\left(\sqrt{\epsilon_i}\sqrt{\hbar\omega - \epsilon_g + \epsilon_i \mp \epsilon_{phon}}\right)\mathrm{d}\epsilon_i. \quad (4.41)$$

Mit dem Beitrag eines Phonons aus dem thermischen Reservoirs (Phononabsorption) liefert die Integration

$$\alpha_1(\hbar\omega) = \left(\exp\left[\frac{\epsilon_{phon}}{kT}\right] - 1\right)^{-1}A^*\left(\hbar\omega - \epsilon_g - \epsilon_{phon}\right)^2; \quad (4.42)$$

wohingegen bei Erzeugung eines (optischen) Phonons durch ein Photon sich der Absorptionskoeffizient darstellt als

$$\alpha_2(\hbar\omega) = \left(1 - \left(\exp\left[\frac{\epsilon_{phon}}{kT}\right] - 1\right)^{-1}\right)A^*\left(\hbar\omega - \epsilon_g + \epsilon_{phon}\right)^2. \quad (4.43)$$

Abb. 4.18 Absorptionskoeffizienten $\sqrt{\alpha_1}$ und $\sqrt{\alpha_2}$, sowie $\sqrt{\alpha_1 + \alpha_2}$ für indirekte Übergänge mit Phonon-Absorption und Phonon-Emission

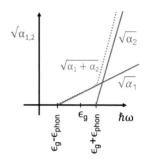

Da sowohl die Absorption als auch die Emission eines Phonons – entsprechend der Verfügbarkeit nach der Bose-Verteilung – erlaubt sind, wird der Absorptionskoeffizient für indirekte Übergänge (Abb. 4.18)

$$\alpha_{\mathrm{ind}}(\hbar\omega) = \alpha_1(\hbar\omega) + \alpha_2(\hbar\omega). \tag{4.44}$$

4.7.3 Übergänge mit Beteiligung von Defekten, Verunreinigungen/Dotieratomen und Bandausläuferzuständen

Die mathematische Beschreibung von Eigenschaften, wie der elektronischen Zustandsdichte in Materie, beruht auf der Annahme von unendlich ausgedehnten und perfekten periodischen Strukturen. Diese Vorgaben können für Anordnungen mit Abweichungen von der idealen Periodizität, beispielsweise wegen struktureller oder elektronischer Defekte, beibehalten werden, sofern diese sich gegenseitig nicht bemerken, also die Wellenfunktionen dieser Zustände $\Phi_i(\mathbf{r})$ sich nicht merklich überlappen.

Liegen die Zustände, die die Translationssymmetrie nicht erfüllen, dichter beieinander, entstehen zusammenhängende Energiebereiche, wie Bandausläufer oder Defektbänder, deren Energieabhängigkeit hauptsächlich phänomenologisch beschrieben wird.

4.7.3.1 Wannier-Funktion und Effektive-Masse-Näherung für isolierte Defekte

Für eine isolierte, näherungsweise punktförmige Störstelle kann man zum periodischen Gitterpotential $V(\mathbf{r})$ am Ort r_s ein lokales Potential

$$U(r_s) = -\frac{e}{4\pi\varepsilon_0\varepsilon r_s}$$

in der Schrödingergleichung für das Elektron hinzufügen. Der Hamilton-Operator für das ungestörte periodische Gitter $\hat{H}_0$ wird durch den Operator der Störung $\left(\hat{H}_0 + \hat{H}_1\right)$ erweitert.

Abb. 4.19 ϵ-**k**-Diagramm
eines isolierten Defekts
(flache Verunreinignung) mit
unterschiedlichen
Anregungsniveaus n_i
unterhalb eines unbesetzten
Bandes und Übergang eines
Elektrons vom Defektniveau
($n = 1$) zum Band

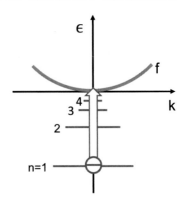

Die Lösung des ungestörten Problems $\left[\hat{H}_0 + V(\mathbf{r})\right]\Psi(\mathbf{r}) = \epsilon\Psi(\mathbf{r})$ sei bekannt, beispielsweise aus den Ansätzen des Bloch-Theorems, aus der Näherung für freie Elektronen oder auch aus Pseudo-Potential-Methoden [5, 14].

Unter den Annahmen, dass die lokale Variation des Störpotentials schwach gegenüber dem Gitterpotential ist, sowie, dass das Potential der Störstelle gering ist im Vergleich zur Energie des naheliegenden Bandes, erhält man für die Störung [5, 14]

$$\left(-\frac{\hbar^2}{2\,m^*}\nabla^2 - \frac{e^2}{4\pi\varepsilon_0\varepsilon r}\right)\Phi(\mathbf{r}) = \epsilon_i\Phi(\mathbf{r}).$$

Diese Gleichung ist strukturell identisch mit der Schrödinger-Gleichung für ein Elektron im sphärisch symmetrischen Potential, wie im Wasserstoffatom; einzig, anstatt der Masse des freien Elektrons (m_0) wird seine effektive Masse m^* verwendet. Die Dielektrizitätskonstante ϵ_0 wird deshalb um die Materieeigenschaft zu $\epsilon_0\varepsilon$ modifiziert. Analog zum H-Atom ergeben sich auch für die Defektstelle verschiedene Anregungsniveaus n_i mit $i = 1, 2,..$ die in Abb. 4.19 im ϵ-**k**-Diagramm schematisch dargestellt sind.

Die Wahrscheinlichkeit der Absorption von Photonen und damit der Absorptionskoeffizient von solchen Defekten ergibt sich aus der Wahrscheinlichkeit des Überganges z. B. von besetztem Defekt zu unbesetztem Bandniveau unter Einhaltung der Auswahlregeln für Energie und Wellenvektor und aus der Dichte der Defekte.

4.7.3.2 Bandausläuferzustände

In Absorbern mit fehlender Translationssymmetrie, wie in amorphen und mikrokristallinen Festkörpern, werden elektronische Zustandsdichten $D(\epsilon)$ durch die Akkumulation von bindenden und antibindenden Zuständen dargestellt. Aufgrund fehlender strukturelle Periodizität existieren wegen Spannungen und Versetzungen im Gitter auch gedehnte, also schwächere Bindungen als die, die in periodischen Anordnungen vorherrschen. Kovalente und auch ionische Bindungen[8] haben in gedehn-

---

[8]Wir betrachten für photovoltaische Anwendungen keine metallischen Absorber.

Abb. 4.20 Dichten von bindenden (σ) und antibindenden (σ^*) Zuständen im ungestörten Band ($D(\epsilon) \sim \sqrt{|\epsilon|}$), sowie von Bandausläufern ($D(\epsilon) \sim \exp\left[\pm\epsilon/\epsilon_{0,i}\right]$)

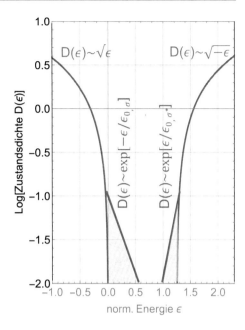

tem Zustand vergleichsweise geringere Energie, so dass die zugehörigen bindenden Zustände auf der Skala der Elektronenenergie nach oben schieben.

In einem heuristischen Ansatz wird die Verringerung der Bindungsstärken mit einer exponentiell abnehmenden Funktion beschrieben, schwache Bindungen sind demgemäß seltener als reguläre, von der Unordnung nicht beeinflusste Bindungen. Somit stellt sich mit steigender Energie für besetzte Zustände (bindende (σ) Zustände,) ein exponentieller Bandausläufer mit charakteristischer Energie $\epsilon_{0,\sigma}$ ein. Im Pendant zu den bindenden zeigen die antibindenden (σ^*) Zustände die identische Gesamtzahl bei fallender Elektronenenergie, wobei die charakteristische Energie der beiden Bandausläufer $\epsilon_{0,\sigma}$ und ϵ_{0,σ^*} nicht notwendigerweise gleich ist (Abb. 4.20).

Die Rate von optisch angeregten Übergängen zwischen Bandausläuferzuständen hängt demzufolge von beiden exponentiell energieabhängigen Zustabdsdichten ab. Die Kombination dieser Zustandsdichten in Form des Faltungsintegrals liefert einen Beitrag zum Absorptionskoeffizienten

$$\alpha_t \sim \int \left(\exp\left[-\frac{\epsilon}{\epsilon_{0,\sigma}}\right] \right) \otimes \left(\exp\left[\frac{\epsilon}{\epsilon_{0,\sigma^*}}\right] \right) d\epsilon.$$

Die Faltung zweier Exponentialfunktionen ergibt wiederum eine Exponentialfunktion mit der resultierende charakteristische Energie $\epsilon_{0,r} = \sqrt{\epsilon_{0,\sigma}^2 + \epsilon_{0,\sigma^*}^2}$, wobei die grössere Energie gewinnt (Abb. 4.21)

$$\alpha_t \sim \exp\left[\frac{\epsilon}{\epsilon_{0,r}}\right]. \tag{4.45}$$

Abb. 4.21 Absorptionskoeffizient eines ungeordneten Absorbers mit Beiträgen aus Band-Band-Übergängen und aus Übergängen zwischen Band und Bandausläufer

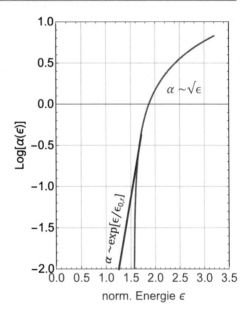

4.8   Besetzung von elektronischen Energieniveaus

4.8.1   Thermisches Gleichgewicht

Elektronen sind Fermionen[9] und haben halbzahlige Spins ($s = 1/2$). Im thermischen Gleichgewicht regelt die Fermi-Verteilung

$$f_\mathrm{F} = \frac{1}{\exp\left[\frac{\epsilon - \epsilon_\mathrm{F}}{kT}\right] + 1}$$

mit dem charakteristischen Wert der Fermi-Energie ϵ_F die Besetzung der elektronischen Zustände $D(\epsilon)$ (Abb. 4.22). Folglich ist die Integration über alle besetzten Zustände bei bekannter Zustandsdichte $D(\epsilon)$ und Temperatur T, sowie bekannter Elektronendichte in der Elementarzelle n_e

$$n_\mathrm{e} = \int_0^\infty D(\epsilon) f_\mathrm{F}(\epsilon, \epsilon_\mathrm{F}, T) \mathrm{d}\epsilon$$

die Bestimmungsgleichung für ϵ_F.

---

[9] Supraleitung mit gekoppelten Spins und demzufolge mit Bose-Verhalten werden hier nicht betrachtet.

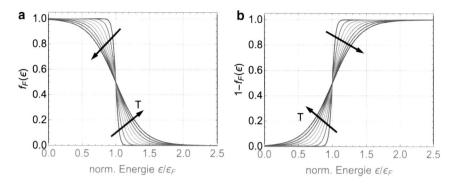

Abb. 4.22 Fermi-Verteilung $f_\mathrm{F}(\epsilon)$ **(a)** und $(1 - f_\mathrm{F}(\epsilon))$ **(b)** als Funktion der normierten Energie $\epsilon/\epsilon_\mathrm{F}$ für verschiedene Temperaturen T

Außerdem ergibt das Integral

$$n_V = \int_0^\infty D(\epsilon) f_\mathrm{F}(\epsilon) \mathrm{d}\epsilon + \int_0^\infty D(\epsilon)(1 - f_\mathrm{F}(\epsilon)) \mathrm{d}\epsilon = \int_0^\infty D(\epsilon) \mathrm{d}\epsilon$$

die Summe aller besetzten und unbesetzten Zustände n_V pro Volumen der Elementarzelle.

4.8.2 Konzept der Defektelektronen

Als Defektelektronen bezeichnet man die in der Zustandsdichte unbesetzten Plätze, die in der Nomenklatur der Halbleiterphysik *Löcher* genannt werden. Ihnen wird eine positive Elementarladung $e = +1.6 \cdot 10^{-19}$As zugewiesen. Die Kräfte, wie elektrische, magnetische Felder und auch Temperaturgradienten, werden analog zu denen, die auf Elektronen $(-e)$ wirken, formuliert [16,17].

Das Konzept Löcher lässt sich im energetischen Bereich eines Bandes der Breite $\epsilon_{\mathrm{b},1} \leq \epsilon \leq \epsilon_{\mathrm{b},2}$ formal darstellen mit einem komplett mit Elektronen besetzten Band abzüglich der unbesetzten Niveaus.

$$\int_{\epsilon_{\mathrm{b},1}}^{\epsilon_{\mathrm{b},2}} D_b(\epsilon) f_\mathrm{F}(\epsilon) \mathrm{d}\epsilon = \int_{\epsilon_{\mathrm{b},1}}^{\epsilon_{\mathrm{b},2}} D_b(\epsilon) \mathbf{1} \mathrm{d}\epsilon - \int_{\epsilon_{\mathrm{b},1}}^{\epsilon_{\mathrm{b},2}} D_b(\epsilon)(\mathbf{1} - \mathbf{f}_\mathrm{F}(\epsilon)) \mathrm{d}\epsilon.$$

Insbesondere für den Transport in elektrischen Feldern bedeutet diese Aufteilung, dass sich Löcher im Vergleich mit Elektronen wegen der positiven Ladung in Gegenrichtung zu den Elektronen bewegen (Abb. 4.23).

Abb. 4.23 Löcher-Konzept: Beschreibung von Defektelektronen als Löcher, deren Bewegung in Gegenrichtung zu der der Elektronen stattfindet

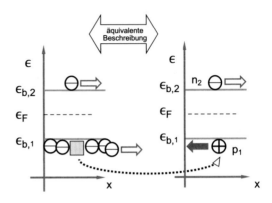

4.8.3 Besetzung von Niveaus unter Photoanregung

Die Störung des thermischen Gleichgewichtes durch Photoanregung und die daraus herrührende Besetzung von Niveaus ergibt sich aus den individuellen Raten von Übergängen aller beteiligten Ausgangsniveaus ϵ_i zu allen Endniveaus ϵ_f. Bei stationärer Störung kompensieren sich die Raten für Eingang zu ϵ_i von allen ϵ_f und Ausgang von allen Niveaus ϵ_i zu allen Niveaus ϵ_f. Beispielhaft für das Niveau s gilt:

$$r_{s,\text{in}} = \sum_{n=1,,n\neq s}^{N} a_{n,s} n_n p_s = r_{s,\text{out}} = \sum_{n=1,,n\neq s}^{N} a_{s,n} n_s p_n.$$

Hier sind $a_{n,s}$ und $a_{s,n}$ die Wahrscheinlichkeiten der Übergänge $n \rightarrow s$ und $s \rightarrow n$, und n sowie p die zugehörigen Dichten der besetzten bzw. der unbesetzten Zustände.

In diesem System von gekoppelten Gleichungen hängen alle Raten $r_{s,\text{in}}, r_{s,\text{out}}$ von allen Besetzungen n_n, n_s, p_n, p_s ab und alle Besetzungen sind wiederum von allen Raten abhängig (Abb. 4.24). Die Lösung für die Besetzung der Niveaus und somit auch für alle Übergangsraten ist im allgemeinen nur numerisch und mit erheblichem Aufwand möglich, vorausgesetzt, die Koeffizienten aller Übergänge $a_{n,s}, a_{s,n}$ sind bekannt.

In einem besonderen Fall allerdings existiert eine Strategie, die die Bestimmung der Besetzung von Niveaus wesentlich vereinfacht: der Ansatz mit *Quasi-Fermi-Niveaus*.

4.8.4 Photoanregung und Quasi-Fermi-Niveaus

Elektronen besetzen im thermischen Gleichgewicht bei Temperatur T die Energiewerte ϵ entsprechend der Fermi-Verteilung $f_F = \left(\exp\left[\frac{\epsilon - \epsilon_F}{kT}\right] + 1\right)^{-1}$.

Nach einer Störung stellt sich diese Verteilung mit charakteristischen Zeiten für die Relaxation von Wellenvektor, Energie und Bandbesetzung ($\tau_k, \tau_\epsilon, \tau_{\text{rec}}$) wieder ein. Die Relaxation innerhalb von Bändern oder bandähnlichen Energien erfolgt

Abb. 4.24 Elektronische
Übergänge vom und zum
Niveau s mit Anteilen von
Eingang $r_{s,\text{in}}$ und Ausgang
$r_{s,\text{out}}$ beispielhaft im
stationärem Zustand unter
Störung des thermischen
Gleichgewichts durch
Photoanregung

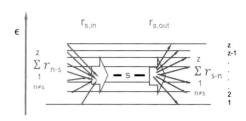

wegen starker Coulomb-Wechselwirkung zwischen Elektronen sowie Elektronen
und Gitterionen vergleichsweise schnell und zwar in $\tau_{\epsilon,intra} \approx (10^{-11} - 10^{-13})$s.
Die Zeiten für Übergänge zwischen Bändern hingegen (Interbandrelaxation) mit
Rekombinationslebensdauer $\tau_{\text{rec}} = \tau_{\epsilon,\text{inter}}$ können wesentlich länger sein ($\tau_{\text{rec}} \geq 10^{-9}$s).

Für photovoltaische Anwendungen sind Absorber mit solch großen Rekom-
binationszeiten, also großen Zeiten, während denen die Ladungsträger im Anregungszustand vor dem Übergang in den Grundzustand verbleiben, von wesentlicher
Bedeutung.

Aufgrund des Unterschiedes $\tau_{\text{rec}} \gg \tau_{\epsilon,\text{intra}}$ stellt sich in den Bändern für Elektronen (selbstredend auch für Löcher) bei stationärer Störung die wahrscheinlichste
Verteilung ein, nämlich die mit maximaler Entropie, die mit der Grösse Temperatur
beschrieben wird.

Da die Dichten der angeregten Zustände nun gegenüber denen im thermischen
Gleichgewicht höher sind, werden sie mit den entsprechenden Ferminiveaus, ϵ_{fn}
für angeregte Elektronen (n_2) und ϵ_{Fp} für angeregte Löcher (p_1), beschrieben (vgl.
Abb. 4.25) und Abschn. 2.10, wo sich eine analoge Betrachtung für ein ideales elektronisches System findet).

Mit Quasi-Fermi-Verteilungen werden nur die Dichten der angeregten Zustände
beschrieben, hier $n_2(\epsilon)$ und $p_1(\epsilon)$

$$n_2(\epsilon) = D_2(\epsilon) f_{\text{F}}(\epsilon, \epsilon_{\text{Fn}}, T),$$

$$p_1(\epsilon) = D_1(\epsilon) f_{\text{F}}(\epsilon, \epsilon_{\text{Fp}}, T),$$

während die Dichten der Grundzustände $n_1(\epsilon)$, p_2, (ϵ) sich aus der Gesamterhaltung
der Dichten (Ladungsneutralität) ergeben

$$n_1(\epsilon) = D_1(\epsilon)(1 - f_{\text{F}}(\epsilon, \epsilon_{\text{Fp}}, T))$$

$$p_2(\epsilon) = D_2(\epsilon)(1 - f_{\text{F}}(\epsilon, \epsilon_{\text{Fn}}, T)).$$

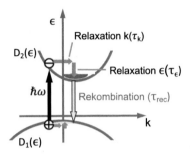

Abb. 4.25 Photoanregung eines Elektrons von D_1 nach D_2, anschließende schnelle Relaxation von Wellenvektor (τ_k) und Energie (τ_ϵ) zum ϵ-k-Minimum von $D_2(\epsilon)$, sowie Übergang zum Grundzustand (Rekombination τ_{rec}) in $D_1(\epsilon)$, der wegen $\tau_{rec} \gg \tau_k, \tau_\epsilon$ stark verzögert stattfindet. Die analoge Beschreibung gilt auch für die Anregung und Relaxation der Löcher im Valenzband. Aufgrund der meist grösseren effektiven Masse der Löcher ($m_p^* > m_n^*$) ist in direkten Übergängen ($\Delta \mathbf{k} = 0$) die energetische Relaxation der Löcher meist kleiner als die der Elektronen. Die hier gezeigten Einzelschritte von Anregung-Relaxation-Rekombination für einen direkten Übergang verhalten sich qualitativ gleichartig in indirekten Übergängen

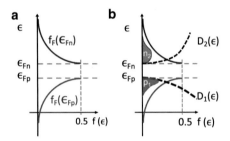

Abb. 4.26 Fermi-Verteilungen mit Quasi-Fermi-Niveaus ϵ_{Fn} und ϵ_{Fp} (**a**); ϵ_{Fn}, ϵ_{Fp} mit hypothetischen Zustandsdichten $D_1(\epsilon)$, $D_2(\epsilon)$ und Besetzungen $n_2(\epsilon)$, $p_1(\epsilon)$ (**b**)

In Abb. 4.26 sind Quasi-Fermi-Niveaus ϵ_{Fn} und ϵ_{Fp} zusammen mit hypothetischen Zustandsdichten $D_1(\epsilon)$, $D_2(\epsilon)$ und die Besetzungen $n_2(\epsilon)$, $p_1(\epsilon)$ entsprechend der Verteilungsfunktionen nach Fermi schematisch dargestellt.

Die Dichten im Anregungszustand $n(\epsilon_2) = n_{20} + \Delta n_2$ und $p(\epsilon_1) = p_{10} + \Delta p_1$, sowohl im thermischen Gleichgewicht als auch unter Photoanregung, akkumulieren näherungsweise innerhalb von nur $3kT$ um das jeweilige energetische Extremum der Zustände, dem Minimum von D_2 für Elektronen und dem Maximum von D_1 für Löcher (in Abb. 4.26 angedeutet).

Für Stationarität – und Homogenität im Volumen – kompensiert die Rate der Rekombination r der photogenerierten Überschussladungen Δn, resp. Δp gerade deren Generationsrate $g = r$. Die Rückkehr zum thermischen Gleichgewicht nach Ende der Photoanregung erfolgt innerhalb der Rekombinationszeit $\Delta\tau_{rec}$, die bei linearer Abhängigkeit der Überschussdichte, beispielsweise für Elektronen

$$\frac{\partial(\Delta n)}{\partial t} = c\,\Delta n = \frac{\Delta n}{\tau_{\text{rec}}}$$

die Zeitkonstante τ_{rec} ergibt.

Werden dem betrachteten Volumen zusätzlich zur Generation und Rekombination Ladungen zugeführt beziehungsweise entzogen, wird dieser Transport in der Kontinuitätsgleichung berücksichtigt, die die zeitliche Änderung der Teilchendichte $\frac{\partial n}{\partial t}$ mit dem Zufluss $\Gamma_{\mathbf{x}}$ und den Raten der Generation g und Rekombination r verbindet:

$$\frac{\partial n}{\partial t} + \nabla_{\mathbf{x}}\Gamma_{\mathbf{x}} = g - r.$$

Zur allgemeinen Lösung der Ladungsträgerdichten

$$n(\mathbf{x}) = n_0 + \Delta n(\mathbf{x}, u_{\text{phot}}),$$

$$p(\mathbf{x}) = p_0 + \Delta p(\mathbf{x}, u_{\text{phot}}).$$

und damit zur Bestimmung der Chemischen Potentiale ϵ_{Fn} und ϵ_{Fp} der Ladungsträger benötigt man genaue Kenntnis der Rekombination und des Transports.

Anmerkung: Aufgrund der Auslenkung aus dem thermischen Gleichgewicht – in Einklang mit der in 2.10 dargestellten Identität von Chemischem Potential des Photonenfeldes μ_γ und dem des Elektronenensembles $\mu_\gamma = \mu_{\text{e}} = \epsilon_{\text{Fn}} - \epsilon_{\text{Fp}}$ – emittiert das elektronisches System Strahlung gemäß der Photondichte $n_\gamma(\mu_\gamma)$

$$n_\gamma = D_\gamma \frac{1}{\exp\left[\frac{\hbar\omega - (\epsilon_{\text{Fn}} - \epsilon_{\text{Fp}})}{kT}\right] - 1}.$$

Die spektrale Verteilung des Bose-Terms in der obigen Gleichung

$$\left(\exp\left[\frac{\hbar\omega - \mu_\gamma}{kT}\right] - 1\right)^{-1}$$

mit verschiedenen Chemischen Potentialen $\mu_\gamma < 0$, $\mu_\gamma = 0$ und $\mu_\gamma > 0$ zeigt beispielhaft Abb. 4.27.

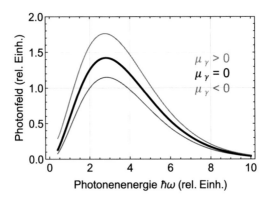

Abb. 4.27 Spektrale Verteilung des Bose-Terms $\left(\exp\left[\frac{\hbar\omega - (\epsilon_{Fn} - \epsilon_{Fp})}{kT} \right] - 1 \right)^{-1}$ mit verschiedenen Chemischen Potentialen $\mu_\gamma > 0$, $\mu_\gamma = 0$ und $\mu_\gamma < 0$

4.9 Rekombination

Die Auslenkung eines elektronischen Systems aus dem thermischen Gleichgewicht verschwindet nach dem Abschalten der externen Störung, und das System kehrt zum Gleichgewichtszustand zurück. In Halbleitern lässt sich die Auslenkung mit dem Produkt der Trägerdichten n_2, p_1 im Vergleich zu denen im thermischen Gleichgewicht $n_2 p_1 \neq n_{20} p_{10} = n_i^2$ quantitativ beschreiben. Insbesondere ist die Zeitspanne nach der Störung bis zur Rückkehr in den Ausgangszustand, die Lebensdauer des Zustandes, bedeutsam für die Ausbeute der Strahlungswandlung: je länger diese Zeitspanne, umso höher die Aufspaltung der Quasi-Fermi-Niveaus und umso effektiver die Sammlung der angeregten Zustände am Rand (Kontakt) des Systems.

Im besagten Ausgleichsvorgang Rekombination werden die überschüssigen Konzentrationen[10] n_2 und p_1 in vielerlei möglichen Schritten abgebaut [4,18].

Die bei der Rekombination frei werdende Energie kann als Photon abgestrahlt werden, zur Erzeugung von Phononen (Gitterschwingungen) dienen oder auf andere Ladungsträger übertragen werden (Auger-Rekombination).

Die unterschiedlichen Prozesse bei der Rekombination lassen sich einteilen [4] zum einen nach

- den am Prozess beteiligten Energieniveaus und zum anderen nach
- den physikalischen Mechanismen der elektronischen Übergänge.

---

[10]Für die Verarmung von Ladungsträgern $n_2 p_1 < n_{20} p_{10} = n_i^2$, die mittels einer externen Potentialdifferenz und mit blockierenden Kontakten erreicht werden kann, erfolgt die Rückkehr zum thermischen Gleichgewicht durch Injektion von Ladungen und/oder durch thermische Generation.

Zu jedem Rekombinationsakt besteht auch der inverse Prozess der Generation[11], sei es durch thermische oder Photoanregung oder auch durch Injektion aus einer externer Quelle.

4.9.1 Rekombinationskoeffizienten

Die Anzahl der Wechselwirkungen von Ladungsträgern, wie Streuung oder Einfang in einen lokalisierten Zustand mit anschließender Rekombination, wird in der klassischen Beschreibung mit der freien Weglänge λ und einem Querschnitt σ_r vorgenommen[12]. Bezogen auf die freie Weglänge eines Ladungsträgers spannt ein Streuzentrum das Volumenelement $\Delta V_r = \lambda \sigma_r$ auf. Im gesamten Volumen V befinden sich (gleichmäßig verteilt) N_r Streuzentren, deren Wirkungsvolumen sich zu $\sigma_r \lambda N_r = N_r \Delta V_r = V$ summiert. Die freien Weglänge lässt sich mit thermischer Geschwindigkeit[13] v_{th}, mittlerer Zeit zwischen einzelnen Streuprozessen $\Delta \tau$ und der Dichte der Streuzentren $n_r = (N_r/V)$ umschreiben zu

$$\lambda = \frac{1}{\sigma_r n_r} = v_{th} \Delta \tau,$$

woraus man die Rate erhält, mit der ein Ladungsträger mit dem Streuzentrum reagiert

$$r_r^* = n_r \sigma_r v_{th}.$$

Die Rate der Wechselwirkung aller Ladungsträger beispielsweise von Elektronen der Dichte n_e mit dem Streuzentrum wird demnach

$$r_r = n_e n_r \sigma_r v_{th} = n_e n_r a_{if}$$

mit dem Koeffizienten a_{if} des Überganges vom Niveau ϵ_i zu ϵ_f

$$a_{if} = \sigma_r v_{th}.$$

---

[11] Generation bedeutet hier die Bereitstellung von Spezies im entsprechenden Niveau (z. B. von Elektronen im Leitungsband eines Halbleiters), die von einem anderen Energieniveau (z. B. Valenzband) stammen.

[12] Die Streuquerschnitte werden der Einfachheit wegen als konstant angenommen; sie sind jedoch generell energieabhängig. Diese Abhängigkeit gilt auch für die im Weiteren eingeführten Einfang- und Emissionskoeffizienten $c_{n,p}$, $e_{n,p}$.

[13] Dieser Ansatz gilt, sofern v_{th} die domminierende Geschwindigkeit ist.

4.9.2 Übergänge zwischen Energieniveaus

Ein reales elektronisches Bandsystem enthält außer den Bandzuständen auch elektronische Niveaus in der Bandlücke sowohl in energetischer Nähe der Bänder (flache Defekte) als auch in der Mitte der Lücke gelegene (tiefe) Defekte (vgl. Abb. 4.28). Diese Zustände resultieren aus vermeidbaren und nichtvermeidbaren Defekten und Verunreinigungen, wie strukturellen Versetzungen, Gitterfehlstellen, Grenz- und Oberflächendefekten. Zudem gibt es noch die beabsichtigten Verunreinigungen, also Störstellen durch Dotierung von ursprünglich intrinsischen Materialien.

Flache Defekten sind solche Niveaus in der Bandlücke, die wegen ihrer energetischen Lage $((\epsilon_2 - \epsilon_{t2}) \approx 3kT, (\epsilon_{t1} - \epsilon_1) \approx 3kT)$ von den Bändern aus thermisch erreichbar sind.

Unter den hier angenommenen stationären Bedingungen sind die in Abb. 4.28 dargestellten Zustände entsprechend der Fermi-Statistik im thermischen Gleichgewicht mit dem Ferminiveau und unter Auslenkung mit den Quasi-Fermi-Niveaus ϵ_{Fn} und ϵ_{Fp} besetzt.

Aus der Besetzung und den individuellen Transferkoeffizienten a_{ij} ergeben sich die Raten der Übergänge von und zu elektronischen Niveaus in den Bändern, in die flachen und in die tiefen Defektniveaus.

4.9.3 Rekombinationsprozesse

4.9.3.1 Band-Band-Rekombination

Im elektronischen Band-Band-Übergang (Abb. 4.29) wird (wegen $\mathbf{k}_2 - \mathbf{k}_1 = 0$) zur Energieerhaltung ein Photon mit $\hbar\omega = \epsilon_2 - \epsilon_1$ emittiert. Der dazu inverse Prozess besteht in der direkten Absorption eines Photons (vgl. Abschn. 4.7.1). Die Raten dieser Rekombination $r_{a,a}$ hängen von den beteiligten Dichten im Ausgangs- $n(\epsilon_2)$ und Endzustand $p(\epsilon_1)$ ab. Die Dichten $n(\epsilon_2)$ und $p(\epsilon_1)$ setzen sich zusammen aus den

Abb. 4.28 Elektronische Zustände in einem realen Bandsystem; a: Bandzustände, b: flache Defekte $((\epsilon_2 - \epsilon_{t2}) \approx 3kT,$ $(\epsilon_{t1} - \epsilon_1) \approx 3kT)$, c: tiefe Defekte

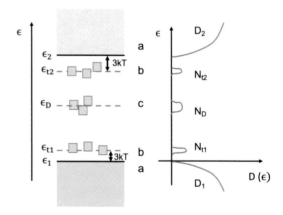

Abb. 4.29 Band-Band-
Rekombination mit Emission
eines Photons zur
Energieerhaltung

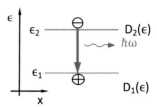

Anteilen im thermischen Gleichgewicht p_{20} und n_{10} zuzüglich der photogenerierten
Dichten Δn_2, Δp_1.

Im stationären Zustand kompensieren die Raten der Generation die der Rekombination $r_{gen} = r_{rec}$, sowohl im thermischen Gleichgewicht als auch unter Photoanregung, in der gleiche Dichten $\Delta n_2 = \Delta p_1$ generiert werden.

Mit dem Mittelwert

$$c_{21} \int_{\epsilon_2}^{\infty} D_2(\epsilon) f_F(\epsilon) d\epsilon \int_{\epsilon_1}^{0} D_1(\epsilon)(1 - f_F(\epsilon)) d\epsilon = \bar{c_{21}} n_2 p_1$$

und mit den aus dem thermischen Gleichgewicht n_{20} und p_{10} ausgelenkten Dichten

$$n_2 = n_{20} + \Delta n_2$$

sowie

$$p_1 = p_{10} + \Delta n_2$$

wird die Rekombinationsrate

$$r_{rec} = \bar{c} \left((n_{20} + \Delta n_2)(p_{10} + \Delta n_2) \right) = \bar{c} \, (n_{20} p_{10}) + \bar{c} \left((n_{20} + p_{10}) \Delta n_2 + \Delta n_2^2 \right).$$

Die Nettorate der Rekombination der gestörten Dichten lautet

$$r_{rec}^* = \bar{c} \left((n_{20} + p_{10}) \Delta n_2 + \Delta n_2^2 \right) = \frac{\partial (\Delta n_2)}{\partial t}.$$

Die Lösung von

$$\int \frac{d(\Delta n_2)}{(n_{20} + p_{10}) \Delta n_2 + \Delta n_2^2} = \bar{c} \int dt$$

mit der Randbedingung $\Delta n_2(t = 0) = N_0$ ergibt

$$\Delta n_2(t) = \frac{(n_{20} + p_{10})}{\exp\left[\bar{c} t \right] \left(\frac{N_0 + (n_{20} + p_{10})}{N_0} \right) - 1}.$$

Die zwei Extremfälle, zum einen für geringe Anregung (a)

$$\frac{\partial (\Delta n_2)}{\partial t} = \bar{c} \left((n_{20} + p_{10}) \Delta n_2 \right)$$

Abb. 4.30 Einfang von
Ladungsträgern aus Bändern
in Defekte N_D mit
Einfangkoeffizienten c_n, c_p
und thermische Emission aus
Defekten in Bänder mit
Emissionskoeffizienten
e_n, e_p

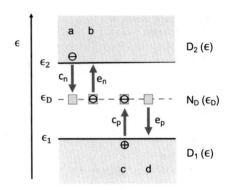

und zum anderen bei hoher Anregung (b)

$$\frac{\partial(\Delta n_2)}{\partial t} = \bar{c}\left(\Delta n_2^2\right)$$

ergeben einen exponentiellen Abfall der ausgelenkten Dichte (a)

$$\Delta n_2 \sim \exp\left[-t\right]$$

beziehungsweise eine hyperbolische Verringerung der Überschussdichte (b)

$$\Delta n_2 \sim \left(\frac{1}{t + t_0}\right).$$

4.9.3.2 Rekombination über Defekte nach Shockley-Read und Hall

In realen Halbleitern sind Defekte aus technologischen Gründen unvermeidbar[14].
So sind die formal großen Lebensdauern für Band-Band-Übergänge überlagert von
der Mitwirkung von Defekten, die signifikant zur SRH-Rekombination beitragen
und die gesamte Lebensdauer verringern (Ansatz nach Shockley-Read und Hall
[19,20]). In vielen Absorbern, die zur Strahlungswandlung verwendet werden, ist
die Rekombination via Defekte der Prozess, der die Lebensdauer des Anregungszustandes bestimmt.

Zunächst betrachtet man ausschließlich den Einfang von Elektronen aus ϵ_2 in das
Niveau ϵ_t mit dem Einfangkoeffizienten c_n und die Emission zurück zu ϵ_2 (Koeffizient e_n). Zudem wird gleichermaßen auch der Übergang von Ladungsträgern zu und
von ϵ_1 (c_p, e_p) beschrieben, der im Löcherbild formuliert ist [4,19,20], (Abb. 4.30,
Prozesse a, b).

Unter stationären Bedingungen gleichen sich die Raten von Einfang und Emission von Elektronen (mit Dichten n_i) und Löchern (mit Dichten p_i) von und zu

---

[14]Zudem ist selbst ideale Materie bei $T > 0K$ aus thermodynamischen Gründen nicht frei von
Defekten, wie thermisch erzeugte Fehlstellen und Versetzungen.

den Bändern (Indizes 1, 2, D) gerade aus. Diese Raten ergeben sich aus den entsprechenden Koeffizienten (hier c für Einfang, e für Emission) und den Dichten der beteiligten Zustände. Explizit schreiben sich diese Raten für die in Abb. 4.30 gezeigten Übergänge von Elektronen

$$r_{2-D} = c_n \left(\int_{\epsilon_2}^{\infty} D_2 f(\epsilon) d\epsilon \right) N_D (1 - f(\epsilon_D)) = \bar{c}_n n_2 p_D \qquad (4.46)$$

$$r_{D-2} = e_n N_D f(\epsilon_D) \left(\int_{\epsilon_2}^{\infty} D_2 (1 - f(\epsilon)) d\epsilon \right) = \bar{e}_n n_D p_2 \qquad (4.47)$$

und analog von Löchern (Abb. 4.30, Prozesse c, d)

$$r_{1-D} = c_p \left(\int_{\epsilon_1}^{-\infty} D_1 (1 - f(\epsilon)) d\epsilon \right) N_D f(\epsilon_{t1}) = \bar{c}_p p_1 n_D; \qquad (4.48)$$

$$r_{D-1} = e_p N_D (1 - f(\epsilon_D)) \left(\int_{\epsilon_1}^{-\infty} D_1 f(\epsilon) d\epsilon \right) = \bar{e}_p p_D n_1. \qquad (4.49)$$

Zur Vereinfachung (und Abkürzung) bildet man die Mittelwerte der Integralterme

$$c_i \left(\int D_i f_i(\epsilon) d\epsilon \right) = \bar{c}_i N_i \qquad (4.50)$$

und

$$e_i \left(\int D_i f_i(\epsilon) d\epsilon \right) = \bar{e}_i N_i, \qquad (4.51)$$

die als Produkt von Einfang- resp. Emissionskoeffizienten mit den zugehörigen effektiven Zustandsdichten N_2, N_1, N_D in den Raten stehen.

In nichtentarteten Absorbern und unter nicht extrem hohen Anregungen sind die energetischen Besetzungen der Bandzustände im thermischen Gleichgewicht und unter Auslenkung jeweils durch Exponentialfunktionen $\exp[-\epsilon/kT]$ gegeben. Die Konzentrationen unterscheiden sich nur um einen Faktor $\exp[\epsilon_{Fn}/kT]$, resp. $\exp[\epsilon_{Fp}/kT]$, und damit ist die Mittelung der Einfang- und Emissionskoeffizienten gerechtfertigt.

Da die Raten für Vor- und Rückreaktion für jegliche Kombination von Niveaus bei Stationarität prinzipiell gleich sein müssen, lassen sich die Koeffizienten für Einfang und thermische Emission ineinander ausdrücken. Für Elektronen gilt:

$$\bar{c}_n (N_2 f(\epsilon_2)) (N_D (1 - f(\epsilon_D)) = \bar{e}_n (N_D f(\epsilon_D)) (N_2 (1 - f(\epsilon_2))). \qquad (4.52)$$

Mit den Fermi-Verteilungen $f(\epsilon)$ ergibt sich daraus

$$\frac{\bar{c}_n}{\bar{e}_n} = \frac{f(\epsilon_D)(1 - f(\epsilon_2))}{f(\epsilon_2)(1 - f(\epsilon_D))} \qquad (4.53)$$

und schließlich

$$\frac{\bar{c}_n}{\bar{e}_n} = \exp\left[\frac{\epsilon_2 - \epsilon_D}{kT}\right]. \tag{4.54}$$

Eine analoge Beziehung gilt für Löcher und deren Austausch zwischen Defekten N_D und D_1:

$$\frac{\bar{c}_p}{\bar{e}_p} = \exp\left[\frac{\epsilon_D - \epsilon_1}{kT}\right]. \tag{4.55}$$

Für stationäre Bedingungen ergibt sich der Austausch (Elektronen) zwischen Leitungsband N_2 und Defekten N_D, wobei der Koeffizient für Emission $\bar{e}_n$ mit $\bar{e}_n = \bar{c}_n \exp[-(\epsilon_2 - \epsilon_D)/kT]$ ersetzt ist:

$$\bar{c}_n\left(n_2 N_D(1 - f(\epsilon_D)) - \exp\left[-\frac{\epsilon_2 - \epsilon_D}{kT}\right] N_D f(\epsilon_D) N_2(1 - f(\epsilon_2))\right) = 0. \tag{4.56}$$

Die analoge Betrachtung für den Löcheraustausch führt zu:

$$\bar{c}_p\left(p_1 N_D f(\epsilon_D) - \exp\left[-\frac{\epsilon_D - \epsilon_1}{kT}\right] N_D f(\epsilon_D) N_1(1 - f(\epsilon_1))\right) = 0. \tag{4.57}$$

Wegen der meist geringen Besetzung von Elektronen im Anregungszustand D_2 sowie der Löcher in D_1 werden $(1 - f(\epsilon_1)) \approx 1$ und $(1 - f(\epsilon_2)) \approx 1$ approximiert. Zusätzlich führt man die Abkürzungen

$$\exp\left[-\frac{\epsilon_2 - \epsilon_D}{kT}\right] N_2 = N_2^*$$

und

$$\exp\left[-\frac{\epsilon_D - \epsilon_1}{kT}\right] N_1 = N_1^*$$

ein, die artifizelle Trägerdichten bezeichnen[15].

Die Gleichungen der zwei Austauschraten vereinfachen sich somit und dürfen für stationäre Bedingungen gleichgesetzt werden.

$$\bar{c}_n\left(n_2(1 - f(\epsilon_D)) - N_2^* f(\epsilon_D)\right) - \bar{c}_p\left(p_1 f(\epsilon_D) + N_1^*(1 - f(\epsilon_{D1}))\right) = 0. \tag{4.58}$$

Diese Gleichung enthält die bekannten Größen wie N_1^*, N_2^*, $\bar{c}_n$ und $\bar{c}_p$ sowie die Ladungsträgerdichten in den Bändern, n_2 im Leitungsband (D_2) und p_1 im Valenzband (D_1), also im jeweiligen Anregungszustand. Aus der vorliegenden Gleichung wird die Besetzung $f(\epsilon_D)$ der Defekte N_D zugänglich

---

[15]Über das Produkt $N_1^* N_2^*$ lässt sich die Bedeutung dieser artifiziellen Dichten erklären.

$$f(\epsilon_D) = \frac{(\bar{c}_n n_2 + \bar{c}_p N_1^*)}{\bar{c}_n(n_2 + N_2^*) + \bar{c}_p(p_1 + N_1^*)} \tag{4.59}$$

und die komplementäre Größe

$$(1 - f(\epsilon_D)) = \frac{(\bar{c}_n N_2^* + \bar{c}_p p_1)}{\bar{c}_n(n_2 + N_2^*) + \bar{c}_p(p_1 + N_1^*)}. \tag{4.60}$$

Da durch Strahlungsanregung und/oder Injektion die Dichten in den Bändern n_2 und gleichermaßen p_1 geändert (separat eingestellt) werden können, kompensieren sich die Raten aus Gl. 4.61 nicht mehr. Die Differenz dieser Raten bezeichnet die Nettorekombinationsrate[16], die sich mit den Besetzungsfaktoren $f(\epsilon_D)$ resp. $(1 - f(\epsilon_D))$ in Gl. (4.61) darstellt:

$$\begin{aligned} U_{rec,def} &= \bar{c}_n \left(n_2(1 - f(\epsilon_D)) - N_2^* f(\epsilon_D) \right) - \bar{c}_p \left(p_1 f(\epsilon_D) + N_1^*(1 - f(\epsilon_{D1})) \right) \\ &= \frac{\bar{c}_n \bar{c}_p (p_1 n_2 - N_1^* N_2^*)}{\bar{c}_n(n_2 + N_2^*) + \bar{c}_p(p_1 + N_1^*)} = U_{gen}. \end{aligned} \tag{4.61}$$

Diese ist gleich der Generationsrate U_{gen}.
Das Produkt $N_1^* N_2^*$ in der Gleichung der Rekombinationsrate wird demnach

$$N_1^* N_2^* = N_1 N_2 \exp\left[-\frac{\epsilon_2 - \epsilon_D + \epsilon_D - \epsilon_1}{kT} \right] = N_1 N_2 \exp\left[-\frac{\epsilon_2 - \epsilon_1}{kT} \right] = n_i^2.$$

Es ist unabhängig vom Niveau ϵ_D und erweist sich als Quadrat der intrinsischen Trägerdichten $n_{20} p_{10} = n_i^2 = $ const.
Die Rate der Rekombination über Defekte $N_D(\epsilon_D)$ wird folglich maßgeblich bestimmt

- von der Dotierung (Lage des Ferminiveaus), also von den thermischen Gleichgewichtskonzentrationen n_{20}, p_{10} und
- von der Anregungsdichte, die sich in der Lage der Quasi-Fermi-Niveaus ϵ_{Fn}, ϵ_{Fp} ausdrückt, die ihrerseits die Überschusskonzentrationen Δn und $\Delta p = \Delta n$ ergeben.

Allgemein sind für statinonäre Bedingungen die Raten von Rekombination und Generation gleich $U_{rec,def} = U_{gen}$.

---

[16]Wie eingangs erläutert werden hier ausschließlich elektronische Übergänge zwischen Defektniveau und den Bändern betrachtet; Band-Band-Übergänge (B-B), die im Übrigen sehr kleine Koeffizienten $\bar{c}_{BB}$, $\bar{e}_{BB}$ zeigen, sind nicht berücksichtigt. Für den Spezialfall, dass n_2 und p_1 bekannt sind, überlagern sich die Rekombinationsraten $U_{rec,BB}$ und $U_{rec,def}$ additiv.

Weiterhin ergibt sich daraus die Rekombinationslebensdauer

$$\tau = \frac{\Delta n}{U_{\text{gen}}}.$$

Aus Gl. 4.61 erhält man die Lebensdauer

$$\tau = \Delta n \left(\frac{n_{20} + N_2^* + \Delta n}{\bar{c}_p \left((p_{10} + \Delta n)(n_{20} + \Delta n) - N_1^* N_2^* \right)} \right)$$
$$+ \Delta n \left(\frac{p_{10} + N_1^* + \Delta n}{\bar{c}_n \left((p_{10} + \Delta n)(n_{20} + \Delta n) - N_1^* N_2^* \right)} \right). \tag{4.62}$$

Mit der Umwandlung der Einfangkoeffizienten in spezifische Lebensdauern $\bar{c}_n = 1/\tau_{n0}$, $\bar{c}_p = 1/\tau_{p0}$ wird aus Gl. 4.61

$$\tau = \tau_{p0} \left(\frac{n_{20} + N_2^* + \Delta n}{p_{10} + n_{20} + \Delta n} \right) + \tau_{n0} \left(\frac{p_{10} + N_1^* + \Delta n}{p_{10} + n_{20} + \Delta n} \right). \tag{4.63}$$

Bei schwacher Anregung, beispielsweise $\Delta n = \Delta p \ll n_{20}, p_{10}$, folgt

$$\tau = \tau_{p0} \left(\frac{n_{20} + N_2^*}{p_{10} + n_{20}} \right) + \tau_{n0} \left(\frac{p_{10} + N_1^*}{p_{10} + n_{20}} \right). \tag{4.64}$$

In den beiden Nennern stehen die gegenseitig gekoppelten thermischen Dichten n_{20} und p_{10}. Ihr Produkt ist die intrinsische Dichte $n_i^2 = n_{20} p_{10}$. Die Einzelterme n_{20}, p_{10} legen über die Dotierung die Lage des Ferminiveaus fest.

Wir ersetzen die Dichten in Gl. 4.64

$$n_{20} = N_C \exp \left[-\frac{\epsilon_C - \epsilon_F}{kT} \right], \quad p_{10} = N_V \exp \left[-\frac{\epsilon_F - \epsilon_V}{kT} \right]$$

sowie

$$N_2^* = N_C \exp \left[\frac{\epsilon_D - \epsilon_C}{kT} \right], \quad N_1^* = N_V \exp \left[\frac{\epsilon_V - \epsilon_D}{kT} \right]$$

und erhalten die Lebensdauer τ als Funktion der Energien ϵ_C, ϵ_V, der Lage von ϵ_F und der Lage der Defekte ϵ_D in der Bandlücke:

$$\tau = \tau_{p0} \left(\frac{N_C \exp \left[-\frac{\epsilon_C - \epsilon_F}{kT} \right] + N_C \exp \left[\frac{\epsilon_D - \epsilon_C}{kT} \right]}{N_C \exp \left[-\frac{\epsilon_C - \epsilon_F}{kT} \right] + N_V \exp \left[-\frac{\epsilon_F - \epsilon_V}{kT} \right]} \right)$$
$$+ \tau_{n0} \left(\frac{N_V \exp \left[-\frac{\epsilon_F - \epsilon_V}{kT} \right] + N_V \exp \left[\frac{\epsilon_V - \epsilon_D}{kT} \right]}{N_C \exp \left[-\frac{\epsilon_C - \epsilon_F}{kT} \right] + N_V \exp \left[-\frac{\epsilon_F - \epsilon_V}{kT} \right]} \right). \tag{4.65}$$

Die Rekombinationsrate entspricht dem Kehrwert der oben dargestellten Lebnsdauer τ. Für $\tau_{p0} = \tau_{n0}$ und $N_C = N_V$ sind die Rekombinationsraten bei Defektenergien in der Bandlücke maximal, und die Lebensdauern sind entsprechend minimal (Abb. 4.31).

Abb. 4.31 Rekombinationsraten (logarithmisch) in Abhängigkeit der energetischen Position von Defekten in der Bandluecke ϵ_D für verschiedene Separationen der Quasi-Fermi-Niveaus $(\epsilon_{Fn} - \epsilon_{Fp})/\epsilon_g$ in undotierten Proben. Maximale Rekombinationsraten und entsprechend minimale Rekombinationslebensdauern treten für die energetische Position von Defekten in der Mitte der Bandlücke $\epsilon_D \approx (1/2)(\epsilon_C + \epsilon_V)$ auf

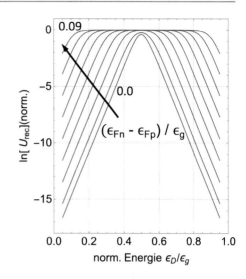

4.9.3.3 Rekombination über flache und tiefe Störstellen

In Absorbern mit flachen und tiefen Störstellen sehen die Ladungsträger im Anregungsniveau, beispielsweise $D_2(\epsilon)$, verschieden Wege des Übergangs zum Grundniveau $D_1(\epsilon)$, die in Abb. 4.32 zu sehen sind:

- direkte Band-Band-Rekombination (α) findet mit dem spezifischen, gemittelten Einfangkoeffizienten von Elektronen $\bar{c} = \sigma v_{th}$ statt;
- Ladungsträger aus Bandzuständen werden in flache Störstellen eingefangen und entweder wieder thermisch emittiert oder zum Grundniveau weitergereicht (β_1 und β_2) (stufenweise Rekombination);
- weitere Übergänge zwischen Bändern mit Beteiligung von sowohl flachen Störstellen, als auch tiefen Defekten (γ_1 resp. γ_2).

Die Ratengleichungen des Austausches zwischen Bändern und flachen Niveaus sind dieselben, wie die in 4.61, nur Dichte und energetische Position der Defekte lauten nun $N_{t2}(\epsilon_{t2})$, $N_{t1}(\epsilon_{t1})$ und $N_D(\epsilon_D)$. Bei mehr als einer Defektsorte in der Bandlücke (γ_1, γ_2) lassen sich wegen der Kopplung der Ratengleichungen für Einfang und Emission die entsprechenden Dichten und die zugehörigen Besetzungsfunktionen $f(\epsilon_{t2})$, $(1 - f(\epsilon_{t2}))$, $f(\epsilon_{t2})$, $(1 - f(\epsilon_{t2}))$, $f(\epsilon_D)$, $(1 - f(\epsilon_D))$ als Polynom vom Grad ≥ 3. nicht mehr analytisch lösen.

4.9.3.4 Auger-Rekombination

Im Auger-Effekt wird die beim Übergang aus dem angeregten Zustand frei werdende Energie auf einen Ladungsträger übertragen, der seinerseits auf ein höheres Niveau angeregt wird. Bei dieser Anregung werden Energie und Wellenvektor erhalten, wie in Abb. 4.33 für verschiedene Elektronenübergänge zwischen Bändern in den $\epsilon(k)$-Diagrammen schematisch gezeigt ist.

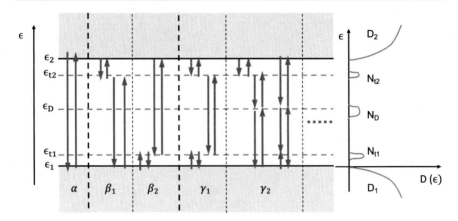

Abb. 4.32 Übergang mit Einfang von Elektronen und von Löchern von und zu Bandzuständen ϵ_2, ϵ_1 (α); Einfang in und Emision aus flachen Störstellen aus/zu Bandzuständen oder Übergang aus flachen Störstellen zum Grundniveau (β_1 und β_2); Einfang und thermische Emission in und von flachen Störstellen und Übergang zu komplementären flachen Störstellen (γ_1); Einfang und thermische Emission in und von flachen Störstellen und Übergang zu tiefen Defekten (γ_2)

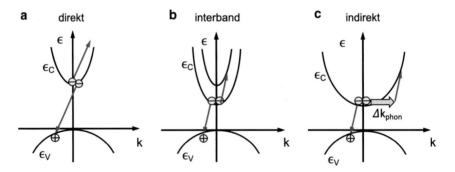

Abb. 4.33 Auger-Rekombination in $\epsilon(k)$-Darstellung für direkte (**a**), für interband (**b**) und für indirekte Band-Band-Übergänge (**c**)

In Abb. 4.33 finden sich einige Auger-Prozesse beispielshaft für elektronische Übergange zwischen verschiedenen Niveaus und die zugehörigen Energietransfers auf Elektronen dargestellt. Analoge Prozesse der Auger-Rekombination gibt es für Löcher [4].

Die Raten der Auger-Rekombination ergeben sich nach dem üblichen Schema von Hin- und Rückreaktion (Einfang sowie Emission) mit der zusätzlichen Beteiligung einer weiteren Ladung. Die Raten für die Band-Band-Übergänge z. B. in Abb. 4.34 links lauten mit den vergleichsweise sehr kleinen ($< 10^{-30}\,cm^6 s^{-1}$) Koeffizienten $\bar{c}_{nn}$ und $\bar{e}_{nn}$ [21]].

$$\vec{U}_{Aug,nn} = \bar{c}_{nn} n_2 (n_2 p_1 p_2)$$

Abb. 4.34 Versionen der Auger-Rekombination. Die Energie für die Generation eines weiteren Elektron-Loch-Paares stammt aus Übergängen zwischen Band-Band, Band-flachen Defekten / flachen Defekten-Band, und flachen Defekten-flachen Defekten

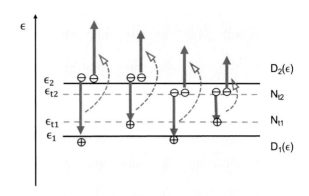

und

$$\overleftarrow{U}_{\text{Aug,nn}} = e_{\text{nn}}^{-} n_1 (p_2 n_1 n_2)$$

mit

$$\overrightarrow{U}_{\text{Aug,nn}} - \overleftarrow{U}_{\text{Aug,nn}} = 0.$$

Die einzelnen Terme sind hier quadratisch abhängig von n_2, bzw. von n_1 und werden somit hauptsächlich für große Auslenkungen $n = n_0 + \Delta n$ aus dem thermischen Gleichgewicht bedeutsam.

Ausführliche Beschreibungen der Rekombination auf der Basis quantenmechanischer Formulierungen finden sich in [18].

4.9.3.5 Rekombination an Grenz- und Oberflächen

An Grenz- und an Oberflächen ändert sich das lokale Potential von Festkörpern abrupt als Folge von:

- sowohl strukturellen Diskontinuitäten, wie fehlender Fortsetzung des Kristallgitters, Änderung der Gitterorientierung, offenen Bindungen, Versetzungen, Fehlstellen
- als auch von chemischer Diskontinuität, die von unterschiedlichen Atomsorten, von Unterschieden in der elektronischen Bandstruktur und von Fremd- und Dotieratomen herrühren. [22].

Dadurch entstehen zusätzlich zu den im Volumen vorhandenen elektronischen Niveaus Oberflächen- oder Grenzflächenzustände, die merklich zur Rekombination von Überschussladungsträgern beitragen können.

Für stationäre Bedingungen, wie kontinuierliche Generation und Rekombination von Trägern im Volumen, stellt sich in genügend großer Entfernungen von der Grenzfläche eine Überschussdichte der betrachteten Teilchensorte Δn ein. An der Oberfläche (x_S) wird zusätzlich zur Volumensrekombination dem Reservoir der

Abb. 4.35 Stromdichte an der Oberfläche; Mit $\Gamma(x_S) = \Delta n v_S = \Delta n\, S$ zu der Oberfläche wird dem System mit Oberflächenrekombinations-geschwindigkeit S ein Teil der Überschussdichte Δn entzogen

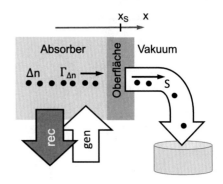

Ladungsträger die Teilchendichte Δn_S durch Rekombination über lokale Defekte an der Grenzfläche mit einer Geschwindigkeit v_S entzogen (Abb. 4.35).

Die Teilchenstromdichte in Richtung Oberfläche $x = x_S$ ergibt sich klassisch zu

$$\Gamma_{\Delta n} = \Delta n(x_S)\, v_S = \Delta n(x_S)\, S.$$

Anstelle v_S wird in der Nomenklatur der Halbleiterphysik diese Geschwindigkeit Oberflächenrekombinationsgeschwindigkeit S genannt[17].

Ein detailliertes Beispiel für die Wirkung der Oberflächenrekombination an metallischen Kontakten findet sich mit den örtlichen Trägerkonzentrationen von räumlich begrenzten Absorbern in Abschn. 5.1.4 und im Anhang A.9.

4.10   Exzitonen

In der vorliegenden Abhandlung wurde bisher das Ein-Elektronen-Bild verwendet, um die Eigenschaften von Festkörpern zu verstehen. Nach dieser Vorstellung sind die Elektronen (und auch die Löcher) unabhängig voneinander und unterliegen keiner gegenseitigen Wechselwirkung[18].

Bei der Absorption eines Photons wird ein Elektron aus dem bindenden Grundzustand der Materie in ein höheres Energieniveau befördert und ist danach nicht mehr an das unbesetzte Niveau gebunden. Sofern die Photonenenergie der Differenz der beteiligten zwei Niveaus entspricht, und die Differenz der Wellenvektoren von Elektron und Loch gleich sind

$$\mathbf{k}(\epsilon_2) = \mathbf{k}(\epsilon_C) \approx \mathbf{k}(\epsilon_V) = \mathbf{k}(\epsilon_1),$$

kann das Elektron via Coulomb-Attraktion an das Loch gebunden bleiben. Diese Konstellation bildet einen neutralen Anregungszustand aus zwei Teilchen, ein Exzi-

---

[17]In der eindimensionalen Beschreibung verhalten sich Strom und Stromdichte identisch.

[18]Das Konzept der voneinander unabhängigen Elektronen, (Ein-Elektronen-Bild) beschreibt verblüffenderweise die Eigenschaften sehr vieler Metalle und Halbleiter sehr gut, obwohl die kinetische Energie von freien Elektronen durchaus mit deren Repulsionspotential konkurrieren kann [2].

ton, das quantenmechanisch als ein Quasiteilchen (Boson) mit der reduzierten Masse

$$m_{\text{exc}} = \left(\frac{1}{m_{\text{n}}^*} + \frac{1}{m_{\text{p}}^*} \right)^{-1}$$

behandelt wird. Das Exziton besitzt eine etwas geringere potentielle Energie als ein freies Elektron mit einem freien Loch (vgl. Abb. 4.36 *rechte Seite*) und ist mit nur einer effektiven Masse und nur einer kinetischen Energie zu beschreiben.

Der inverse Prozess zur Generation eines Exzitons durch Absorptions eines Photons ist die Rekombination mit Emission eines Photons (beide Vorgänge sind in Absorptions- und Emissionsexperimenten beobachtbar). Die Coulomb-Attraktion ($\epsilon_{\text{bond}} \sim (e^2/4\pi\varepsilon_0\varepsilon r)$) des Exzitons kann bei höheren Temperaturen mit Hilfe von Phononen überwunden werden. Dabei dissoziiert das Exziton zu einem freien Elektron und einem freien Loch. Exzitonen dissoziieren gleichermaßen auch in starken elektrischen Feldern durch Tunneln von Ladungen zu einem Bandzustand oder zu einem Zustand einer Verunreinigung oder eines Metallkontaktes.

Exzitonen sind im Gitter mobil und ihr Schwerpunkt bewegt sich unter dem Einfluss von allgemeinen Gradienten, wie der Temperatur oder der Dichte mit der effektiven Masse

$$M = m_{\text{n}}^* + m_{\text{p}}^*.$$

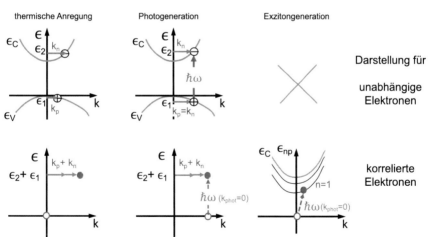

Abb. 4.36 Thermische Generation, Photoanregung von Elektron-Loch-Paaren und Exzitonengeneration durch Absorption eines Photons im Ein-Elektronen-Bild (unabhängige Elektronen) (oben) und im Zwei-Partikel-Bild (korrelierte Elektronen) (unten). Die Generation von Exzitonen kann nicht im Ein-Elektronen-Bild dargestellt werden (vgl. auch [14])

Die Emission eines Photons von einem rekombinierenden Exziton kann zu einer Stafette Photon-Emission → Absorption und Exziton-Generation→ Photon-Emission → Absorption etc. führen, die formal dem Transport eines Exzitons gleichkommt.

Man unterscheidet Exzitonen nach ihrer räumlicher Ausdehnung, also dem Radius, der sich auch in der Bindungsenergie abbildet, in Frenkel- und in Mott-Wannier-Typen [23–26].

4.10.1 Frenkel Exzitonen

Die Wellenfunktion eines Frenkel-Exzitons ist lokal stark eingeschränkt und überlappt nur unwesentlich die der Nachbaratome [23] (Abb. 4.37a). So ist die Wechselwirkung mit den Grundzuständen der Nachbarn gering, und die Aufenthaltsdauer am Ort ist bis zum strahlenden oder strahlungslosen Übergang in den Grundzustand hoch.

Die vergleichsweise stark gebundenen Frenkel-Exzitonen finden sich vornehmlich in Materialien, in denen die interatomare Wechselwirkung klein verglichen mit der Bindung der Elektronen an die Atome des Gitters ist. Dazu zählen die abgeschirmten inneren Schalen von Ionenkristallen und organische Festkörper, in denen van-der-Waals-Bindungen vorherrschen [26].

4.10.2 Mott-Wannier Exzitonen

Für große Ausdehnungen der Wellenfunktion im Vergleich mit den Atomabstanänden $r_{exc} >> d_A$ (Abb. 4.37b) sehen die schwach gebundenen Mott-Wannier-Exzitonen näherungsweise konstante mittlere Atompotentiale. Die zugehörige Schrödingergleichung lässt sich deshalb separieren in eine Gleichung einer positiven (Loch) und einer negativen Ladung. Beide Gleichungen sind wiederum identisch mit der Gleichung für das H-Atom mit der bekannten Lösung [2, 7, 27]. In dieser Lösung wird die Dielektrizitätskonstante des Vakuums ε_0 durch $\varepsilon_0\varepsilon$ ersetzt, wodurch die Eigenschaft der Materie berücksichtigt wird, die das Exziton in seiner Umgebung vorfindet. Somit ergibt sich für das Exziton die Differenz zur Energie des freien Elektron-Loch-Paares

$$\Delta\epsilon = -\frac{\mu^* e^4}{32\pi^2\hbar^2\varepsilon_0^2\varepsilon^2}\frac{1}{n^2} + \frac{\hbar^2 k^2}{2(m_n^* + m_p^*)}. \tag{4.66}$$

Die räumlichen Ausdehnungen der Wellenfunktionen von Frenkel- und Mott-Wannier-Exziton sind in Abb. 4.37 im Vergleich zu den Abständen im Kristallgitter anschaulich dargestellt.

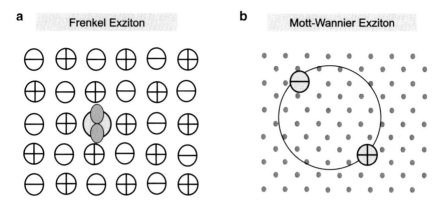

Abb. 4.37 Frenkel-Exziton (**a**) mit Andeutung der Wellenfunktion (dunkel) und Mott-Wannier-Exziton (**b**), im Teilchenbild; beide Versionen sind in zweidimensional dargestellten Gittern gezeigt

4.11 Transportvorgänge

Der lokale Transport von Partikeln bedarf der Auslenkung aus der thermischen Gleichgewichtsverteilung $f(\mathbf{x}, \mathbf{k})$. Die Auslenkung kann durch gerichtete Größen, wie allgemeine Kräfte initiiert werden, die sich als örtliche Gradienten ausdrücken lassen. Die Folge derartiger Einwirkungen ist die Änderung der lokalen Position der Teilchen durch einen resultierenden Impuls.

4.11.1 Boltzmann-Transportgleichung

In quasiklassischer Beschreibung lautet die Bewegungsgleichung eines Ensembles von Teilchen der Energie ϵ:

$$\frac{\partial \mathbf{r}}{\partial t} = \mathbf{v}_{\mathbf{gr}}(\boldsymbol{k}) = \frac{1}{\hbar} \frac{\partial \epsilon(\boldsymbol{k})}{\partial k}. \tag{4.67}$$

Für die Bewegung quantenhafter Teilchen ist die Gruppengeschwindigkeit

$$\mathbf{v}_{\mathrm{gr}} = \frac{\partial \omega(\mathbf{k})}{\partial k} = \frac{1}{\hbar} \frac{\partial \epsilon(\mathbf{k})}{\partial k} \tag{4.68}$$

geeignet.

In diesem Ansatz werden die Teilchen als Wellenpakete mit Unschschärfe des Wellenvektor $\Delta \boldsymbol{k}$ verstanden, denen eine räumliche Ausdehnung $\Delta \mathbf{r} \approx 1/\Delta \boldsymbol{k}$ zugeordnet ist. Zudem wird berücksichtigt, dass das Ensemble einer Energieverteilung, z. B. der Fermi- oder der Bose-Verteilung, unterliegt.

Zum Eintrag in die Bewegungsgleichung wird die Verteilungsfunktion anstelle mit der Energie $f_{\mathrm{F}}(\epsilon, \mathbf{r}, t)$ geeigneter mit Wellenvektoren ausgedrückt $f(\boldsymbol{k}, \mathbf{r}, t)$ [2, 6, 16].

Die totale zeitliche Änderung der Verteilungsfunktion wird danach

$$\frac{\partial f}{\partial t} + \dot{\mathbf{r}}\nabla_{\mathbf{r}}[f] + \dot{\mathbf{k}}\nabla_{\mathbf{k}}[f] = \frac{\partial f}{\partial t}|_{\text{relax}}. \tag{4.69}$$

Die Relaxation von Wellenvektor und Energie $\frac{\partial f}{\partial t}|_{\text{relax}}$ gestaltet sich äußerst komplex, weil solche Vorgänge vom statischen und dynamischen Verhalten der Teilchen untereinander und deren Umgebung abhängen. Der hier gewählte Ansatz verwendet deshalb eine phänomenologische Näherung mit einer gemittelten Zeitkonstante[19] τ_{m}, mit der sich die Verteilung $f(\mathbf{k})$ nach Ende der Störung auf die Verteilung des thermischen Gleichgewichts $f_0(\mathbf{k})$ einstellt.

$$\frac{\partial f}{\partial t}|_{\text{relax}} = \frac{f(\mathbf{k}) - f_0(\mathbf{k})}{\tau_{\text{m}}}. \tag{4.70}$$

Nach Substitution der Ortsableitung $\dot{\mathbf{r}} = \mathbf{v}_{\text{gr}}$, sowie von $\dot{\mathbf{k}}$ durch eine allgemeine Kraft $\dot{\mathbf{k}} = (1/\hbar)\mathbf{F}$ erhält man schließlich für stationäre Bedingungen ($\partial f/\partial t = 0$) die Verteilungsfunktion des aus dem thermischen Gleichgewichtes ausgelenkten Ensembles

$$f(\mathbf{k}) = f_0(\mathbf{k}) - \tau_{\text{m}}(\mathbf{v}_{\text{gr}} \cdot \nabla_{\mathbf{r}}[f(\mathbf{k})] + (1/\hbar)\mathbf{F} \cdot \nabla_{\mathbf{k}}[f(\mathbf{k})]). \tag{4.71}$$

Die gestörte Verteilung enthält einen Beitrag der örtlichen Variation $\mathbf{v} \cdot \nabla_{\mathbf{r}}[f(\mathbf{k})]$, in dem die räumliche Abhängigkeit der Temperatur, die gestörte Konzentration sowie die äußeren Kräfte $(1/\hbar)\mathbf{F} \cdot \nabla_{\mathbf{k}}[f(\mathbf{k})]$) untergebracht sind.

In räumlich homogenen Strukturen ($\nabla_{\mathbf{r}} = 0$) und für geringe Abweichungen vom thermischen Gleichgewicht erhalten wir näherungsweise $\nabla_{\mathbf{v}} f(\mathbf{v}) \approx \nabla_{\mathbf{v}} f_0$, und gelangen damit zur *linearisierten Boltzmann-Transportgleichung*

$$f(\mathbf{k}) = f_0(\mathbf{k}) - \tau_{\text{m}}(1/\hbar)\mathbf{F} \cdot \nabla_{\mathbf{k}}[f_0(\mathbf{k})]. \tag{4.72}$$

Die Verteilung im stationären nichtthermischen Gleichgewicht $f(\mathbf{k})$ wird demnach aus der thermischen Gleichgewichtverteilung $f_0(\mathbf{k})$ erzeugt, indem die Verteilung $f_0(\mathbf{k})$ im $\mathbf{k}$-Raum um einen Betrag $\Delta\mathbf{k}$ proportional zur Störung $\mathbf{F}$ verschoben wird.

Der Ausdruck mit der externen Kraft $\mathbf{F} \cdot \nabla_{\mathbf{k}}[f_0]$ lässt sich ersetzen durch

$$\frac{\mathbf{F}}{\hbar}\nabla_{\mathbf{k}}[f_0] = \frac{\mathbf{F}}{\hbar}\frac{\partial f_0(\epsilon(\mathbf{k}))}{\partial \epsilon}\nabla_{\mathbf{k}}[\epsilon(\mathbf{k})] = \frac{\mathbf{F}}{\hbar}\frac{\partial f_0(\epsilon(\mathbf{k}))}{\partial \epsilon}\hbar\nabla_{\mathbf{k}}[\omega]. \tag{4.73}$$

Mit $\nabla_{\mathbf{k}}\omega = \mathbf{v}_{\text{group}} = \hbar\mathbf{k}/m^*$, ergibt sich dann

$$\frac{\mathbf{F}}{\hbar}\nabla_{\mathbf{k}}[f_0] = \frac{\mathbf{F}}{m^*}\mathbf{k}\frac{\partial f_0(\epsilon)}{\partial \epsilon}\hbar, \tag{4.74}$$

[19]Für bestimmte Fälle wird τ_{m} experimentell bestimmt.

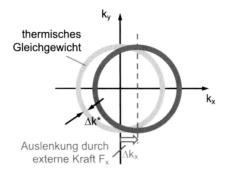

Abb. 4.38 Anschauliche Verschiebung der thermischen Gleichgewichtsbesetzung im k-Raum um $\Delta \mathbf{k} \sim \mathbf{E}$ durch eine kleine externe Störung $\mathbf{E} = E_x; 0; 0; \; E_x < 0$. Für die Darstellung im **k**-Raum wird eine isotrope sphärische Besetzung gemäß $\epsilon \sim k^2$ angenommen. Zum Transport tragen ausschließlich Ladungsträger aus den **k**-Regionen bei, die durch das elektrische Feld gestört sind. In Metallen resultieren Transportbeiträge von Elektronen in $(\epsilon_F - 3kT)$ bis $(\epsilon_F + 3kT)$; in Halbleitern und Isolatoren sind das entsprechend die nach Quasi-Fermi-Verteilungen besetzten Energieniveaus in den Bändern

wobei **F** unter anderen auch als Wirkung eines elektrischen Feldes $(e\mathbf{E})$ oder eines elektrischen und magnetischen Feldes $(e\mathbf{E} + e\mathbf{v} \times \mathbf{B})$ interpretiert werden kann.

Mit der hier diskutierten quasiklassischen Approximation wird die Dynamik von Ladungsträgern im periodischen Potential eines Festkörpers quantenmechanisch in Form von Bloch-Wellen beschrieben: die Wellenpakete lassen sich dann als klassische Objekte verstehen, die einem externen Feld ausgesetzt sind.

In Halbleitern mit typischerweise wenig freien Ladungsträgern in den Bändern (Elektronen im Leitungsband und Löcher im Valenzband) wird die Fermi-Verteilung und gleichermaßen auch die Verteilung mit Quasi-Fermi-Energien mit guter Näherung durch die Boltzmann-Verteilung ersetzt.

In räumlich homogenen Strukturen $(\nabla_{\mathbf{x}} = 0)$ bleibt für kleine Auslenkungen aus dem thermischen Gleichgewicht bei fehlendem Magnetfeld der Term des elektrischen Feldes als Gradient des elektrostatischen Potentials $-\nabla_{\mathbf{x}}\varphi = \mathbf{E}$. Als Folge der Linearisierung verschiebt sich die thermische Gleichgewichtsbesetzung im **k**-Raum um $\Delta \mathbf{k} \sim \mathbf{E}$ in Richtung der Störung, wie in Abb. 4.38 angedeutet ist.

Der Beitrag der magnetischen Feldstärke zum Transport in Solarzellen ist normalerweise vernachlässigbar. Die wichtigen Größen sind hier Gradienten des Chemischen Potentials, die man als elektrische Felder für Ladungsträgerdrift verstehen darf, sowie Konzentrationsgradienten, die Diffusion verursachen. Örtliche Gradienten der Temperatur als Ursache der thermoelektrischen Effekte (Seebeck-, Peltier- und Thomson-Effekt) sind hingegen für die Photovoltaik von geringer Bedeutung.

4.11.2 Ladungstransport

Ein-Elektronen-Zustände in Festkörpern unterliegen den quantenmechanischen Vorschriften für Energie ϵ, Wellenvektor $(\mathbf{k}, \text{S})$ mit $\mathbf{k} = (k_x, k_y, k_z)$ und Quantenzahl S des Spins. So sorgt die Spin-Vorgabe dafür, dass $(S = \pm 1/2)$ jeder Zustand **k** nur mit zwei Elektronen mit entgegengesetztem Spin besetzt werden kann (S0-Effekte wie Supraleitung sind hier nicht betrachtet).

Der Transport von Ladungsträgern in Form einer elektrischen Stromdichte $\mathbf{j}_{el}(\mathbf{k})$ schreibt sich als Produkt der Elementarladung e, der Zustandsdichte $D_e = D_e(\mathbf{k})$ und der Besetzungsfunktion $f(\mathbf{k})$, die in Abschn. 4.11.1 (Gl. 4.71) abgeleitet ist.

$$\mathbf{j}_{el} = e D_e(\mathbf{k}) f(\mathbf{k}) = e \frac{1}{4\pi^3} \int_{-\infty}^{\infty} f(\mathbf{k}) d\mathbf{k}. \tag{4.75}$$

In $f(\mathbf{k})$ ist der Term $f_0(\mathbf{k})$ isotrop sphärisch symmetrisch, folglich wird das Integral $\int_{-\infty}^{\infty} f_0(\mathbf{k}) d\mathbf{k} = 0$, und nur der zweite Term ergibt einen Beitrag zum Transport [28]. Mit

$$\frac{1}{\hbar} \nabla_{\mathbf{k}}[\epsilon(\mathbf{k})] = \mathbf{v}_{gr}(\mathbf{k}),$$

sowie den Näherungen

$$\nabla_{\mathbf{x}} f(\mathbf{k}) = \nabla_{\mathbf{x}} f_0(\mathbf{k}), \nabla_{\mathbf{k}} f(\mathbf{k}) = \nabla_{\mathbf{k}} f_0(\mathbf{k}),$$

wird

$$\mathbf{j}_{el} = e \frac{1}{4\pi^3} \int_{-\infty}^{\infty} \frac{\tau_{relax}}{\hbar^2} (\nabla_{\mathbf{k}}\epsilon(\mathbf{k})) \left[(\nabla_{\mathbf{k}}\epsilon(\mathbf{k})) (\nabla_{\mathbf{x}} f_0(\mathbf{k})) + \mathbf{F} (\nabla_{\mathbf{k}} f_0(\mathbf{k})) \right] d\mathbf{k}. \tag{4.76}$$

In der weiteren Ableitung betrachten wir das Verhalten von Ladungsträgern in halbleitender Materie, also von Elektronen und Löchern im Leitungs- und im Valenzband von Halbleitern [28]. So lassen sich insbesondere die Beziehung zwischen Energie und Wellenvektor für parabolische Zustandsdichten in den Bändern ausgedrückt $\epsilon_n = \epsilon_C + \frac{\hbar^2 k_n^2}{2m_n}^*$, $\epsilon_p = \epsilon_V + \frac{\hbar^2 k_p^2}{2m_p^*}$ und $\nabla_{\mathbf{x}}\epsilon_n = \nabla_{\mathbf{x}}\epsilon_C$ bzw. $\nabla_{\mathbf{x}}\epsilon_p = \nabla_{\mathbf{x}}\epsilon_V$. Über die Verteilungsfunktion nach Fermi, beispielsweise für Elektronen im Leitungsband, die approximiert wird

$$f_0 = \frac{1}{\exp\left[\frac{\epsilon_n(\mathbf{k}(\mathbf{x}))-\epsilon_F(\mathbf{x})}{kT}\right] + 1} \approx \exp\left[-\frac{\epsilon_n(\mathbf{k}(\mathbf{x})) - \epsilon_F(\mathbf{x})}{kT}\right],$$

lauten die Gradienten für die Elektronen:

$$\nabla_{\mathbf{x}} f_0(\mathbf{k} = \frac{\partial f_0}{\partial \epsilon_n} \nabla_{\mathbf{x}}\epsilon_n + \frac{\partial f_0}{\partial \epsilon_F} \nabla_{\mathbf{x}}\epsilon_F = -\frac{f_0}{kT} (\nabla_{\mathbf{x}}\epsilon_n - \nabla_{\mathbf{x}}\epsilon_F). \tag{4.77}$$

Weiterhin wird

$$\nabla_{\mathbf{k}} f_0(\epsilon(\mathbf{k})) = \frac{\partial f_0}{\partial \epsilon_n} \nabla_{\mathbf{k}}\epsilon_n = -\frac{f_0}{kT} \nabla_{\mathbf{k}}\epsilon_n. \tag{4.78}$$

Damit beträgt der Anteil der Elektronen zur elektrischen Stromdichte

$$\mathbf{j}_{el,n} = \frac{-e}{4\pi^3\hbar^2 kT}\,(\nabla_x(\epsilon_C - \epsilon_F) + \mathbf{F}) \int_{-\infty}^{\infty} \tau_{relax} f_0\,(\nabla_\mathbf{k}\epsilon(\mathbf{k}))^2\,\mathrm{d}\mathbf{k}. \tag{4.79}$$

Zum weiteren Vorgehen, insbesondere zur Spezifizierung des Integrals, wird angenommen, dass nur vergleichsweise kleine Störungen des thermischen Gleichgewichtes auftreten, und zudem räumliche Isotropie herrscht, also:

$$\frac{\hbar^2 k_x^2}{2m_n^*} = \frac{\hbar^2 k_y^2}{2m_n^*} = \frac{\hbar^2 k_z^2}{2m_n^*} = \frac{1}{3}\frac{\hbar^2 k^2}{2m_n^*} = \frac{1}{3}\epsilon_{n,kin} = \frac{1}{3}(\epsilon_n - \epsilon_C),$$

und folglich

$$(\nabla_\mathbf{k}\epsilon_n)^2 = \frac{2}{3}\left(\frac{\hbar^2}{m_n^*}\right)\left(\frac{\hbar^2 k^2}{2m_n^*}\right) \tag{4.80}$$

gilt. Ferner ist

$$\mathrm{d}\mathbf{k} = 4\pi k^2 \mathrm{d}k = 4\pi\sqrt{\frac{2m_n^{*3}}{\hbar^3}}(\sqrt{\epsilon_{kin}})\mathrm{d}\epsilon_{kin} = 4\pi\sqrt{\frac{2m_n^{*3}}{\hbar^3}}(\sqrt{\epsilon_n - \epsilon_{C_{kin}}})\mathrm{d}(\epsilon_n - \epsilon_C). \tag{4.81}$$

Zusammen mit der Zustandsdichte für quasifreie Elektronen (im Leitungsband)

$$D_{CB} = \frac{(2m_n)^{3/2}}{4\pi^2\hbar^3}\sqrt{\epsilon_n - \epsilon_C}$$

wird aus Gl. 4.79

$$\mathbf{j}_{el} = \frac{-2e}{3kTm_n^*}\,(\nabla_x(\epsilon_C - \epsilon_F) + \mathbf{F}) \int_0^{\infty} \tau_{relax}(\epsilon_{kin}) f_0(\epsilon_{kin})\epsilon_{kin} D(\epsilon_{kin})\mathrm{d}\epsilon_{kin}. \tag{4.82}$$

Das Integral enthält den Anteil

$$\int_0^{\infty}(\epsilon_{kin}) f_0(\epsilon_{kin})\epsilon_{kin} D(\epsilon_{kin})\mathrm{d}\epsilon_{kin} = \int_0^{\infty} f_0(\epsilon_n - \epsilon_c)(\epsilon_n - \epsilon_c) D(\epsilon_n - \epsilon_C)\mathrm{d}(\epsilon_n - \epsilon_C)$$

$$= \frac{3}{2}kTn_n, \tag{4.83}$$

der schließlich zu Relation

$$\mathbf{j}_{el,n} = \frac{en_n}{m_n^*}\,(\nabla_x(\epsilon_C - \epsilon_F) + \mathbf{F}) \frac{\int_0^{\infty} \tau_{relax}(\epsilon_{kin}) f_0(\epsilon_{kin})\epsilon_{kin} D(\epsilon_{kin})\mathrm{d}\epsilon_{kin}}{\int_0^{\infty}(\epsilon_{kin}) f_0(\epsilon_{kin})\epsilon_{kin} D(\epsilon_{kin})\mathrm{d}\epsilon_{kin}} \tag{4.84}$$

führt, die den Mittelwert der Relaxationszeitkonstante $\langle\tau_{relax}\rangle$ definiert:

$$\langle\tau_{relax}\rangle = \frac{\int_0^{\infty} \tau_{relax}(\epsilon_{kin}) f_0(\epsilon_{kin})\epsilon_{kin} D(\epsilon_{kin})\mathrm{d}\epsilon_{kin}}{\int_0^{\infty}(\epsilon_{kin}) f_0(\epsilon_{kin})\epsilon_{kin} D(\epsilon_{kin})\mathrm{d}\epsilon_{kin}}. \tag{4.85}$$

Mit dieser Beziehung schreibt sich der Anteil der Elektronen zur elektrischen Stromdichte

$$\mathbf{j}_{\text{el,n}} = \frac{en_n}{m_n^*} \left(\nabla_\mathbf{x}(\epsilon_C - \epsilon_F) + \mathbf{F} \right) \langle \tau_{\text{relax}} \rangle. \tag{4.86}$$

Eine analoge Beziehung beschreibt den Beitrag der Löcher, wenn die Dichte n_p, die effektive Masse m_p^* und der Gradient $\nabla_\mathbf{x}(\epsilon_f - \epsilon_V)$ verwendet werden.

4.11.3 Transporteigenschaften

4.11.3.1 Beweglichkeit

Die Beweglichkeit beschreibt Teilchen, wie Elektronen oder Löcher, im ballistischen Transport unter dem Einfluss eines elektrischen Feldes. Die Teilchen erfahren dabei permanente Streuung und Relaxation von Impuls und Energie (Abb. 4.39). Mit der Annahme, dass die durch das Feld verursachte Driftgeschwindigkeit v_{Dr} klein ist gegenüber der thermischen Geschwindigkeit der Teilchen ($v_{\text{th}} = \sqrt{3kT/m^*}$), kann aus dem Mittelwert der Relaxationszeit $\langle \tau_{\text{relax}} \rangle$, also der Zeit, die die Teilchen bis zur Streuung[20] beschleunigt werden, die mittlere Geschwindigkeit der Drift v_{Dr} abgeleitet werden. Aus

$$\frac{dv(t)}{dt} = \frac{1}{m^*} F$$

und

$$\int_{v_1}^{v_2} dv = \frac{1}{m^*} F \int_{t_1}^{t_2} dt$$

wird

$$v_2 - v_1 = \frac{1}{m^*} F(t_2 - t_1),$$

wobei $\tau_{\text{relax}} = (t_2 - t_1)$.

$$\langle v_2 \rangle = v_{\text{Dr}} = \frac{1}{m^*} F(\langle (t_2 - t_1) \rangle) + \langle v_1 \rangle = \frac{1}{m^*} F \langle \tau_{\text{relax}} \rangle + \langle v_1 \rangle. \tag{4.87}$$

Für kleine Auslenkungen ist die Geschwindigkeitsverteilung $\mathbf{v}(\mathbf{k}(\mathbf{r}))$ in $\mathbf{k}$-Raum um einen Wert $\Delta\mathbf{k}$ versetzt und um diesen Wert isotrop verteilt. Die Streuprozesse sind deshalb auch räumlich gleichverteilt, und somit kompensieren sich jeweils die Ausgangswerte $\langle v_1 \rangle = 0$.

---

[20]Streuung an anderen Teilchen, an Defekten an Gitterschwingungen, etc. .

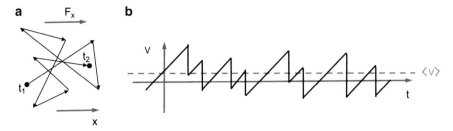

Abb. 4.39 Ballistische Teilchenbewegung im Ort mit permanenter Relaxation durch Stöße (**a**) und ballistische Geschwindikeit $v(t)$ mit Relaxation zu mittlerer Geschwindigkeit $\langle v \rangle = v_{Dr}$ (**b**)

Die elektrische Stromdichte $\mathbf{j}_{el}$ lässt sich sowohl mit der Driftgeschwindigkeit $\mathbf{v}_{Dr}$ formulieren als auch mit der elektrischen Feldstärke $\mathbf{E}$ und der Beweglichkeit μ der Teilchen der Dichte n:

$$\mathbf{j}_{el} = en\mathbf{v}_{Dr} = en\mu\mathbf{E}. \tag{4.88}$$

Das Produkt aus Beweglichkeit und Feldstärke ergibt die Driftgeschwindigkeit.

$$\mathbf{v}_{Dr} = \mu\mathbf{E}. \tag{4.89}$$

(Da die Beweglichkeit wegen verschiedener nichtisotroper Gittereigenschaften richtungsabhängig sein kann, ist μ im Allgemeinen ein Tensor zweiter Stufe ($[\mu]$).)

4.11.3.2 Diffusionskoeffizient

Teilchendrift unter Einwirkung eines elektrischen Feldes und Diffusion als Folge eines Konzentrationsgefälles werden durch permanente Streuung der Impulse bestimmt. Drift und Diffusion unterliegen demnach denselben Prozessen. Partikel mit „gutem" Driftverhalten diffundieren demnach auch „gut", denn die Größen Beweglichkeit und Diffusionskoeffizient sind voneinander abhängig. Diese Abhängigkeit lässt sich in einem einfachen Gedankenexperiment mit einer Teilchendichte n_0, beispielsweise quasifreien Elektronen im Leitungsband, zeigen.

Man vergleicht eine elektrische Stromdichte $\mathbf{j}_{el,Dr}$, die durch ein elektrisches Feld $\mathbf{E}$ ausgelöst wird mit einer Stromdichte $\mathbf{j}_{e,Dif}$ die von einem Konzentrationsgefälle herrührt:

$$\mathbf{j}_{el,Dr} = en(\mathbf{x})\mu(-\nabla_{\mathbf{x}}[\varphi(\mathbf{x})]).$$

und

$$\mathbf{j}_{el,Dif} = eD(-\nabla_{\mathbf{x}}[n(\mathbf{x})]).$$

Bei lokal schwach variierendem $n(\mathbf{x})$ und für nichtentartet dotierte Halbleiter kann die Teilchenkonzentration n als Funktion der Teilchenenergie ausgedrückt werden:

$$n(\mathbf{x}) = n_0 \exp\left[-\frac{\epsilon_n(\mathbf{x})}{kT}\right] = n_0 \exp\left[+\frac{e\varphi(\mathbf{x})}{kT}\right].$$

$\varphi(\mathbf{x})$ bezeichnet das elektrostatische Potential, das die Elektronen sehen, und das sich mit $e\varphi(x) = -\epsilon_n$ in die Energie der Elektronen übersetzen lässt.

Man erhält somit

$$-eD\nabla_\mathbf{x}\left[n_0\exp\left[\frac{e\varphi(\mathbf{x})}{kT}\right]\right] = -eDn_0\exp\left[\frac{e\varphi}{kT}\right]\nabla_\mathbf{x}[\varphi(\mathbf{x})] = -D\frac{en}{kT}\nabla_\mathbf{x}[\varphi(\mathbf{x})],$$

und

$$-D\frac{en}{kT}\nabla_\mathbf{x}[\varphi(\mathbf{x})] = -n\mu\nabla_x[\varphi(\mathbf{x})].$$

Der Vergleich beider Stromdichten ergibt die Einstein-Beziehung zwischen Diffusionskoeffizient D und Beweglichkeit μ:

$$\frac{eD}{kT} = \mu. \tag{4.90}$$

Im thermischen Gleichgewicht kompensieren sich beide Terme der treibenden Kräfte[21] und der gesamte Ladungstransport ist null.

4.11.3.3 Transport in ungeordneten Strukturen

In Festkörpern ohne Translationssymmetrie, wie in poly-, und mikrokristallinen, sowie in amorphen Halbleitern oder in organischen Absorbern, versagen oft die gängigen Methoden zur Berechnung der elektronischen Eigenschaften.

Wegen der experimentell festgestellten Ähnlichkeiten des Verhaltens werden auch für ungeordnete Strukturen die Begriffe und Vorstellungen der optischen und elektronischen Eigenschaften kristalliner Halbleiter übernommen, sofern die Unordnung nicht zu ausgeprägt ist.

Die Störung der Kristallinität resultiert aus strukturellen Defiziten, wie Versetzungen, Korngrenzen und aus chemischen Imperfektionen, beispielsweise Verunreinigungen, Dotierungen und aus Abweichungen von der Stöchiometrie. Die Folgen sind unter anderem Bandausläufer, Defekte, nicht abgeschirmte geladene Zustände mit den zwangsläufig entstehenden Potentialfluktuationen [29–32] (Abb. 4.40).

Die in halbleitender kristalliner Materie vorhandenen Bandenergien, wie $\epsilon_V(\mathbf{x})$ und $\epsilon_C(\mathbf{x})$ sind konstant im Ort. In ungeordneten Strukturen hingegen modifizieren Potentialfluktuationen die Bänder und beeinflussen den Ladungstransport durch energetische Barrieren. Zudem ist die Unterscheidung der energetischen Bereiche

---

[21]Man beachte, dass im thermischen Gleichgewicht keine Stromdichten existieren, die sich kompensieren, sondern lediglich die treibenden Kräfte in Form der Gradienten sich zu null addieren.

Abb. 4.40 Zustandsdichte eines ungeordneten Halbleiters mit Bandausläufern und tiefen Defekten (**a**) und modifizierte Energieniveaus, beispielsweise Niveau für Ladungstransport ϵ_T über dem Ort (x) mit Potentialfluktuationen (**b**)

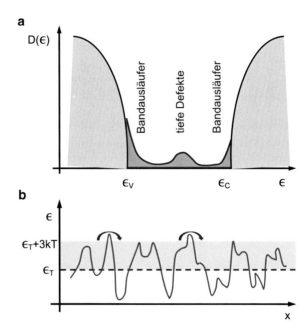

in strikt abgegrenzte Bänder wegen der Bandausläufer nicht mehr gegeben. Anstatt der Bandlücke existiert eine *Beweglichkeitslücke.* Die Beweglichkeit zeigt große Werte für Energien, in denen viele Zustände existieren (bandähnlich, mit Dichten von $(10^{21} - 10^{22})\,\mathrm{cm}^{-3}$) und entsprechend niedrige Werte für Energien mit geringen Zustandsdichten ($\approx 10^{16}\,\mathrm{cm}^{-3}$).

Der Ladungstransport findet hauptsächlich in energetischen Regimen statt, in denen das Produkt aus Zustandsdichte $D(\epsilon)$, Besetzung $f(\epsilon)$ und Beweglichkeit $\mu(\epsilon)$ ausreichende Werte annimmt (Abb. 4.41).

$$\xi(\epsilon) = f(\epsilon)D(\epsilon)\mu(\epsilon).$$

Der Ladungstransport in solchen ungeordneten Festkörpern ist stark energieabhängig. Die räumlichen Abstände zwischen Zuständen sind bei kleinen Energien vergleichsweise groß[22] und die Übergänge von Ladungsträgern durch Tunneln oder Hopping werden mit abnehmender Energie exponentiell unwahrscheinlicher.

In einem phänomenologischen Ansatz mit einer exponentiellen Zustandsdichte $D(\epsilon) = A\exp\left[(\epsilon - \epsilon_C)/\epsilon_0\right]$, die einen Bandausläufer an der Leitungsbandkante ϵ_C nachbildet, kann man eine Beweglichkeitskante erklären. Für Zustände mit gleichartiger Ausdehnung der Wellenfunktionen ergibt sich der mittlere Abstand aus der

---

[22]Die Zustansdichte eines exponentiell mit der Energie ϵ ansteigenden Bandausläufers mit charakteristischer Energie ϵ_0 ergibt bei Gleichverteilung im Raum die Dichte $N/\Delta V = N/(\Delta s)^3) = N_0\exp[\epsilon/\epsilon_0]$. Der mittlere Abstand wird somit $\Delta s \sim \exp[-\epsilon/3\epsilon_0]$.

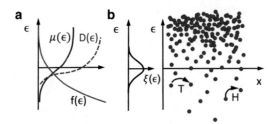

Abb. 4.41 Beweglichkeit $\mu(\epsilon)$, Zustandsdichte $D(\epsilon)$ und Besetzungsfunktion $f(\epsilon)$ **(a)** zur Veranschaulichung des energetischen Regimes $\xi(\epsilon)$, in dem Transport stattfindet **(b)**. Örtliche Zustände (schematisch) über der Energie, die durch „Hopping" (H) oder Tunneln (T) erreichbar sind, finden sich **(c)**; beispielhaft für Elektronen

inversen Anzahl der Volumina ΔV_g, das die Zustände im Energieintervall Δ_ϵ einnehmen zu

$$d = \left(\frac{1}{\Delta V_g}\right)^{1/3} = \left(\frac{1}{\Delta_\epsilon A \exp\left[(\epsilon - \epsilon_C)/\epsilon_0\right]}\right)^{1/3}.$$

Unter der Annahme, dass die Zustände weit voneinander entfernt sind, entspricht der Abstand d näherungsweise der geometrischen Breite der Barrieren. Die Transmissionswahrscheinlichkeit durch Tunneln T_t für grosse Barrierenhöhen und genügend breite Barrieren kann approximiert werden mit $T_t \sim \exp[-ad]$ (a bezeichnet einen Normierungsfaktor für die Wahrscheinlichkeit zum Tunneln). Da die Bewegung von Ladungsträgern in ungeordneten Strukturen im Wesentlichen von der Tunnelwahrscheinlichkeit bestimmt wird, ergibt sich die Beweglichkeit qualitativ als Funktion der Zustandsdichte resp. der Energieabhängigkeit der Bandausläufer

$$\mu \sim \exp\left[\frac{-1}{\Delta_\epsilon} A \exp\left[(\epsilon - \epsilon_C)/\epsilon_0\right]\right]^{1/3}. \tag{4.91}$$

Diese Funktion beschreibt eine steile Stufe über der Energie, die als Beweglichkeitskante interpretiert wird. In ungeordneten Halbleitern ersetzt man demzufolge die wegen Bandausläufern unscharfe Energielücke durch die erheblich steileren Kanten der Lücke der Beweglichkeit [29–33].

Die Beziehung zwischen Beweglichkeit und Diffusionskoeffizient in periodischen Strukturen aus Gl. 4.90 gilt unter der Bedingung örtlich schwach variierenden Potentials, was in Anwesenheit von Potentialfluktuationen in ungeordneter Materie nicht mehr exakt gilt.

Des Weiteren ist zu bedenken, dass die Ein-Elektronen-Beschreibung für Eigenschaften von manchen ungeordneten und von vielen organischen Absorbern wegen korrelierter Elektronen nur eine Näherung darstellt.

4.11.4 Gradienten als treibende Kräfte

Der Transport von Partikeln wird mit dem quasiklassischen Ansatz der Boltzmann-Transportgleichung beschrieben, in der die Auslenkung der Verteilungsfunktion

$\Delta f(\mathbf{k})$ aus der thermischen Gleichgewichtverteilung $f_0(\mathbf{k})$ abgeleitet wird (vgl. Gl. 4.71). Quantenteilchen mit halbzahligem Spin, wie Elektronen oder Löcher, unterliegen der Fermi-Statistik. Den angeregten Zustand formuliert man dabei mit den Quasi-Fermi-Niveaus, beispielsweise für die Elektronen im Leitungsband.

$$n(\mathbf{x}) = N_C \frac{1}{\exp\left[\dfrac{\epsilon_C(\mathbf{x}) - \epsilon_{Fn}(\mathbf{x})}{kT(\mathbf{x})}\right] + 1}. \qquad (4.92)$$

Die relevanten Größen $\epsilon_C(\mathbf{x})$ (Leitungsbandkante), $\epsilon_{Fn}(\mathbf{x})$, and $T(\mathbf{x})$ dürfen allesamt ortsabhängig sein; N_C bezeichnet die effektive Zustandsdichte des Leitungsbandes.

Für Löcher gilt eine analoge Beziehung mit der Valenzbandkante E_V, der effektiven Zustandsdichte N_V und dem Quasi-Fermi-Niveau ϵ_{Fp}:

$$p(\mathbf{x}) = N_V \frac{1}{\exp\left[\dfrac{\epsilon_{Fp}(\mathbf{x}) - \epsilon_V(\mathbf{x})}{kT(\mathbf{x})}\right] + 1}. \qquad (4.93)$$

Der Ladungstransport wird durch Elektronen n im Leitungsband mit Energien $\epsilon_C \leq \epsilon \leq (\epsilon_C + 3kT)$ bestritten, sowie durch Löcher p im Valenzband.

Mit der Annahme, dass $n(\mathbf{x})$ räumlich schwach variiert[23] lässt sich der Beitrag der Elektronen zum Transport aus $n(\epsilon_C, \epsilon_{Fn}, T)$ durch Bildung des Gradienten $\nabla_{\mathbf{x}}$ ausdrücken:

$$\frac{1}{N_C}\nabla_{\mathbf{x}}[n(\mathbf{x})] = -\left(\frac{1}{kT}\right) \frac{\exp\left[\dfrac{\epsilon_C - \epsilon_{Fn}}{kT}\right]}{\left(\exp\left[\dfrac{\epsilon_C - \epsilon_{Fn}}{kT}\right] + 1\right)^2} \times$$

$$\times \left(\nabla_{\mathbf{x}}[\epsilon_C(\mathbf{x})] - \nabla_{\mathbf{x}}[\epsilon_{Fn}(\mathbf{x})] - \left(\frac{\epsilon_C(\mathbf{x}) - \epsilon_{Fn}(\mathbf{x})}{T(\mathbf{x})}\right)\nabla_{\mathbf{x}}[T(\mathbf{x})]\right). \qquad (4.94)$$

Mit der Abkürzung

$$\beta^* = \frac{\exp\left[\dfrac{\epsilon_C - \epsilon_{Fn}}{kT}\right]}{\exp\left[\dfrac{\epsilon_C - \epsilon_{Fn}}{kT}\right] + 1},$$

---

[23]Wegen schwacher Abhängigkeit von $\epsilon_C(\mathbf{x})$, $\epsilon_{Fn}(\mathbf{x})$, und $T(\mathbf{x})$ sind nur die Gradienten ortsabhängig, wo hingegen die Temperaturabhängigkeit der effektiven Zustandsdichte hier nicht betrachtet wird ($N_C = \text{const.}$).

Abb. 4.42 β^*-Funktion aus
der die vernachlässigbare
Abweichung durch die
Approximation der
Fermi-Verteilung deutlich
wird, Temperaturen
$75\,\text{K} \leq T \leq 600\,\text{K}$ in
$75\,\text{K}$-Schritten variiert

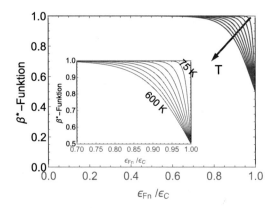

ergibt sich der Gradient des Quasi-Fermi-Niveaus der Elektronen, der alle Beiträge zum Transport berücksichtigt zu

$$\nabla_{\mathbf{x}}\left[\epsilon_{\text{Fn}}(\mathbf{x})\right] = \nabla_{\mathbf{x}}\left[\epsilon_{\text{C}}(\mathbf{x})\right] + \frac{kT}{\beta^* N_{\text{C}}}\left(\exp\left[\frac{\epsilon_{\text{C}} - \epsilon_{\text{Fn}}}{kT}\right] + 1\right)\nabla_{\mathbf{x}}\left[n(\mathbf{x})\right]$$
$$- \left(\frac{\epsilon_{\text{C}} - \epsilon_{\text{Fn}}}{T}\right)\nabla_{\mathbf{x}}\left[T(\mathbf{x})\right]. \tag{4.95}$$

Da

$$\frac{1}{N_{\text{C}}}\left(\exp\left[\frac{\epsilon_{\text{C}}(\mathbf{x}) - \epsilon(\mathbf{x})}{kT(\mathbf{x})}\right] + 1\right) = \frac{1}{n(\mathbf{x})},$$

ist, erhalten wir schließlich

$$\nabla_{\mathbf{x}}\left[\epsilon_{\text{Fn}}(\mathbf{x})\right] = \nabla_{\mathbf{x}}\left[\epsilon_{\text{C}}(\mathbf{x})\right] + \frac{kT}{\beta^*}\frac{1}{n(\mathbf{x})}\nabla_{\mathbf{x}}\left[n(\mathbf{x})\right]$$
$$- \left(\frac{\epsilon_{\text{C}} - \epsilon_{\text{Fn}}}{T}\right)\nabla_{\mathbf{x}}\left[T(\mathbf{x})\right]. \tag{4.96}$$

Die Betrachtung der Funktion β^* zeigt in einem großen Energiebereich $\epsilon_{\text{Fn}}/\epsilon_{\text{C}}$ für moderate Temperaturen den Wert $\beta^* \approx 1$ (Abb. 4.42). Nur für Werte $\epsilon_{\text{Fn}} \to \epsilon_{\text{C}}$, die üblicherweise mit solarer Strahlung nicht erreicht werden, nähert sich das System der Schwelle zur Inversion (Laser-Betrieb). Die Näherung $\beta^* \to 1$ ist gleichbedeutend mit der Boltzmann-Approximation der Fermi-Verteilung.

Aus den Gradienten der letzten Gleichung werden durch Multiplikation mit der Beweglichkeit (μ_{n}^*, μ_{p}^*), der Teilchendichte Dichte (n, p) sowie der Elementarladung ($-e$, $+e$) die Anteile der Elektronen beziehungsweise der Löcher zur elektrischen Stromdichte gewonnen[24].

---

[24] Die Beweglichkeiten werden hier mit μ_{n}^* und μ_{p}^* bezeichnet und sollten nicht mit den Chemischen Potentialen der Elektronen μ_{n} oder der Löcher μ_{p} verwechselt werden.

Mit der Substitution des Gradienten der Leitungsbandenergie durch ein elektrisches Feld

$$\nabla_{\mathbf{x}}(\epsilon_C) = \nabla_{\mathbf{x}}\left[-e\varphi(\mathbf{x})\right] = e\mathbf{E}(\mathbf{x})$$

und mit der Näherung $\beta^* \approx 1$, sowie mit der Relation zwischen Beweglichkeit und Diffusionskoeffizient

$$\mu^* = \frac{e}{kT}D$$

erhält man den Beitrag der Elektronen zur elektrischen Stromdichte

$$j_{\mathrm{el,n}} = e\mu_{\mathrm{n}}^* n(\mathbf{x})\nabla_{\mathbf{x}}\left[\epsilon_{\mathrm{Fn}}(\mathbf{x})\right] = e\mu_{\mathrm{n}}^* n(\mathbf{x})\mathbf{E}(\mathbf{x}) + eD_{\mathrm{n}}\nabla_{\mathbf{x}}\left[n(\mathbf{x})\right]$$
$$+ e\mu_{\mathrm{n}}^* n(\mathbf{x})\left(\frac{\epsilon_C - \epsilon_{\mathrm{Fn}}}{T}\right)\nabla_{\mathbf{x}}\left[T(\mathbf{x})\right]. \qquad (4.97)$$

Der Gradient des Quasi-Fermi-Niveaus enthält wiederum alle Anteile, die zum Transport beitragen, wie die Drift im elektrischen Feld ($\nabla_{\mathbf{x}}[\epsilon_C]$), die Diffusion ($\nabla_{\mathbf{x}}[n(\mathbf{x})]$) und die thermoelektrischen Effekte[25], wie Seebeck-, Peltier- und Thomson-Effekt initiiert durch $\nabla_{\mathbf{x}}[T(\mathbf{x})]$[34,35].

Ohne den in Solarzellen vernachlässigbaren Einfluss der Temperaturgradienten schreiben sich die Beiträge der elektrischen Stromdichten

$$\mathbf{j}_{\mathrm{el,n}} = e\mu_{\mathrm{n}}^* n(\mathbf{x})\mathbf{E}(\mathbf{x}) + eD_{\mathrm{n}}\nabla_{\mathbf{x}}\left[n(\mathbf{x})\right] \qquad (4.98)$$

und

$$\mathbf{j}_{\mathrm{el,p}} = e\mu_{\mathrm{p}}^* p(\mathbf{x})\mathbf{E}(\mathbf{x}) - eD_{\mathrm{p}}\nabla_{\mathbf{x}}\left[p(\mathbf{x})\right]. \qquad (4.99)$$

4.11.5 Kontinuitätsgleichungen für Elektronen und Löcher

Die Kontinuitätsgleichung verbindet den Transport einer Spezies in ein und aus einem Volumenelement mit der zeitlichen Änderung der Teilchendichte darin und den internen Raten der Erzeugung (Generation) und der Vernichtung (Rekombination).

$$\frac{\partial n}{\partial t} + \nabla[n\mathbf{v}] = g - r.$$

Die Bilanzen der Konzentrationen von Elektronen im Leitungsband und von Löchern im Valenzband lauten:

$$\frac{\partial n(\mathbf{x})}{\partial t} + \nabla[n(\mathbf{x})\mathbf{v}_{\mathrm{n}}(\mathbf{x})] = g_{\mathrm{n}}(\mathbf{x}) - r_{\mathrm{n}}(\mathbf{x}) \qquad (4.100)$$

---

[25]Transportbeiträge aufgrund von Temperaturgradienten, die hier der Vollständikeit wegen angeführt sind, haben für die photovoltaische Energiewandlung wenig Bedeutung.

und

$$\frac{\partial p(\mathbf{x})}{\partial t} + \nabla[p(\mathbf{x})\mathbf{v}_\mathrm{p}(\mathbf{x})] = g_\mathrm{p}(\mathbf{x}) - r_\mathrm{p}(\mathbf{x}). \tag{4.101}$$

Zudem sind die Dichten von Elektronen $n(\mathbf{x})$ und Löchern $p(\mathbf{x})$, die die Raumladung $\rho(\mathbf{x})$ erzeugen, in der Poisson-Gleichung über das elektrostatische Potential $\varphi(\mathbf{x})$ miteinander verbunden:

$$\nabla^2\varphi(\mathbf{x}) = \Delta\varphi(\mathbf{x}) = -\frac{\rho(\mathbf{x})}{\varepsilon\varepsilon_0} = -\frac{e[p(\mathbf{x}) - n(\mathbf{x})]}{\varepsilon\varepsilon_0}. \tag{4.102}$$

Die Kombination der Gl. 4.100 und 4.101 mit 4.98 bzw. mit 4.99 führt zu den Kontinuitätsgleichungen von Elektronen und Löchern, wie sie in den Formulierungen für Trägerdichten beispielsweise in Absorberschichten von Solarzellen verwendet werden:

$$\left(\frac{\partial n(\mathbf{x})}{\partial t}\right) = g_\mathrm{n}(\mathbf{x}) - r_\mathrm{n}(\mathbf{x}) - \mu_\mathrm{n}^* n(x)\nabla_\mathbf{x}[\mathbf{E}(\mathbf{x})] - \mu_\mathrm{n}^*\mathbf{E}(\mathbf{x})\nabla_\mathbf{x}[n(\mathbf{x})] - D_\mathrm{n}\Delta[n(\mathbf{x})], \tag{4.103}$$

$$\left(\frac{\partial p(\mathbf{x})}{\partial t}\right) = g_\mathrm{p}(\mathbf{x}) - r_\mathrm{p}(\mathbf{x}) - \mu_\mathrm{p}^* p(x)\nabla_\mathbf{x}[\mathbf{E}(\mathbf{x})] - \mu_\mathrm{p}^*\mathbf{E}(\mathbf{x})\nabla_\mathbf{x} p(\mathbf{x})] + D_\mathrm{p}\Delta[p(\mathbf{x})]. \tag{4.104}$$

Sofern die Rekombination einem linearen Ansatz genügt, werden die Raten mit entsprechenden Zeitkonstanten τ_n und τ_p ausgedrückt, die den Abfall der Dichten auf die thermischen Gleichgewichtswerte n_0, p_0 bezeichnen

$$r_\mathrm{n} = \frac{n - n_0}{\tau_\mathrm{n}}, \quad r_\mathrm{p} = \frac{p - p_0}{\tau_\mathrm{p}}.$$

4.11.6 Transport exzitonischer Anregungszustände

Als treibende Kräfte für neutrale Anregungszuände, wie für Exzitonen, bleiben die Gradienten der Konzentration, die den Transport durch Diffusion hervorrufen[26]. In den meisten organischen Absorbern sind Exzitonen der signifikante Anteil der photoangeregten Partikel. Ihre Diffusion ist häufig wegen der fehlenden Periodizität der Absorberstrukturen durch Streuprozesse erheblich eingeschränkt und oft aus Gründen der molekularen Eigenschaften organischer Materie nicht isotrop, also richtungsabhängig.

---

[26]Lokale Gradienten der Temperatur als treibende Kräfte für Exzitonen werden hier nicht betrachtet.

Dennoch wird der Transport von Exzitonen mit Hilfe der Kontinuitätsgleichung als Diffusionsvorgang mit einer mittleren Lebensdauer τ_{exc} für die Rekombination, mit der Generationsrate g_{exc} und mit einem effektiven Diffusionskoeffizienten beschrieben [36,37]

$$\frac{\partial n_{exc}}{\partial t} + D_{exc}\Delta[n_{exc}] = g_{exc} - \frac{n_{exc}}{\tau_{exc}}.$$

Die für organische Materie spezifische Kenngröße Diffusionskoeffizient

$$D_{exc} = \frac{A}{6}\Sigma d^2 k_{ET}(d)$$

enthält neben der Normierungskonstanten A den mittleren Hopping-Abstand d und die Rate des Energietransfers $k_{ET,F}$ nach Förster oder $k_{ET,D}$ nach Dexter. Diese Raten lauten einerseits

$$k_{ET,F} = \frac{1}{\tau_{exc}}\left(\frac{R_0}{d}\right)^6$$

mit dem Förstder-Radius R_0 für Energietransfer, dem Abstand zwischen Donator- und Akzeptor-Molekülen d, der merklich über die Hopping-Schrittweite hinausgeht. Andererseits ist

$$k_{ET,D} = K J \exp\left[\frac{2d}{L_D}\right],$$

wobei K die orbitale Wechselwirkung des Exzitons mit den Nachbarn und J das spektrale Integral der Überlappung mit Normierung auf den Extinktionskoeffizienten bedeuten.

Die Diffusionslänge L_D ergibt sich unbeachtet der komplexen Zusammenhänge formal auf traditionelle Weise aus Diffusionskoeffizient und Lebensdauer zu

$$L_D = \sqrt{D_{exc}\tau_{exc}}.$$

Zur Veranschaulichung der mikroskopischen Effekte von Energietransfers nach Förster und nach Dexter, sowie zum Ladungstransfer in angeregten Donator-Akzeptor-Systemen sind die Übergänge im Energietermschema in Abb. 4.43 gezeigt.

4.11.7 Tunneleffekt

Zur Komplettierung des Abschnitts Transportvorgänge betrachten wir das mikroskopische Verhalten von Teilchen in Gebieten mit diskontinuierlichen Energieniveaus, wie Rampen, Stufen, Spitzen (spikes). Stufen und spitzenförmige Barrieren treten insbesondere in Heterodioden (siehe Abschn. 5.4.1), in Metall/Halbleiter-Übergängen (siehe Abschn. 5.6) und auch in organischen Absorbern bei der Dissoziation von Exzitonen auf (vgl. Abschn. 5.7.4.1).

Abb. 4.43 Energietransfer
nach Förster (**a**) und nach
Dexter (**b**) in
HOMO-LUMO-Niveaus von
Donator- (*D*) und
Akzeptormolekülen (*A*) für
die Bewegung von Exzitonen
nach [37]. Angeregte
Zustände sind mit *
gekennzeichnet; die Pfeile
deuten die Änderung der
molekularen elektronischen
Struktur an. Zusätzlich ist
ein Elektrontransfer eines
angeregten Donators *D*∗ zu
einem neutralen Akzeptor *A*
angefügt (HOMO und
LUMO stehen für **H**ighest
Occupied **M**olecular **O**rbit
und **L**owest **U**noccupied
Molecular **O**rbit)

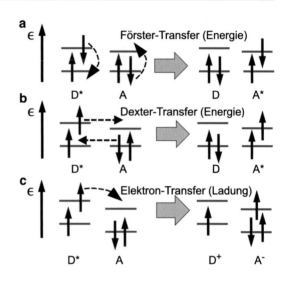

Auf mikroskopischen Skalen wird die Propagation von Partikeln als Welle mit
der Schrödinger-Gleichung beschrieben. So stellen sich Streuung, Reflexion und
Transmission nicht als örtlich abrupte Effekte dar, sondern in kontinuierlich propagierende Wellen. Im eindimensionalen Beispiel für stationäre Teilchenströmung
wird die Wellenfunktion in den einzelnen energetischen Bereichen *i* (vgl. Abb. 4.44)
mit Amplituden von vorwärts- (*v*) und rückwärts (*r*) laufenden Anteilen beschrieben

$$\psi_i = A_{i,v} \exp[ik_i x] + A_{i,r}\exp[-ik_i x],$$

wobei die Wellenvektoren k_i sich aus der Teilchenenergie ϵ_i und dem jeweiligen
Potential V_i im Gebiet *i* ergeben:

$$k_i = \sqrt{\frac{2\,m^*(\epsilon_i - V_i)}{\hbar^2}}.$$

Für die Lösung wird Kontinuität der Wellenfunktion Ψ und ihrer ersten Ortsableitung
$d\Psi/dx$ an den Grenzen der Gebiete gefordert. Die Quadrate der Amplituden entsprechen den Dichten der Teilchen und das Produkt aus Teilchendichte und Wellenvektor
ist die Teilchenstromdichte [39].

Für abschnittsweise konstantes Potential $V_i(x) = $ const. ist die Lösung der
Schrödingergleichung sehr einfach. Spitzenförmige Potentiale, die beispielsweise
in Heteroübergängen auftreten, werden mit linearen Potentialfunktionen genähert,
deren analytische Lösung aus den zwei Zweigen der Airy-Funktion bestehen (siehe
Airy-Differentialgleichung in [40]). Komplexere Potentialverteilungen werden u. a.
mit Näherungsverfahren, wie WKB-Methoden numerisch gelöst [41].

Die Welleneigenschaft der Teilchen fordert formal, einen Teil der Teilchendichte
auch hinter einer Barriere zu finden, obwohl die kinetische Energie des Teilchen

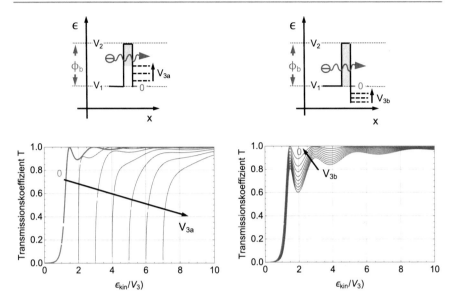

Abb. 4.44 Tunneltransport durch eine eindimensionale Barriere mit unterschiedlichen Transportniveaus hinter der Barriere (oben). Transmissionskoeffizienten der Amplitudenquadrate beim Tunneln durch eine dünne Potentailbarriere mit unterschiedlichen Potentialen V_3 hinter der Barriere, $V_{3a} \geq V_1$ *(unten links)* und $V_{3b} \leq V_1$ *(unten rechts)*

geringer ist, als die Höhe der Barriere[27]. Der Tunneleffekt ist umso ausgeprägter, je dünner und je niedriger die Barriere ist; ausserdem hängt die Wahrscheinlichkeit des Tunnelns vom Transportniveau vor und hinter der Barriere ab.

Abb. 4.44 zeigt schematisch diesen quantenmechanischen Transporteffekt für eine dünne Rechteckbarriere mit unterschiedlichen Potentialniveaus hinter der Barriere.

Die Barrieren in Hetero- und in Schottky-Dioden zeigen meist energetische Spitzen, deren energetische Breite von der Dotierung vorgegeben wird. Durch den Tunneleffekt wird die Wirkung der Barriere zur Trennung der Ladungsträger verringert. Die Qualität der Gleichrichtung der Diode nimmt ab, weil sich als Folge höhere Sperrsättigungsströme und geringere Spannungen unter Beleuchtung einstellen.

4.12 Struktur idealer Solarzellen

Die Wirkungsweise von Solarzellen aus Halbleitern beruht auf zwei Prozessen,

- der Absorption von Photonen und dem daraus resultierenden Anregungszustand von Ladungen verschiedener Polarität, wie Elektronen und Löcher auf höheren Energieniveaus;

---

[27] Selbst für unendlich dicke Barrieren findet sich ein Teil der Wellenfunktion in der Barriere.

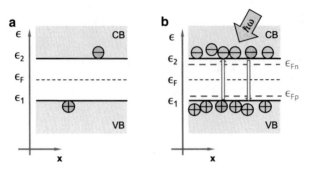

Abb. 4.45 Elektronisches Zwei-Bänder-System mit Besetzungen (schematisch) im thermischen Gleichgewicht (**a**), und unter Photoanregung (**b**) mit Band-Band-Übergängen

- der lokalen Separation dieser Ladungen, das heißt der Bewegung von Ladungen unterschiedlicher Polarität in unterschiedliche Richtungen; diese Separation wird durch eine Unsymmetrie der Eigenschaften im absorbierenden Medium und/oder der daran angeschlossenen Kontakte hervorgerufen.

Die ideale Solarzelle [38] besteht somit aus einem Absorber ohne Defekte, also auch ohne Dotierung. In der Nomenklatur der Halbleiterphysik ist diese Materie *intrinsisch* mit der Position des Ferminiveaus näherungsweise in der Mitte der Bandlücke (Abb. 4.45a).

Mit defektfreien Absorbern erreicht man die maximale Aufspaltung der Quasi-Fermi-Niveaus (Abb. 4.45b), weil die Rekombination auf strahlende Übergänge begrenzt ist (Abb. 4.46). Wie in Abschn. 3.3.2, Gl. 3.48 ausgeführt, sind die Teilchenstromdichten aus Photonen mit dem Zugang von der Quelle (Sonne) $\Gamma_\gamma(\Omega_{in}, T_{Sun})$, der Emission vom Absorber $\Gamma_\gamma(\Omega_{out}, T_{abs}, \mu_{np})$ und den Ladungen $\Gamma_e = (1/e) j_{el}$ in der Bilanz der Ströme ausgedrückt:

$$(1/e) J_{el} = \Omega_{in} \Gamma_{\gamma,in}(T_{Sun}) - \Omega_{out} \Gamma_{\gamma,out}(T_{abs}, \mu_{np}).$$

Der elektrische Strom J_{el} wird ausschließlich mit den Kenngrößen von eingehender und von emittierter Strahlung wie Raumwinkeln, Temperaturen der Strahlungsquelle und des Absorbers sowie dem Chemischem Potential des Absorbers for-

Abb. 4.46 Absorption, spontane und stimulierte Emission von Photonen in einem idealen (defektfreien) elektronischen System mit zwei unterschiedlichen Energieniveaus; in solchen Systemen wird die Kopplung von Fermionen (Elektronen/Löchern) mit Bosonen (Photonen) über die Ratengleichungen vollzogen

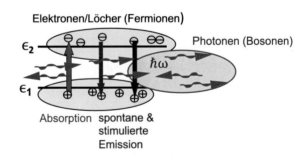

Abb. 4.47 Elektronisches Zwei-Bänder-System unter Photoanregung mit Membranen zur Ladungsträgertrennung; die Membrane dienen als selektive Kontakte am Absorber und erlauben den Transport nach außen entweder nur für Elektronen oder nur für Löcher nach [38]

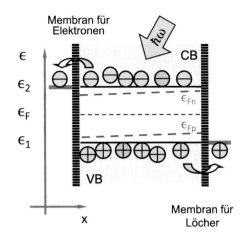

muliert. J_{el} enthält keine weiteren Eigenschaften der absorbierenden Materie (siehe Bilanz der Teilchenströme 3.48).

$$J_{\mathrm{el}}^{*}(\mu_{\mathrm{np}}) = e \left[\left(\frac{\Omega_{\mathrm{in}}}{c_0^2 4\pi^3 \hbar^3} \right) \int_{\epsilon_g}^{\infty} \frac{(\hbar\omega)^2}{\exp\left[\frac{\hbar\omega}{kT_{\mathrm{Sun}}} \right] - 1} \, \mathrm{d}(\hbar\omega) \right]$$

$$- e \left[\left(\frac{\Omega_{\mathrm{out}}}{c_0^2 4\pi^3 \hbar^3} \right) \int_{\epsilon_g}^{\infty} \frac{(\hbar\omega)^2}{\exp\left[\frac{\hbar\omega - \mu_{\mathrm{np}}}{kT_{\mathrm{abs}}} \right] - 1} \, \mathrm{d}(\hbar\omega) \right]. \quad (4.105)$$

Nach diesen Vorgaben konstruierte ideale Solarzellen mit den oben genannten Eigenschaften der maximalen Aufspaltung der Quasi-Fermi-Niveaus (vgl. Abschn. 2.10) (Abb. 4.47) werden mit speziellen Kontakten ausgestattet. Mit diesen Kontakten wird eine Unsymmetrie zur lokalen Trennung der photoangeregten Ladungsträger eingebaut, welche die Bewegungsrichtung der Elektronen von der der Löcher trennt. Um den erwähnten Nachteil von p-n- oder ähnlichen Übergängen (Barrieren) mit dotierten Schichten zur vermeiden, wird diese Unsymmetrie in den Anschlüssen nach außen in Form von Membranen [38] angebracht. Ein intrinsischer Absorber unter Beleuchtung mit photoangeregten Elektronen $n(\epsilon \geq \epsilon_2)$ und Löchern $p(\epsilon \leq \epsilon_1)$ mit solchen Membranen als Kontakte ist im Energietermschema in Abb. 4.47 gezeigt.

Aus Gl. 4.12 lässt sich das Produkt $J_{\mathrm{el}}\mu_{\mathrm{np}}(\epsilon_g)$ in Abhängigkeit der optischen Schwelle (Bandabstand ϵ_g) bilden, das der spektralen elektrischen Ausgangsleistung einer idealen Solarzelle unter Bestrahlung mit solaren Photonen ($T_{\mathrm{Sun}} = 5800\,\mathrm{K}$) der Strahlungsleistung $100\,\mathrm{mWcm^{-2}}$ entspricht (vgl. Abb. 4.48). Dieses Ergebnis ist identisch mit dem Resultat im Abschn. 3.3.3, nämlich mit dem Limit nach Shockley und Queisser [42].

Abb. 4.48 Spektrale Ausgangsleistungen p_{el} einer idealen Solarzelle bei $T = 300\,\mathrm{K}$ als Funktion der Photonenenergie $\hbar\omega$. Die Funktionen $p_{el}(\hbar\omega)$ sind im Abschn. 3.3.2 in Gl. 3.48 abgeleitet. Die Einhüllende beschreibt die maximale spektrale Ausbeute für die Strahlungsleistung (AM0) von $p_{Sun} = 127\,\mathrm{mWcm}^{-2}$ und $T_{Sun} = 5800\,\mathrm{K}$

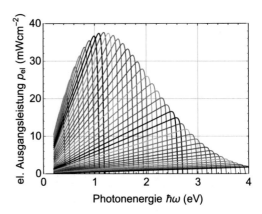

Die Relation zwischen elektrischem Strom J_{el} und Chemischem Potential in Form von $\mu_{np} = eV$ aus der Bilanz der Teilchenstromdichten in Abschn. 3.3.2, explizit in Gl. 4.12 ausgeführt, enthält die Abkürzung

$$A = \left(\frac{\Omega_{in}}{c_0^2 4\pi^3 \hbar^3}\right) \int_{\epsilon_g}^{\infty} \frac{(\hbar\omega)^2}{\exp\left[\frac{\hbar\omega}{kT_{Sun}}\right] - 1} \, \mathrm{d}\,(\hbar\omega) \, .$$

Dieser Term bezeichnet den maximal extrahierbaren elektrischen Strom $J_{el,max} = J_{el}(\mu_{np} = 0)$, der dem eingestrahlten (absorbierten) Photonenstrom aus der Quelle gleicht. Der vom Absorber in diesem Zustand emittierte Photonenstrom $\Omega_{out}\Gamma_{\gamma,abs}(\mu_{np} = \mu_\gamma = 0)$ besteht nur in der thermischen Gleichgewichtsstrahlung des Absorbers ($T_{abs} = 300\,\mathrm{K}$).

Die Abkürzung B in Abschn. 3.3.2 bezeichnet die Emission des Absorbers mit der Näherung, im Integral den Bose-Term durch den Boltzmann-Faktor zu ersetzen. Dadurch lässt sich der Faktor $\exp[\mu_{np}/kT]$ vor das Integral schreiben. Die Emission des Absorbers besteht demnach aus dem Anteil des thermischen Gleichgewichts multipliziert mit dem Faktor $\exp[\mu_{np}/kT]$, der vom Chemischen Potential μ_{np} beigetragen wird.

Die mit dieser Approximation ausgeführte Prozedur ergibt schließlich die wohlbekannte Beziehung $J_{el}(\mu_{np})$[28] einer beleuchteten idealen Diode:

$$J_{el} = J_0 \left(\exp\left[\frac{\mu_{np}}{kT}\right] - 1\right) - J_{phot}. \tag{4.106}$$

Hier sind:

- der Sperrsättigungsstrom J_0, der von den thermischen Gleichgewichtsdichten, herrührt, auf die man experimentell Zugriff hat, wenn die Diode beliebig stark

---

[28]Das Chemische Potential μ_{np} in der idealen Diode entspricht der außen abgreifbaren elektrischen Spannung $eV = \mu_{np}$.

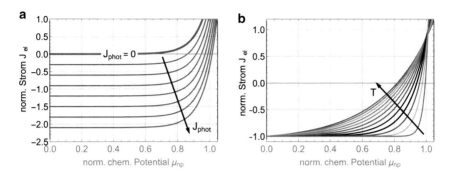

Abb. 4.49 Normierter elektrischer Strom J_{el} als Funktion des normierten Chemischen Potentials μ_{np} eines beleuchteten idealen elektronischen Systems für unterschiedliche Beleuchtungen/Photoströme J_{phot}(**a**) und verschiedene Temperaturen T (**b**)

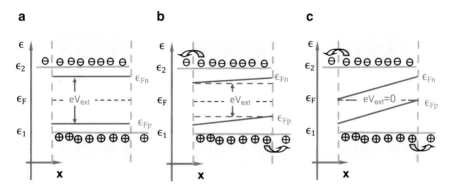

Abb. 4.50 Qualitative lokale Verteilung der Quasi-Fermi-Niveaus in einer Membran-Solarzelle ohne Extraktion von Ladungen (*a*, Leerlauf), mit Extraktion von Ladungen für $(\epsilon_{\text{Fn}} - \epsilon_{\text{Fp}}) < 0$ (*b*) sowie für maximale Extraktion von Ladungen bei $eV_{\text{ext}} = 0$ (Kurzschluss). Die an den Kontakten entstehende Potentialdifferenz eV_{ext} ergibt sich aus der energetischen Lage der Quasi-Fermi-Niveaus, ϵ_{Fn} am Ausgang für Elektronen und ϵ_{Fp} am Ausgang für Löcher

in Sperrrichtung betrieben, und somit alle Minoritätsträger aus dem Absorber abgezogen würden;

- der Photostrom J_{phot}, der bei $\mu_{\text{np}} = 0$ (Kurzschlussbetrieb) extrahierte maximale elektrische Strom, der dem Photonenstrom aus der Strahlungsquelle entspricht (Abb. 4.49a).

In Abb. 4.49b ist die Funktion $J_{\text{el}}(\mu_{\text{np}})$ für verschiedene Absorbertemperaturen dargestellt.

Die lokale Verteilung der Quasi-Fermi-Niveaus in einem beleuchteten intrinsischen Absorber ist qualitativ in Abb. 4.50 für die drei charakteristischen Betriebsmodi, für maximale Separation $(\epsilon_{\text{Fn}} - \epsilon_{\text{Fp}})$ (Leerlauf) und einen Zwischenbereich $J_{\text{el}}(\epsilon_{\text{Fn}} - \epsilon_{\text{Fp}})$ sowie für maximalen elektrischen Strom $J_{\text{el}}((\epsilon_{\text{Fn}} - \epsilon_{\text{Fp}}) = 0)$ im Bänderdiagramm dargestellt.

4.13   Arbeitspunkt maximaler Ausgangsleistung

Das Produkt aus elektrischem Strom und Chemischem Potential einer unbeleuchteten elektronischen Bandstruktur liegt im ersten und dritten Quadranten und ist im gesamten Bereich $-\infty \leq \mu_{np} \leq \infty$ positiv. Diese Darstellung entspricht einem Bauelement, dem elektrische Energie zugeführt wird. Selbiges Produkt zeigt für eine beleuchtete Struktur nunmehr auch Werte im vierten Quadranten, was einer negativ zugeführten Leistung gleichkommt und dementsprechend einen Generator elektrischer Leistung repräsentiert.

Der Arbeitspunkt für maximale elektrische Ausgangsleistung $p_{e,max} = p_{e,mpp}$[29] solch einer Solarzelle lässt sich aus der Ableitung des $J_{el}\mu_{np}$-Produktes abschätzen:

$$p_{el} = \left(\frac{1}{e}\right) J_{el}\mu_{np} = (1/e)\left(J_0\left(\exp\left[\frac{\mu_{np}}{kT}\right] - 1\right) - J_{phot}\right)\mu_{np}, \qquad (4.107)$$

mit $(1/e)\left(dJ\mu_{np}\right)/d\mu_{np}) = 0$, erhalten wir

$$J_0\left(\exp\left[\frac{\mu_{np}}{kT}\right] - 1\right) - J_{phot} + J_0\frac{\mu_{np}}{kT}\exp\left[\frac{\mu_{np}}{kT}\right] = 0. \qquad (4.108)$$

aus der Beziehung

$$\ln\left[\frac{J_{phot}}{J_0} + 1\right] = \frac{\mu_{np,oc}}{kT},$$

ergibt sich

$$\exp\left[\frac{\mu_{np}}{kT}\right] - \exp\left[\frac{\mu_{np,oc}}{kT}\right] + \frac{\mu_{np}}{kT}\exp\left[\frac{\mu_{np}}{kT}\right] = 0,$$

oder

$$\left(\frac{\mu_{np}}{kT} + 1\right)\left[\frac{\mu_{np}}{kT}\right] = \exp\left[\frac{\mu_{np,oc}}{kT}\right]. \qquad (4.109)$$

Schließlich wird für maximale Ausgangsleistung $\mu_{np} = \mu_{np,opt}$ und man landet bei

$$\frac{\mu_{np,opt}}{kT} + \ln\left[1 + \frac{\mu_{np,opt}}{kT}\right] = \frac{\mu_{np,oc}}{kT}.$$

Anstelle von $\ln\left[1 + \mu_{np,opt}/kT\right]$, darf man für die Minimaloption die Näherung verwenden

$$\ln\left[1 + \frac{\mu_{np,oc}}{kT}\right] \geq \ln\left[1 + \frac{\mu_{np,opt}}{kT}\right].$$

Damit gelangt man zu

$$\mu_{np,opt} \leq \mu_{np,oc} - kT\ln\left[1 + \frac{\mu_{np,oc}}{kT}\right]. \qquad (4.110)$$

---

[29] mpp für maximum power point.

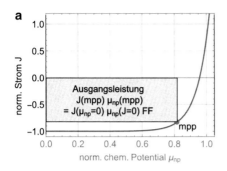
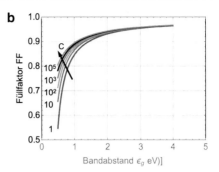

Abb. 4.51 Füllfaktor *FF* als in die Funktion $J_{el}(\mu_{np})$ im 4. Quadranten maximal einschreibbares Rechteck (**a**) und *FF* eines idealen elektronischen Bandsystems als Funktion der optischen Schwelle ϵ_g für verschieden Konzentrationsfaktoren der solaren Strahlung (**b**)

Unter üblichen Bedingungen von $T = 300\,\text{K}$ entsprechend $k \cdot 300\,\text{K} \approx 0.026$ eV und für Solarzellen mit Bandabständen von $1.0\,\text{eV} \leq \epsilon_g \leq 3.0\,\text{eV}$ sowie bei moderaten Anregungsraten setzt man $\mu_{np,oc} = (0.5 \ldots 1.5)\,\text{eV}$ mit $\ln[1 + (19 \ldots 57)] \approx 3 \ldots 4$, schreibt sich im Arbeitspunkt maximaler Leistung $\mu_{np,mpp}$ näherungsweise

$$\mu_{np,mpp} = \mu_{np,opt} \approx \mu_{np,oc} - (3.5\,kT). \tag{4.111}$$

Diese Abschätzung zeigt, dass das optimale Chemische Potential $\mu_{np,mpp}$ – gleichbedeutend mit der Ausgangsspannung V_{mpp} – für maximale Ausgangsleistung nahe dem des Leerlaufbetriebs liegt. Die Diskussion der Verluste realer Solarzellen sollte deshalb eher mit Bänderdiagrammen im Leerlauf vorgenommen werden, als mit welchen im Kurzschluss oder im thermischen Gleichgewicht.

Die elektrische Ausgangsleistung $-p_e$ als maximales Produkt aus Strom und Chemischem Potential wird üblicherweise mit den Größen Kurzschlussstrom $J_{el}(\mu_{np} = 0)$, Leerlaufspannung $\mu_{np}(J_{el} = 0)$ und einem Faktor *FF* (Füllfaktor) ausgedrückt

$$-p_e = J_{el}(\mu_{np} = 0)\mu_{np}(J_{el} = 0) \cdot FF,$$

der ein im 4. Quadranten der Kennlinie einbeschriebenes Rechteck mit maximaler Fläche bezeichnet (vgl. Abb. 4.51a). Diese Größe Füllfaktor ist in Abb. 4.51b für die ideale elektronische Struktur in Abhängigkeit der optischen Schwellenergie ϵ_g (Bandabstand) für verschiedene Konzentrationen *C* der solaren Strahlung dargestellt.

4.14 Vorzeichenumkehr von Photonen- und Ladungsträgerströmen

Eine ideale Diode kann betrieben werden

- als Solarzelle, wenn die von einer externen Strahlungsquelle angeregten Ladungsträger nach außen abgeführt werden, oder

- als Elektrolumineszenz-Emitter (LED), wenn die von außen zugüührten Ladungsträger in einen Anregungszustand versetzt werden, dessen Energie über Rekombination[30] abgestrahlt wird (Abb. 4.52).

Durch Wechsel des Vorzeichens von äußeren Parametern werden intern gegenläu-
fige Effekte ausgelöst, deren Kenngößen sich auch im Vorzeichen unterscheiden
(Reziprozität[31] [43]).

Im thermischen Gleichgewicht emittiert das System einen Photonenstrom gemäß
der Planck'schen Verteilung und dem Absorptions-/Emissionsvermögen der Materie.
Die zur Aufrechterhaltung der Temperatur notwendige Energiezufuhr kommt aus
der Umgebung (Wärmebad). Der Anteil an thermischer Strahlung existiert immer
zusätzlich zu Anteilen aus Anregungszuständen. Für negatives Chemisches Potential
$\mu_{np} < 0$ bei Polung der Diode in Sperrrichtung verringert sich sogar dieser Anteil
des Photonenstroms gegenüber dem des thermischen Gleichgewichts.

Unter Bestrahlung oder durch Ladungsträgerinjektion spalten sich die Quasi-
Fermi-Niveaus auf, und die Reaktion des Systems auf die Auslenkung besteht in
der Emisson von Photonen aus strahlender Rekombination. Die Emission setzt sich
wohlgemerkt aus spontanen und induzierten Übergängen zusammen. Für moderate
Anregungsraten, wie sie selbst bei maximal konzentrierter Solarstrahlung auftreten,
ist jedoch induzierte Emission meist vernachlässigbar.

Im Betrieb als Solarzelle erhält das ideale System Photonen von der Sonne (wie
im Abschn. 3.3.1 beschrieben)

$$\frac{\Omega_{in}}{c_0^2 4\pi^3 \hbar^3} \int_{\epsilon_g}^{\infty} \frac{(\hbar\omega)^2}{\exp\left(\dfrac{\hbar\omega}{kT_{Sun}}\right) - 1} d(\hbar\omega), \tag{4.112}$$

wobei der Beitrag der Umgebung aus dem Raumwinkel $4\pi - \Omega_{in}$ hier zu gering
ist, um vermerkt zu werden.

Die Photoanregung des Systems führt zur Aufspaltung der Quasi-Fermi-Niveaus
$\epsilon_{Fn} - \epsilon_{Fp} = \mu_{pn} = \mu_\gamma$ und zur entsprechenden Emission von Strahlung. Das vom
Grad der Entnahme von Ladungen abhängige Chemische Potential bestimmt diese
Emission sowohl im Leerlauf ($\mu_{np}(J_{el} = 0) = \mu_{np,oc}$), als auch im Kurzschluss
($\mu_{np}(J_{el,max} = J_{sc}) = 0$) und auch in jedem Arbeitspunkt dazwischen. Der emittierte Photonenstrom kann mit guter Näherung mit dem Produkt aus thermischer
Gleichgewichtsstrahlung und dem Faktor $\exp\left[\mu_{np}/kT\right]$ beschrieben werden

$$\Omega_{out}\Gamma_{out} = \exp\left[\frac{\mu_{np}}{kT_{abs}}\right] \frac{\Omega_{out}}{c_0^2 4\pi^3 \hbar^3} \int_{\epsilon_g}^{\infty} \frac{(\hbar\omega)^2}{\exp\left(\dfrac{\hbar\omega}{kT_{abs}}\right) - 1} d(\hbar\omega). \tag{4.113}$$

---

[30]Zur Erinnerung: in unserem idealen elektronischen System gibt es nur strahlende Rekombination.
[31]reciprocare (lat.) wechselseitig im Zusammenhang zueinander stehen.

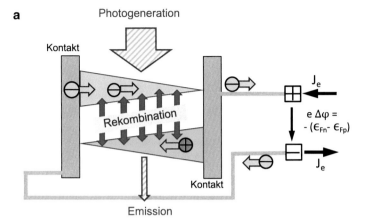

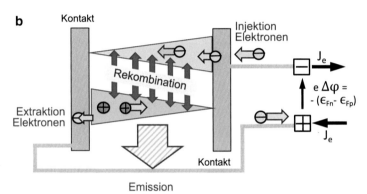

Abb. 4.52 Reziprozität von Solarzelle und LED; Extraktion von photogenerierten Elektronen und Löchern in einer idealen Diode (Solarzelle) unter Bestrahlung mit $\Gamma_{\gamma,\text{in}}$ für den Ausgangstrom $J_{\text{el}} = J_{\text{el}}(\mu_{\text{np}})$ **(a)** und Injektion von Elektronen und Löchern mit $J_{\text{el}} = J_{\text{el}}(e\Delta\varphi)$ in eine ideale Diode (Lumineszenzdiode) zur Erzeugung von Strahlung $\Gamma_{\gamma,\text{out}}$ **(b)**

Das Chemische Potential ist demnach logarithmisch mit dem emittierten Photonenfluss verknüpft

$$\mu_{\text{np}} \sim kT \ln \left[\frac{\Omega_{\text{out}}\Gamma_{\text{out}}}{\text{const}} \right].$$

In einer von außen unbeleuchteten Diode[32] wird die Ladungsträgerkonzentration durch Injektion von Elektronen und Löchern gegenüber der des thermischen Gleichgewichtes erhöht. Die Injektion von Elektronen und Löchern erfolgt jeweils über solche Kontakte, die nur für eine Polarität den Durchlass erlauben (vgl. Abb. 4.52b). Die Erhöhung der Trägerkonzentrationen bewirkt die Aufspaltung der Quasi-Fermi-Niveaus und damit die Emission von Strahlung gemäß der Temperatur T_{abs} und dem

---

[32]Die von der Umgebung stammende thermische Gleichgewichtsstrahlung wird nicht gezählt.

Term $\exp[(\epsilon_{Fn} - \epsilon_{Fp})/kT_{abs}]$. Die nach außen in den Raumwinkel Ω_{out} abgegebene Lumineszenzstrahlung $\Gamma_{\gamma,out}$ hängt wiederum exponentiell von der Separation der Quasi-Fermi-Niveaus ab; so, wie in einer mit $\Gamma_{\gamma,in}$ beleuchteten idealen Diode die Aufspaltung $(\epsilon_{Fn} - \epsilon_{Fp})$ logarithmisch von $\Gamma_{\gamma,in}$ abhängt.

Da die Transportgleichungen für Elektronen und für Löcher über die resultierende Raumladung in der Poisson-Gleichung gekoppelt sind, und demzufolge $n(\mathbf{x})$ und $p(\mathbf{x})$ analytisch nicht lösbar sind, sind die in Abb. 4.52 skizzierten Dichten der Ladungsträger nur qualitativ zu verstehen.

In realen Systemen (Dioden) mit materialspezifischen Kenngrößen, wie Lebensdauern von angeregten Ladungsträgern, Beweglichkeiten und Diffusionslängen etc., sind Abweichungen des reziproken Verhaltens unvermeidlich. Eine detaillierte Behandlung dieser Einflüsse findet sich in [44,45]. Die Einschränkungen des reziproken Verhaltens gründen auf

- unvollständiger Konversion der absorbierten Photonen in Elektron-Loch-Paare,
- dem Beitrag von nichtstrahlender Rekombination,
- unvollständiger Ladungsträgersammlung,
- begrenzten Transporteigenschaften (Beweglichkeiten/Diffusionskoeffizienten),
- nichtidealer Wirkungsweise der Membrane.

4.15   Irreversible Effekte und Entropieterme

4.15.1 Absorption solarer Photonen und photon cooling

Die in der Strahlungswandlung auftretenden irreversiblen Prozesse führen zu einem Anteil nicht vollständig wandelbarer Energie in Form von Wärmeerzeugung. Sie sind mit der Zunahme der Entropie quantifizierbar.

In Abb. 4.53 sind die in einem elektronischen System mit Schwellenergie ϵ_g bei der Absorption von solarer Strahlung verfügbaren energetischen Anteile gezeigt:

- gesamte Energiestromdichte von der Sonne zum Absorber $\Gamma_{\epsilon,Sun}$,
- die mit der Schwellenergie ϵ_g bewertete solare Photonenstromdichte $\epsilon_g \Gamma_{\gamma,Sun}$, die die energetische Relaxation der photoangeregten Spezies berücksichtigt (die im relaxierten Anregungszustand vorhandene thermische Komponente mit jeweils $(3/2)\,kT$ für Löcher und für Elektronen sind hier nicht berücksichtigt)
- sowie der energetische Anteil der solaren Energiestromdichte, der im Zuge der Relaxation in Wärme umgewandelt wird $(\Gamma_{\epsilon,Sun} - \epsilon_g \Gamma_{\gamma,Sun})$, und der per Division durch T_{abs} in eine Entropiestromdichte $\Gamma_{s,abs} = (1/T_{abs})(\Gamma_{\epsilon,Sun} - \epsilon_g \Gamma_{\gamma,Sun})$ übersetzt wird.

Die Zwischenstufen der Relaxation des Anregungszustandes von Elektronen und Löchern im energetischen Regime $\hbar\omega_{phot} \geqslant \epsilon \geqslant \epsilon_g + 3kT$ zeigen wegen unterschiedlicher Relaxationszeiten für Wellenvektor und Energie $\tau_k \neq \tau_\epsilon$ [3] keine Temperaturverteilung.

Abb. 4.53 Solare
Energieflußdichte $\Gamma_{\gamma,\text{Sun}}$,
mit der Schwellenergie ϵ_{g}
bewertete solare
Photonenstromdichte
$\epsilon_{\text{g}}\Gamma_{\gamma,\text{Sun}}$, die die im
Anregungszustand
verfügbare Energie
kennzeichnet, sowie der
Anteil der energetischen
Relaxation
$(\Gamma_{\epsilon,\text{Sun}} - \epsilon_{\text{g}}\Gamma_{\gamma,\text{Sun}})$, der in
Form von Wärme erscheint

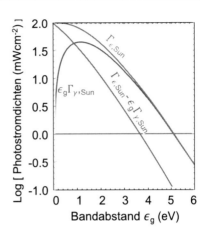

Die Terme $\Gamma_{\epsilon,\text{Sun}}$, $\epsilon_{\text{g}}\Gamma_{\gamma,\text{Sun}}$ und $(\Gamma_{\epsilon,\text{Sun}} - \epsilon_{\text{g}}\Gamma_{\gamma,\text{Sun}})$ lassen sich mit von außen zugängliche Größen bestimmen:

- Aus dem spektralen Photostrom (Kurzschlusbetrieb) $(1/e)\frac{\mathrm{d}(J_{\text{sc}})}{\mathrm{d}(\hbar\omega)} = \frac{\mathrm{d}\Gamma_{\gamma,\text{Sun}}}{\mathrm{d}(\hbar\omega)}$ ergibt sich $\Gamma_{\epsilon,\text{Sun}} = \int_{\epsilon_{\text{g}}=\hbar\omega_{\text{g}}}^{\infty}(\hbar\omega_{\text{g}})\Gamma_{\gamma,\text{Sun}}(\hbar\omega)\mathrm{d}(\hbar\omega)$;
- $\epsilon_{\text{g}}\Gamma_{\gamma,\text{Sun}}$ besteht aus $(\hbar\omega_{\text{g}})\int_{\epsilon_{\text{g}}=\hbar\omega_{\text{g}}}^{\infty}\Gamma_{\gamma,\text{Sun}}(\hbar\omega)\mathrm{d}(\hbar\omega)$ und
- $\Gamma_{\epsilon,\text{Sun}} - \epsilon_{\text{g}}\Gamma_{\gamma,\text{Sun}}$ ist die Differenz der beiden obigen Terme.

Für $J_{\text{el}} = 0$ (Leerlauf) wird keine Leistung aus dem System entnommen, und die Energie des thermalisierten Anregungszustands wird abgestrahlt. In Form von Teilchenströmen lautet die Bilanz

$$\Omega_{\text{in}}\Gamma_{\gamma,\text{Sun}}(T_{\text{Sun}}) = \Omega_{\text{out}}\Gamma_{\gamma,\text{abs}}(\mu_{np}, T_{\text{abs}}).$$

Die absorbierten solaren Photonen ($T_{\text{Sun}} = 5800\,\text{K}$) werden im Absorber auf $T_{\text{abs}} = 300\,\text{K}$ abgekühlt, weil die Absorbertemperatur über thermischen Kontakt zur Umgebung festgehalten wird. Die Photonenströme $\Omega_{\text{in}}\Gamma_{\gamma,\text{Sun}} = \Omega_{\text{out}}\Gamma_{\gamma,\text{abs}}$ sind gleich. Allerdings sind in traditionellen Anordnungen die Raumwinkel $\Omega_{\text{Sun}} < \Omega_{\text{abs}}$ und somit die Photonenstromdichten nicht gleich ($\Gamma_{\gamma,\text{Sun}} > \Gamma_{\gamma,\text{abs}}$). Zudem ist die Energiebilanz der Strahlungsbeiträge nicht ausgeglichen

$$\Omega_{\text{Sun}}\Gamma_{\epsilon,\text{Sun}} > \Omega_{\text{abs}}\Gamma_{\epsilon,\text{abs}}.$$

Die Differenz der Strahlungsanteile wird als Wärme vom System abgegeben. Die Qualität der emittierten Strahlung nimmt gegenüber der solaren Komponente nicht nur ab, weil die entsprechende Temperatur geringer ist, sondern auch, weil sie in einen größeren Raumwinkel abgegeben wird. Die der Raumwinkeländerung geschuldete Entropiezunahme entspricht $\Delta s \sim k \ln[\Omega_{\text{out}}/\Omega_{\text{in}}]$; sie lässt sich durch passive optische Elemente (Linsen, Spiegel) ausgleichen, sofern die emittierte Strahlung nichtergodisch ist (vgl. Abschn. 6.1.3).

Drastischer ist die Entropieerzeugung bei Entnahme der maximal möglichen elektrischen Stromdichte $\Gamma_{el} = e\Gamma_{\gamma,Sun}$ (Kurzschluss); die photogenerierten Minoritäten thermalisieren beim Übergang zum Niveau der Majoritäten (z. B. in der Raumladungszone, RLZ); diese Energie wird als Wärme an das Reservoir mit T_{abs} abgegeben. Die Kopplung an das Wärmebad versorgt weiterhin die thermische Gleichgewichtsstrahlung aus dem System.

Für alle Arbeitspunkte der Beziehung $0 < \Gamma_{el} < e\Gamma_{\gamma,Sun}$ existiert eine Kombination aus Abgabe elektrischer Leistung und Strahlungsemission entsprechend der Separation der Quasi-Fermi-Niveaus and Abgabe der Thermalisierungsenergie.

4.15.2 Entropiegeneration beim Transport

In realen elektronischen Systemen ist der Transport von Teilchen durch Streuprozesse beeinflusst. So sind in den Transportgrößen Beweglichkeit und Diffusionskoeffizient von Elektronen, Löcher und auch Exzitonen entropische Beiträge untergebracht.

Das Chemische Potential eines Teilchens aus dem Ensemble im Ausgangszustand eines Transportschrittes ds wird durch Streuprozesse, die makroskopisch als Reibung interpretiert werden können, um $d\mu_{np}$ verringert. Diese Abnahme führt zur Erzeugung von Wärme dq, die im Transport durch elektrische Felder und in Konzentrationsgefällen spezifiziert werden.

4.15.2.1 Entropieterm für Drift

Ein geladenes Teilchen, beispielsweise ein Elektron mit Masse m_n^* und Beweglichkeit μ_n^*, bewegt sich im elektrischen Feld $\mathbf{E}(\mathbf{x})$. Die mittlere Driftgeschwindigkeit in x-Richtung beträgt

$$v_{x,Dr} = \mu_n^* E_x = \mu_n^*(-\frac{d\varphi}{dx}).$$

Auf der Weglänge dx verliert das Teilchen die Energie
$d\epsilon = e(d\varphi/dx)dx = eE_x dx$, die als Reibungswärme (dq/dx) entsteht. Man erhält damit die auf der Wegstrecke dx erzeugte Wärme

$$\frac{dq}{dx} = \frac{d\epsilon_e}{dx} = \frac{eE_x}{dx}dx = eE_x.$$

Die auf der Wegstrecke im elektrischen Driftfeld generierte Entropie pro Teilchen (ds_{Dr}/dx) wird nunmehr

$$\frac{ds_{Dr}}{dx} = \frac{1}{T_{abs}}\frac{dq}{dx} = \frac{e}{T_{abs}}E_x, \qquad (4.114)$$

und ist proportional zur treibenden Kraft eE_x.

4.15.2.2 Entropieterm für Diffusion

Ein Teilchen aus einem Ensemble propagiert in einem Konzentrationsgefälle durch Diffusion ebenfalls mit permanenter Streuung an Partnern oder an Defekten/ Verunreinigungen. Die treibende Kraft für die Teilchenstromdichte $\Gamma_{\gamma,\mathrm{Dif}}$ $= D(-\nabla_{\mathbf{x}}[n(x)])$ ist der örtliche Gradient der Teilchendichte. Aus

$$n(x) = n_0 \exp\left[\frac{(\epsilon_{\mathrm{Fn}} - \epsilon_{\mathrm{F}})}{kT}\right]$$

gewinnt man für eindimensionale Betrachtung[33]

$$\frac{\mathrm{d}n(x)}{\mathrm{d}x} = n_0 \exp\left[\frac{(\epsilon_{\mathrm{Fn}} - \epsilon_{\mathrm{F}})}{kT}\right] \frac{1}{kT} \frac{\mathrm{d}\epsilon_{\mathrm{Fn}}(x)}{\mathrm{d}x}.$$

Über $n = n_0 \exp\left[\frac{(\epsilon_{\mathrm{Fn}} - \epsilon_{\mathrm{F}})}{kT}\right]$ erhält man aus der Abnahme der Energie des Teilchens $-(\mathrm{d}\epsilon_{\mathrm{Fn}}(x))/\mathrm{d}x$ die Zunahme der Wärmemenge $-(\mathrm{d}\epsilon_{\mathrm{Fn}}(x)/\mathrm{d}x) = (\mathrm{d}q/\mathrm{d}x)$

$$\frac{\mathrm{d}q(x)}{\mathrm{d}x} = -\frac{\mathrm{d}\epsilon_{\mathrm{Fn}}(x)}{\mathrm{d}x} = -kT \frac{1}{n(x)} \frac{\mathrm{d}n(x)}{\mathrm{d}x}. \qquad (4.115)$$

Damit wird die Entropiezunahme pro Teilchen und pro Wegstrecke im diffusiven Transport

$$\frac{\mathrm{d}s_{\mathrm{Dif}}(x)}{\mathrm{d}x} = \frac{1}{T} \frac{\mathrm{d}q(x)}{\mathrm{d}x} = -\frac{\mathrm{d}\epsilon_{\mathrm{Fn}}(x)}{\mathrm{d}x} = -k \frac{1}{n(x)} \frac{\mathrm{d}n(x)}{\mathrm{d}x}. \qquad (4.116)$$

Wie in der Drift ist auch in Diffusionsprozessen die Entropigeneration pro Weglänge proportional zu treibenden Kraft, hier, proportional zum Gradienten der Konzentration $-(\mathrm{d}n/\mathrm{d}x)$, der auf die Dichte n normiert ist.

4.15.2.3 Entropieterme bei Absorption, Reemission und Propagation von Photonen

Solare Strahlung erreicht irdische Absorber unter dem Raumwinkel Ω_{in}. Dieser Raumwinkel ist mit Hilfe passiver optischer Komponenten zur Konzentration einstellbar ($6{,}7 \cdot 10^{-5} \leq \Omega_{\mathrm{in}} \leq 2\pi$). Beim Übergang vom Vakuum (ε_0) in das absorbierende Medium ($\varepsilon\varepsilon_0$) ändert sich zwar der Raumwinkel, die Etendue als der mit dem Quadrat des Brechungsindexes korrigierter Raumwinkel bleibt erhalten.

Der Anregungszustand erlaubt die Emission von Photonen entsprechend μ_{np} und Temperatur T_{abs} in den Raumwinkel Ω_{out}.

Zur Diskussion des Einflusses des Raumwinkels betrachten wir Photonen $\hbar\omega^*$ in einem schmalen Energiebereich $d(\hbar\omega)$, die gegenüber der Schwellenergie für Absorption $\epsilon_{\mathrm{g}} = \hbar\omega^*$ keine Überschussenergie aufweisen [46].

---

[33]Die Teilchenzahl bleibt zwar erhalten, jedoch deren Dichte ändert sich durch Streuung in Form der Verbreiterung der lokalen Verteilung.

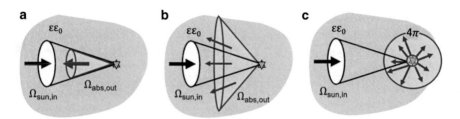

Abb. 4.54 Raumwinkel $\Omega_{\text{Sun,in}}$, $\Omega_{\text{abs,out}}$ für Strahlungseingang und Strahlungsemission in Materie mit Dielektrizitätsfunktion ε bei maximaler Konzentration $\Omega_{\text{Sun,in}} = \Omega_{\text{abs,out}}$ (a) und für $\Omega_{\text{Sun,in}} < \Omega_{\text{abs,out}}$ (b); Streuung an Inhomogenitäten und ergodisches Verhalten der gestreuten Anteile $\Omega_{\text{abs,out}} = 4\pi$ (c)

Sind die Raumwinkel von absorbierter und emittierter monochromatischen Strahlung innerhalb der Materie gleich, ergibt sich keine Änderung der Etendue $G_{\text{in}} = G_{\text{out}}$ und der Absorber sieht nur die Sonne (eine analoge Betrachtung findet sich in 3.2.4 und [38]); dem zufolge wird das Chemische Potential μ_{np} des Absorbers maximal (vgl. Abb. 4.54a).

Für Emissionsraumwinkel $\Omega_{\text{abs,out}} > \Omega_{\text{sun,in}}$ verdünnt sich die emittierte Strahlung, und mit der verringerten Photonenstromdichte der Emission reduziert sich das Chemische Potential der Strahlung. Mit selbiger Strahlung läßt sich ein weiteres nachfolgendes System nur zu geringerem μ_{np} anregen [47]

$$\mu_{\text{np}} = kT_{\text{abs}} \ln\left[\frac{\Omega_{\text{abs,out}}}{\Omega_{\text{in,Sun}}}\right] = kT_{\text{abs}} \ln\left[\frac{G_{\text{out}}}{G_{\text{in}}}\right].$$

Die Differenz des Chemischen Potentials für $\Omega_{\text{Sun,in}} = \Omega_{\text{abs,out}}$ und $\Omega_{\text{Sun,in}} < \Omega_{\text{abs,out}}$ ergibt sich zu

$$\Delta\mu_{\text{np}} = \mu_{\text{np}}(\Omega_{\text{sun,in}} = \Omega_{\text{abs,out}}) - \mu_{\text{np}}(\Omega_{\text{sun,in}} < \Omega_{\text{abs,out}}) = -kT_{\text{abs}} \ln\left[\frac{\Omega_{\text{abs,out}}}{\Omega_{\text{in,Sun}}}\right].$$

Demzufolge wird die Entropieerzeugung pro Photon als Verhältnis der Raumwinkel oder der Etendues:

$$\Delta s = k \ln\left[\frac{\Omega_{\text{abs,out}}}{\Omega_{\text{in,Sun}}}\right] = k \ln\left[\frac{G_{\text{out}}}{G_{\text{in}}}\right] > 0. \qquad (4.117)$$

Eine Option zur irreversiblen Vergrößerung des Raumwinkels eines Photonenflusses besteht in der Streuung in inhomogenen (opaken) Medien mit Defekten, Verunreinigungen etc. oder an strukturierten/rauhen Oberflächen. Die gestreuten Anteile der Strahlung verteilen sich über große Raumwinkel und die Richtung einzelner Komponenten lässt nicht mehr auf die Einfallsrichtung vor der Streuung schließen (ergodisches Verhalten).

4.16   Fragen/Aufgaben zu Kap. 4

1. In einer Folge von 3 dielektrischen Schichten mit Realteilen der Brechungsindizes $n_1 = 1$, $n_2 = 2$, $n_3 = 4$ propagiert Strahlung senkrecht zu den parallel angeordneten Grenzflächen von Schicht 1 in Schicht 2 und Schicht 3. Die Imaginärteile der Brechungsindizes der 3 Schichten sind vernachlässigbar klein. Die Einzelschichtdicken sind sehr groß im Vergleich zur Wellenlänge der Photonen. Berechne den von Schicht 1 nach Schicht 3 transferierten, sowie den in Schicht 1 zurück reflektierten Energiefluss !

2. Gib die Energiabhängigkeit von ein- und zweidimensionaler elektronischer Zustandsdichte für Energien in der Nähe der Bandränder an !

3. In einem Halbleiter sind die Zustandsdichten von Valenz- und Leitungsband $D_V(\epsilon_V - \epsilon)$ und $D_C(\epsilon - \epsilon_C)$.
   Berechne die Position des Ferminiveaus für $T \to 0$ für gleiche Zustandsdichten $D_V(\epsilon_V - \epsilon) = D_C(\epsilon - \epsilon_C)$!
   Zeige, dass bei $D_V(\epsilon_V - \epsilon) \neq D_C(\epsilon - \epsilon_C)$ die Position des Ferminiveaus von der Temperatur abhängt und diskutiere die Richtung der temperaturabhängigen Verschiebung für $D_V(\epsilon_V - \epsilon) > D_C(\epsilon - \epsilon_C)$ und $D_V(\epsilon_V - \epsilon) < D_C(\epsilon - \epsilon_C)$!

4. Berechne das zeitliche Abklingverhalten einer Überschusskonzentration von Ladungsträgern $\Delta n(t)$ für monomolekulare (Band-Band) und für bimolekulare (Band-Defekt) Rekombination !

5. Zeige mit einer thermodynamischen Betrachtung den Zusammenhang zwischen den Ratenkoeffizienten a_{i-f} und a_{f-i} für elektronische Übergänge zwischen den Niveau ϵ_i mit Zustandsdichte N_i und Niveau $\epsilon_f > \epsilon_i$ mit Zustandsdichte N_f !

6. Skizziere die J-V-Kennlinien einer beleuchteten idealen Diode, die a) als Solarzelle und b) als LED betrieben wird und markiere in beiden Kennlinien Punkte gleicher Strahlungsemission!

7. Wie hängt der Wirkungsgrad einer idealen Solarzelle von der angebotenen Strahlungsleistung ab?

Literatur

1. Ashcroft, N.W., Mermin, N.D.: Solid State Physics. W.B. Saunders Comp, Philadelphia (1976)
2. Elliott, S.: The Physics and Chemistry of Solids. J. Wiles & Sons, Chichester (2006)
3. Seeger, K.: Semiconductor Physics, 5. Aufl. Springer, Berlin (1991)
4. Paul, R.: Halbleiterphysik. Dr. A. Hüthig, Heidelberg (1975)
5. Sauer, R.: Halbleiterphysik. Oldenbourg, München (2009)
6. Hunklinger, S.: Festkörperphysik. Oldenbourg Wissenschaftsverlag, München (F.R.G.) (2007)
7. Haken, H., Wolf, C.: Atom und Quantenphysik. Springer, Berlin (1980)
8. Feynman, R.P., Leighton, R.B., Sands, M.: The Feynman Lectures on Phyics II. Addison-Wesley Publ. Comp., Reading (1965)
9. Anselm, A.A., (übersetzt von M.M. Samohvalov): Introduction to Semiconductor Theory. MIR Publ., Moskau (1981)
10. Born, M.: Optik. Springer, Berlin (1985)
11. Fowles, G.R.: Introduction to Modern Optics. Dover Publ. Inc., New York (1968)

12. Wehrspohn, R.B., Rau, U., Gombert, A., Andreas (Hrsg.): Photon Management in Solar Cells. Wiley-VCH, Berlin (2015)
13. Hamagichi, C.: Basic Semiconductor Physics. Springer, Berlin (2001)
14. Yu, P.Y., Cardona, M.: Fundamentals of Semiconductors. Springer, Berlin (1996)
15. Pankove, J.L.: Optical Processes in Semiconductors. Dover Publ, New York (1975)
16. Ibach, H., Lüth, H.: Festkörperphysik. Springer, BERLIN (1988)
17. Kittel, Ch.: Einführung in die Feastkörperphysik. R. Oldenburg, München (1973)
18. Landsberg, P.: Recombination in Semiconductors. Cambridge University Press, Cambridge (1991)
19. Shockley, W., Read, W.T.: Phys. Rev. **87**, 835–842 (1952)
20. Hall, R.N.: Phys. Rev. **87**, 387 (1952), und Phys. Rev. **83**, 228 (1951)
21. Conradt, R.: Adv. Sol. State. Phys., Festkörperprobleme, **12**, 449–465 (1972)
22. Mönch, W.: Semiconductor Surfaces and Interfaces. Springer, Berlin (2001)
23. Frenkel, J.: Phys. Rev. **37**, 1276 (1931)
24. Wannier, G.H.: Phys. Rev. **52**, 191 (1937)
25. Mott, N.F.: Transact. Faraday Soc. **34**, 500 (1938)
26. Hellwege, K.H.: EinfÜhrung in die Festkörperphysik. Springer, Berlin (1976)
27. Foot, C.J.: Atomic Physics. Oxford University Press, Oxford (2005)
28. Bauer, G.H., Würfel, P.: Quantum solar energy conversion and application to organic solar cells. In: Brabec, C., Dyakonov, V., et al. (Hrsg.). Organic Photovoltaics. Springer, Berlin (2003)
29. Mott, N.F.: Phys. Rev. Lett. **31**, 466 (1973)
30. Shklovskii, B.I., Efros, A.L.: Electronic Properties of Doped Semiconductors Springer Series in Solid Stat Physics, 45. Springer, Berlin (1984)
31. Zallen, R.: The Physics of Amorphous Solids. Wiley, New York (1983)
32. Grünewad, M., Thomas, P.: Physica Stat. Sol. **94**, 125 (1979)
33. Harrison, W.A.: Solid State Theory. Dover Publ, New York (1979)
34. Goldsmid, H.J.: Introduction to Thermoelectricity, Springer Series in Material Siences. Springer, Berlin (2010)
35. Angrist, S.W.: Direct Energy Conversion. Allyn & Bacon, Boston, MA (1971)
36. Menke, S.M., Holmes, R.J.: Energy and Environmental Science **7**, 499 (2013)
37. Mikhenenko, O.V., Blom, P.W.M., Nguyen, T.-Q.: Energy and Environmental Science **8**, 1867 (2015)
38. Würfel, P.: Physik der Solarzellen, Spektrum Akademischer, Heidelberg (1995) und Physics of Solar Cells. Wiley-VCH, Weinheim (2005)
39. Flügge, S.: Rechenmethoden der Quantentheorie, Heidelberger Taschenbücher, vol. 6. Springer, Berlin (1965)
40. Abramowitz, M., Stegun, I.A. (eds.): Mathematical Functions with Formulas, Graphs, and Mathematical Tables, Handbook of Applied Mathematics Series. Dover Publ, New York (1965)
41. Davies, J.H.: The physics of low-dimensional Semiconductors. Cambridge University Press, Cambridge UK (1998)
42. Shockley, W., Queisser, H.: J. Appl. Phys. **32**, 510 (1961)
43. Donolato, C.: Appl. Phys. Lett., **46**, 270 (1985) und J. Appl. Phys. **66**, 4524 (1989)
44. Rau, U.: Phys. Rev. B **76**, 08503 (2007)
45. Taretto, K., Rau, U., Werner, J.H.: Appl. Phys. A **77**, 865 (2003)
46. Markvart, T.: J. Opt A: Pure Appl. Opt. **10**, 015008 (2008)
47. Markvart, T.: Appl. Phys. Lett. **91**, 064102 (2007)

Solarzellen aus anorganischen und organischen Halbleitern

5

Überblick

Solarzellen sind elektronische Bauelemente, die solare Strahlung absorbieren und die Energie der Photonen in Anregungszustände überführen. Diese Zustände hochwertiger chemischer Energie, wie Elektron-Loch-Paare oder Exzitonen, werden zum Rand des Systems transportiert, wo ihre Anregung als elektrische Energie entnommen wird.

Die Anregung von Ladungsträgern, deren Separation sowie ihren Transport zu den Kontakten lassen sich auf der Energieskala beschreiben. Die geeigneten Darstellungen sind Bänderdiagramme, in denen energetische Niveaus definiert sind, die von Elektronen und Löchern besetzt werden. Die Besetzung in anorganischer Materie wird mit der Ein-Elektronen-Theorie formuliert, heißt, die Ladungsträger sind unabhängig voneinander und spüren keine Coulomb-Wechselwirkung. In organischen Strukturen hingegen ist die Ein-Elektron-Näherung oftmals fraglich.

Die Forderung an anorganische Bauelemente nach genügender optischer Absorption und nach effektiver Ladungsträgertrennung und -sammlung wird mit energetischen Barrieren für die Majoritätsträger in unterschiedlichen Typen von gleichrichtenden Elementen, also Dioden, realisiert. Zu diesen zählen homogene oder heterogene pn-Übergänge, p-i-n-Dioden, Metall-Halbleiter-Übergänge oder auch Metall-Isolator-Halbleiter-Strukturen. Details der Bänderdiagramme ergeben sich aus der Poisson-Gleichung und der Bandanpassung der Vakuumniveaus für die aneinandergefügten einzelnen Festkörper. Die Auswahl des jeweiligen Barrierentyps wird mit Berücksichtigung

G. H. Bauer, *Photovoltaik – Physikalische Grundlagen und Konzepte*, https://doi.org/10.1007/978-3-662-66291-5_5

vornehmlich der elektronischen Qualität der Halbleiter, aber auch des technologischen Aufwandes zur Herstellung der Übergänge getroffen.

Für organische Festkörper gelten analoge Anforderungen an Absorption, Anregung, Zwischenspeicherung der Energie solarer Photonen in Exzitonen und deren Transport zu den Kontakten. Exzitonen sind neutrale, durch Coulomb-Wechselwirkung gebundene Elektron-Loch-Zustände, deren Verhalten nicht im Ein-Elektron-Bild beschrieben werden kann. Folglich ist die energetische Einordnung eines Exzitons in ein Energiediagramm für geladene Teilchen (Elektronen, Löcher) nur behelfsweise möglich, wenn man sich auf die energetischen Lagen von Elektron beziehungsweise Loch nach der Dissoziation des Exzitons bezieht. Als Näherung wird der negativen Ladung eine Position unterhalb des LUMO-Niveaus und der positiven Ladung die Position oberhalb des HOMO-Niveaus zugewiesen. Beide energetische Lagen sind jeweils um einen Anteil der Bindungsenergie des Exzitons verschoben.

5.1 Anorganische Halbleiter

Das Periodensystem bietet für Ein-Element-Materie mit Isolator- oder Halbleitereigenschaften fast nur die vierte Gruppe (IV) mit den tetraedrisch bindenden Kohlenstoff (Diamant-Konfiguration), Silizium und Germanium. Eine Ausnahme aus Gruppe V bildet noch Selen. Die Bandabstände der genannten Halbleiter $\epsilon_{g,C} \approx 5\,eV$, $\epsilon_{Si} = 1.12\,eV$, $\epsilon_{Ge} = 0.67\,eV$ und $\epsilon_{Se} = 1.74\,eV$ passen nur teilweise gut zu den Energien solarer Photonen.

Die Kombination von zwei Elementen (binäre Festkörper) bietet eine Vielzahl von Halbleitern mit geeigneten Bandabständen, beispielsweise

- aus Gruppen III-V mit stöchiometrischen Mischungen aus Aluminium/Gallium/Indium mit Stickstoff/Phosphor/Arsen/Antimon;
- aus Gruppen II-VI mit Titan/Zink/Cadmium kombiniert mit Sauerstoff/Schwefel/Selen/Tellur (vgl. Abb. 5.1).

Mit ternären und quartären Mischungen wird die Palette von geeigneten Halbleitern noch erheblich erweitert. So finden sich mit Chalkopyrithen, wie $Cu(In, Ga)(Se, S)_2$ oder Kesteriten $Cu_2ZnSn(S, Se)_4$ aussichtsreiche Kandidaten, die in jüngster Zeit von anorganischen und organisch-anorganischen Perowskit-Absorbern in Solarzellen mit beeindruckend hohen Wirkungsgraden verdrängt werden [1].

In Abb. 5.2 finden sich spektrale Absorptionskoeffizienten als Funktion der Photonenenergie von einigen wichtigen Halbleitern.

Die optischen und elektronischen Eigenschaften der genannten Halbleiter, wie Absorption (direkt/indirekt), Brechungsindex und Leitungstyp (n- oder p-Leitung, sowie Fremd- oder Eigendotierung) unterscheiden sich stark voneinander und sind

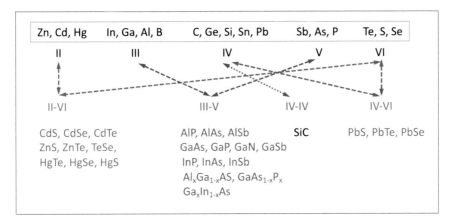

Abb. 5.1 Kombination verschiedener Atomsorten zu binären und ternären Halbleitern

Abb. 5.2 Spektrale Absorptionskoeffizienten $\alpha(\hbar\omega)$ von einigen wichtigen direkten und indirekten Halbleitern (bei 300 K) sowie von einem molekularen Absorber ($CH_3NH_3PbI_3$)

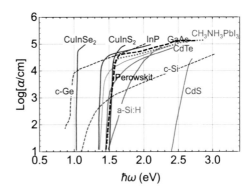

außerdem durch strukturelle Eigenschaften, wie Gitterperiodizität und Korngrößen (einkristallin, polykristallin, mikro-kristallin, amorph), bedingt.

Die unterschiedlichen Eigenschaften erfordern unter anderem zur Generation, zur Separation und zum Transport von photogenerierten Elektronen und Löchern bis zu den Kontakten unterschiedliche interne elektronische Strukturen. Solche bestehen aus Barrieren, wie homogenen oder heterogenen pn-Dioden, p-i-n-Dioden oder Metall-Halbleiter-Übergängen[1].

---

[1] Dioden aus c-Si werden bevorzugt als homogene Übergänge ausgeführt, Heteroübergänge werden hauptsächlich für Absorber aus III-V-Halbleitern, aus Chalkogeniden, Chalkopyriten, Kesteriten und Perowskiten gefertigt und Hetero-p-i-n-Strukturen finden sich vornehmlich in a-Si:H-, resp. μc-Si-Strukturen.

5.1.1 Anorganische Halbleiter im thermischen Gleichgewicht

Für moderate Absorbertemperaturen $T_{abs} \approx 300\,K$ beschreibt man die Besetzung von Energiebändern mit der Näherung $D(\epsilon) \sim \sqrt{\epsilon}$ (vgl. Abschn. 4.3 und [2, 3]) und der Besetzungfunktion nach Fermi-Dirac

$$f_F(\epsilon) = \left(\exp\left[\frac{\epsilon - \epsilon_F}{k T_{abs}}\right] + 1\right)^{-1}.$$

Hier bezeichnet ϵ_F die Fermi-Energie, die die energetische Position des Übergangs von besetzten zu unbesetzten Zuständen angibt. Für $T \rightarrow 0$ hat die eine Stufenform und separiert die Besetzung zwischen $f_F(\epsilon \leq \epsilon_F) = 1$ und $f_F(\epsilon > \epsilon_F) = 0$ (vgl. Abschn. 4.8 und Abb. 4.22).

5.1.1.1 Intrinsische Halbleiter

Die Zustandsdichten von Valenz- und Leitungsband in parabolischer Näherung

$$D_{VB}(\epsilon) = \left(\frac{2m_p^*}{\hbar^2}\right)^{3/2} \frac{1}{2\pi^2} \sqrt{-\epsilon + \epsilon_V}, \tag{5.1}$$

sowie

$$D_{CB}(\epsilon) = \left(\frac{2m_n^*}{\hbar^2}\right)^{3/2} \frac{1}{2\pi^2} \sqrt{\epsilon - \epsilon_C}, \tag{5.2}$$

werden besetzt mit $f_F(\epsilon)$ beziehungsweise mit $(1 - f_F(\epsilon))$ und ergeben über die Integration die jeweiligen Teilchendichte n_{CB} und p_{VB}. Die Elektronen im Leitungsband erzeugen die Löcher im Valenzband und ihre Dichten sind identisch $n_{CB} = p_{VB}$; sie werden im thermischen Gleichgewicht $n_{CB} = n_0$ und $p_{VB} = p_0$ genannt:

$$n_0 = \int_{\epsilon_C}^{\infty} \left(\frac{2m_n^*}{\hbar^2}\right)^{3/2} \frac{\sqrt{\epsilon - \epsilon_C}}{2\pi^2} \frac{1}{\exp\left[\frac{\epsilon - \epsilon_F}{kT}\right] + 1} d\epsilon$$

$$= p_0 = \int_{-\infty}^{\epsilon_V} \left(\frac{2m_p^*}{\hbar^2}\right)^{3/2} \frac{\sqrt{-\epsilon + \epsilon_V}}{2\pi^2} \left(1 - \frac{1}{\exp\left[\frac{\epsilon - \epsilon_F}{kT}\right] + 1}\right) d\epsilon$$

$$= \int_{-\infty}^{\epsilon_V} \left(\frac{2m_p^*}{\hbar^2}\right)^{3/2} \frac{\sqrt{-\epsilon + \epsilon_V}}{2\pi^2} \frac{1}{1 + \exp\left[-\frac{\epsilon - \epsilon_F}{kT}\right]} d\epsilon. \tag{5.3}$$

Mit der Boltzmann-Approximation für $\epsilon_C - \epsilon_F \gg kT$ und $\epsilon_F - \epsilon_V \gg kT$ werden die thermischen Gleichgewichtsdichten im Leitungs- und im Valenzband

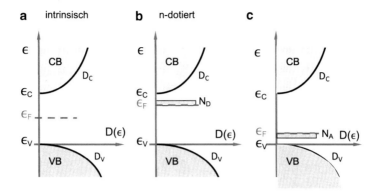

Abb. 5.3 Zustandsdichten von Valenz- ($D_V(\epsilon)$) und Leitungsband ($D_C(\epsilon)$) aus parabolischer drei-dimensionaler Näherung mit Lage der Ferminiveaus im intrinsischem Halbleiter (**a**) (für geringe Temperaturen) sowie im n-dotierten und im p-dotierten Halbleiter (**b**) (**c**) mit den entsprechenden Niveaus von Donatoren im n-Halbleiter und Akzeptoren im p-Halbleiter (für höhere Temperaturen und geringe Dotierkonzentrationen tritt Erschöpfung der Dotierreservoirs auf und das Ferminiveau schiebt über das Dotierniveau in Richtung Mitte der Bandlücke.)

$$n_0 = 2\left(\frac{m_n^* kT}{2\pi\hbar^2}\right)^{3/2} \exp\left[-\frac{\epsilon_C - \epsilon_F}{kT}\right] = N_C \exp\left[-\frac{\epsilon_C - \epsilon_F}{kT}\right] \qquad (5.4)$$

und entsprechend

$$p_0 = 2\left(\frac{m_p^* kT}{2\pi\hbar^2}\right)^{3/2} \exp\left[-\frac{\epsilon_F - \epsilon_V}{kT}\right] = N_V \exp\left[-\frac{\epsilon_F - \epsilon_V}{kT}\right]. \qquad (5.5)$$

Da alle Größen bis auf ϵ_F bekannt sind, ergibt sich mit der Bedingung der Ladungs-neutralität $n_0 = p_0$ die Position des Ferminiveaus:

$$\epsilon_F = \frac{\epsilon_C + \epsilon_V}{2} + \frac{1}{2}kT \ln\left[\frac{N_V}{N_C}\right] = \left(\frac{\epsilon_C + \epsilon_V}{2}\right) + \frac{3}{4}kT \ln\left[\frac{m_p^*}{m_n^*}\right]. \qquad (5.6)$$

In undotierten Halbleitern liegt ϵ_F zwischen den Niveaus ϵ_C und ϵ_V, also ungefähr in der Mitte der Bandlücke (siehe Abb. 5.3a) mit einer leichten Verschiebung zu dem Band mit der kleineren effektiven Masse[2] [4–8].

5.1.1.2 Dotierte Halbleiter

Durch den gezielten Einbau von Fremdatomen, deren Bindungskonfiguration im Gitter beispielsweise ein Elektron mehr oder ein Elektron weniger aufweist als zur Bindung benötigt wird (Abb. 5.4), kann die Zahl der freien Ladungsträger unter der Bedingung $T > 0$ gezielt verändert werden.

---

[2]Die effektive Masse ist eine Abkürzung des Bandverhaltens $\epsilon = \epsilon(\mathbf{k})$ (vgl. Abschn. 4.4).

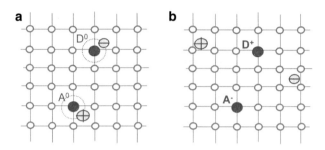

Abb. 5.4 Gitter mit Koordinationszahl 4 (zweidimensional gezeichnet) zur Veranschaulichung der Dotierung. Donator mit einem Elektron besetzt und Akzeptor mit einem Loch (fehlendem Elektron) besetzt **(a)**, beide Verunreinigungen sind für $T \to 0$ elektronisch nicht aktiv. Donator und Akzeptor sind bei $T > 0$ elektronisch aktiv wegen der Abgabe eines Elektrons ins Leitungsband (Donator) resp. eines Lochs ins Valenzband (Akzeptor) **(b)**

Der Einbau solcher Fremdatome erzeugt energetische Zustände in der Bandlücke. Die energetische Position der Zustände ist abhängig von der elektronischen Struktur des Gitters und der der Fremdatome. Zur effektiven Wirkung als Dotieratom sollten solche Niveaus in der Nähe der Bandkanten liegen. Donatoren mit Niveaus nahe ϵ_C liefern zusätzliche Elektronen ins Leitungsband und sind dann positiv geladen, Akzeptoren mit Zuständen nahe ϵ_V geben Löcher ins Valenzband ab und sind somit negativ geladen. Die Verunreinigungen tragen zur Gesamtladungsträgerdichte und demzufolge auch zur Ladungsbilanz bei, aus der sich die Lage des Ferminiveaus ableitet.

Die energetische Lage von Dotieratomen[3], kann man mit einem einfachen Ansatz abschätzen, nämlich mit der Betrachtung eines Elektrons im dreidimensionalen sphärischen Coulomb-Potential des H-Atoms im Vakuum (vgl. Abschn. 4.7.3.1). Dessen elektronische Niveaus werden für den Festkörper mit der Dielektrizitätskonstante $\varepsilon\varepsilon_0$ und der effektive Masse des Elektrons resp. des Lochs m_n^*, m_p^* modifiziert [9, 10].

Auf diese Weise erhält man die Differenz vom Donatorniveau zur Leitungsbandkante

$$\epsilon_C - \epsilon_D = \frac{1}{2} \frac{m_n^* e^4}{(2\pi\varepsilon\varepsilon_0 h)^2} \frac{1}{n^2}$$

und vom Akzeptorniveau zur Valenzbandkante

$$\epsilon_A - \epsilon_V = \frac{1}{2} \frac{m_p^* e^4}{(2\pi\varepsilon\varepsilon_0 h)^2} \frac{1}{n^2}.$$

(n bezeichnet die Hauptquantenzahl mit $n = 1, 2, 3...$). In Anlehnung an die Ionisierungsenergie des H-Atoms (13.6 eV) sind im Halbleiter Elektronen für $\epsilon \geq \epsilon_C$ und Löcher für $\epsilon \leq \epsilon_V$ *quasifrei*. (Typische Zahlenwerte von $\epsilon_C - \epsilon_D$ oder $\epsilon_A - \epsilon_V$ betragen wenige zig-meV) (angedeutet in Abb. 5.3).

---

[3]Beispielsweise ein positiver Donator mit einem Elektron.

Die Lage der Ferminiveaus bestimmt sich für dotierte Halbleiter ebenfalls aus der Bilanz der besetzten und unbesetzten Zustände, wobei die geladenen Donatoren (unbesetzt!) oder die geladenen Akzeptoren (mit einem Elektron besetzt) zusammen mit den Ladungen in den Bändern zur Bestimmung der Position des Ferminiveaus dienen.

Beispielsweise setzt sich die Dichte der Donatoren N_D aus neutralen und geladenen Zuständen zusammen

$$N_D = n_D^0 + n_D^+.$$

Zur Bilanz wird n_D^+ benötigt und damit folgt:

$$n_D^+ = N_D \left(\exp \left[\frac{\epsilon_F - \epsilon_D}{kT} \right] + 1 \right)^{-1}.$$

Eine ähnliche Beziehung erhält man für die Löcher, wobei der angeregte Zustand n_A^- (negativ geladener Akzeptor bei ϵ_A und zusätzliches Loch in VB) mit einem Elektron besetzt ist:

$$n_A^- = N_A - n_A^0 = N_A \left(\exp \left[\frac{\epsilon_A - \epsilon_F}{kT} \right] + 1 \right)^{-1}.$$

Aus der Näherung mit der Boltzmann-Verteilung und mit Vernachlässigung des Beitrags der Löcher p_0 in VB gelangt man über

$$\begin{aligned}
n_{CB} = n_0 &= \int_{\epsilon_C}^{\infty} \left(\frac{2m_n^*}{\hbar^2} \right)^{3/2} \frac{\sqrt{\epsilon - \epsilon_C}}{2\pi^2} \exp \left[-\frac{\epsilon - \epsilon_F}{kT} \right] d\epsilon \\
&\approx N_C(T) \exp \left[-\frac{\epsilon_C - \epsilon_F}{kT} \right] = n_D^+ = N_D \left(\exp \left[-\frac{\epsilon_F - \epsilon_D}{kT} \right] \right)
\end{aligned} \tag{5.7}$$

für n-Dotierung zu

$$\epsilon_F = \epsilon_C - \frac{1}{2} (\epsilon_C - \epsilon_D) + \frac{1}{2}kT \ln \left[\frac{N_D}{N_C(T)} \right]. \tag{5.8}$$

$N_C(T)$ ist die temperaturabhängige Konzentration der Elektronen in CB mit $N_C = 2 \left((m_n^* kT) / (2\pi\hbar^2) \right)^{3/2}$.

Gleichermaßen gilt für die Dotierung mit Akzeptoren (p-Dotierung)

$$\epsilon_F = \frac{1}{2}\epsilon_A - \frac{1}{2}kT \ln \left[\frac{N_A}{N_V(T)} \right], \tag{5.9}$$

mit $N_V = 2 \left((m_p^* kT) / (2\pi\hbar^2) \right)^{3/2}$.

Im thermischen Gleichgewicht liegt das Ferminiveau in intrinsischen und in dotierten Halbleitern, solange keines der Reservoirs erschöpft ist, zwischen den

Energien der zwei hauptsächlichen Reservoirs Leitung- und Valenzband, resp. Leitungsband und Donatorniveau beziehungsweise Akzeptorniveau und Valenzband. In einer Vielzahl von Anwendungen sind bei moderaten Temperaturen (300 K) die Dotierkonzentrationen nahe an der Erschöpfung, das Ferminiveau liegt am Niveau der Dotieratome oder mehr Richtung Mitte der Bandlücke, und näherungsweise gilt dann $n_D^+ \approx N_D$ oder $n_A^- \approx N_A$.

5.1.2 Anorganische Halbleiter unter Beleuchtung

Unter Beleuchtung werden in den Bändern zusätzlich zu den thermischen Gleichgewichtskonzentrationen n_0 im Leitungsband und p_0 im Valenzband Ladungsträger erzeugt, nämlich Δn in CB und Δp in VB (vgl. Abschn. 4.8.4). Ohne Berücksichtigung der sehr seltenen impact ionization (ein Photon mit genügend hoher Energie erzeugt mehr als ein Elektron-Loch-Paar) fahren wir fort mit $\Delta n = \Delta p$.

Die Konzentrationen von Elektronen und Löchern in CB (mit Zustandsdichte $D_C(\epsilon)$) und VB (mit $D_V(\epsilon)$) ergeben sich aus der Fermi-Statistik. Für nicht extrem hohe Anregungen sind die Quasi-Fermi-Niveaus[4] ϵ_{Fn} und ϵ_{Fp} genügend weit entfernt von den jeweiligen Bändern, $(\epsilon_C - \epsilon_{Fn}) \geq 3kT$, $(\epsilon_{Fp} - \epsilon_V) \geq 3kT$, so dass die Boltzmann-Näherung verwendet werden darf, und sich damit die Trägerkonzentrationen analytisch in die Position der Quasi-Fermi-Niveaus übersetzen lassen [4].

Für Elektronen gilt dann

$$
\begin{aligned}
n_{CB} = n_0 + \Delta n &= \int_{\epsilon_C}^{\infty} D_{CB}(\epsilon) \exp\left[-\frac{\epsilon - \epsilon_{Fn}}{kT}\right] d\epsilon \\
&= \int_{\epsilon_C}^{\infty} \left(\frac{2m_n^*}{\hbar^2}\right)^{3/2} \frac{1}{2\pi^2} \sqrt{\epsilon - \epsilon_C} \left(\exp\left[-\frac{\epsilon - \epsilon_F}{kT}\right] \exp\left[-\frac{\epsilon_F - \epsilon_{Fn}}{kT}\right]\right) d\epsilon \\
&= N_C \exp\left[-\frac{\epsilon_C - \epsilon_F}{kT}\right] \exp\left[-\frac{\epsilon_F - \epsilon_{Fn}}{kT}\right] \\
&= n_0 \exp\left[\frac{\epsilon_{Fn} - \epsilon_F}{kT}\right],
\end{aligned}
\tag{5.10}
$$

und für Löcher

$$
\begin{aligned}
p_{VB} = p_0 + \Delta p &= \int_{-\infty}^{\epsilon_V} D_{VB}(\epsilon) \exp\left[\frac{\epsilon - \epsilon_{Fp}}{kT}\right] d\epsilon \\
&= \int_{-\infty}^{\epsilon_V} \left(\frac{2m_p^*}{\hbar^2}\right)^{3/2} \frac{1}{2\pi^2} \sqrt{\epsilon_V - \epsilon} \left(\exp\left[\frac{\epsilon - \epsilon_F}{kT}\right] \exp\left[\frac{\epsilon_F - \epsilon_{Fp}}{kT}\right]\right) d\epsilon \\
&= N_V \exp\left[-\frac{\epsilon_F - \epsilon_V}{kT}\right] \exp\left[\frac{\epsilon_F - \epsilon_{Fp}}{kT}\right] \\
&= p_0 \exp\left[\frac{\epsilon_F - \epsilon_{Fp}}{kT}\right].
\end{aligned}
\tag{5.11}
$$

---

[4]Zu Quasi-Fermi-Niveau vgl. 4.8.4.

Aufgelöst nach den Quasi-Fermi-Energien ergibt sich sowohl

$$\epsilon_{Fn} = \epsilon_F + kT \ln\left[\frac{n_{CB}}{n_0}\right]. \tag{5.12}$$

als auch

$$\epsilon_{Fp} = \epsilon_F + kT \ln\left[\frac{p_0}{p_{VB}}\right] = \epsilon_F - kT \ln\left[\frac{p_{VB}}{p_0}\right]. \tag{5.13}$$

Die Aufspaltung der Quasi-Fermi-Niveaus, die die Arbeitsfähigkeit des elektronischen Systems oder anders ausgedrückt, das Chemische Potential μ_{np} des Ensembles aus Elektronen und Löchern kennzeichnet, ist

$$\mu_{np} = \epsilon_{Fn} - \epsilon_{Fp} = kT \ln\left[\frac{n_{CB}\,p_{VB}}{n_0\,p_0}\right] = kT \ln\left[\frac{(\Delta n + n_0)(\Delta p + p_0)}{n_0\,p_0}\right]$$
$$= kT \ln\left[\frac{(\Delta n)^2 + \Delta n(n_0 + p_0) + n_0\,p_0}{n_0\,p_0}\right]. \tag{5.14}$$

Unnötig zu betonen, dass man im thermischen Gleichgewicht mit den Besetzungen n_0 und p_0

$$\mu_{np,0} = kT \ln\left[\frac{n_0\,p_0}{n_0\,p_0}\right] = 0$$

erhält.

5.1.3 Aufspaltung der Quasi-Fermi-Niveaus in anorganischen Halbleitern

Aus Gl. 5.14 mit $n_0\,p_0 = n_i^2$ folgt

$$\epsilon_{Fn} - \epsilon_{Fp} = kT \ln\left[\frac{(\Delta n)^2}{n_i^2} + \frac{\Delta n}{n_i^2}\left(n_0 + \frac{n_i^2}{n_0}\right) + 1\right]. \tag{5.15}$$

Bei extern vorgegebener hypothetischer gleicher Überschussdichte Δn wäre die Separation $\epsilon_{Fn} - \epsilon_{Fp}$ als Folge von

$$\ln\left[\frac{(\Delta n)^2}{n_i^2} + \frac{\Delta n}{n_i^2}\left(n_0 + \frac{n_i^2}{n_0}\right) + 1\right]$$

wegen des Terms

$$\left(n_0 + \frac{n_i^2}{n_0}\right)$$

in dotierten Halbleitern $n_0 \neq p_0 \neq n_i$ zwar geringfügig größer als in undotierten Halbleitern ($n_0 = p_0 = n_i$).

Allerdings richtet sich die Konzentration Δn nach den Raten der Generation und der Rekombination. In intrinsischen Absorbern findet die Rekombination nur zwischen Bandzuständen statt; in dotierten Halbleitern dagegen tragen auch Übergänge zu und von den Dotierniveaus zur Rekombinations bei und verringern die stationären Überschusskonzentrationen Δn und Δp.

Die gesamte Rekombinationslebensdauer τ_{ges} ergibt sich formal aus der Summe der Kehrwerte aller Lebensdauern τ_i

$$\tau_{ges} = \sum \frac{1}{\tau_i},$$

zu der auch die geringen Beiträge der flachen Störstellen zählen; den weitaus größten Beitrag zur Rekombination liefern tiefe Defekte.

Da die Überschussdichten Δn und Δp von der Generationsrate abhängen, kann man für stationäre Photoanregung Γ_γ aus der Abhängigkeit $\Delta n \sim \Gamma_\gamma^\beta$ auf die Rekombinationskinetik schließen ($\beta = 1$: defektbestimmt (monomolekular) oder $\beta = 2$: „geminate" (bimolekular).)

5.1.4 Quasi-Fermi-Niveaus mit Randeffekten

Die Aufspaltung der Quasi-Fermi-Niveaus $\epsilon_{Fn} - \epsilon_{Fp}$ in homogenen, gleichmäßig beleuchteten Absorbern ist laut Gl. 5.14 örtlich konstant (Abb. 5.5a).

Für den Zugriff auf den Anregungszustand in Absorbern bedarf es geeigneter Kontakte, deren elektronische Eigenschaften die lokale Verteilung der Quasi-Fermi-Niveaus nachteilig modifizieren können.

In metallischen Kontakten sind die Relaxationszeiten für Energie und Wellenvektor von angeregten Ladungsträgern der hohen Dichten freier Elektronen wegen sehr klein ($10^{-15}s$). Dadurch werden photoangeregte Ladungsträger in Halbleitern in der Umgebung von Metallen diesen Regionen wirkungsvoll entzogen. Formal wird dieser Effekt mit einer sehr hohen Oberflächenrekombinationsgeschwindigkeit ($S \rightarrow \infty$) ausgedrückt [8] (siehe Abschn. 4.9.3.5). An der Grenzfläche zu einem Metall verschwindet somit die Aufspaltung der Quasi-Fermi-Niveaus ($\epsilon_{Fn} - \epsilon_{Fp}$) $\rightarrow$ 0. Die Quasi-Fermi-Niveaus nähern sich dem Ferminiveau an $\epsilon_{Fn} \rightarrow \epsilon_F$, $\epsilon_{Fp} \rightarrow \epsilon_F$. In Abb. 5.5b ist qualitativ der Einfluss von metallischen Kontakten auf $\epsilon_{Fn}(x)$ und $\epsilon_{Fp}(x)$ gezeigt.

Zur formalen Beschreibung der lokalen Quasi-Fermi-Niveaus betrachtet man die Überschussdichten von Elektronen $\Delta n(x)$ und Löchern $\Delta p(x)$, die man in Kontinuitätsgleichung einsetzt. Die Lösungen für die Elektronen und die Löcher sind identisch $\Delta n(x) = \Delta p(x)$, denn die Elektronen und die Löcher sind durch ihre Ladungen aneinander gebunden. Die lokalen Trägerdichten haben Diffusionsprofile.

Abb. 5.5 Lokale Verteilung der Quasi-Fermi-Niveaus $\epsilon_{Fn}(x)$ und $\epsilon_{Fp}(x)$ in einem homogen beleuchteten Absorber mit idealen, weit voneinander entfernten Rändern (**a**) und mit Rändern extrem hoher Oberflächenrekombinations-geschwindigkeit $S(x=0) = S_0 \rightarrow \infty$, $S(x=d) = S_d \rightarrow \infty$ (**b**)

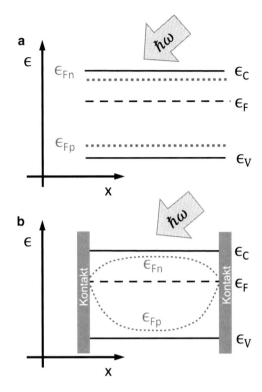

Elektronen und Löcher diffundieren somit gemeinsam (ambipolar[5]) mit den Gradienten der Konzentration, der sich auch in den Gradienten der beiden Quasi-Fermi-Niveaus findet, zu den Rändern. Ihre Beiträge zum Ladungstransport kompensieren sich. Unterwegs und an den Rändern unterliegen die photogenerierten Elektronen und Löcher Rekombinationsprozessen.

Beispielhaft sind ortsabhängige Überschussdichten $\Delta n(x)$ und die Quasi-Fermi-Niveaus der Elektronen ($\epsilon_{Fn} - \epsilon_F$) in einem homogen beleuchteten Absorber der Dicke d für verschiedene Oberflächenrekombinationsgeschwindigkeiten $0 \leq S_0 = S_d \leq \infty$ in Abb. 5.6 dargestellt.

---

[5]Der ambipolare Dissusionskoeffizient setzt sich aus den einzelnen Diffusionskoeffizienten, Beweglichkeiten und Dichten zusammen

$$D_{amb} = \frac{1}{e}\left(\frac{D_p}{\mu_p p} + \frac{D_n}{\mu_n n}\right)\left(\frac{1}{\mu_p p} + \frac{1}{\mu_n n}\right).$$

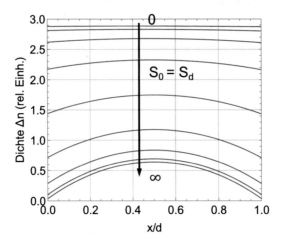

Abb. 5.6 Lokale Überschussdichten $\Delta n(x)$ in einem homogen beleuchteten Absorber der Dicke d für Oberflächenrekombinationsgeschwindigkeiten $0 \leq S_{x=0} = S_{x=d} \leq \infty$ im Leerlauf; der Transport von Elektronen zu den Rändern erfolgt mit ambipolarar Diffusion, weil Elektronen und Löcher durch Coulomb Attraktion aneinander gebunden sind (die thermische Geschwindigkeit v_{th} bildet die prinzipielle Grenze für Oberflächenrekombinationsgeschwindigkeiten $S \leq v_{th}$)

5.1.5 Barrieren

In Solarzellen müssen photogenerierte Elektronen und Löcher in unterschiedliche Richtungen aus dem Absorber abgezogen werden, damit sich die Stromdichten nicht gegenseitig aufheben. Dazu bedarf es einer Unsymmetrie im Transport von positiven und von negativen Ladungen. Eine solche Unsymmetrie wird entweder im Absorber selbst oder an dessen Rändern eingebaut. Die im Abschn. 4.12 für ideale Solarzellen eingeführten Membranen werden mit Barrieren im entsprechenden energetischen Transportniveau der Ladungen realisiert. Solche Barrieren lassen sich beispielsweise durch Raumladungszonen in Halbleiter einbauen. Deren örtliche Potentialverteilungen haben eine ebenfalls örtliche Variation der energetischen Niveaus, u. a. im Valenz- und im Leitungsband zur Folge. Allerdings sind solche Barrieren aufgrund ihrer endlichen Höhe nur Näherungen von idealen Membranen.

5.1.6 Raumladungszonen

Eine Ladungsverteilung $\varrho(\mathbf{x})$ erzeugt in ihrer Umgebung ein elektrostatisches Potential $\varphi(\mathbf{x})$, das sich nach zweifacher Integration der Poisson-Gleichung ergibt:

$$\varphi(\mathbf{x}) = \varepsilon_0 \varepsilon \int \left(\int \rho(\mathbf{x}) \mathrm{d}\mathbf{x} \right) \mathrm{d}\mathbf{x}.$$

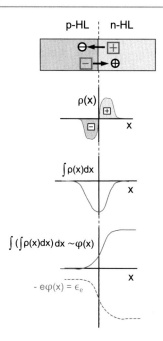

Abb. 5.7 Schematische Entwicklung des elektrostatischen Potentials $\varphi(x)$ und der Elektronenenergie ϵ_e eines pn-Übergangs aus der zweifachen örtlichen Integration der Raumladung $\rho(x)$ in eindimensionaler Darstellung; nach Diffusion von Elektronen aus dem n-Halbleiter ins p-Gebiet bleiben positive Donatoren zurück und nach Diffusion von Löchern aus dem p-Halbleiter ins n-Gebiet verbleiben negative geladenen Akzeptoren im p-Gebiet. Die geladenen Donatoren und Akzeptoren bilden die Raumladung

Nach Konvention ist $\varphi(\mathbf{x})$ das Potential einer positiven Ladung und dementsprechend wird im Termschema für Elektronen die lokale Elektronenenergie zu

$$\epsilon_e(\mathbf{x}) = -e\varphi(\mathbf{x}).$$

Solarzellen sind planare Bauelemente mit Abmessungen von Oberflächen der Längen L_y, L_z im Bereich von cm und mit Dicken d_x von wenigen bis einigen hundert μm. Folglich können die Darstellung und Beschreibung ihrer Wirkungsweise eindimensional, hier als Funktion von x vorgenommen werden (vgl. Abb. 5.7).

Insbesondere in einer Dimension wird das Potential $\varphi(x)$, das man durch zweifache Integration der Raumladung $\rho(x)$ erhält, stark geglättet. In Abb. 5.8 ist $\varphi(x > 0)$ (rechte Hälfte der Raumladungszone eines pn-Übergangs) für verschiedene Verteilungen $\rho(x)$ aber für gleiche Weiten und gleiche Differenz des Potentials $\Delta\varphi_n = \varphi_n(x_n) - \varphi_n(0)$ dargestellt. Die Form der Ladungsverteilung $\rho(x)$ wirkt sich nur schwach auf die lokale Potentialverteilung $\varphi(x) = (1/e)\epsilon_e(x)$ aus (vgl. Abb. 5.8 mit unterschiedlichen $\rho(x)$ und zugehörigen sehr ähnlichen $\varphi(x)$).

Unabhängig von Typ und Art der einen elektrischen Kontakt/Barrieren bildenden Materie, also Halbleiter, Isolator, Metall, wird im thermischen Gleichgewicht nach dem Austausch von Ladungen der Gradient des Ferminiveaus verschwinden

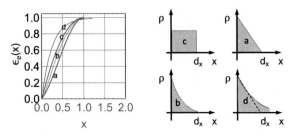

Abb. 5.8 Elektronenenergie $\epsilon_e(x)$ für $x > 0$ (rechte Hälfte der Raumladungszone eines pn-Übergangs) für konstante (c), linear abfallende (a), exponentiell abnehmende (d) und hyperbolisch abfallende (b) Raumladungsverteilung $\rho(x)$ für jeweils gleiche Weite der Raumladungszone im n-Gebiet und gleiche Differenz des Potentials $\Delta\varphi_n = \varphi_n(x_n) - \varphi_n(0)$

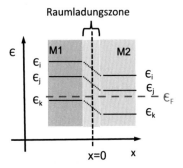

Abb. 5.9 Energieniveaus an der Kontaktstelle zweier Materialien M1, M2 mit horizontalem Ferminiveau ($\nabla_x[\epsilon_F] = 0$), das chemisches Gleichgewicht anzeigt. Spezifische Energieniveaus ϵ_i, ϵ_j, ϵ_k (u. a. auch das Ionisierungsniveau) verschieben sich parallel; die Niveaus ϵ_i, ϵ_j, ϵ_k in der Raumladungszone sind nur punktiert angedeutet. Sie hängen von der lokalen und energetischen Verteilung der beteiligten Ladungen ab

($\nabla_x[\epsilon_F] = 0$) (Abb. 5.9). Die Ladungen beiderseits der metallurgischen Grenze ordnen sich nach den Kriterien des minimal möglichen lokalen Abstands und der maximalen Absenkung der Gesamtenergie an.

Aus thermodynamischen Gründen ist das Niveau der Austrittsenergie (Vakuumniveau) stetig[6]; die anderen spezifischen Energieniveaus ($\epsilon_C(x)$, $\epsilon_V(x)$ und auch die Rumpfniveaus) können abhängig von der energetischen Breite der Bänder und der Bandlücken durchaus Diskontinuitäten aufweisen.

Die Differenz in der Austrittsenergie der beiden Festkörper (Vakuumniveau) zeigt sich in der Differenz der Ferminiveaus der unkontaktierten Ausgangsmaterialien $\epsilon_{F,M1}$ und $\epsilon_{F,M2}$; die Barrierenhöhen in CB (für Elektronen) und in VB (für Löcher) ergeben sich aus dieser Differenz und den Differenzen in Elektronenaffinität (energetische Breite des Leitungsbandes, χ) und des Bandabstandes ($\epsilon_{g,M1}$, $\epsilon_{g,M2}$) (vgl. auch Abschn. 5.3). In homogenen Übergängen sind wegen identischer $\chi_{M1} = \chi_{M2}$ und $\epsilon_{g,M1} = \epsilon_{g,M2}$ Valenz- und Leitungsbandkante $\epsilon_C(x)$ und $\epsilon_V(x)$ stetig.

---

[6]Sofern keine Dipolladungen eine Diskontinuität der Energieniveaus verursachen.

5.2 Homogener pn-Übergang

Zur Erklärung der Wirkungsweise von Solarzellen wählen wir das konzeptionell einfachste elektronische Bauelement, den homogenen pn-Übergang. Die Beschreibung ist hier sehr ausführlich, weil sie die Grundlage zum Verständnis aller anderen Dioden bildet [4, 7, 8, 10].

Ein pn-Übergang besteht aus der Kombination eines p- mit einem n-dotierten Halbleiter aus gleichem chemischem Stoff, beispielsweise Silizium. Aufgrund der Konzentrationsunterschiede von sehr vielen Löchern und wenigen Elektronen im p-Gebiet und entsprechend vielen Elektronen und wenigen Löchern im n-Gebiet diffundieren Löcher ins n-Gebiet und Elektronen ins p-Gebiet. Die zugehörigen geladenen Dotieratome bleiben im Gitter eingebaut zurück. So entsteht im chemischen Gleichgewicht ($\nabla_{\mathbf{x}} \left[\epsilon_F(\mathbf{x}) \right] = 0$) in einem örtlich begrenzten Gebiet eine Zone gestörter Ladungsneutralität, die Raumladungszone (Abb. 5.7).

Über die zweifache örtliche Integration der Poisson-Gleichung wird diese Zone von positiven und negativen Ladungen übersetzt in eine örtliche Verteilung des elektrostatischen Potentials und somit in eine lokale Energie der Elektronen[7], beispielsweise in die örtlich abhängige Valenzbandkante $\epsilon_V(x)$, die Leitungsbandkante $\epsilon_C(x)$ und das Vakuumniveau $\epsilon_{vac}(x)$ (siehe Abb. 5.10).

Die Raumladungszone verursacht eine Unsymmetrie für den Transport von Elektronen und Löchern, indem für die Überschusskonzentrationen der Minoritäten (Elektronen im p-Gebiet und Löcher im n-Gebiet) Senken geschaffen werden, zu denen die Träger sich bewegen, nämlich zum jeweiligen Gebiet der Majoritäten. Der Transport von photogenerierten Elektronen n und Löchern p findet so in entgegengesetzten Richtungen statt und erlaubt auf diese Weise die Trennung von negativen und positiven Ladungen, die beiderseits zur gesamten Stromdichte $j = j_n + j_p$ beitragen.

Die Wirkungsweise des pn-Übergangs steht hier stellvertretend für andere Typen von Barrieren, wie Hetro-Übergänge, p-i-n-Dioden, Schottky- und MIS-Dioden, deren Beschreibung in analoger Weise vorgenommen wird.

5.2.1 Raumladungszone im homogenen pn-Übergang als einfaches Beispiel

Die elektronische und geometrische Verteilung der positiven und negativen Ladungen beiderseits der Phasengrenze gehorcht der Minimierung der Gesamtenergie. Die analytische Beschreibung führt zu einem Problem der Variationsrechnung. Das lässt sich umgehen, indem in einem einfachen Modell Größe und lokale Ausdehnung der Ladungen vorgegeben werden, um daraus qualitativ die Beziehungen zwischen

---

[7]Selbstverständlich findet sich diese Ortsabhängigkeit auch in allen anderen Niveaus, wie in Defekt- und Rumpfniveaus der Gitteratome.

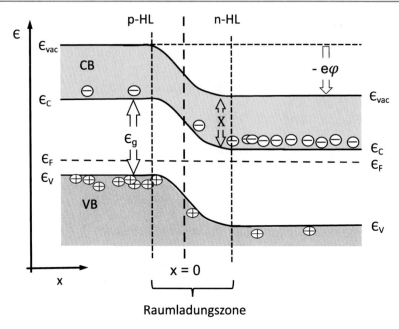

Abb. 5.10 Bänderschema des homogenen pn-übergangs im thermischen Gleichgewicht und ohne externe Potentialdifferenz. Valenz- und Leitungsband nehmen die durch die Raumladungen initiierten lokalen energetischen Positionen ein und bilden energetische Barrieren für Majoritätsladungsträger. Diese Unsymmetrie des Transports erlaubt die Separation von photogenerierten Minoritäten unterschiedlicher Polarität

Abb. 5.11 Eindimensionale, rechteckförmige Raumladungen eines pn-Übergangs $\rho(x)$ und daraus ableitbare Energie der Elektronen $\epsilon_e(x)$

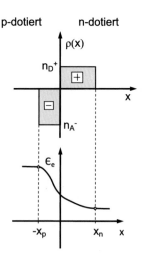

Dotierung und Weite der Raumladungszone sowie die Bandverbiegung $\epsilon_{vac}(x)$ abzuleiten [4, 11]:

Für den eindimensionalen pn-Übergang wählen wir konstante Raumladungen in einem lokal begrenzten Bereich, wie in Abb. 5.11 dargestellt.

Die Raumladung besteht im p-dotierten Teil ($-x_p \leq x \leq 0$) ausschließlich aus den negativ geladenen Akzeptoren (mit einem Elektron besetzt) der Konzentration n_A^- und im n-dotierten Gebiet ($0 \leq x \leq x_n$) aus positiv geladenen Donatoren n_D^+, die ein Elektron abgegeben haben. Außerhalb der Raumladungszone sind die Besetzungen der Bandzustände die des thermischen Gleichgewichts.

Bei moderaten Temperaturen ($T \leq 300\,K$) ist die Fermi-Verteilung näherungsweise stufenförmig ($f_F(\epsilon < \epsilon_F) \approx 1$, und $f_F(\epsilon > \epsilon_F) \approx 0$). Aufgrund der Bandverbiegung vergrößert sich der Abstand zwischen Ferminiveau ϵ_F und Valenzband ϵ_V im p-Gebiet vom äußeren Rand der Raumladungszone in Richtung deren Mitte, so dass die Akzeptoren mit guter Näherung alle geladen sind. Gleiches gilt für das n-Gebiet mit dem Abstand zwischen ϵ_F und ϵ_C; die Donatoren sind demnach alle unbesetzt, also positiv geladen. Somit nehmen wir zur weiteren Beschreibung der Raumladungszone an, dass $n_A^- = N_A$ und $n_D^+ = N_D$ gilt.

Die Poisson-Gleichung in Form der zweiten Ortsableitung des elektrostatischen Potentials $\varphi(x)$ mit der Elementarladung $e = +1.6 \cdot 10^{-19}$ As und den dielektrischen Funktionen des Vakuums ε_0 und der Materie ε liest sich demzufolge

$$\frac{d^2\varphi(x)}{dx^2} = -\frac{e}{\varepsilon_0\varepsilon}\left[n_A^-(x) - n_D^+(x)\right]. \tag{5.16}$$

Wir betrachten p- und n-Region separat

$$-\frac{d^2\varphi_p(x)}{dx^2} = \frac{e}{\varepsilon_0\varepsilon}\left(-N_A(x)\right), \qquad -\frac{d^2\varphi_n(x)}{dx^2} = \frac{e}{\varepsilon_0\varepsilon}N_D(x), \tag{5.17}$$

und integrieren zu

$$-\frac{d\varphi_p(x)}{dx} = -\frac{e}{\varepsilon_0\varepsilon}N_A(x + x_p), \qquad -\frac{d\varphi_n(x)}{dx} = \frac{e}{\varepsilon_0\varepsilon}N_D(x - x_n). \tag{5.18}$$

Die Normalkomponente der dielektrischen Verschiebung $D_x = \varepsilon E_x$ an der Übergangsstelle $x = 0$ ist stetig. Wegen $\varepsilon_{\text{p-Seite}} = \varepsilon_{\text{n-Seite}}$ im homogenen Übergang folgt daraus:

$$\frac{d\varphi_p(-x_p)}{dx} = -\frac{e}{\varepsilon_0\varepsilon}N_A(-x_p) = 0 = \frac{d\varphi_n(x_n)}{dx} = \frac{e}{\varepsilon_0\varepsilon}N_D(x_n). \tag{5.19}$$

Damit erhält man

$$N_A x_p = N_D x_n. \tag{5.20}$$

Diese Identität $N_A x_p = N_D x_n$ zeigt die Ladungsneutralität der gesamten Raumladungszone in $-x_p \leq x \leq x_n$ der Diode.

Nach einer weiteren Integration gelangt man zum elektrostatischen Potential $\varphi(x)$ mit $\varphi_p(x)$ für die p- Region und gleichermaßen mit $\varphi_n(x)$ für die n-Seite. So ergibt sich für $-x_p \leq x \leq 0$

$$\varphi_p = -\int \frac{-e}{\varepsilon_0\varepsilon}N_A(x + x_p)dx = \frac{e}{\varepsilon_0\varepsilon}N_A\left(\frac{x^2}{2} + x_p x\right) + C_1, \tag{5.21}$$

und analogerweise für $0 \leq x \leq x_n$

$$\varphi_n = - \int \frac{-e}{\varepsilon_0 \varepsilon} N_D (x - x_n) \mathrm{d}x = - \frac{e}{\varepsilon_0 \varepsilon} N_D \left(\frac{x^2}{2} - x_n x \right) + C_2. \qquad (5.22)$$

An der Übergangsstelle $x = 0$ geht $\varphi_n(0)$ kontinuierlich über in $\varphi_p(0)$, woraus $C_1 = C_2$ folgt.

Die Änderung des elektrostatischen Potentials über die Raumladungszone entspricht der Differenz $\varphi_n(x_n) - \varphi_p(-x_p)$ und wird Diffusionsspannung[8] (built-in-potential) V_{bi} genannt. Die Größe V_{bi} kennzeichnet die Höhe der energetischen Barriere, die die Majoritäten sehen.

$$V_{bi} = \varphi_n(x_n) - \varphi_p(-x_p) = \frac{e}{\varepsilon \varepsilon_0} N_D \frac{x_n^2}{2} + C_1 - \frac{e}{\varepsilon \varepsilon_0} \left(-N_A \frac{x_p^2}{2} \right) - C_1 \qquad (5.23)$$

oder

$$V_{bi} = \frac{e}{2 \varepsilon \varepsilon_0} \left(N_D x_n^2 + N_A x_p^2 \right). \qquad (5.24)$$

Die vorgegebenen Grenzen der Raumladungszone $-x_p$ und x_n – zur Erinnerung – sind hypothetische Werte, denn mit der Dotierung der beiden Halbleiter liegen die jeweiligen Ferminiveaus fest. Damit ist auch die Diffusionsspannung V_{bi} festgelegt, die nicht (!) von der Weite der Raumladungszone ($W = x_n + x_p$)) und den lokalen Profilen der Ladungen abhängt. Die Profile der Ladungen $n_A^-(x)$ und $n_D^+(x)$ entstehen, wie oben ausgeführt, nach Vorschrift der minimalen Gesamtenergie.

Mit der Näherung, dass die Dotieratome in der Raumladungszone komplett ionisiert sind, lässt sich aus den vorigen Gleichungen die qualitative Abhängigkeit der geometrischen Eigenschaften der Raumladungszone von der Konzentration der Dotierstoffe ableiten.

Mit Gl. 5.20 schreibt man Gl. 5.24 um, einerseits zu

$$\frac{V_{bi}}{N_D} = \frac{e}{2 \varepsilon \varepsilon_0} \left(x_n^2 + x_n x_p \right) \qquad (5.25)$$

und andererseits zu

$$\frac{V_{bi}}{N_A} = \frac{e}{2 \varepsilon \varepsilon_0} \left(x_p^2 + x_n x_p \right). \qquad (5.26)$$

Aus beiden Relationen gewinnt man die eingebaute Potentialdifferenz V_{bi}

$$V_{bi} \left(\frac{1}{N_D} + \frac{1}{N_A} \right) = \frac{e}{2 \varepsilon \varepsilon_0} \left(x_n + x_p \right) \left(x_n + x_p \right) \qquad (5.27)$$

---

[8]Manche Autoren [4] halten allerdings die Bezeichnung „Antidiffusionsspannung" für passender.

und daraus die Weite der Raumladungszone

$$\left(x_\mathrm{n} + x_\mathrm{p}\right) = W = \sqrt{\frac{2\varepsilon\varepsilon_0 V_\mathrm{bi}}{e N_\mathrm{D} N_\mathrm{A}} \left(N_\mathrm{D} + N_\mathrm{A}\right)} = \sqrt{\frac{2\varepsilon\varepsilon_0 V_\mathrm{bi}}{e} \left(\frac{1}{N_\mathrm{D}} + \frac{1}{N_\mathrm{A}}\right)}. \quad (5.28)$$

Verständlicherweise weitet sich die Raumladungszone mit abnehmender Dotierstoffkonzentration, weil zur Akkumulation der gleichen Gesamtladung bei geringerer Ladungsdichte $\rho(x)$ eine größere Strecke notwendig ist. Reicht die Dicke des Halbleiters nicht aus, die notwendige Gesamtladung zu etablieren, sammelt sich die für das chemische Gleichgewicht erforderliche Ladung an den externen Kontakten an.

Die ursprüngliche Annahme von rechteckförmigen Dichten geladener Akzeptoren- und Donatoren in $-x_\mathrm{p} \leq x \leq x_\mathrm{n}$ rechtfertigt sich nachträglich bei Betrachtung der Bandverbiegung $\epsilon_\mathrm{vac}(x)$, $\epsilon_\mathrm{C}(x)$, $\epsilon_\mathrm{V}(x)$:

In der Mitte der Raumladungszone, also an der Phasengrenze ($x = 0$), ist der Abstand der Dotierniveaus vom Ferminiveau vergleichsweise groß, nämlich nahezu die Hälfte des Bandabstandes, so dass alle Dotieratome geladen sind n_A^-, n_D^+. Am Rand der Raumladungszone bei $x = -x_\mathrm{p}$ beziehungsweise $x = x_\mathrm{n}$ gilt diese Annahme nur näherungsweise, weil der Abstand der Dotierniveaus zum Ferminiveau nicht mehr groß gegen kT ist. Deshalb ändern sich die Dichten der geladenen Verunreinigungen nicht abrupt, sondern zeigen – temparaturabhängig – schwache Ausläufer. Die Auswirkungen auf die lokalen Energien im Bändermodell sind allerdings sehr gering, wie die Betrachtung von verschiedenen Raumladungszonen im Abschn. 5.1.6 und in Abb. 5.8 zeigen.

In Raumladungszonen existiert ein nichtverschwindender Gradient des elektrostatischen Potentials $\nabla[\varphi(\mathbf{x})] \neq 0$, der sich auch in den Energien von Leitungs- $\nabla[\epsilon_\mathrm{C}(\mathbf{x})] \neq 0$ und Valenzband $\nabla[\epsilon_\mathrm{V}(\mathbf{x})] \neq 0$ findet. Diese Gradienten werden oft „elektrisches Feld" genannt, womit häufig irrtümlicherweise eine auf die Ladungsträger wirkende Kraft verbunden wird. Man erkennt, dass auch im thermodynamischen Gleichgewicht (thermisches und chemisches Gleichgewicht) solche Gradienten existieren und diese, im Einklang mit den Gesetzen der Thermodynamik und der Statistischen Physik, keinen Anlass zum Transport von Ladungsträgern bieten[9]. Aus diesem Grund werden solche Gradienten in dieser Abhandlung nicht als elektrisches Feld bezeichnet, sondern werden Gradienten der entsprechenden Energieniveaus genannt.

5.2.2 Stromdichte-Spannungs-Relation der unbeleuchteten pn-Diode

Eine äußere Potentialdifferenz (Spannung $V_\mathrm{ext} \neq 0$) führt in einer Diode zur Störung des elektrochemischen Gleichgewichts. Die Störung drückt sich in der Stromdichte $j(V_\mathrm{ext} \neq 0) \neq 0$ aus. Der Ladungstransport über die Grenzfläche der unterschiedlich dotierten Regime hängt vom Vorzeichen von V_ext ab:

---

[9]Brown'sche Bewegung von Partikeln ist für den Transport irrelevant.

Abb. 5.12 Schematische
Bänderdiagramme mit
Stromdichten in einer
homogenen unbeleuchteten
pn-Diode für verschiedene
externe Spannungen
$V_{ext} = 0$ (**a**); $V_{ext} > 0$ (**b**; in
Durchlassrichtung), $V_{ext} < 0$
(**c**; Sperrichtung).
Rekombination soll nur
außerhalb der
Raumladungszone erlaubt
sein

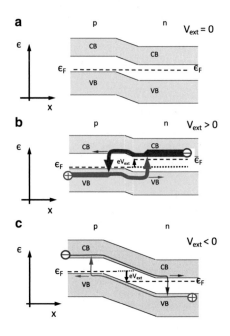

In Durchlassrichtung $V_{ext} > 0$ gelangen Majoritätladungsträger, Elektronen aus dem n- und Löcher aus dem p-Gebiet, wegen der verringerten Barriere von $eV_{bi}^* = (eV_{bi} - eV_{ext})$ in das jeweils gegensätzlich dotierte Gebiet, wo sie wegen des Dichteunterschiedes vom pn-Übergang wegdiffundieren, und wo sie als Minoritäten mit den dort verfügbaren Majoritäten rekombinieren. In dieser Beschreibung soll Rekombination in der Raumladungszone per definitionem nicht vorkommen (vgl. dazu Rekombination in der Raumladungszone in 5.2.6). Die Stromdichte wird von den Majoritäten bestritten und ist demnach vergleichsweise hoch, weil die Verminderung der Barrierenhöhe sich exponentiell auf die Anzahl der Majoritätsträger auswirkt, die über die Barrieren gelangen.

In Sperrichtung erhöht sich die Barriere $eV_{bi}^* > eV_{bi}$ und die Möglichkeit des Transports von Majoritäten über die Barriere wird exponentiell mit der Barrierenhöhe reduziert. Die Stromdichte in Sperrichtung wird hauptsächlich von den Minoritäten aus beiden Gebiete bestritten, deren Dichten um Größenordnungen unter denen der Majoritäten liegen. Sie ist dementsprechend sehr klein.

Abb. 5.12 zeigt anschaulich Beiträge von Elektronen und Löchern für unterschiedliche externe Spannungen $V_{ext} > 0$ und $V_{ext} < 0$ (Durchlass- und Sperrichtung) im Vergleich mit $V_{ext} = 0$.

Zur formalen Beschreibung des Ladungstransportes betrachten wir nur solche Elektronen und Löcher mit Energien, die beim Transport über die Phasengrenze keine Barriere sehen (vgl. Abb. 5.13).

Die betrachteten Elektronen haben demnach im n-Gebiet die Energie $\epsilon \geq \epsilon_{t,n}$ und im p-Gebiet $\epsilon \geq \epsilon_{Cp}$; anschaulich betrachten wir also nur den Anteil der Elektronen, die links und rechts vom pn-Übergang energetisch auf oder über dem Niveau des Leitungsbandes des p-Gebietes ϵ_{Cp} sich aufhalten.

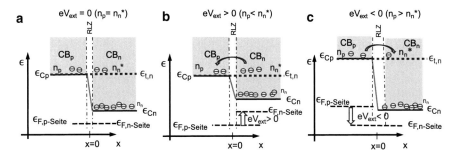

Abb. 5.13 Homogener pn-Übergang mit Energieniveaus als Transportpfad für Elektronen auf der Höhe der Leitungsbandkante des p-dotierten Halbleiters. Links und rechts der Phasengrenze konkurrieren die Elektronendichten n_p auf Seite des p-Leiters und n_n^* auf Seite des n-Leiters um den Ladungstransport auf dem Transportniveau $\epsilon_{Cp} = \epsilon_{t,n}$. Für $V_{ext} = 0$ ist $n_p = n_n^*$ **(a)**; für $V_{ext} > 0$ ist $n_n^* \gg n_p$ **(b)**; die Majoritäten aus dem n-Gebiet bestreiten den Ladungstransport (Durchlassrichtung). Für $V_{ext} < 0$ ist $n_n^* \ll n_p$ **(c)** tragen hauptsächlich die Minoritäten aus dem p-Gebiet zur Stromdichte bei (Sperrrichtung)

Sind die Dichten links $n_p(\epsilon \geq \epsilon_{Cp})$ und rechts der Phasengrenze $n_n^*(\epsilon_{t,n})$ nicht gleich, erfolgt ein Ausgleich wegen des Konzentrationsunterschiedes. Für gleiche Dichten $n_p(\epsilon \geq \epsilon_{C,p}) = n_n^*(\epsilon_{t,n})$ gibt es keine treibende Kraft und der Transport von Ladungen unterbleibt (Stromdichte ist null).

Da die externe Potentialdifferenz eV_{ext} die Barrierenhöhe $eV_{bi}^* = eV_{bi} - eV_{ext}$ bestimmt, ergibt sich für $V_{ext} > 0$ ein erheblicher Überschuss an n_n^* gegenüber n_p, was zur Stromdichte in Durchlassrichtung führt. Für negative externe Potentialdifferenz ($V_{ext} < 0$) wird $n_n^* \ll n_p$ und demzufolge dominieren die Minoritäten n_p den Ladungstransport, der wegen der geringen Dichte der n_p sehr gering ausfällt (Stromdichte in Sperrrichtung).

Die gleichartige Beschreibung gilt auch für Löcher, die im p-Gebiet die Majoritäten darstellen und im homogenen pn-Übergang zum Transport die gleiche Barrierenhöhe wie die Elektronen sehen.

In der Ableitung nehmen wir der Einfachheit wegen an:

- In der Raumladungszone (RLZ) gebe es keine Rekombination, so dass die Konzentrationen der Ladungsträger an den Rändern der Raumladungszone davon nicht beeinflusst werden; die Position der Ränder der Raumladungszone $-x_p$ und x_n liegen bei $x \approx 0$ und wir bezeichnen sie im Folgenden mit $x = 0^-$ bzw. mit $x = 0^+$.
- Der Ladungstransport außerhalb der Raumladungszone, zwischen externem Kontakt und pn-Übergang, verläuft verlustfrei, heißt die Gradienten $\nabla_x [\epsilon_C(x)]$, $\nabla_x [\epsilon_V(x)]$ und auch des Ferminiveaus $\nabla_x [\epsilon_F(x)]$ verschwinden.
- Demzufolge fällt die externe Spannung ausschließlich über die Raumladungszone ab und modifiziert die Diffusionsspannung zu $V_{bi}^* = V_{bi} - V_{ext}$. Die Weite der Raumladungszone W ändert sich im Einklang mit Gl. 5.28.

- Die p- and n-dotierten Gebiete sind unendlich ausgedehnt (p-Seite, $-\infty \leq x \leq 0^-$, und n-Seite, $0^+ \leq x \leq \infty$), damit man sich vorerst nicht um die Randbedingungen an den Kontakten kümmern muss.
- Majoritätsladungsträger, namentlich Löcher im p- und Elektronen im n-Gebiet, sowie Minoritäten, Elektronen im p- und Löcher im n-Gebiet, die die Stromdichte bestreiten, werden in Sperrrichtung aus thermischer Generation bestritten; aufgrund von unendlich ausgedehntem n- und p-Gebieten gibt es keine Beschränkung der Versorgung. In Durchlassrichtung werden die Majoritätsladungsträger von den Kontakten injiziert.

Wiederum beispielhaft für die Elektronen n_n^*, die die Barriere nicht spüren, schreiben sich die Dichten an der Phasengrenze des unbeleuchteten pn-Übergangs als Integral aus Zustandsdichte und Fermi-Verteilung:

$$n_n^*(x = 0^+) = \int_{\epsilon_{t,n}}^{\infty} D_{Cn}(\epsilon) \left(\exp\left[\frac{\epsilon - \epsilon_{F,\text{p-Seite}} + eV_{\text{ext}}}{kT} \right] + 1 \right)^{-1} d\epsilon, \quad (5.29)$$

sowie

$$n_{p0}(x = 0^-) = \int_{\epsilon_{Cp}}^{\infty} D_{Cp}(\epsilon) \left(\exp\left[\frac{\epsilon - \epsilon_{F,\text{p-Seite}}}{kT} \right] + 1 \right)^{-1} d\epsilon. \quad (5.30)$$

Da die energetische Distanz zwischen Transportniveau und dem Ferminiveau sowohl im p-, als auch im n-Gebiet genügend groß ist

$$(\epsilon_{Cp} - \epsilon_{F,\text{p-Seite}}) \gg kT, \qquad (\epsilon_{tn} - \epsilon_{F,\text{n-Seite}}) \gg kT,$$

ersetzen wir die Fermi-Verteilung durch die Boltzmann-Näherung und vereinfachen zu

$$n_n^*(x = 0^+) = \exp\left[\frac{eV_{\text{ext}}}{kT} \right] \int_{\epsilon_{t,n}}^{\infty} D_{Cn}(\epsilon) \left(\exp\left[\frac{\epsilon - \epsilon_{F,\text{p-Seite}}}{kT} \right] + 1 \right)^{-1} d\epsilon$$

$$= \exp\left[\frac{eV_{\text{ext}}}{kT} \right] n_{p0} \quad (5.31)$$

Für $V_{\text{ext}} = 0$ gilt selbstverständlich $n_n^*(x = 0^+) = n_{p0}$.

Für positive externe Spannungen $V_{\text{ext}} > 0$ übertrifft die Elektronendichte aus dem n-Gebiet bei $x = 0^+$ die des p-Gebietes bei $x = 0^-$

$$n_n^* = \exp\left[\frac{eV_{\text{ext}}}{kT} \right] n_{p0},$$

und der Überschuss

$$(n_n^* - n_{p0}) = n_{p0} \left(\exp \left[\frac{e V_{\text{ext}}}{kT} \right] - 1 \right)$$

diffundiert ins p-Gebiet.

Mit der Differenz der Elektronendichte links und rechts der Raumladungszone formuliert man eine Diffusionsstromdichte für Elektronen an der Stelle des Übergangs ($x = 0$), wo die Elektronendichte aus dem n-Gebiet erhalten bleibt: $n_{p0}(x = 0^-) = n_n^*$.

In Durchlassrichtung ($V_{\text{ext}} > 0$) vermindert sich im p-Gebiet ($x < 0^-$) die Dichte der aus dem n-Gebiet (Reservoir der Majotitätsladungen) im Überschuss injizierten Elektronen (n_n^*) durch Rekombination. Die Dichte $n_n^*(x)$ fällt mit dem Abstand von der Grenzfläche $x < 0^-$ exponentiell ab.

In Sperrichtung ($V_{\text{ext}} < 0$) gelangen – vergleichsweise sehr viel weniger – Elektronen als Minoritäten aus dem p-Gebiet (n_{p0}) über die Phasengrenze in die n-Region und rekombinieren ($x > 0^+$) mit den dortigen Minoritätsladungen, den Löchern.

Der Beitrag zur Diffusionsstromdichte[10] der Elektronen ist demnach

$$j_n(x \approx 0) = e D_n \nabla n_p \left(x = 0^- \right). \tag{5.32}$$

Wegen der jeweils einseitig unendlich ausgedehnt vorgegebenen p- und n-Gebiete beschreiben sich die örtlichen Dichten aus nur einem Exponentialterm und der Gradient kann mit $\nabla_x n_p^*(x) = \left(\frac{1}{L_n} \right) (n_n^* - n_{p0}) = \left(\frac{1}{L_n} \right) (n_{p0}(x = 0^-) - n_{p0})$ ausgedrückt werden[11].

---

[10] Im Weiteren betrachten wir den Ladungstransport in Form von Stromdichten anstatt von Strömen. In ebenen planparallelen Bauelementen, wie Solarzellen, verhalten sich Ströme und Stromdichten qualitativ gleich; auf die Multiplikation der Terme Stromdichte mit den zugehörigen Flächen wird aus Gründen der besseren Übersichtlichkeit der Gleichungen verzichtet.

[11] Diffusion einer Teilchensorte rührt vom lokalen Gradienten ihrer Dichte $n(\mathbf{x})$. Die resultierende Teilchenstromdichte Γ ist $\boldsymbol{\Gamma}(\mathbf{x}) = D [-\nabla n(\mathbf{x})]$, mit (dichteunabhängigen) Diffusionskoeffizient D. Die lokale Teilchendichte $n(\mathbf{x})$ ergibt sich dann aus der Lösung der stationären Kontinuitätsgleichung

$$\nabla \cdot [n(\mathbf{x})\mathbf{u}(\mathbf{x})] = \nabla \cdot \boldsymbol{\Gamma}(\mathbf{x}) = g(\mathbf{x}) - r(\mathbf{x}),$$

die die Teilchengeschwindigkeit $\mathbf{u}(\mathbf{x})$, die Generationsrate $g(\mathbf{x}) = 0$ und die Rekombinationsrate $r(\mathbf{x}) = n(\mathbf{x})/\tau$ enthält; diese ist der Quotient aus Dichte $n(\mathbf{x})$ und Lebensdauer τ. Das Ergebnis für konstante D und τ ist eine Differentialgleichung zweiter Ordnung

$$\nabla \cdot [-D\nabla n(\mathbf{x})] = -D \Delta n(\mathbf{x}) = -\frac{n(\mathbf{x})}{\tau}.$$

Im eindimensionalen Fall ist die allgemeine Lösung

$$n(x) = A \exp \left[+\frac{x}{\sqrt{D\tau}} \right] + B \exp \left[-\frac{x}{\sqrt{D\tau}} \right]$$

mit der Größe $\sqrt{D\tau} = L$, der Diffusionslänge. Die Koeffizienten A und B sind durch zwei Randbedingungen gegeben.

Mit Diffusionskoeffizient D_n, Diffusionslänge L_n und dem Dichteunterschied $(n_p(x = 0^-) - n_{p0})$ erhält man daraus für Elektronen

$$
\begin{aligned}
j_n(x \approx 0) = e D_n \nabla n_p \left(x = 0^-\right) &= e D_n \left(\frac{n_p(x = 0^-) - n_{p0}}{L_n}\right) \\
&= e \frac{D_n}{L_n} n_{p0} \left(\exp\left[\frac{e V_{ext}}{kT}\right] - 1\right).
\end{aligned} \quad (5.33)
$$

In analoger Weise ergibt sich der Beitrag der Löcher im Valenzband zur Strom-dichte. Im homogenen pn-Übergang sind Barriere und Diffusionsspannung im Valenzband identisch mit denen im Leitungsband und wir erhalten

$$
j_p(x \approx 0) = e D_p \nabla p_n \left(x = 0^+\right) = e \frac{D_p}{L_p} p_{n0} \left(\exp\left[\frac{e V_{ext}}{kT}\right] - 1\right). \quad (5.34)
$$

Hier ist p_{n0} die thermische Gleichgewichtsdichte der Löcher im n-Gebiet.

Die gesamte Stromdichte der pn-Diode setzt sich dann additiv aus den beiden Termen j_n und j_p zusammen, so dass man schließlich die Stromdichte-Spannungs-Beziehung der unbeleuchteten Diode

$$
\begin{aligned}
j = j_n + j_p &= e \left(\frac{n_{p0} D_n}{L_n} + \frac{p_{n0} D_p}{L_p}\right) \left(\exp\left[\frac{e V_{ext}}{kT}\right] - 1\right) \\
&= j_0 \left(\exp\left[\frac{e V_{ext}}{kT}\right] - 1\right)
\end{aligned} \quad (5.35)
$$

erhält.

Der Vorfaktor j_0, der neben den konstant angenommenen Diffusionskoeffizienten und Diffusionslängen, die thermischen Gleichgewichtsdichten der Minoritätsträger n_{p0} und p_{n0} enthält

$$
j_0 = e \left(\frac{n_{p0} D_n}{L_n} + \frac{p_{n0} D_p}{L_p}\right),
$$

heißt Sperrsättigungsstromdichte. Dieses j_0 bezeichnet die Stromdichte für beliebig große Sperrspannungen ($V_{ext} \rightarrow -\infty$) und resultiert allein aus den Beiträgen der Minoritätsträger n_{p0} und p_{n0}.

Mit der Boltzmann-Näherung und der Zustandsdichte für dreidimensionale homogene Anordnungen erhält man die Temperaturabhängigkeit der Minoritätsdichten

$$
n_{p0} = 2 \left(\frac{m_n^* kT}{2\pi \hbar^2}\right)^{3/2} \exp\left[-\frac{\epsilon_C - \epsilon_{F,p\text{-Seite}}}{kT}\right]
$$

Für unsere einseitig unendlich ausgedehnten dotierten Zonen (p-Gebiet in $x \rightarrow -\infty$) und n-Gebiet in $x \rightarrow +\infty$), erfüllt jeweils nur ein Term die Randbedingung. Die Lösung der örtlichen Dichtefunktion geht für große Abstände von der Phasengrenze $x = 0$ gegen 0 und $n(x)$ besteht aus einer rein exponentiell abfallenden Funktion.

Abb. 5.14 Anteil j_n zur Stromdichte j einer homogenen pn-Diode für verschieden Temperaturen mit $T \to 0$. Der Knick der Funktion liegt bei der Spannung $V_{ext}^{\lrcorner}$, die der energetischen Schwelle $eV_{ext}^{\lrcorner} = \epsilon_g - \varDelta_n - \varDelta_p$ entspricht; $\varDelta_n$, $\varDelta_p$ sind die Abstände des Ferminiveaus von der Leitungsbandkante im n- und der Valenzbandkante im p-dotierten Gebiet

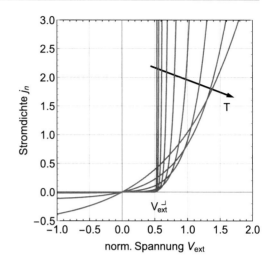

und

$$p_{n0} = 2 \left(\frac{m_p^* kT}{2\pi \hbar^2} \right)^{3/2} \exp\left[-\frac{\epsilon_{\text{F,n-Seite}} - \epsilon_V}{kT} \right].$$

Für $T \to 0$ wird die Kennline der Stromdichte $j(eV_{ext})$ rechteckförmig und der Beitrag der Minoritäten verschwindet (Abb. 5.14). Die Stromdichte $j(V_{ext})$ zeigt einen Knick bei der externen Spannung $V_{ext}^{\lrcorner}$, die der energetischen Schwelle $eV_{ext}^{\lrcorner} = \epsilon_C - \epsilon_V - \varDelta_n - \varDelta_p = \epsilon_g - \varDelta_n - \varDelta_p = eV_{bi}$ entspricht, wobei $\varDelta_n$ und $\varDelta_p$ die Abstände der Ferminiveaus vom Leitungsband im n- und vom Valenzband im p-dotierten Regime bezeichnen.

Abschließende Bemerkung: Eine Bilanz von vermeintlichen Drift- (Minoritäten) und entgegengesetzten Diffusionsströmen (Majoritäten) zur Erklärung der Wirkungsweise einer Diode hält einer genauen Betrachtung nicht Stand. Realiter gibt es diese beiden Stromdichten nicht: es existieren lediglich für Elektronen und auch für Löcher jeweils zwei Gradienten, nämlich in den Bandenergien $\nabla_x[\epsilon_C(x)]$, $\nabla_x[\epsilon_V(x)]$ und in den Konzentrationen $\nabla_x[n(x)]$, $\nabla_x[p(x)]$, die beide in den Gradienten der entsprechenden Quasi-Fermi-Niveaus $\nabla_x[\epsilon_{Fn}(x)]$, $\nabla_x[\epsilon_{Fp}(x)]$ vollständig enthalten sind[12] (Ohm'sche Verluste in den Bahngebieten außerhalb der Raumladungszone mit entsprechenden Gradienten sind hier nicht betrachtet).

---

[12]Mit der Aufteilung in zwei konkurrierende Stromdichten aus Drift und Diffusion müssten sich die Träger entscheiden, ob sie zur Drift oder zur Diffusion beitragen wollen; zudem würden Drift- und Diffusionsströme auch im chemischen Gleichgewicht ($j = 0$) durch Streuung Ohm'sche Wärme erzeugen, deren Entstehen dem 2. Hauptsatz der Thermodynamik widerspricht.

5.2.3   Beleuchtete pn-Diode

Die Beleuchtung einer Diode mit Photonen $\hbar\omega \geq \epsilon_g$ erhöht sowohl die Konzentration der Minoritäten als auch in gleicher Weise die der Majoritäten. Formal tragen die Anteile beider Überschussladungen, Minoritäten und Majoritäten, zur Gesamtstromdichte bei.

$$j_{\text{illum}} = e \left(\frac{n_{p0} D_n}{L_n} + \frac{p_{n0} D_p}{L_p} \right) \left(\exp \left[\frac{e V_{\text{ext}}}{kT} \right] - 1 \right) - j_{\text{phot,Min}} + j_{\text{phot,Maj}}$$

$$= j_0 \left(\exp \left[\frac{e V_{\text{ext}}}{kT} \right] - 1 \right) - j_{\text{phot,Min}} + j_{\text{phot,Maj}}. \tag{5.36}$$

Die Photogeneration erzeugt Elektron-Loch-Paare, also gleiche Anzahl von Minoritäten und Majoritäten. Die Majoritäten sehen zum Transport die Barriere ϕ_B, die bei $V_{\text{ext}} = 0$ (Kurzschlussbetrieb der Diode) in der Größe des Bandabstandes (ϵ_g) liegt, also bei einigen hundert meV. Der Beitrag der Majoritäten zum Transport muss demnach mit dem Faktor $(\exp[-(\phi_B/kT_{\text{abs}}] \ll 1)$ bewertet werden. Diesen Beitrag zur Stromdichte einer beleuchteten Diode kann man vernachlässigen.

$$j_{\text{illum}} = j_0 \left(\exp \left[\frac{e V_{\text{ext}}}{kT} \right] - 1 \right) - j_{\text{phot,Min}}. \tag{5.37}$$

Abb. 5.15 zeigt relative Stromdichte-Spannungs-Kurven einer mit unterschiedlichen Photonenflussdichten Γ_γ beleuchteten sowie einer unbeleuchteten Diode. Die Relation $j(V)$, die aus der Betrachtung von Elektronen und Löchern im Energietermschema des Bändermodells einer beleuchteten elektronischen Struktur herrührt, ist identisch mit der Gl. 3.53, die man mit der puren Bilanz von Photonen- und Teilchenströmen in Abschn. 3.3.2 gewinnt.

Abb. 5.15 Qualitative Stromdichte-Spannungs-Kurven einer beleuchteten (Strahldichten Γ_γ) und einer unbeleuchteten pn-Diode mit charakteristischen Werten für die Leerlaufspannung (∘; V_{oc}) und für die Kurzschlussstromdichte (•; j_{sc})

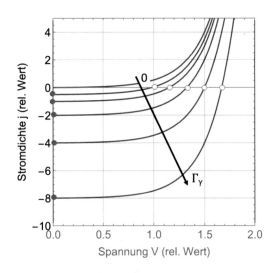

Die Kennlinie (Gl. 5.37) enthält die in realen photovoltaischen Dioden experimentell zugänglichen Größen Stromdichte im Kurzschluss j_{sc}, Leerlaufspannung V_{oc} und Sperrsättigungsstromdichte j_0.

Für die Anregung mit üblichen solaren Photonenflüssen ist die Rekombination hauptsächlich defektbestimmt (Ausnahmen bilden Auger-Rekombination für hohe Anregungen); die Rekombinationslebensdauer τ_{rec} ist unabhängig von der Anregungsdichte und somit eine Konstante. Damit wird die Stromdichte $j_{sc} = j(V_{ext} = 0)$ im Kurzschluss proportional zur anregenden Photonenstromdichte $j_{sc} \sim \Gamma_\gamma$.

Aus der Kennliniengleichung 5.37 folgt für $j = 0$ (Leerlauf)

$$V_{oc} = \frac{kT}{e} \ln\left[\frac{j_{sc}}{j_0} + 1\right] \tag{5.38}$$

Die Leerlaufspannung ist folglich logarithmisch von der Strahldichte der Anregung Γ_γ abhängig

$$V_{oc} \sim \ln\left[\frac{\Gamma_\gamma}{\Gamma_{\gamma 0}} + 1\right] ;$$

$\Gamma_{\gamma 0}$ enthält die Dichten der Minotitätsladungsträger n_{p0} und p_{n0} und kann formal als Photonenflussdichte verstanden werden, die das äquivalent an Minoritäten erzeugt.

Man erkennt aus Gl. 5.38, dass einerseits der Widersacher der Leerlaufspannung in der Begrenzung der Photostromdichte, also in der Rekombination über Defekte besteht, andererseits in der thermischen Generationsrate in Form der thermischen Gleichgewichtskonzentration der Minoitäten, heißt der Temperatur T_{abs}.

5.2.4 Quasi-Fermi-Niveaus in einer beleuchteten homogenen pn-Diode

Photoanregung führt in einer pn-Diode zur Auslenkung aus dem thermischen Gleichgewicht und zur Aufspaltung der Quasi-Fermi-Niveaus $\epsilon_{Fn}(\mathbf{x})$, $\epsilon_{Fp}(\mathbf{x})$. Im stationären Zustand verteilen sich – wiederum unter Ausschluss von Rekombination in der Raumladungszone – die Dichten der Elektronen und die der Löcher örtlich so um, dass sowohl die Quasi-Fermi-Niveaus der Elektronen links und rechts der Phasengrenze

$$\epsilon_{Fn,p\text{-Seite}} = \epsilon_{Fn,n\text{-Seite}},$$

als auch die der Löcher

$$\epsilon_{Fp,p\text{-Seite}} = \epsilon_{Fp,n\text{-Seite}}$$

gleich sind. Zudem sind die Quasi-Fermi-Niveaus stetig.

Die Dotierung beider Gebiete ist genügend hoch[13], so dass die Dichten der photogenerierten Minoritäten sehr viel größer sind als die der thermisch generierten, $\Delta n \gg n_{p0}$, $\Delta p \gg p_{n0}$. Andererseits sind auch die Dichten der Majoritäten sehr viel höher als die der photogenerierten Minoritäten $n_{n0} \gg \Delta n$ und $p_{p0} \gg \Delta p$.

Dann gilt im p-Gebiet:

$$
\begin{aligned}
\epsilon_{Fn} - \epsilon_{Fp} &= \epsilon_{F,\text{p-Seite}} + kT \ln\left[\frac{\Delta n(x) + n_{p0}}{n_{p0}}\right] - \left(\epsilon_{F,\text{p-Seite}} - kT \ln\left[\frac{\Delta p(x) + p_{p0}}{p_{p0}}\right]\right) \\
&= kT \ln\left[\frac{\Delta n(x) + n_{p0}}{n_{p0}}\right] + kT \ln\left[\frac{\Delta p(x) + p_{p0}}{p_{p0}}\right] \approx kT \ln\left[\frac{\Delta n(x)}{n_{p0}}\right] \quad (5.39)
\end{aligned}
$$

und gleichermaßen im n-Gebiet:

$$
\begin{aligned}
\epsilon_{Fn} - \epsilon_{Fp} &= \epsilon_{F,\text{n-Seite}} + kT \ln\left[\frac{\Delta n(x) + n_{n0}}{n_{n0}}\right] - \left(\epsilon_{F,\text{n-Seite}} - kT \ln\left[\frac{\Delta p(x) + p_{n0}}{p_{n0}}\right]\right) \\
&= kT \ln\left[\frac{\Delta n(x) + n_{n0}}{n_{n0}}\right] + kT \ln\left[\frac{\Delta p(x) + p_{n0}}{p_{n0}}\right] \approx kT \ln\left[\frac{\Delta p(x)}{p_{n0}}\right] \quad (5.40)
\end{aligned}
$$

Daraus wird wegen der großen Unterschiede zwischen photogenerierten Dichten und Dichten der Majoritäten resp. der Minoritäten unter Bestrahlung

$$
\epsilon_{Fn} - \epsilon_{Fp} = kT \ln\left[\frac{\Delta n(x)\Delta p(x)}{n_{p0}\,p_{n0}}\right]. \quad (5.41)
$$

Wegen der willkürlich vorgegebenen Δn und Δp erhalten wir formal dieselbe Separation der Quasi-Fermi-Niveaus wie in einem undotierten Absorber.

In einer örtlich begrenzten pn-Diode mit metallischen Kontakten und daraus folgender hoher Oberflächenrekombination verschwindet die Separation der Quasi-Fermi-Niveaus am Rand. Im Leerlauf-Modus (V_{oc}) diffundieren Elektronen und Löcher gemeinsam vom pn-Übergang in Richtung der Kontakte und unterliegen unterwegs defektbestimmter Rekombination. Ihr Beitrag zur Gesamtstromdichte ergänzt sich deshalb zu null. Die lokale Reduktion der Dichten Δn und Δp durch die Rekombination an den Oberflächen wird im Inneren umso spürbarer je grösser die Diffusionslänge ist. Abb. 5.6 zeigt schematisch die Verteilung der Quasi-Fermi-Niveaus in einer beleuchteten Bandstruktur ohne Ladungstransport ähnlich einer pn-Diode im V_{oc}-Betrieb.

Mit Entzug von Ladungen im Modus einer Solarzelle mit V ($j < 0$) ist im p-Gebiet der Beitrag zur internen Stromdichte der Löcher in Richtung zum linken Kontakt merklich größer als der der Elektronen. Die Separation der Quasi-Fermi-Niveaus an der Phasengrenze ist kleiner als im Leerlauf. Bei gleicher Generation und gleicher Überschussdichte Δn wie für Leerlauf wird mit guter Näherung die Form des Abfalls von ϵ_{Fn} in Richtung Kontakt vergleichbar. Der Zustand $\epsilon_{Fn} = \epsilon_{Fp} \approx \epsilon_{F,\text{p-Seite}}$ stellt sich merklich vor dem linken Metallkontakt ein. Der Gradient $\nabla_x[\epsilon_{Fp}(x)] < 0$ im

---

[13]Damit eine ausreichende Barrierenhöhe ϕ_B zur Trennung der Ladungsträger existiert.

Abb. 5.16 Schematische Bänderdigramme mit Quasi-Fermi-Niveaus ϵ_{Fn}, ϵ_{Fp} eines beleuchteten pn-Überganges im Leerlauf (**a**) und mit Ausgangsstromdichte ($V < V_{oc}$; **b**). An den Kontakten (dunkelgrau) ist die Separation der Quasi-Fermi-Niveaus jeweils null; in der Raumladungszone (hellgrau) soll laut der Vorgabe keine Rekombination stattfinden

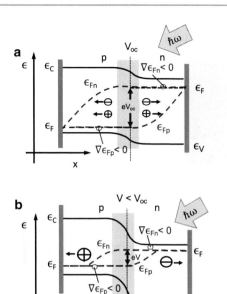

p-Gebiet sorgt für den Transport der Löcher zum linken Kontakt (in der Darstellung des Bänderdiagramms (Abb. 5.16b) vermerkt).

Die gleichartige Betrachtung gilt entsprechend für das n-Gebiet, wenn wir Elektronen und Löcher sowie die zugehörigen Quasi-Fermi-Niveaus aus dem p-Gebiet vertauschen.

5.2.5 Ausgangsspannung einer beleuchteten Diode

Die Ausgangsspannung einer beleuchteten Diode ist durch die Differenz der Ferminiveaus an den Kontakten ($\epsilon_{F,p\text{-Seite}} - \epsilon_{F,n\text{-Seite}}$) gegeben. Die erreichbare Ausgangsspannung ist demnach technologisch begrenzt und zwar durch die Dotierung. In dotierten – aber nicht entartet dotierten – Halbleitern liegt das Ferminiveau entweder in der Nähe des Valenbandes $\epsilon_{F,p\text{-Seite}} = \epsilon_V + \Delta_V$ (Löcherleitung) oder nahe dem Leitungsband $\epsilon_{F,n\text{-Seite}} = \epsilon_C - \Delta_C$ (Elektronenleitung). Je stärker die Dotierung, umso näher schieben sich die Ferminiveaus (in logarithmischer Abhängigkeit von der Konzentration der Dotierstoffe) an die Bandkanten; ein erheblicher Nachteil einer starken Dotierung ergibt sich aus einer zu hohen Konzentration von Donatoren bzw. von Akzeptoren, die den Ladungstransport in den Bändern wegen Streuung an geladenen Störstellen verringern.

Unter Beleuchtung stellen sich Quasi-Fermi-Niveaus ϵ_{Fn} auf der p-Seite und ϵ_{Fp} auf der n-Seite ein (vgl. Abschn. 5.2.4,) mit denen wir die lokalen Dichten der Minoritäten beschreiben, während die Quasi-Fermi-Niveaus der Majoritäten unmerklich von den Ferminiveaus im Dunkeln abweichen und dort die Dichten der Majoritäten näherungsweise die des thermischen Gleichgewichts sind (siehe Abb. 5.16).

$$\epsilon_{Fp,p\text{-Seite}} \approx \epsilon_{F,p\text{-Seite}}, \qquad \epsilon_{Fn,n\text{-Seite}} \approx \epsilon_{F,n\text{-Seite}}.$$

Die Aufspaltung der Quasi-Fermi-Niveaus links und rechts der Raumladungszone bei $x = 0$ verringert sich in Richtung der Kontakte wegen der Oberflächenrekombination zu null. An den Kontakten bestimmen die Positionen von $\epsilon_{F,p\text{-Seite}}$ und $\epsilon_{F,n\text{-Seite}}$

$$e V_{ext} = \epsilon_{F,n\text{-Seite}} - \epsilon_{F,p\text{-Seite}} \qquad (5.42)$$

die Ausgangsspannung.

Mit den Dichten von thermisch- und photogenerierten Trägern links und rechts der Raumladungszone lässt sich Ausgangsspannung V_{ext} als Funktion von Bandabstand ϵ_g, von der Dotierung in Form der Lage der Ferminiveaus $\epsilon_{F,p\text{-Seite}}$, $\epsilon_{F,n\text{-Seite}}$ angeben:

Die Konzentration der Elektronen bei $x = 0^-$ ist im p-Gebiet mit dem Abstand des Ferminiveaus von der Valenzbandkante $\Delta_V = \epsilon_{F,p\text{-Seite}} - \epsilon_V$

$$n_{p0} + \Delta n = N_C \left(\exp\left[\frac{\epsilon_g - \Delta_V}{kT} \right] + 1 \right)^{-1} + \Delta n. \qquad (5.43)$$

Im n-Gebiet auf der energetischen Höhe, die Transport erlaubt, nämlich der Leitungsbandkante $\epsilon_{C,p\text{-Seite}}$ mit $\Delta_C = \epsilon_C - \epsilon_{F,n\text{-Seite}}$ ist

$$(n_{p0} + \Delta n) \exp\left[-\frac{\phi_B}{kT} \right] = \left(N_C \left(\exp\left[\frac{\epsilon_g - \Delta_C}{kT} \right] + 1 \right)^{-1} + \Delta n \right) \exp\left[-\frac{\phi_B}{kT} \right].$$
$$(5.44)$$

Die Barrierenhöhe, die durch die externe Spannung $V_{ext} = (1/e)\phi_{ext}$ eingestellt wird, ergibt sich zu

$$\phi_B = e(V_{bi} - V_{ext}) = \phi_{bi} - \phi_{ext} = \epsilon_g - \Delta_c - \Delta_V - \phi_{ext} \qquad (5.45)$$

Da die Quasi-Fermi-Niveaus sowohl der Elektronen links und rechts der Phasengrenze als auch die der Löcher sich angleichen (siehe Abb. 5.16), reicht es aus, nur die Ladungsträger auf einer Seite, beispielsweise im p-Gebiet mit $p \approx p_{p0}$, zu betrachten. Aus den Gl. 5.43, 5.44 und 5.45 lässt sich die Ausgangsspannung V_{ext} als Funktion der photogenerierten Überschusskonzentration Δn über

$$V_{ext} = \frac{kT}{e} \ln\left[\frac{(\Delta n + n_{p0})}{n_{p0}} \right]$$

bestimmen (wir nehmen hier an, Δn sei uns bekannt):

Abb. 5.17 Ausgangsspannung V_{ext} aus der Separation der Quasi-Fermi-Niveaus in einer homogenen pn-Diode als Funktion der Dichte photogenerierter Ladungsträger Δn. Die Ausgangsspannung V_{ext} sättigt, wenn die Dichte der photogenerierten Minoritäten der Dichte der thermischen Majoritäten konkurriert (hier beispielhaft gezeigt für $\epsilon_g = 0.5\,\text{eV–}2.5\,\text{eV}$, ϵ_g in $0.25\,\text{eV–}$ Schritten; $kT = 0.026\,\text{eV}$)

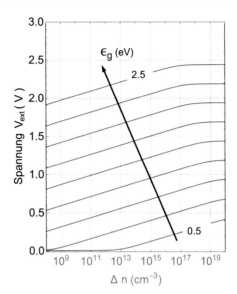

$$V_{ext} = \left(\frac{kT}{e}\right) \ln \left[\frac{\left(\Delta n + N_C \left(\exp\left[\frac{\epsilon_g - \Delta_V}{kT}\right] + 1\right)^{-1}\right)\left(\exp\left[\frac{\epsilon_g - \Delta_V - \Delta_C}{kT}\right]\right)}{\left(\Delta n + N_C \left(\exp\left[\frac{\Delta_C}{kT}\right] + 1\right)^{-1}\right)} \right],$$

(5.46)

Abb. 5.17 zeigt die Ausgangsspannung V_{ext} als Funktion der Überschussdichte Δn für verschiedene Bandabstände ϵ_g.

Die Leerlaufspannung $V_{ext}(\Delta n) = V_{oc}(\Delta n)$ steigt, wie in Abschn. 3.3.1 und in Gl. 3.44 bereits gezeigt, logarithmisch mit der Anregungsdichte und der Überschussdichte der Minoritäten, solange die Rekombination defektbestimmt ist. Der Vorfaktor des Logarithmus $kT_{abs} = 26\,meV$ in Abb. 5.17 findet sich für kleine Δn in der Steigung der Funktionen.

Die von Δn und vom Bandabstand abhängige Saturierung der Leerlaufspannung in Abbildung resultiert aus der Annäherung der Leitungsbandkante $\epsilon_{C,\text{n-Seite}}$ an das Niveau $\epsilon_{C,\text{p-Seite}}$, wobei die wirksame Barrierenhöhe verschwindet.

Mit solarer Strahlung liegt die maximal erreichbare Überschusskonzentration der Minoritäten für relevante Bandabstände $\epsilon_g \geq 1\,\text{eV}$ merklich unter derjenigen, bei der die in Abb. 5.17 gezeigte Sättigung einsetzt.

Weiterhin begrenzt die Besetzungsinversion und der Übergang zum Laser-Betrieb, die hier analytisch nicht inbegriffen sind, prinzipiell den Zustand $\epsilon_{Fn} \geq \epsilon_C$ und $\epsilon_{Fp} \leq \epsilon_V$.

Die Photogeneration generiert einen Anregungszustand, dessen Energie in der Aufspaltung der Quasi-Fermi-Niveaus $\epsilon_{Fn} - \epsilon_{Fp}$ besteht. Zum Zugriff von außen auf diese Energie bedarf es einer Unsymmetrie beispielsweise in der Schicht, in die die Strahlung absorbiert wird, wie eine Raumladungszone oder an den Kontakten, wie mit Membranen. Die Unsymmetrie bewirkt, dass sich ein Quasi-Fermi-Niveaus, z.B ϵ_{Fn}, an das Ferminiveau des einen Kontaktes angleicht und ϵ_{Fp} an das des anderen Kontaktes (vgl. Abb. 5.16). Die außen auftretende Potentialdifferenz $e V_{ext}$ entspricht im Idealfall der inneren Aufspaltung $\epsilon_{Fn} - \epsilon_{Fp}$.

Für vollständig symmetrische Strukturen, wie undotierte oder gleichartig dotierte Schichten, mit Kontakten identischer elektronischer Eigenschaften existiert zwar unter Beleuchtung eine interne Aufspaltung $\epsilon_{Fn} - \epsilon_{Fp} > 0$, die jedoch an den Kontakten der Symmetrie wegen nicht auftritt ($e V_{ext} = 0$).

5.2.6 Idealitätsfaktor einer Diode

Die Gleichung der Stromdichte als Funktion der Spannung einer idealen pn-Diode, in der die Rekombination von photogenerierten Ladungen ausschließlich außerhalb der Raumladungszone (RLZ) stattfindet, enthält den Term $\exp[e V / kT]$. Der Nenner kT im Exponentialterm ist charakteristisch für die lineare Kinetik der Rekombination mit Raten der Form $r_{rec} = \Delta n / \tau$ und konstanter Rekombinationslebensdauer τ.

Insbesondere in vielen Dünnschichtsolarzellen ist die geometrische Ausdehnung von p- und n-dotierten Gebieten x_p, x_n der hohen Absorption wegen ($\alpha \sim 10^5$ cm^{-1}) vergleichsweise klein, heißt, wenige μm. Die geometrische Weite der Raumladungszone W in solchen Dioden liegt für übliche Dotierungen ebenfalls im Bereich von einem μm oder weniger, so dass der Längenverhältnisse wegen $(W/x_n) \approx (W/x_p) \geq 10^{-1}$ die Beiträge zur Rekombination in der Raumladungszone nicht vernachlässigbar sind.

Aus Gl. 4.61 [11] folgt für die Rekombinationsrate (lineare Kinetik)

$$U_{rec,def} = \sigma v_{th} \left(\frac{N_V \exp\left[-\frac{\epsilon_{Fp} - \epsilon_V}{kT}\right] N_C \exp\left[-\frac{\epsilon_C - \epsilon_{Fn}}{kT}\right] - N_1^* N_2^*}{N_V \exp\left[-\frac{\epsilon_{Fp} - \epsilon_V}{kT}\right] + N_C \exp\left[-\frac{\epsilon_C - \epsilon_{Fn}}{kT}\right] + 2n_i} \right). \qquad (5.47)$$

Wir ersetzen

$$N_2^* = N_C \exp\left[\frac{\epsilon_D - \epsilon_C}{kT}\right], \qquad N_1^* = N_V \exp\left[\frac{\epsilon_V - \epsilon_D}{kT}\right]$$

und vereinfachen[14] $\bar{c} = \bar{c}_p = \bar{c}_n$, sowie $N_V = N_C$, um – wenn auch nur qualitativ – den Einfluss der Rekombination in der Raumladungszone auf die Kennlinie $j = j(V)$ zu untersuchen.

Weiterhin geht aus Gl. 4.61 und aus Abb. 4.31 hervor, dass die Rekombinationsrate $U_{rec,def}$ über Defekte in der Mitte der Bandlücke besonders hoch ist. Wir beziehen deshalb $N_V(\epsilon_V)$ und $N_C(\epsilon_C)$ auf die Energie der Mitte der Bandlücke

---

[14]Der Koeffizient $\bar{c} = \sigma v_{th} N_D$ ist das Produkt aus Einfangquerschnitt σ, thermischer Geschwindigkeit v_{th} und Dichte des Streuzentrums N_D.

$\epsilon_M = (1/2)(\epsilon_C + \epsilon_V)$, die näherungsweise dem intrinsischen Niveau $\epsilon_M \approx \epsilon_i$ entspricht. Damit wird auch $n(\epsilon_i) = n_i = n(\epsilon_M)$.

Mit

$$N_V = n_i \exp\left[\frac{\epsilon_M - \epsilon_V}{kT}\right], \qquad N_C = n_i \exp\left[\frac{\epsilon_C - \epsilon_M}{kT}\right]$$

erhält man

$$U_{rec,def} = \sigma v_{th} N_D n_i \left(\frac{\exp\left[\frac{\epsilon_{Fn} - \epsilon_{Fp}}{kT}\right] - 1}{\exp\left[\frac{\epsilon_{Fn} - \epsilon_M}{kT}\right] + \exp\left[\frac{\epsilon_M - \epsilon_{Fp}}{kT}\right] + 2}\right). \tag{5.48}$$

Die von außen zugängliche Potentialdifferenz entspricht im Idealfall der Aufspaltung der Quasi-Fermi-Energien am pn-Übergang. Diese liegt aufgrund der angenommenen symmetrischen Verteilung der Aufspaltung der Quasi-Fermi-Niveaus um die Mitte der Bandlücke, nämlich bei $(\epsilon_{Fn} - \epsilon_M) = (1/2)eV_{ext}$ und $(\epsilon_M - \epsilon_{Fp}) = (1/2)eV_{ext}$ (Abb. 5.18). Folglich schreibt sich die Rekombinationsrate

$$U_{rec,def} = \sigma v_{th} N_D n_i \left(\frac{\exp\left[\frac{eV_{ext}}{kT}\right] - 1}{2\left(\exp\left[\frac{eV_{ext}}{2kT}\right] + 1\right)}\right). \tag{5.49}$$

Mit dem Zählerausdruck $(\exp[x] - 1) = (\exp[x/2] + 1)(\exp[x/2] - 1)$ wird

$$U_{rec,def} = \frac{1}{2}\sigma v_{th} N_D n_i \left(\exp\left[\frac{eV_{ext}}{2kT}\right] - 1\right). \tag{5.50}$$

Für die ausschließliche Rekombination in der Raumladungszone lässt sich die Stromdichte als Rekombinationsstromdichte mit der Rekombinationsrate $U_{rec,def}(x)$ innerhalb der Weite der Raumladugszone und der Dichte der beteiligten Ladungen $(n(x), p(x)$ ausdrücken

Abb. 5.18 Symmetrische Aufspaltung der Quasi-Fermi-Niveaus $(\epsilon_{Fn} - \epsilon_{Fp})$ in der Mitte der Bandlücke bei $\epsilon_M = (1/2)(\epsilon_C + \epsilon_V)$

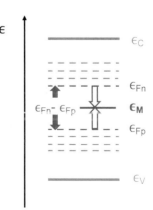

$$j = e \int_0^W n(x) U_{\text{rec,def}}(x) \mathrm{d}x.$$

Mit der Näherung $n(x) U_{\text{rec,def}}(x) \approx$ const. erhalten wir die Beziehung der Stromdichte als Funktion der externen Spannung für die Diode mit Rekombination in der Raumladungszone

$$j \sim \left(\exp \left[\frac{e V_{\text{ext}}}{2kT} \right] - 1 \right);$$

hier mit dem Diodenfaktor $A = 2$.

In realen Dioden treten häufig Rekombinationsprozesse mit $A = 1$ und auch $A = 2$ auf, so dass die Auswirkung auf die Kennlinie $j = j(V)$ mit der Superposition zweier Anteile $j = j_1 + j_2$ beschrieben wird, die die Rekombination außerhalb (j_1) (Minoritäten rekombinieren im Bahngebiet mit Majoritäten) und innerhalb der Raumladungszone (j_2) in einem Zwei-Dioden-Modell berücksichtigen. Dieses Modell beschreibt die Stromdichte durch zwei parallel angeordnete Dioden:

$$j = j_{01} \left(\exp \left[\frac{eV}{kT} \right] - 1 \right) + j_{02} \left(\exp \left[\frac{eV}{2kT} \right] - 1 \right) \qquad (5.51)$$

Zur Erörterung der Auswirkung der zusätzlichen Rekombination in der Raumladungszone auf die Kenngrössen der Diode in unbeleuchtetem Zustand und unter Beleuchtung dient Abb. 5.19.

Rekombination/Generation über Defekte in der Raumladungszone haben im wesentlichen zur Folge, dass

- sich in Durchlassrichtung ohne Beleuchtung (Abb. 5.19a) der Sperrsättigungsstrom vergrößert, weil die Majoritäten eine kleiner Barrieren sehen ($\phi_B^* < \phi_B$). Der bei $T \rightarrow 0$ auftretende Knick der externen Spannung $V_{\text{ext}}^{\lrcorner}$, verschiebt sich zu kleineren Werten, so, als ob der Bandabstand geringer wäre.
- in Sperrrichtung ohne Beleuchtung (Abb. 5.19b) ein zusätzlicher Transportpfad für die Minoritäten beider Polaritäten durch Rekombination/Generation in der Raumladungszone entsteht, der gleichfalls zur Vergrösserung der Sperrsättigungsstromdichte beiträgt, und
- in Durchlassrichtung unter Beleuchtung (Abb. 5.19c) durch die zusätzliche Rekombination in RLZ gleichermaßen die Minoritätendichten sich verringern, die j_{phot} ergeben. Die Aufspaltung der Quasi-Fermi-Niveaus wird dadurch kleiner und somit auch die externe Spannung; die zugehörige Leerlaufspannung ist zudem mit dem größeren j_0 im Term $e V_{\text{oc}} = kT \ln[(j_{\text{phot}}/j_0) + 1]$ weiter reduziert.

Neben all diesen Effekten zeigen Kennlinien aus manchen Experimenten weitere Abweichungen vom idealen Faktor $A = 1$ bis zu $A > 2$, die durch Prozesse wie Streuung beim Ladungstransport und Transport durch/über energetische Spitzen (spikes) oder Rekombination an Inhomogenitäten und Korngrenzen verursacht

a Durchlassrichtung ohne Beleuchtung

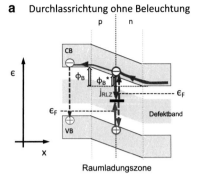

c Durchlassrichtung mit Beleuchtung

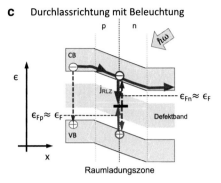

b Sperrrichtung ohne Beleuchtung

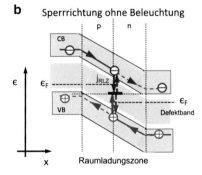

Abb. 5.19 Bänderdiagramme mit Stromdichten in der Raumladungszone für unbeleuchteten homogenen pn-Übergang in Durchlass- **(a)** und Sperrrichtung **(b)** sowie unter Beleuchtung in Durchlassrichtung **(c)**. Die Übergänge von Bandzuständen zu Defekten (Rekombination) und von den Defekten zu Bandzuständen (thermische Generation) in der Raumladungszone, die mit Pfeilen angedeutet sind, verringern die Dichten photoangeregter Minoritäten, erhöhen die Sperrsättigungstromdichte und verringern die Separation der Quasi-Fermi-Niveaus. Damit reduziert die Rekombination in der Raumladungszone weiterhin noch die Leerlaufspannung V_{oc}

werden. Aus diesen Gründen sind Interpretationen von experimentell ermittelten Diodenfaktoren $A > 2$ hinsichtlich interner physikalischer Mechanismen äußerst schwierig.

Anmerkung zum nachdenken: Im Grunde beschreibt die Diodengleichung 5.37 ein ideales Bauelement bei Temperatur T_{abs} ohne irreversible Prozesse mit dem Diodenfaktor $A = 1$, der sich im Exponentialterm mit $1 \cdot kT_{abs}$ äußert. Da man eine Diode mit irreversiblen Verlusten (T_{exp}) und einem aus dem Experiment entnommenen Diodenfaktor von $A = 2$ genauso gut als ideales, verlustfreies Bauelement bei höherer Temperatur $AT_{exp} = 1 \cdot T_{abs}$ beschreiben kann, erscheinen die Bestimmung und die Interpretation des Diodenfaktors hinsichtlich physikalischer Prozesse fragwürdig. Offenbar sind die experimentell ermittelten Diodenfaktoren A nicht mit der nötigen Genauigkeit verfügbar, um den Einfluss der Temperatur zu separieren.

5.2.7   Raumladungszone und Gradienten der Bänder

Die Raumladungszone verursacht vorrangig eine Unsymmetrie im Transportverhalten von photogenerierten Ladungen verschiedener Polarität. Die Raumladungen äussern sich in der Ortabhängigkeit von Leitungs- und Valenzband $\epsilon_C(x)$, $\epsilon_V(x)$ (vgl. Abschn. 5.2.2 und Abb. 5.10). Die lokalen Gradienten in den Bandenergien $\nabla_x[\epsilon_C(x)]$ und $\nabla_x[\epsilon_V(x)]$ sind Auswirkungen der Raumladungen. Diese Gradienten sind jedoch nicht die treibenden Kräfte für den Ladungstransport.

Die Diskrepanz zwischen dem Gradienten der Bandenergie, beispielsweise des Leitungsbandes $\nabla_x[\epsilon_C(x)]$ und der den Transport der Elektronen in Materie bestimmender Größe, nämlich dem Gradienten ihres Chemischen Potentials $\nabla_x[\mu(x)] = \nabla_x[\epsilon_{Fn}]$ ist in Abb. 5.20 aufgezeigt. Bei unverändertem $\nabla_x[\epsilon_C(x)] < 0$ entscheidet ausschließlich $\nabla_x[\epsilon_{Fn}]$, ob und in welche Richtung die Elektronen sich bewegen.

In einer formalen Ableitung lässt sich zudem der Gradient des Quasi-Fermi-Niveaus aus den Gradienten aller beteiligten Größen wie Konzentration $n(\xi)$ und Temperatur $T(\xi)$ an einer beliebigen Position ξ in der Raumladungszone ausdrücken [12]

$$\nabla\epsilon_{Fn}(\xi) = \nabla\epsilon_C(\xi) - \nabla[kT(\xi)\ln[\beta(\xi)]], \qquad (5.52)$$

mit der Abkürzung

$$\beta = \frac{N_0}{N_0\left(\exp\left[\frac{\epsilon_C(\xi)-\epsilon_F(\xi)}{kT(\xi)}\right] + 1\right)^{-1} + \Delta n} - 1.$$

Der Gradient des Quasi-Fermi-Niveaus, als allgemeinster Term für den Transport einer Spezies, hier der Elektronen, enthält alle Beiträge wie Drift, Diffusion und thermoelektrische Effekte.

Aus Gl. 5.52 folgt

$$\nabla\epsilon_{Fn}(\xi) = F(\nabla\epsilon_C(\xi), \nabla\epsilon_F(\xi), \epsilon_C(\xi), T(\xi), N_0, \Delta n(\xi)).$$

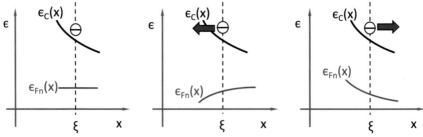

Abb. 5.20 Beispielhafte örtliche Leitungsbandenergie $\epsilon_C(x)$ und Quasi-Fermi-Niveau der Elektronen $\epsilon_{Fn}(x)$ in einer Raumladungszone für drei unterschiedliche Richtungen der Elektronenstromdichte j_n; thermisches Gleichgewicht ($j_n = 0$, **a**), Durchlassrichtung ($j_n > 0$, **b**) und Sperrrichtung ($j_n < 0$, **c**). Für alle drei Versionen kann man aus dem Wert und dem Vorzeichen von $\nabla[\epsilon_C]$ keine Information zum Ladungstransport entnehmen

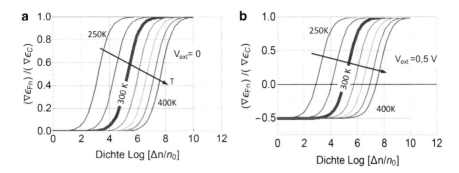

Abb. 5.21 Quotient aus Gradienten des Quasi-Fermi-Niveaus und der Leitungsbandkante $\nabla \epsilon_{\mathrm{Fn}}(\xi)/(\nabla \epsilon_{\mathrm{C}}(\xi)$ als Funktion der Überschussdichte Δn für $V_{\mathrm{ext}} = 0$ (**a**) und $V_{\mathrm{ext}} = 0.5\,V$ (**b**) für verschiedene Ttemperaturen ($\epsilon_{\mathrm{g}} = 1.0\,\mathrm{eV}$; $\epsilon_{\mathrm{F}} - \epsilon_{\mathrm{V}} = 0.5\,\mathrm{eV}$, $N_0 = 10^{10}\,cm^{-3}$)

Damit wird beispielsweise der Quotient $\Theta = \nabla(\epsilon_{\mathrm{Fn}})/\nabla(\epsilon_{\mathrm{C}})$ in Abb. 5.21 dargestellt, aus dem entnommen wird, dass das Verhältnis in einem weiten Bereich $-1 \leq \Theta \leq 1$ variiert.

Die Betrachtung einer Diode als elektronisches oder optoelektronisches Bauelement unterstreicht die Bedeutungslosigkeit $\nabla_x[\epsilon_{\mathrm{C}}]$ oder $\nabla_x[\epsilon_{\mathrm{V}}]$ für den Ladungstransport. Denn mit selbigen Gradienten im Zentrum der Raumladungszone lässt sich die Richtung der elektrischen Stromdichte einer unbeleuchteten Diode weder im Durchlass als LED noch in Sperrrichtung erklären, geschweige denn bei fehlender Spannung für Stromdichte $j(V_{\mathrm{ext}} = 0) = 0$, wie in Abb. 5.20 angedeutet.

5.2.8 Das sogenannte „Back Surface Field"

Am rückseitigen Rand einer Solarzelle befindet sich häufig ein Metallkontakt, der als optischer Spiegel wirkt und die nicht absorbierten Photonen in den Absorber zurückreflektiert. Der Nachteil solcher metallischen Rückseiten besteht in der hohen Oberflächenrekombinationsrate (siehe Abschn. 4.9.3.5).

Der Transport der photogenerierten Minoritäten zur Oberfläche mit dortiger Rekombination kann reduziert werden, indem eine dünne Schicht mit etwas höherer Dotierung zwischen Absorber und Metallkontakt eingebaut wird [8]. Die Dotierung bewirkt – bei gleichem Bandabstand – eine Verschiebung der Bandniveaus. Diese Maßnahme wird häufig rückseitiges elektrisches Feld („back surface field") genannt.

Zur Auswirkung einer solchen Dotierung betrachten wir eine Rampe in der Energie des Leitungsbandes $\epsilon_{\mathrm{C}}(x)$, wie in Abb. 5.22 dargestellt.

In einem p-dotierten Halbleiter soll in der Nähe des Rückkontaktes durch Dotierung eine Erhöhung der Leitungsbandenergie $\epsilon_{\mathrm{C0}}(x)$ für $x > 0$ verursacht werden. Im thermischen Gleichgewicht ist die Elektronendichte in $x \leq 0$ örtlich konstant

$$n_{\mathrm{p00}} = N_{\mathrm{C}} \exp\left[-\frac{\epsilon_{\mathrm{C0}} - \epsilon_{\mathrm{F}}}{kT}\right],$$

Abb. 5.22 Rampe im Leitungsband $\epsilon_{C0}(x)$ eines p-Halbleiters durch stärkere Dotierung zur Reduktion der Rekombination an der rückseitigen Oberfläche; unbeleuchtet (**a**), und beleuchtet mit zusätzlichen Ladungsträgern ($\Delta n(x)$) (**b**)

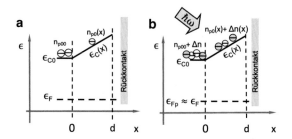

während für $x > 0$ die Dichte $n_p(x)$ aufgrund der örtlichen Dotierung mit $\epsilon_C(x) = \epsilon_{C0} + \delta x$ variiert:

$$n_{C0}(x) = N_C \exp\left[-\frac{\epsilon_{C0} + \delta x - \epsilon_F}{kT}\right]. \tag{5.53}$$

Der örtliche Gradient von $\epsilon_C(x)$ ist gegeben als $\nabla_x[\epsilon_C(x)] = \delta$.

Im thermischen Gleichgewicht besteht kein Grund für Ladungsträgertransport ($\nabla_x[\epsilon_F(x)] = 0$).

Unter Beleuchtung erhöht sich die Dichte der Elektronen um $\Delta n(x)$, und in der Rampe ($x > 0$) gilt

$$n_p(x) = n_{p0}(x) + \Delta n(x) = N_C \exp\left[-\frac{\epsilon_{C0} + \delta x - \epsilon_F}{kT}\right] + \Delta n(x).$$

Die Aufspaltung der Quasi-Fermi-Niveaus

$$\epsilon_{Fn}(x) - \epsilon_{Fp}(x) \approx \epsilon_{Fn}(x) - \epsilon_{Fp}(x = 0) \approx \epsilon_{Fn}(x) - \epsilon_V$$

weil ϵ_{Fp} der hohen Konzentration Majoritäten wegen nahezu bei ϵ_F liegt und zudem wegen der hohen Dotierkonzentration $\epsilon_F \approx \epsilon_V$ angenommen werden kann.

Wir schreiben

$$\epsilon_{Fn}(x) - \epsilon_F = kT \ln\left[\frac{n_{p0}(x) + \Delta n(x)}{n_{p0}(x)}\right].$$

Da die energetische Rampe nur durch Dotierung eingestellt ist und der Bandabstand sich nicht ändern soll, ist die Rate der Generation von Überschussträgern ($g(x) =$ const.) nicht vom Ort abhängig. Durch die höhere Dotierung des Gebietes der Rampe soll sich die Rekombinationslebensdauer nicht ändern; das Quasi-Fermi-Niveau der Löcher bleibt konstant bei $\epsilon_{Fp}(x) \approx \epsilon_F$ und der Gradient $\nabla\epsilon_{Fp} \approx 0$.

Die lokale Verteilung von Δn_p stellt sich als Diffusionsprofil[15] mit Rekombination im Volumen (Lebensdauer τ) und Rekombination an der Grenzfläche zum Metall

---

[15]Zur Erinnerung: der lokale Gradient $\nabla[\epsilon_C(x)]$ liefert keinen Beitrag zum Transport.

ein. Man erhält nunmehr

$$\epsilon_{\text{Fn}}(x) - \epsilon_{\text{F}} = kT \ln \left[1 + \frac{\Delta n_{\text{p}}(x)}{N_{\text{C}} \exp\left[-\frac{\epsilon_{\text{C}0} - \epsilon_{\text{F}} - \delta x}{kT} \right]} \right]. \tag{5.54}$$

Der Gradient des Quasi-Fermi-Niveaus wird damit

$$\nabla_x[\epsilon_{\text{Fn}}] = f\left(\Delta n(x), \frac{\text{d}(\Delta n(x))}{\text{d}x} \right) \tag{5.55}$$

und wirkt als Antrieb für den Transport der Elektronen im Gegensatz zum Gradienten

$$\nabla_x[\epsilon_{\text{C}}(x > 0)] = \delta.$$

(Details zur analytischen Ableitung finden sich in **??**.)

Die Verteilung $\Delta n(x)$ als Diffusionsprofil ergibt sich aus der stationären eindimensionalen Kontinuitätsgleichung

$$\frac{\partial(\Delta n)}{\partial t} = 0 = -\nabla[\Delta n(x)v_x(x)] + g(x) - r(x),$$

wobei die Generationsrate $g(x) = \text{const.}$ und die Rekombinationsrate als $r(x) = (\Delta n(x)/\tau)$ eingesetzt wird. In dieser speziellen Anordnung sind die Randbedingungen $\Delta n(x = d) = 0$ wegen extrem hoher Oberflächenrekombinationsgeschwindigkeit sowie $\Delta n(x = 0) = (g/\tau)$, weil wir in genügendem Abstand vom Metallkontakt eine örtlich konstante Konzentration $\Delta n(x)$ annehmen.

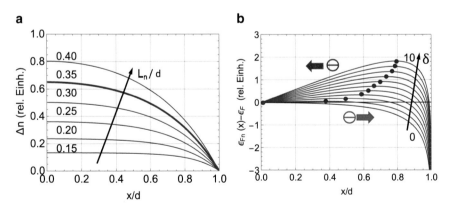

Abb. 5.23 Diffusionsprofile für photogenerierte Elektronen (Minoritäten) in der Nähe eines metallischen Rückkontaktes mit Oberflächenrekombinationsgeschwindigkeit $S_d \to \infty$ für unterschiedliche Diffusionslängen L_n und ohne Rampe im Leitungsband ($\delta = 0$) (**a**), und Quasi-Fermi-Niveaus $\epsilon_{\text{Fn}}(x)$ für verschieden Leitungsbandsteigungen δ zur Variation des Leitungsbandes $\epsilon_{\text{C}0} + \delta x$ mit $L/d = 0.35$ (**b**). Für $\delta = 0$ ist im ganzen Gebiet $0 \leqslant x \leqslant d$ der Gradient $\nabla[\epsilon_{\text{Fn}}(x)] > 0$, so dass alle photogenerierten Minoritäten zur Oberfläche diffundieren. Mit steigendem δ wächst der Bereich von $\nabla[\epsilon_{\text{Fn}}(x)] > 0$ und die photogenerierten Minoritäten diffundieren zunehmend weg von der Oberfläche (**b**)

Die beispielhaften Lösungen, die mit den Gleichungen im Anhang A.9 berechnet sind, finden sich in Abb. 5.23. Sie zeigen den Einfluss der Dotierungsrampe auf das lokale Quasi-Fermi-Niveau $\epsilon_{Fn}(x)$, das den Transport der photogenerierten Minoritäten in Gegenrichtung zum Rückkontakt verursacht.

Das rückseitige elektrische Feld („back surface field") ist demnach eher eine rückseitige Minoritätsträgerdiffusion („back surface diffusion").

5.3   Kontakte

Die in Materie durch Strahlungsabsorption generierte Energie wird über Kontakte, üblicherweise aus Metallen, von außen zugänglich. Die Kontakte sollen den Transport der Ladungsträger verlustfrei, resp. verlustarm, ermöglichen.

An der Übergangsstelle zwischen Halbleiter und Metall (x_0) entsteht wegen unterschiedlicher elektronischer Eigenschaften eine Diskontinuität von energetischen Niveaus [13]. Zur groben Orientierung dient das Modell nach Anderson [14], in dem aus thermodynamischen Gründen das Niveau der Vakuumenergie ϵ_{vac} der beiden Festkörper an der Phasengrenze stetig sein soll. Mit diesem Ansatz ergeben sich die in Abb. 5.24 skizzierten Bänderdiagramme von ohmschen Kontakten zwischen Metall und einem n-Halbleiter, sowie einem Metall und einem p-Halbleiter. Aus der Anderson-Bedingungen ergibt sich für verschwindende Barrieren an der Phasengrenze aus der Elektronenaffinität (energetische Breite des Leitungsbandes, χ_{HL}) sowie dem Bandabstand ϵ_g des Halbleiters die Austrittsarbeit des Metalls:

$$\phi_M \leq \chi_{n-HL} + (\epsilon_C - \epsilon_{F,n-HL}), \qquad \phi_M \geq \chi_{p-HL} + \epsilon_g - (\epsilon_{F,p-HL} - \epsilon_V).$$

Realiter entstehen jedoch am Übergang zwischen zwei Festkörpern oft zusätzlich zu den Bandzuständen weitere elektronische Zustände[16], die meist geladen sind und deren Dipole auf kürzesten Abständen die Anpassung der Bänder einstellen, und die wie Diskontinuitäten erscheinen[15].

An solchen Übergängen sortieren sich die Ladungen links und rechts sowie in der Phasengrenze so um, dass die Ferminiveaus in beiden Materialien gleich sind ($\epsilon_{F,met}(x_0) = \epsilon_{F,HL}(x_0)$). Dadurch entstehen Raumladungen im Metall und im Halbleiter. Im Metall ist die Ausdehnung der Raumladungszone extrem gering, weil die Dichte der freien Elektronen im Vergleich mit der Dichte der Majoritäten in Halbleitern sehr hoch ist. Im Halbleiter ist deshalb die Raumladungszone sehr viel ausgedehnter als in Metallen, und die gesamte Weite der Raumladungszone ist im Wesentlichen die des Halbleiters.

Für möglichst ungehinderten Transport von Majoritäten über die Phasengrenze ($x = 0$) fordern wir keine oder eine nur unmerkliche Barriere $\phi_B \leq kT$. Solche

---

[16]Unvermeidbare und vermeidbare Zustände wegen unterschiedlicher Gittertypen und deren Orientierung, wegen unterschiedlicher Gitterkonstanten, sowie durch Banddiskontinuitäten und durch Interdiffusion von einzelnen Komponenten der beteiligten Festkörper oder durch Verunreinigungen der einzelnen Oberflächen während der Herstellung.

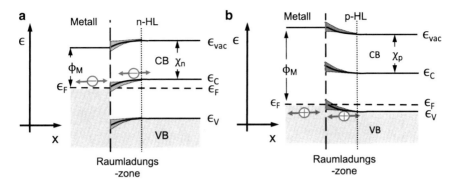

Abb. 5.24 Bänderdiagramm eines ohmschen Kontakts zwischen Metall und n-Halbleiter (**a**) und Metall und p-Halbleiter (**b**) nach dem Anderson-Modell. Als grobe Abschätzung gilt hier $\phi_M \leqslant \chi_{n-HL} + (\epsilon_C - \epsilon_{F,n-HL})$, beziehungsweise $\phi_M \geqslant \chi_{p-HL} + \epsilon_g - (\epsilon_{F,p-HL} - \epsilon_V)$. Nicht berücksichtigt im Anderson-Modell sind geladene Zustände an der Grenzfläche und die dadurch entstehenden elektrischen Dipole, die die Bandenergien, so auch das Vakuumniveau, die Leitungsband- und die Valenzbandkante durch Diskontinuitäten (angedeutet mit grau gezeichneten Bereichen für die Bandenergien) modifizieren. Für einen ohmschen Kontakt dürfen die Majotitäten beim Transport über die Phasengrenze keine Barriere spüren

Anordnungen bezeichnet man als Ohm'sche Kontakte. Anstelle einer energetisch geringen Barriere wirkt eine wegen der Ladungen in den Grenzflächenzuständen sehr dünne Barriere (z. B. $d \leq 1$ nm), wie sie sich auch in stark dotierten Halbleitern einstellt, ebenfalls wie ein ohmscher Kontakt, weil solch dünne Barrieren nahezu ungehinderten Ladungstransport durch Tunneleffekt ermöglichen.

Übergänge mit für den Transport von Majotitätsladungen spürbaren Barrieren hingegen bilden sperrende Kontakte. Diese Übergänge verhalten sich als gleichrichtende Elemente (vgl. auch Abschn. 5.6).

5.4 Heteroübergänge

5.4.1 Konzept der Hetero-Diode

Auf der Seite des Strahlungseintritts in absorbierende Materie ist die Photonenstromdichte Γ_γ maximal und nimmt mit zunehmender Tiefe x nach dem Gesetz von Lambert-Beer exponentiell ab[17]

$$\Gamma_\gamma(x) = \Gamma_\gamma(x=0)\exp[-\alpha x].$$

Die Generation von Anregungszuständen ist deshalb an der Seite des Strahlungseintritts in die Solarzelle maximal. An der Vorderseite befinden sich – bis auf wenige, technologisch sehr aufwendige Varianten – die Kontakte. Die Frontkontakte sind als

---

[17]Der Absorptionskoeffizient ist konstant über dem Ort.

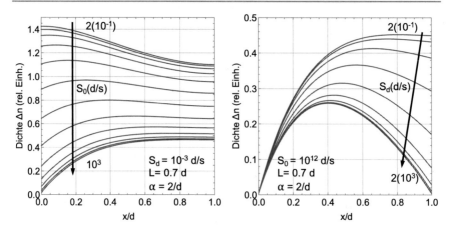

Abb. 5.25 Lokale Profile von photogenerierten Überschussdichten (z. B. Δn in einem p-Halbleiter) mit Variation der Oberflächenrekombination S_0 bei $x = 0$ und S_d bei $x = d$. Insbesondere ist die Überschussdichte $\Delta n(x = 0)$ stark von S_0 beeinflußt

Metallstreifen und/oder als hochleitende transparente Schichten ausgeführt. Hohe Leitfähigkeiten bedingen hohe Dichten freier Elektronen und somit schnelle Relaxation von Anregungszuständen. Die hohe photogenerierte Trägerdichte an der Frontseite sieht demnach die hohe Rekombinationrate. Die Abb. 5.25 zeigt exemplarisch den Einfluss von Oberflächenrekombination an Front und Rückseite in Form der lokalen Überschussdichte $\Delta n(x/d)$.

Mit der Kombination eines Halbleiters mit hohem Bandabstand (ϵ_{g1}), in dem fast nicht absorbiert wird, und einem nachfolgenden Halbleiter (ϵ_{g2}) entgegengesetzter Dotierung, der zur Strahlungsabsorption geeignet ist, wird die Oberfläche der absorbierenden Schicht von der Frontseite ($x = 0$) ins Innere der Diode $x = d_1$ verschoben und ist demnach für den Anregungszustand weniger schädlich (Abb. 5.26).

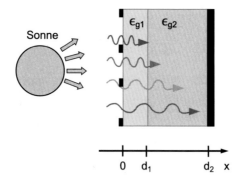

Abb. 5.26 Konzept des Heteroüberganges mit einem Halbleiter hohen Bandabstandes ϵ_{g1}, in dem unmerkliche Absorption solarer Photonen stattfindet und einem Halbleiter mit Bandabstand $\epsilon_{g2} < \epsilon_{g1}$, der für die Absorption solarer Photonen optimiert ist. Durch Verschiebung der Absorption ins Innere der Diode ($x \geq d_1$) sollen hohe Rekombinationsverluste an der Strahlungseintrittsseite bei $x = 0$ vermieden werden

5.4.2 Elektronische Eigenschaften von Hetero-Dioden

Das Bänderdiagramm lässt sich analog dem für homogene Dioden konstruieren. In grober Näherung wird zunächst angenommen, dass das Vakkuumniveau $\epsilon_{\text{vac}}(x)$ wie im Anderson-Ansatz (vgl. Metall-Halbleiterkontakte 5.3) stetig ist. Allerdings existieren auch hier Grenzflächenzustände, die Ladungen aufnehmen. Dadurch bildet sich an der Phasengrenze eine Dipolschicht aus, die eine Diskontinuität in $\epsilon_{\text{vac}}(x)$ verursacht. Die Niveaus $\epsilon_C(x)$ und $\epsilon_V(x)$ werden entsprechend den Elektronenaffinitäten χ_n, χ_p und den Bandabständen $\epsilon_{g,n}$, $\epsilon_{g,p}$ energetisch verschoben [8,13] (Abb. 5.27) und enthalten auch die Diskontinuität des Vakuumniveaus.

An der Phasengrenze zwischen n- und p-Halbleiter gebildete Grenzflächendefekte, rühren einerseits unvermeidlich aus elektronischen und aus strukturellen Gründen her:

- Die energetische Stufe in den Bandenergien ϵ_C und ϵ_V ist nicht unendlich hoch und ermöglicht deshalb den Wellenfunktionen der Elektronen/Löcher aus dem Halbleiter mit dem kleinerem Bandabstand sich in den Halbleiter mit dem grösserem Bandabstand über die Abklinglänge $x_s(\Delta\epsilon_C)$ auszubreiten [13,15,16]. Diese Zustände liegen energetisch zwischen den Kanten der Leitungsbänder ϵ_{Cn} und ϵ_{Cp} (gleichartige Effekte gibt es auch auf der Seite der Valenzbänder). Solche

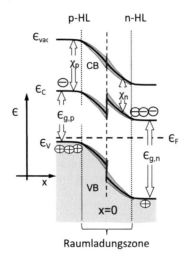

Abb. 5.27 Bänderdiagramm einer Heterodiode im thermischen Gleichgewicht bestehend aus einem n-Halbleiter mit großen $(\epsilon_{g,n})$ und einem p-Halbleiter mit kleinerem optischen Bandabstand $(\epsilon_{g,p} < \epsilon_{g,n})$. An der Phasengrenze existieren zudem Grenzflächenzustände, die geladen sind und die eine Dipolschicht bilden. Durch die Dipolschicht entsteht eine Diskontinuität in ϵ_{vac}. Wegen unterschiedlicher Elektronenaffinitäten und unterschiedlicher Bandabstände sowie wegen eines eventuellen Sprungs in ϵ_{vac} bilden sich Diskontinuitäten in den Bandenergien, also auch in $\epsilon_C(x)$ und $\epsilon_V(x)$ (Variationsbereiche in den Bandenergien aufgrund von Diskontinuitäten sind grau angedeutet; Bereiche der Diskontinuitäten am Hetero-Übergang sind markiert)

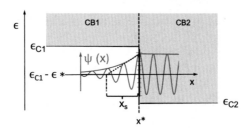

Abb. 5.28 Leitungsbandenergie $\epsilon_C(x)$ mit Diskontinuität an der Phasengrenze $x*$ zwischen Halbleitern mit unterschiedlichem Bandabstand. Die Wellenfunktion $\Psi(x)$ mit konstanter Amplitude in $x \geq x*$ ragt in das Gebiet $x < x*$. Die Amplitude der Wellenfunktion $\Psi(x < x*)$ wird über die Endringtiefe mit Faktor $\exp[-\sqrt{2m_n^*(-\epsilon*)}]$ gedämpft [15, 16]. In der Bandlücke des Halbleiters mit dem größeren Bandabstand existieren somit unvermeidbare elektronische Zustände (analoge Effekte treten auf der Seite der Valenzbänder auf)

Zustände wirken für die Ladungsträger im Halbleiter mit hohem Bandabstand wie Defekte (Abb. 5.28);

• Gitterkonstanten und Gitterstruktur der beiden betrachteten Halbleiter sind generell nicht identisch, so dass eine erhebliche Anzahl von atomaren Bindungselektronen an der Phasengrenze keine entsprechenden Nachbarn hat. Die offenen Bindungen sind wiederum elektronische Zustände in der Bandlücke, die Rekombination erlauben,

und werden andererseits von Verunreinigungen an der Grenzfläche beider Halbleiter verursacht, die in der technologischen Herstellung solcher zusammengesetzter Strukturen auftreten.

Weitere Unterschiede zwischen heterogenen und homogenen pn- Dioden, die es zu beachten gilt, bestehen in

• der Bedingung der Kontinuität der Normalkomponente der dielektrischen Verschiebung an der Phasengrenze, also $D_{n,n} = \varepsilon_n E_{n,n} = D_{n,p} = \varepsilon_p E_{n,p}$ mit der Diskontinuität der Normalkomponenten der elektrischen Feldstärken, sowie

• die Reflexionen und dadurch ausgelösten Interferenzeffekte von Photonen wegen unterschiedlicher Brechungsindizes an der Phasengrenze der beleuchteten Halbleiter.

• Der Beitrag des Halbleiters mit großem Bandabstand zur Sperrsättigungsstromdichte wird nominell klein, sofern nicht Defekte an der Phasengrenze diesen Effekt ausgleichen;

• der Transport von Minoritäten über die Phasengrenze kann durch Diskontinuitäten (energetische Spitzen) behindert werden, zudem

• wirken die Grenzflächenzustände für photoangeregte Minoritäten als Rekombinationszentren, die den Anregungszustand und demzufolge den Wirkungsgrad der Solarzelle verringern.

Aus der Palette der bisher bekannten, für Anwendungen als Solarzellen geeignete Halbleiter können nur wenige – wie kristallines und mikro-kristallines Silizium oder

III-V-Halbleiter – sowohl als n- und als p-Typen dotiert werden. Die Mehrzahl der Heterodioden bestehen aus polykristallinen Dünnschichten. Diese sind meist Verbindungshalbleiter aus zwei oder mehreren atomaren Komponenten. Für kleine Bandabstände sind solche Absorber vorwiegend durch stöchiometrische Abweichungen präparationsbedingt p-leitend; die entsprechenden Halbleiter mit hohen Bandabständen dagegen sind häufig n-leitend[18].

5.5 P-i-n-Dioden

5.5.1 Konzept der p-i-n-Diode

Das Konzept von p-i-n-Solarzellen wurde aus dem elektronischen Aufbau von Detektoren optischer Strahlung abgeleitet und wird vornehmlich für Solarzellen aus Absorbern mit geringen Trägerbeweglichkeiten verwirklicht, wie sie in ungeordneten, amorphen und mikro-kristallinen Halbleitern vorherrschen. Außerdem existiert in ungeordneten Halbleitern aufgrund der fehlenden Fernordnung eine merkliche Dichte von Zuständen in der Pseudobandlücke (Beweglichkeitslücke, siehe 4.11.3.3), die zur Rekombination beitragen.

In den genannten p-i-n-Detektoren werden die photogenerierten Ladungsträger in extremer Sperrrichtung zu den Kontakten abgezogen [8]. Im Betriebsmodus als Detektor zeigen die Bandenergien $\epsilon_C(x)$ und $\epsilon_V(x)$ wegen der hohen Sperrspannungen grosse ähnlichkeit mit den treibenden Kräften des Ladungstransport, nämlich den Quasi-Fermi-Niveaus $\nabla\epsilon_{Fn} \approx \nabla\epsilon_C$ resp. $\nabla\epsilon_{Fp} \approx \nabla\epsilon_V$. Demzufolge darf man die zwischen den Kontakten angelegte Sperrspannung $eV_{ext} = \epsilon_{F,p\text{-Seite}} - \epsilon_{F,n\text{-Seite}}$ näherungsweise (!) als Anlass für den Ladungstransport interpretieren. Die Weite der Raumladungszone entspricht der Dicke der intrinsischen Schicht d_i, die von den stark p- bzw. n-dotierten Schichten umgeben ist (Abb. 5.29). Die Absorption von Photonen findet wegen der geometrischen Abmessungen ($d_{p-\text{Schicht}} \approx d_{n-\text{Schicht}} \ll d_i$) fast ausschließlich in der intrinsischen Schicht statt. Die intrinsischen Schichten von ungeordneten, amorphen oder mikro-kristallinen Halbleitern weisen hohe Zustandsdichten mit breiten energetischen Verteilungen in der Pseudobandlücke auf, die zum überwiegenden Teil geladen sind. An solchen geladenen Zuständen werden Ladungsträger sehr effektiv gestreut.

In einer p-i-n-Solarzelle unter Beleuchtung ist die Erklärung des Ladungstransports mit den Gradienten $\nabla_x[\epsilon_C] = \nabla_x[\epsilon_V] \approx (e(V_{bi} - V_{ext}))/d_i$ nicht mehr gerechtfertigt.

Zum Einen werden die Bänder, wie $\epsilon_C(x)$ und $\epsilon_V(x)$ durch Raumladungen örtlich stark beeinflusst, wie in Abb. 5.30 mit Raumladungen $\rho^+(x)$ an der p-i- und mit $\rho^-(x)$ an der i-n-Grenzfläche schematisch für thermisches Gleichgewicht und $V_{ext} = 0$ dargestellt.

---

[18]Mit sehr hochdotierten (hochleitenden) Fensterhalbleitern lässt sich wegen der entstehenden Inversion sogar die Oberflächenrekombination verringern.

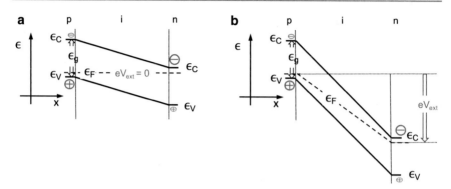

Abb. 5.29 Vereinfachtes Banddiagramm eines optischen p-i-n-Detektors im thermischen Gleichgewicht **(a)** und unbeleuchtet unter hoher Sperrspannung $V_{ext} < 0$ **(b)**

Abb. 5.30 Qualitative Raumladung $\rho^+(x)$ und $\rho^-(x)$ in der i-Schicht einer p-i-n-Diode **(a)** und zugehöriges $\int \rho(x)dx$ (ßog. elektrisches Feld") **(b)**, und Bandverhalten am Beispiel von $\epsilon_C(x)$ **(c)** zur Veranschaulichung des Einflusses der Raumladung $\rho(x)$ in einer p-i-n-Diode aus amorphen Halbleitern (thermisches Gleichgewicht und $V_{ext} = 0$)

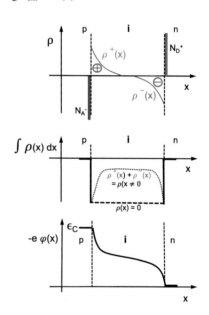

Zum Anderen bestimmen unter Beleuchtung die Dichten photogenerierter Elektronen und Löcher in der i-Zone die Quasi-Fermi-Niveaus $\epsilon_{Fn}(x)$, $\epsilon_{Fp}(x)$ und Verhalten der Bänder. Das Zusammenwirken von Raumladung und Ladungstransport unter Beleuchtung lässt sich wegen der Kopplung von Elektronen und Löchern über die Poissongleichung nur numerisch behandeln [18–20].

5.5.2 Raumladung und Bänder in p-i-n-Dioden

Die Modifikation der Energieniveaus in der i-Schicht von ungeordneten Halbleitern durch Raumladungen wird in einer vereinfachten Verteilung der Raumladung gezeigt. Da die detaillierte Verteilung einer Raumladung $\rho(x)$ sich nach zweifacher örtlicher Integration nur sehr schwach auf die Form von $\varphi(x)$ und damit auf die Form der Bänder $\epsilon_C(x)$, $\epsilon_V(x)$ auswirkt (siehe Abschn. 5.1.6), erzielt man mit exponentiell zur Mitte der i-Zone abfallenden Raumladungen qualitativ konsistente Ergebnisse für die Bandenergien.

An den Übergängen p-i und i-n wird in intrinsischen Halbleitern die jeweilige Ladung von Akzeptoren oder Donatoren aus den dotierten Gebieten abgeschirmt. Die Verteilung der abschirmenden Ladung erstreckt sich von den Phasengrenze exponentiell abnehmend in die i-Schicht $(-W/2 \leq x \leq W/2)$. Die jeweils auf die Gesamtladung normierte lokale Raumladung $\rho(x)$ ist demnach:

$$\rho(x) = \frac{\varrho_0}{b}\left(\exp\left[-\frac{x+W/2}{b}\right] - -\exp\left[-\frac{-x+W/2}{b}\right]\right).$$

Die erste Integration über den Ort x führt zu:

$$\int \rho(x)\mathrm{d}x = -\rho_0 \exp\left[-\frac{W+2x}{2b}\right]\left(1+\exp\left[\frac{2x}{b}\right]\right) + C_1,$$

die weitere Integration ergibt

$$\varphi(x) = -\rho_0 b \exp\left[-\frac{W-2x}{2b}\right]\left(-1+\exp\left[\frac{2x}{b}\right]\right) + C_1 x + C_2.$$

Mit entsprechenden Randbedingungen erhält man mit $-e\varphi(x) = \epsilon_{\mathrm{vac}}(x)$ auch die Bandenergien $\epsilon_C(x)$ und $\epsilon_V(x)$.

In Abb. 5.31 sind die drei Gößen $\rho(x)$, $\int \rho(x)\mathrm{d}x$ und $\varphi(x)$ für unterschiedliche Ausdehnungen der örtlichen Raumladungen $\rho(x)$ dargestellt; die gesamte positive Ladung $\int \rho^+(x)\mathrm{d}x = \int \rho^-(x)\mathrm{d}x$ ist jeweils gleich der negativen Ladung.

Die Raumladung $\rho(x)$ in der i-Region, die aufgrund von $T > 0$ unvermeidbar ist und durch die Mitwirkung von Defekten weiter vergrößert wird, verursacht eine starke Veränderung von – hier trivialerweise linear angenommenen – lokalen Energieniveaus, wie auch von $\epsilon_C(x)$ und $\epsilon_V(x)$. Generell werden an den Rändern des i-Gebietes die Bandenergien steiler und in seiner Mitte flacher abfallen [17–19].

5.5.3 Beleuchtete p-i-n-Diode

Die beleuchtete p-i-n- Diode kann als Sonderfall einer homogenen pn-Solarzelle verstanden werden, mit den modifizierten Eigenschaften:

- Die Raumladungszone (RLZ) der pn-Diode ist gestreckt auf die Länge der i-Schicht;
- die Zone (RLZ) als i-Gebiet enthält keine Dotieratome und ist folglich im Idealfall defektfrei. Sie ähnelt gewissermaßen der idealen Solarzelle aus Abschn. 4.12;

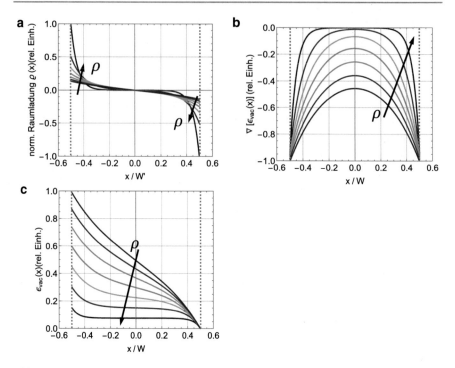

Abb. 5.31 Exponentiell vom Rand abfallende Raumladung $\rho(x)$ in einer p-i-n-Diode aus amorphem Silizium (a-Si:H) **(a)** und Auswirkungen auf die Bandparameter $\nabla[\epsilon_{vac}(x)]$ **(b)** und auf $\epsilon_{vac}(x)$ **(c)**; die lokale Kontur von $\epsilon_{vac}(x)$ findet sich gleichartig auch in $\epsilon_C(x)$ und $\epsilon_V(x)$

- die p- und n-dotierten Gebiete, die wie Kontakte wirken, sind extrem dünn, so dass sie keine Photonen absorbieren. Die minimale Dicke soll gerade ausreichen, die Ferminiveaus für die gewählte Dotierung einzustellen.

Mit diesen Vorgaben und der zusätzlichen Information zu $\epsilon_C(x)$ und $\epsilon_V(x)$ aus Gründen der Raumladungen (siehe Abschn. 5.5.2) lässt sich das Bänderdiagramm einer beleuchteten amorphen oder mikro-kristallinen p-i-n-Diode qualitativ konstruieren. In Abb. 5.32 finden sich Bänderdiagramme von beleuchteten solchen p-i-n-Dioden beispielsweise für den Punkt maximaler Ausgangsleistung (*mpp*) sowie für Kurzschluss (j_{sc}).

Man erkennt aus dieser Betrachtung, dass die Erklärung der Wirkungsweise einer p-i-n-Solarzelle mit der Analogie des in extremer Sperrspannung betriebenen optischen p-i-n-Detektors ungeeignet ist. Der hauptsächliche und nahezu einzige Effekt einer intrinsischen[19] als Absorber wirkenden Schicht zwischen dünnen p- und n-dotierten Gebieten besteht in der geringeren Defektdichte und der damit einher-

---

[19]Intrinsisch im Sinne von undotiert und mit Ferminiveau ungefähr in der Mitte der Bandlücke.

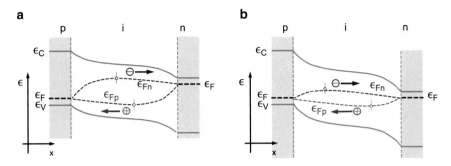

Abb. 5.32 Bandparameter $\epsilon_C(x)$, $\epsilon_V(x)$ aus dem Modellansatz von exponentiell vom Rand abfallender Raumladungen in einer amorphen oder mikro-kristallinen p-i-n-Diode mit qualitativ abgeleiteten Quasi-Fermi-Niveaus $\epsilon_{Fn}(x)$ und $\epsilon_{Fp}(x)$ für den Punkt maximaler Ausgangsleistung (*mpp*) (**a**) sowie für Kurzschluss (j_{sc}) (**b**). Die Quasi-Fermi-Niveaus $\epsilon_{Fn}(x)$ und $\epsilon_{Fp}(x)$ verdeutlichen, dass der Ladungstransport in p-i-n-Dioden nicht den Gradienten $\epsilon_C(x)$ oder $\epsilon_V(x)$ zugewiesen werden kann. Insbesondere in der Mitte der i-Schicht können $\nabla_x[\epsilon_{Fn}(x)]$ und $\nabla_x[\epsilon_{Fp}(x)]$ sehr klein werden

gehenden höheren Trägerlebensdauern in undotierten im Vergleich mit dotierten Halbleitern[20] gleichen Typs.

Solarzellen mit p-i-n-Strukturen kommen vornehmlich für Halbleiter mit geringen Beweglichkeiten und Diffusionslängen ($L_D = \sqrt{D\tau}$), sowie kleinen Lebensdau-

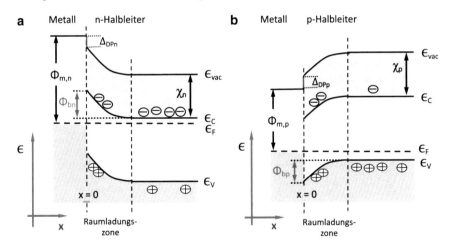

Abb. 5.33 Bänderdiagramme mit Raumladungszonen von Metall-Halbleiter-Übergängen. Am Übergang Metall-Halbleiter sind im Bänderdiagramm die Anpassung der Vakuumniveaus mit Berücksichtigung von Diskontinuitäten durch Dipolladungen bei $x = 0$ enthalten. In dieser Darstellung sind die Diskontinuitäten $\Delta_{DP,n}$ resp. $\Delta_{DP,p}$ so gewählt, dass die zugehörigen Barrierenhöhen durch die Dipolladungen verringert werden. Dann gilt für n-Halbleiter $\phi_{b,n} = \phi_{M,n} - \chi_{n-HL} - (\epsilon_C - \epsilon_{F,n-HL}) - \Delta_{DP,n}$ (**a**); für p-Halbleiter $\phi_{b,p} = \chi_p + \epsilon_g - (\epsilon_{F,p-HL} - \epsilon_V) - \phi_{M,p} - \Delta_{DP,p}$ (**b**)

---

[20]Die Dotierung von ungeordneten Halbleitern erzeugt neben den Niveaus der Dopanden hohe Dichten von Defekten in der Beweglichkeitslücke.

ern der Minoritäten in Betracht, wie sie in ungeordneter Materie aufgrund hoher Ladungsträgerstreuung und hocher Defektdichten vorkommen. Dazu zählen vor allem amorphe, mikro-kristalline oder organischen Halbleiter, deren Diffusionslängen viel kleiner sind als die zur Absorption solarer Photonen notwendige Dicke, über die die Ladungsträgersammlung gelingen soll.

5.6   Metall-Halbleiter-Dioden

Metall-Halbleiter-Übergänge, *Schottky-Dioden* genannt [8,13], sind die einfachsten gleichrichtenden Bauelemente. Die Bedingung für Gleichrichtung lautet, dass die Majoritätsträger[21] beim Transport im Gegensatz zu ohmschen Kontakten (vgl. Abschn. 5.3) eine energetische Barriere ϕ_B sehen. Die Barriere liegt an der Phasengrenze ($x = 0$) zwischen Metall und Halbleiter und ergibt sich aus der Bedingung der Anpassung des Vakuumniveaus am Übergang zwischen Metall und Halbleiter (Anderson-Bedingung) mit Berücksichtigung der durch eine Dipolschicht verursachten Diskontinuität Δ_{DP} [22,23].

5.6.1   Banddiagramm und Raumladungszone in Schottky-Dioden

Mit der vorgegebenen Bedingung $\epsilon_{vac,met}(x = 0) - \epsilon_{vac,HL}(x = 0) = \pm\Delta_{DP}$ konstruieren wir das Bänderdiagramm eines Metall-Halbleiter-Überganges [2,8,22,23] in Abb. 5.33, einerseits für die Kombination Metall/n-Halbleiter und andererseits für Metall/p-Halbleiter. Dabei ist das Vorzeichen der Diskontinuität Δ_{DP} in der Abbildung jeweils so gewählt, dass die Barrierenhöhe (ungünstigster Fall) durch die Dipolladung verringert wird. Um einen sog. sperrenden Kontakt zu etablieren, müssen Austrittsarbeit ϕ_M und Elektronenaffinität χ_{HL} die Bedingung erfüllen:

$$\phi_M \geq \chi_{n-HL} + (\epsilon_C - \epsilon_{F,n-HL}) + \Delta_{DP,n}$$

beziehungsweise

$$\phi_M \leq \chi_{p-HL} + \epsilon_C - \epsilon_{F,p-HL} - \Delta_{DP,p}.$$

Die für Majoritäten wirksamen Barrierenhöhen werden demzufolge im Übergang Metall/n-Halbleiter

$$\phi_{b,n} = \phi_{M,n} - \chi_{n-HL} - (\epsilon_C - \epsilon_{F,n-HL}) - \Delta_{DP,n}, \tag{5.56}$$

und gleichermaßen im Übergang Metall/p-Halbleiter

$$\phi_{b,p} = \chi_p + \epsilon_g - (\epsilon_{F,p-HL} - \epsilon_v) - \phi_{M,p} - \Delta_{DP,p}. \tag{5.57}$$

---

[21]Majoritäten in Metallen sind Elektronen mit Energien $\epsilon < \epsilon_F$ und Löcher mit $\epsilon > \epsilon_F$.

Die Details der Raumladungszone lassen sich beispielsweise am Übergang Metall/n-Halbleiter erörtern:

Die Raumladung $\rho(x)$ am Übergang besteht aus einer extrem dünnen[22] Schicht negativer Ladung im Metall bei $x \approx 0$ und aus den Ladungen im n-Halbleiter für $x \geq 0$. Dort setzt sich $\rho(x \geq 0)$ zusammen aus den Löchern im Valenzband, $p_{VB}(x)$, den Elektronen im Leitungsband, $n_{CB}(x)$ und den positiv geladenen Donatoren n_D^+. Mit der Boltzmann-Näherung schreibt sich die örtliche Raumladung im n-Gebiet für $x > 0$:

$$\rho(x) = e \left\{ n_D^+(x) + N_V \exp\left[-\frac{\epsilon_F - \epsilon_V(x)}{kT} \right] - N_C \exp\left[-\frac{\epsilon_C(x) - \epsilon_F}{kT} \right] \right\}.$$

(5.58)

Die Bandenergien in der Raumladungszone $\rho(x)$ mit dem elektrostatischen Potential $\varphi(x)$ schreiben sich:

$$\epsilon_C(x) - \epsilon_F = \epsilon_{C,0} - \epsilon_F + e\varphi(x) \tag{5.59}$$

sowie

$$\epsilon_F - \epsilon_V(x) = \epsilon_F - \epsilon_{V,0} + e\varphi(x). \tag{5.60}$$

Die eindimensionale Poisson-Gleichung verbindet $\rho(x)$ mit den Ladungsdichten in den Bändern resp. im Donatorniveau

$$\frac{d^2 \varphi(x)}{dx^2} = -\frac{\rho(x)}{\varepsilon_0 \varepsilon}$$

$$= -\frac{e}{\varepsilon_0 \varepsilon} \left\{ n_D^+ + p_{n0} \exp\left[\frac{e\varphi(x)}{kT} \right] - n_{n0} \exp\left[-\frac{e\varphi(x)}{kT} \right] \right\}. \tag{5.61}$$

Hier sind n_{n0} und p_{n0} die thermischen Gleichgewichtsdichten von Elektronen und Löchern im n-Halbleiter.

Im Allgemeinen ist auch die Dichte von geladenen Donatoren (N_D^*) ortsabhängig. Da jedoch das Ferminiveau ϵ_F in der Raumladungszone in Richtung des Metallkontaktes sich immer mehr von der Kante des Leitungsbandes ϵ_C entfernt, und damit die Besetzung der Donatoren mit Elektronen zu N_D immer weniger wahrscheinlich wird, kann man annehmen, dass die Donatoren in der Raumladungszone vollständig ionisiert sind $n_D^+ = N_D$.

Die Integration der Poisson-Gleichung mit einem integrierenden Faktor führt zu einer Beziehung des Potentials $\varphi = \varphi(x)$ (siehe Details im Anhang A.6), die nur numerisch gelöst werden kann. Die Vernachlässigung von Termen, die im Zähler thermische Gleichgewichtsdichten enthalten, erlaubt die weitere analytische Berechnung

---

[22]Um eine Flächenladung von geladenen Donatoren der Dichte $n_A^+ = 10^{16}$ cm^{-3} und Ausdehnung der Raumladungszone von wenigen μm im Halbleiter mit Metallelektronen der Dichte 10^{22} cm^{-3} zu kompensieren bedarf es einer Länge der Ladungszone im Metall, die um Faktor $(10^{16}/10^{22}) = 10^{-6}$ kleiner ist als die im Halbleiter.

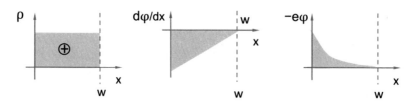

Abb. 5.34 Qualitative Raumladung $\rho(x)$, Ortsableitung des Potentials $(\mathrm{d}\varphi/\mathrm{d}x)$ und Potential $\varphi(x)$ in einem Übergang Metall/n-Halbleiter, wie sie für die analytische Ableitung verwendet wird

(siehe Anhang A.6) und führt zur Ortsableitung des Potentials $(\mathrm{d}\varphi/\mathrm{d}x) = \varphi'(x)$ und zum örtlichen Potential $\varphi(x)$:

$$\varphi'(x) = (x - W)\frac{en_{n0}}{\varepsilon_0\varepsilon} \tag{5.62}$$

und

$$\varphi(x) = (x - W)^2 \frac{en_{n0}}{2\varepsilon_0\varepsilon}. \tag{5.63}$$

In der Näherung für die Raumladungszone $0 \leq W$ ensteht aus der konstanten (rechteckförmigen) Verteilung der positiv geladenen Donatoren $\rho(x)$ die linear abfallende Größe $\varphi'(x) = (\mathrm{d}\varphi/\mathrm{d}x) \sim (-x)$ und das parabolisch abfallende Potential $\varphi \sim (x)(-x)^2$, wie in Abb. 5.34 dargestellt. Der Ansatz und das Ergebnis ähneln qualitativ und quantitativ dem für die Raumladungszone im homogenen pn-Übergang, wenn man nur den Teil des n-Halbleiters betrachtet (vgl. Abschn. 5.2.1).

An der Phasengrenze Metall/Halbleiter $(x = 0)$ werden Bandkrümmung

$$\varphi'(x = 0) = -(Wen_{n0})/(\varepsilon_0\varepsilon)$$

und Barrierenhöhe für Majoritätsträger (hier Elektronen):

$$\phi_\mathrm{B} = e\varphi(x = 0) = W^2 \frac{e^2 n_{n0}}{2\varepsilon_0\varepsilon}.$$

Im Vergleich mit dem homogenen pn-Übergang ist die Barriere für die Majoritätsträger in Schottky-Dioden meist wesentlich kleiner, obwohl der optische Bandabstand des Halbleiters die Verschiebung des Quasi-Fermi-Niveaus für Löcher z. B. in n-Halbleitern näherungsweise zwischen Dotierniveau $\epsilon_\mathrm{F} \approx \epsilon_\mathrm{D}$ und Valenzbandkante ϵ_V zuließe. Dazu wird ein Metall mit genügend hoher Austrittsarbeit benötigt, damit das Valenzband bei $\epsilon_\mathrm{V}(x = 0)$ gerade das Ferminiveau des Metalls trifft: $\phi_\mathrm{M,n} = \chi_\mathrm{n} + \Delta_\mathrm{DP,n} + (\epsilon_\mathrm{g} - \epsilon_\mathrm{F,n-HL})$. Diese Bedingung ist in der Realität nicht leicht zu erfüllen, weil am Übergang vom Metall (Metalle mit hohen Austrittsarbeiten > ca. 5 eV sind sehr rar) zum Halbleiter einerseits hohe Dipolladungen $(\Delta_\mathrm{DP,n})$ entstehen; andererseits erzeugen Interdiffusion und Verunreinigungen im Halbleiter häufig hohe Defektdichten, die die effektive Barriere über Tunneleffekt verringern. Meisst fallen deshalb die Aufspaltung der Quasi-Fermi-Niveaus und die Leerlaufspannung in Schottky-Dioden geringer aus als in pn-Dioden.

5.6.2 Schottky-Diode unter Beleuchtung

In Schottky-Dioden tritt die Strahlung auf der Seite des transparenten Frontkontakts in den Halbleiter ein. Der Metallkontakt dient auf der Rückseite gleichzeitig als optischer Reflektor. Die Dicke d_{abs} des Halbleiters wird demzufolge optimiert einerseits für möglichst hohe Absorption solarer Photonen (d_{abs} groß) und andererseits für effektive Sammlung photoangeregter Ladungsträger innerhalb eines von der Diffusionslänge $L_D \geq d_{abs}$ vorgegebenen Einzugsgebietes.

Unter Beleuchtung wird die Dichte der Minoritäten, hier die der Löcher im Valenzband, stark vergrößert. Der Halbleiter bildet also die Quelle der photoangeregten Träger, während der Metallkontakt für diese auf dem Niveau $\epsilon_{F,M}$ die Senke darstellt.

Die zur Ladungsträgertrennung notwendige Unsymmetrie des Bauelementes wird durch den – für Majoritäten – sperrenden Metallkontakt gebildet. Der Antrieb zum Transport sind die Gradienten der Quasi-Fermi-Niveaus $\nabla_x[\epsilon_{Fn}]$, $\nabla_x[\epsilon_{Fp}]$. In Abb. 5.35 findet sich das Bänderschema einer beleuchteten Metall/n-Halbleiter-Diode mit den qualitativen Quasi-Fermi-Niveaus im Kurzschluss- (j_{sc}) und nahe dem Leerlaufmodus ($V_{ext} \approx V_{oc}$).

Die maximale Aufspaltung der Quasi-Fermi-Niveaus, die – im günstigsten Fall – die Leerlaufspannung ergeben, wird auch in Schottky-Dioden von der Höhe der Barriere für die Majoritäten bestimmt. Die theoretische Grenze von V_{oc} (für $T \to 0$)

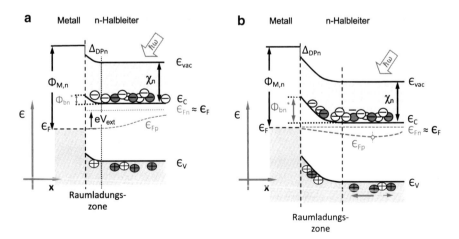

Abb. 5.35 Bänderdiagramme von einem mit flachem Generationsprofil beleuchteten Metall/n-Halbleiterkontakt; die Quasi-Fermi-Niveaus $\epsilon_{Fn} \approx$ const. und $\epsilon_{Fp}(x)$ für nahezu Leerlauf $eV_{ext} \approx eV_{oc}$ (**a**) und für Kurzschluss (**b**) sind qualitativ angedeutet

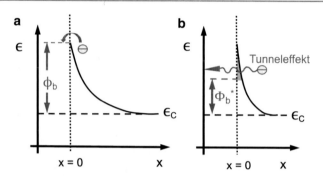

Abb. 5.36 Bänderdiagramm einer Schottky-Diode mit regulärer Barriere (**a**) und mit extrem dünner Barriere (**b**), deren wirksame Höhe ϕ_b durch Tunneleffekt auf ϕ_b^* verringert ist

ist erreicht, wenn die Bandverbiegung gerade verschwindet, heißt $\phi_B \rightarrow 0$ (vgl. Abb. 5.35a) oder $\epsilon_{Fp} = \chi_n + \epsilon_C - \phi_M$. In pn-Dioden – zur Erinnerung – wird das theoretische Maximum von V_{oc} für $T \rightarrow 0$ erreicht, wenn die Diffusionsspannung verschwindet $V_{bi} \rightarrow 0$.

Effektive Barrierenhöhe in Schottky- Dioden
Bei vorgegebener Austrittsarbeit $\phi_M = \epsilon_{vac} - \epsilon_F$ des Metalls bestimmt die Dotierung im Halbleiter die Höhe der Barriere sowie die Weite und die Form der Raumladungszone, die sich in der energetischen Form der Barriere widerspiegelt (Abb. 5.35). In stark dotierten Halbleitern wird die Raumladungszone der Schottky-Diode sehr dünn und die wirksame Barriere für Majoritätsträger wird wegen des Tunneleffektes von ϕ_b auf ϕ_b^* verringert (Abb. 5.36b).

Die optische Schwellenenergie für die Erzeugung angeregter Ladungen, also der Bandabstand des Halbleiters, ist hier wiederum viel größer als die maximal erreichbare elektronische Schwelle ϕ_b^*, die mit der Leerlaufspannung korrespondiert.

Metal-Isolator-Halbleiter-Dioden
Um die wirksame Barrierenhöhe in Metall/Halbleiter-Übergängen gezielt einzustellen, bietet sich an, einen Isolator zwischen Metall und halbleitendem Absorber einzufügen. Ein Vorhaben, das zu MIS-Strukturen führt[23] [8]. Der Isolators wird so dünn gewählt, dass Ladungsträger gerade ausreichend gut tunneln können, und Tunnel-Übergänge durch Isolator plus Halbleiterbarriere auf etwas tieferem Niveau vermieden werden.

Tunnel-Abstände in Halbleitern und Isolatoren betragen nur wenige Zehntel Nanometer ($d_{tun} \approx\leq 0.2$ nm), so dass eine Dicke der Spitze der Raumladungszone von weiteren wenigen Zehntel Nanometern ausreicht, um die formale Barrierenhöhe zwischen Metall und Halbleiter zu erhalten (Abb. 5.37).

(Solche geringen Schichtdicken auf Flächen von mehreren cm^2 homogen zu präparieren ist allerdings ein technologisch sehr anspruchsvolles Unterfangen.)

---

[23]MIS steht für metal-insulator-semiconductor.

Abb. 5.37 Bänderdiagramm einer MIS-Diode mit Isolatorschicht deren Dicke d_I gerade noch Tunnelübergänge erlaubt. Mit der I-Schicht wird die wirksame Barrierenhöhe ϕ_b zwischen Metall und n-Halbleiter erhalten

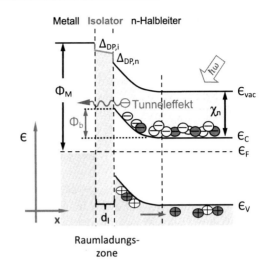

Raumladungs-zone

5.7   Organische Materie für Strahlungswandlung

Organische Materie zur photovoltaischen Strahlungswandlung gilt neben anorganischen Halbleitern als weitere aussichtsreiche Option [24–28]. Sie unterliegt den gleichen Anforderungen wie die anorganischen Pendants, nämlich

- voneinander energetisch genügend separierte, durch solare Strahlung anregbare elektronische Zustände und
- ausreichend große Lebensdauer von angeregten Zuständen (Exzitonen), um die Energie bis zu einer Grenzfläche zu transportieren, wo sie in Elekton- und Lochzustände getrennt und/oder die Anregungsenergie als Potentialdifferenz zur Verfügung steht.

Die Komponenten organischer Solarzellen bestehen

- einerseits aus Molekülen auf der Basis von zyklischen (z. B. Pentacen) oder kettenartigen (z. B. Polyazetylen) Kohlenstoffverbindungen, die langreichweitig arrangiert werden (konjugiert), um eine gewisse strukturelle Ordnung zu erreichen. Durch diese Ordnung stellen sich optische und elektronische Eigenschaften ein, die denen von Halbleitern ähneln (konjugierte Polymere);
- andererseits aus Farbstoffmolekülen zur Absorption solarer Photonen, die in eine Matrix aus transparenter Materie, wie Metalloxide, eingelagert und von einem Elektrolyten umgeben sind. Das Metalloxid nimmt das Elektron des Exzitons, das im Farbstoff angeregt wurde auf; die positive Ladung des Exzitons geht in den Elektrolyten und reduziert diesen (farbstoffsensibilisierte organische Solarzelle).

5.7.1   Organische Systeme mit π-Bindungen

Organische Halbleiter bestehen bisher vornehmlich aus Polymeren, also Anordnungen von zyklischen Kohlenstoffverbindungen [29] wie P3HT (poly(3-hexylthiophen-2,5-diyl)), Phtalocyaninen oder PCBM (Phenyl-C_{61}-Buttersäuremethylester). In solchen Stoffen sind die Wellenfunktionen der Bindungselektronen der C-Atome Kombinationen von s- und p-Zuständen (jeweils zwei 2s und zwei 2p, siehe Abb. 5.38a).

Die Wellenfunktion des zur Bindung der zyklischen Struktur nicht beitragenden einen p-Elektrons, die senkrecht zur Ebene des 6er-Rings orientiert ist, sieht die der Nachbar-p-Elektronen. Durch die Überlappung sind diese Wellenfunktionen delokalisiert, heißt sie erstrecken sich weit ausgedehnt und bilden ein energetisch dichtes Band (Analogie zum Bandverhalten in Halbleitern).

In 6er-Ringen (Beispiel Benzol) bilden jeweils drei Orbits in sp²-Konfiguration in einer Ebene die Bindungsstruktur unter dem Winkel 120 Grad, während das „übrige"

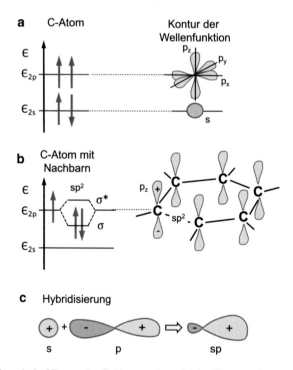

Abb. 5.38 Elektronische Niveaus des C-Atoms und zugehörige Konturen der s- und p- Wellenfunktionen für isolierte Kohlenstoffatome **(a)** und im Verbund mit jeweils drei Nachbarn zur Bildung von ebenen 6er-Ringen **(b)**. Zur sp^2-Konfiguration (Hybridisierung) tragen sechs Elektronen bei, drei vom betrachteten Atom für die drei Richtungen und je eines von jedem Nachbarn ($\uparrow\uparrow\uparrow\downarrow\downarrow\downarrow$). Der Grundzustand mit den sechs Spins stellt die bindende Konfigutaion σ dar, wohingegen die antibindende Konfiguration σ^* den energetischen Bereich für angeregte Zustände, beispielsweise durch Absorption von Photonen repräsentiert **(b)**. Die Vorzeichen in den Konturen gelten für die Amplituden der Wellenfunktionen. Die Überlagerung von s- und p-Niveaus am Beispiel von sp-Hybridisierung ist in **(c)** dargestellt

p-Elektron sich senkrecht zur Ebene des 6er-Rings orientiert (Abb. 5.38b). sp^2 heißt Kombination aus einem s- und zwei p-Zuständen (Abb. 5.38c).

Die Vielzahl von geeigneten organischen Halbleitern ist zudem durch Bausteine wie lineare Ketten (Polyacetylene) und zyklische Kohlenwasserstoffe (Benzol-, Polythiophenringe) gegeben.

5.7.2 Elektronische Eigenschaften

Aus der Aufteilung der Energieniveaus in bindende σ und antibindende Zustände σ^* stellen sich in periodisch angeordneten Molekülen, wie in konjugierten Polymeren, Energiebänder ein, die bezüglich ihrer Lage zum Vakuumniveau unterschieden werden (Abb. 5.39). Die bindenden Zustände bilden das HOMO-Niveau (Highest Occupied Molecular Orbit), die antibindenden das LUMO-Niveau (Lowest Unoccupied Molecular Orbit).

Bei moderaten Temperaturen ($T \leq 300$ K) sind im thermischen Gleichgewicht die Energiebänder bis zum HOMO-Niveau vollständig mit Elektronen besetzt[24] und die LUMO-Niveau komplett unbesetzt. Die Differenz $\epsilon_{vac} - \epsilon_{LUMO} = \phi_A$ bezeichnet die Energie (Austrittsarbeit im Festkörper oder Ionisierungsenergie in Molekülen), die notwendig ist, um Elektronen aus dem Materieverbund zu lösen; je kleiner ϕ_A umso leichter gerät die Emission von Elektronen. Strukturen mit vergleichsweise kleinen ϕ_A werden demzufolge Elektronen-Donatoren genannt.

Die energetische Differenz zwischen Vakuumniveau und dem unbesetzten Niveau $\epsilon_{vac} - \epsilon_{LUMO}$ bestimmt, wie effektiv ein Elektron in den unbesetzten Zustand ϵ_{LUMO} eingefangen wird. Je größer diese Differenz, umso effektiver der Einfang. Folglich nennt man Moleküle mit großer Differenz $\epsilon_{vac} - \epsilon_{LUMO}$ Elektronen-Akzeptor.

5.7.3 Absorption von Photonen und Generation von Exzitonen

Im Vergleich mit Halbleitern ist die spektrale Absorption von Molekülen wegen einzelner Energieniveaus sehr schmal und zeigt üblicherweise eine ausgeprägte energetische Struktur. In Anordnungen von Molekülen, wie in Polymeren, überlagern sich die diskreten Niveaus, weil sich die Wellenfunktionen der einzelnen Zustände sehen. Die spektrale Absorption verliert die detaillierte Kontur, und der energetische Bereich der Absorption wird breiter (vgl. schematische Darstellung in Abb. 5.40).

Die Absorption von optischer Strahlung in Polymeren führt zur Bildung von Exzitonen [30], also von Elektron-Loch-Zuständen, in der die beiden Ladungen durch Coulomb-Wechselwirkung aneinander gebunden sind. In der physikalischen Beschreibung solcher Konfigurationen ist ein Exziton ein einziger Mikrozustand mit nur einer effektiven Masse m^*_{exc}, einer kinetischen Energie $\epsilon_{exc,kin}$, mit einem Wellenvektor $\mathbf{k}_{exc}$. Somit wird ein Exziton in einem Energiediagramm $\epsilon = \epsilon(k)$ mit

---

[24]Ein bindender Zustand erfordert die Besetzung mit einem Elektron.

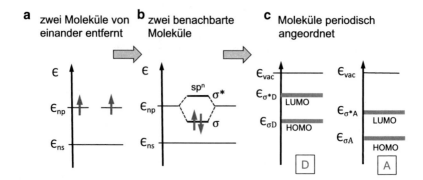

Abb. 5.39 Energieniveaus von entfernten Molekülen (**a**) von zwei benachbarten Molekülen nach Hybridisierung (**b**) und elektronische Niveaus HOMO, LUMO von konjugierten Polymeren bezogen auf das Vakuumniveau (**c**). Die Unterscheidung in Elektronen-Donatoren (D) und Elektronen-Akzeptoren (A) ergibt sich aus dem Vergleich der energetischen Differenzen: Für kleine $\epsilon_{vac} - \epsilon_{HOMO}$ heißt diese Materie Elektronen-Donator, für große $\epsilon_{vac} - \epsilon_{LUMO}$ entsprechend Elektronen-Akzeptor

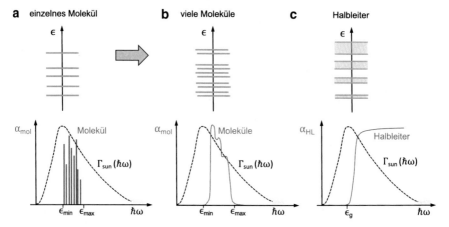

Abb. 5.40 Schematische optische Absorption in Atomen/Molekülen mit Linien (**a**) oder engen Banden für Anordnungen von vielen Molekülen (**b**) und in Halbleitern (**c**). Aufgrund der schmalen molekularen Energieniveaus ist der Energiebereich zur Absorption solarer Photonen in Polymeren gegenüber dem von Halbleitern eingeschränkt

nur einem Symbol vermerkt. Da das Exziton elektrisch neutral ist, ist seine Position in einem Energiediagramm wie es für Elektronen und Löcher im Bänderdiagramm $\epsilon = \epsilon(x)$ verwendet wird, nicht bestimmt.

Ausschließlich zur Veranschaulichung des Exzitonzerfalls (Dissoziation) in ein Elektron und ein Loch wird in der Darstellung hier die Position zwischen den beiden Energieniveaus für quasifreie Elektronen beziehungsweise Löcher benutzt. (Abb. 5.41).

Die Anregung eines Moleküls mit einem Photon der Energie $\hbar\omega$ ändert den elektronischen Zustand und gleichermaßen die Struktur. Diese Konfiguration und damit

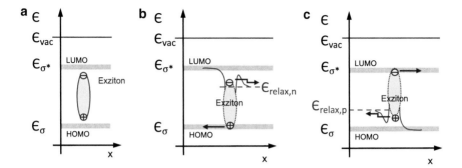

Abb. 5.41 Energiediagramm eines organischen Absorbers mit HOMO- LUMO-Niveaus $\epsilon_{\mathrm{HOMO}} = \epsilon_\sigma$, $\epsilon_{\mathrm{LUMO}} = \epsilon_{\sigma^*}$ aus bindenden und antibindenden Zuständen σ, σ^* (**a**). Für die fiktive energetische Position des Exzitons betrachtet man die Situation nach dessen Dissoziation und dem Tunnelübergang entweder des Elektrons zum Relaxationsniveau $\epsilon_{\mathrm{relax,n}}$ (**b**) oder den des Lochs zu $\epsilon_{\mathrm{relax,p}}$ (**c**). Von der Energie des absorbierten Photons $\epsilon_{\mathrm{phot}} = \hbar\omega$ bleibt der Anteil $\epsilon_{\mathrm{relax,n}} - \epsilon_\sigma$ bzw. $\epsilon_{\sigma^*} - \epsilon_{\mathrm{relax,p}}$, der maximal der Bindungsenergie des Exzitons gleicht

Abb. 5.42 Stokes-Shift zwischen Energie der Anregung/Absorption und der Emission eines Photons in einem Molekül aufgrund der strukturellen und energetischen schnellen Relaxation der Konfiguration

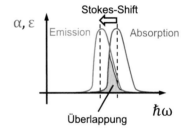

auch der energetische Zustand relaxieren üblicherweise sehr schnell, so dass die Energie eines emittierten Photons $\hbar\omega_{\mathrm{em}}$ um die Stokes-Shift $\Delta\epsilon_{\mathrm{Stokes}} = \hbar(\omega_{\mathrm{abs}} - \omega_{\mathrm{em}})$ verschoben ist (Abb. 5.42).

Zudem beträgt die Lebensdauer von Exzitonen in konjugierten Polymeren nur wenige Nanosekunden (oft auch weniger als eine ns) mit entsprechend kleinen Diffusionslängen von ungefähr 10 nm [31].

5.7.4   Donator-Akzeptor-Strukturen zur Strahlungswandlung

Die Kombination eines Elektronen-Donators mit einem Elektronen-Akzeptor eröffnet die Möglichkeit für Elektronen und Löcher aus photoangeregten Exzitonen eine Quelle und eine Senke einzustellen. Die Elektronen beziehungsweise die Löcher stammen von Exzitonen, die an geeigneten energetischen Niveaus zu quasifreien Ladungen dissoziieren.

Abb. 5.43 zeigt anschaulich das Coulombpotential eines Exzitons (**a**) und weiterhin den Einfluss eines elektrischen Feldes (**b**) sowie einer Abwärtsstufe des umgebenden Potentials (**c**). Sowohl das elektrische Feld als auch eine Potentialstufe

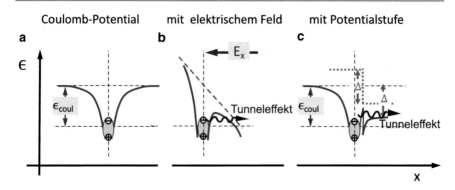

Abb. 5.43 Exziton mit Coulombpotential (**a**), Einfluss eines elektrischen Feldes E_x auf das Coulomb-Potential (**b**) sowie einer Abwärtsstufe des umgebenden Potentials (**c**). Ein elektrisches Feld und eine Potentialstufe modifizieren das Coulombpotential und erlauben die Dissoziation des Exzitons durch den Tunnelübergang des Elektrons

modifizieren das Coulombpotential derart, dass das Exziton dissoziiert, weil das Elektron durch die Barriere tunnelt.

5.7.4.1 Vom Exziton zur elektrischen Stromdichte

Die in den Polymerschichten des Donator/Akzeptorsystems durch solare Strahlung generierten Exzitonen diffundieren zur jeweiligen Senke, nämlich zur Grenzfläche zwischen Donator und Akzeptor, wo die Exzitonen dissoziieren: ein Exziton aus dem Donator gibt an der Phasengrenze das Elektron über Tunneleffekt an das energetisch tiefer liegende und so gut wie unbesetzte LUMO-Niveau des Akzeptors ab (Abb. 5.41c). Auf diesem Niveau trägt das Elektron zum Potential im Leerlaufmodus des Akzeptors bei, oder es diffundiert zum Kontakt des Akzeptor und wirkt bei der elektrischen Stromdichte mit. Das Loch aus dem dissoziierten Exziton ist auf dem HOMO-Niveau des Donators und gelangt zu dessen Kontakt [32–36] (Abb. 5.41b).

Analoge Prozesse ereignet sich an der Grenzfläche mit Exzitonen aus dem Akzeptor (Abb. 5.44b); nach Dissoziation des Akzeptor-Exzitons gelangt das Loch zum energetisch tieferen[25] HOMO-Niveau des Donators, während das Elektron auf dem LUMO-Niveau des Akzeptors zu Ausgangsspannung und/oder Ausgangsstromdichte beiträgt.

5.7.4.2 Energetische Ausbeute von organischen Halbleiter-Strukturen

Die energetische Ausbeute bei der Wandlung solarer Strahlung mit organischen Halbleitern ist aus ähnlichen Gründen wie die von anorganischen Solarzellen prinzipiell limitiert:

---

[25]Man beachte, dass hier die Energieskala der Löcher gilt.

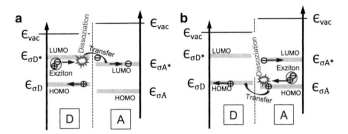

Abb. 5.44 Energiediagramm einer Donator/Akzeptor-Kombination mit Dissoziation eines Donator-Exzitons durch Tunneln des Elektrons zum tiefer gelegenen und nahezu unbesezten LUMO-Niveau des Akzeptors (**a**), sowie Dissoziation eines Akzeptor-Exzitons durch Tunneln des Lochs zum auf der Löcherskala tieferen und mit einem Elektron besetzten HOMO-Niveau des Donators(**b**). Elektronen im LUMO-Niveau des Akzeptors und Löcher im HOMO-Niveau des Donators tragen zum Ladungstransport zu den Kontakten bei

- Bei der Wechselwirkung von Strahlung mit Materie wird zwansgläufig wegen unterschiedlicher Brechungsindizes (Luft/Materie) ein Anteil der Photonen reflektiert.
- Die spektrale Absorption von Materie erlaubt nur die Umwandlung eines Teils der solaren Photonen in Exzitonen; ungenutzt bleiben Photonen mit Energien kleiner als die energetische Schwelle zur Absorption der molekularen Strukturen ($\hbar\omega < \epsilon_{min}$), desgleichen auch Photonen mit Energien, die größer sind als die Schwelle für maximale Photonenenergien ($\hbar\omega > \epsilon_{max}$) (vgl. Abb. 5.40).
- Rekombination von Exzitonen mit Emission von Photonen ohne deren Reabsorption und strahlungslose Rekombination reduzieren die Zahl der aus der Exziton-Auflösung verfügbaren Überschussladungsträger.
- Eine weitere Einbuße resultiert aus dem Übergang des Elektrons (Lochs) nach Dissoziation des Exzitons zu einem energetisch tieferen Zustand (LUMO-Niveau im Akzeptor, respektive HOMO-Niveau im Donator). Dieser Effekt, schematisch in Abb. 5.41c gezeigt, ist das Pendant zur Thermalisierung von hoch-angeregten Elektronen/Löchern in halbleitenden Absorbern;
- für Temperaturen $T_{abs} > 0$ sind die Niveaus des Anregungszustandes teilweise thermisch besetzt. Dadurch verringert sich das Verhältnis der Dichte des photoangeregten zu der des thermisch angeregten Zustandes, und die Qualität des Anregungszustandes sowie dessen Chemisches Potential werden geringer.

5.7.4.3 Geometrische Ausfertigung von Polymer-Solarzellen

Traditionell sind Solarzellen großflächige Bauelemente mit Dicken der optoelektronisch aktiven Schichten in der Skalengröße der Diffusionslänge L_D der photoangeregten Teilchen. In planparallelen Schichtanordnungen darf die zur Absorption der Strahlung notwendige Schichtdicke d_{abs} diese Diffusionslänge nicht übersteigen, sollte eher sogar erheblich kleiner sein $d_{abs} < L_D$.

Da die Diffusionslängen der Exzitonen in Polymeren nur wenige Nanometer betragen, reicht die Absorption in planparallel angeordneten Polymerschichten mit solchen Schichtdicken meistens nicht aus. Als Ausweg empfiehlt sich die zur Absorp-

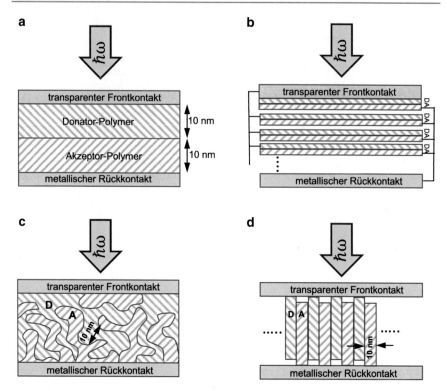

Abb. 5.45 Geometrische Anordnungen von Schichtsystemen für Polymersolarzellen mit Dicken der Einzelschichten von ca. 10 nm; **(a)** planparalleles 2-Schichtsystem mit zu geringer Absorption; **(b)** Vielschichtsystem mit technologisch aufwendiger Kontaktkonfiguration; **(c)** technologisch einfach herstellbares Gemischsystem mit verschlungenen Schichten und großer Grenzfläche für die Dissoziation von Exzitonen (blend); **(d)** Vielschichtsystem mit periodisch angeordneten parallelen Donator- und Akzeptor-Schichten der Dicke $d_{abs} \approx L_D$ (technologisch gleichfalls extrem aufwendig)

tion notwendige Dicke mit vielen zusammenhängenden Gebieten von Heterogemischen zu erreichen, deren individuelle Dicke der Diffusionslänge gleichkommt [37]. In diesem Fall sehen die Exzitonen die Phasengrenzen in genügend kleiner Entfernung und können die Anregungsenergie an die entsprechenden HOMO-/LUMO-Niveaus übergeben. In Abb. 5.45 sind verschiedenen Optionen zur Vergrößerung der gesamten Absorptionslänge schematisch dargestellt.

5.7.5 Farbstoffsensibilisierte Absorber

Die Kombination zweier organischer Festkörper (organic bulk polymeres) kann durch ein Gerüst aus Nanoteilchen eines leitfähigen Metall-Oxids mit hohem Bandabstand (für Elektronenleitung) in Kombination mit einem Elektrolyten (für den Transport positiver Ionen) ersetzt werden. Zur Absorption dient ein Farbstoff geeig-

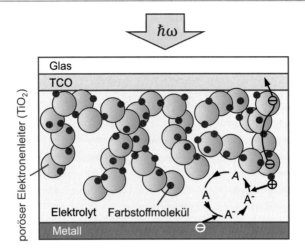

Abb. 5.46 Struktur einer farbstoffsensibilisierten Solarzelle mit einem porösen Gerüst aus Metalloxid-Nanoteilchen (z. B. TiO$_2$), dotiert mit einem Farbstoff geeigneter spektraler Eigenschaften für Absorption/Emission. Das poröse Gerüst hat Anschluss an den Frontkontakt und dient zum Elektronentransport. Die mit Photonen generierten Exzitonen im Farbstoff zerfallen an der Grenzfläche. Die positiven Ladungen werden an den Elektrolyten abgegeben, um dessen negative Ionen zu reduzieren ($A^- + e^+ \rightarrow A$). Am metallischen Rückkontakt wird die neutrale Komponente des Elektrolyten reduziert ($A + e^- \rightarrow A^-$). Die negativen Ionen wandern aufgrund des Dichtegradienten zur „Senke" Farbstoff/Farbstoff-Exziton. Das Elektron aus dem Exziton verbleibt im Metalloxid-Gerüst und gelangt zum Frontkontakt

neter spektraler Absorption/Emission, mit dem die Nanoteilchen sensibilisiert sind. Diese Anordnungen sind mit einem transparenten Frontkontakt – mit Anschluss an die Nanoteilchen – und einem metallischen Rückkontakt mit Anschluss an den Elektrolyten versehen [24] (Abb. 5.46). In Abb. 5.47 ist der Vorgang aus Abb. 5.46 in ein Energietermschema übertragen.

Die Photoanregung erzeugt im Farbstoff ein Exziton, das am Rand zum Elektrolyten zerfällt und die positive Ladung an ein negatives Ion im Elektrolyten abgibt (üblicherweise ein Redox-System I^-/I^{3-}). Das Elektron aus dem Exziton wird im Metalloxid zum Frontkontakt geleitet. Die neutrale Elektrolytkomponente A wird am metallischen Rückkontakt oxidiert

$$A + e^- \rightarrow A^-$$

und wandert aufgrund des lokalen Dichtegradienten zur Senke Farbstoff.

Das Konzept der farbstoffsensibilisierten Strukturen ist vergleichsweise einfach. Die Anwendung wird eingeschränkt wegen chemischer Instabilität und des begrenzten Temperaturbereichs; bei niedrigen Temperaturen gefriert evtl. der Elektrolyt, bei hohen Temperaturen zersetzt er sich. Zudem ist der Elektrolyt bisweilen nicht ausreichend stabil über lange Zeiten.

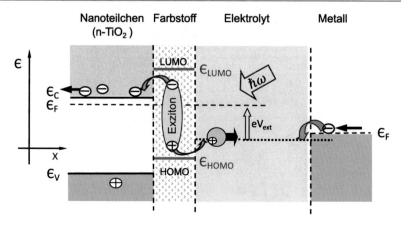

Abb. 5.47 Banddiagramm einer farbstoffsensibilisierten Solarzelle mit einem porösen Gerüst aus Metalloxid-Nanoteilchen, wie TiO$_2$, die mit einem Farbstoff geeigneter spektraler Eigenschaften zur Absorption/Emission dotiert sind. Nach der Dissoziation des Exzitons geht das Elektron ins tiefer gelegene Leitungsband des Metalloxids, während das Loch ein positive geladenes Ion im Elektrolyten erzeugt, das zum Metallkontakt diffundiert und dort mit einem injizierten Elektron rekombiniert (Oxidation des positiven Ions)

5.7.6   Stromdichte-Spannungs-Kennlinien von organischen Solarzellen

Unbesehen aller internen, auch nichtlinearen, Prozesse werden aus Analogie die Stromdichte-Spannungs-Eigenschaften von organischen Solarzellen wie die ihrer anorganischen Pendants mit den bekannten Kenngrößen Leerlaufspannung, Kurzschlussstromdichte, Füllfaktor, Diodenqualitätsfaktor interpretiert. In anorganischen Absorbern sind diese Größen durch vereinfachte, aber durchaus zulässige Modelle, mit internen Prozessen sinnvoll verknüpft und geben Aufschluss zu physikalischen Mechanismen, wie Rekombination und deren Kinetik, Transport, Dichten und energetischen Lagen von Defekten.

Die gleichartige Interpretation von extern zugänglichen Kenngrößen hinsichtlich interner Prozesse in organischen Bauelementen ist der inherenten Nichtlinearitäten wegen (Anwendbarkeit des Ein-Elektronen-Bildes, Konzentrationsabhängigkeit vieler Raten) bisweilen fragwürdig, zumal auch der Einfluss von Größen, die den Transport zu und in den Kontakten bestimmen, und die als Parallel- oder Serienwiderstand angesehen werden, von internen Effekten bei der Interpretation von Strom-Spannungs-Kennlinien schwer oder gar nicht zu unterscheiden sind.

5.8   Photoelektrochemische und photochemische Zellen

Die Kombination von Festkörper-Absorbern mit flüssigen Elektrolyten bietet den Vorteil der guten Benetzung[26] von extrem rauhen und von kleinskalig strukturierten Oberflächen, die zur Verlängerung des optischen Absorptionsweges dienen.

Die Rate für Übergänge von photogenerierten Löchern in den Elektrolyten hängt stark von der Differenz der energetischen Niveaus ab, je tiefer das Endniveau, umso höher die Rate. Die Differenz der Niveaus muss allerdings mit dem sog. Überschuss-Potential (*overpotential*)[27] bezahlt werden, das zusätzlich zur Reaktionsenergie aus der Energie der Photonen bestritten wird.

5.8.1   Photoelektrochemische Zellen

Ein schematisches Energiediagramm einer photoelektrochemischen Solarzelle findet sich in Abb. 5.48. Die einzelnen Schritte der Wandlung der Energie von Photonen bestehen

- im Übergang eines photogenerierten Lochs aus dem Valenzband des n-Halbleiters in den Elektrolyten (Reduktion der Spezies $S^- \rightarrow S$), wobei wegen der Energiedifferenz zwischen Ausgangs- und Endniveau für genügende Raten die Überspannung Δ_1 anfällt;
- in der Diffusion der Spezies S zum Metallkontakt;
- in der Oxidation der Spezies $S \rightarrow S^-$ durch Einfang eines Elektrons aus dem Metallkontakt, wobei auch hier, der ausreichenden Raten wegen, eine Überspannung Δ_2 aufgebracht werden muss.

Durch die internen Überspannungen reduziert sich die nominelle Separation der Quasi-Fermi-Niveaus um $\Delta_1 + \Delta_2$.

5.8.2   Photochemische Zellen

Die Funktionsweise einer photochemischen Diode entspricht prinzipiell der einer photoelektrochemischen Solarzelle mit Halbleiterelektrode, Elektrolyt und Metallkontakt, die

---

[26]Die Benetzung der Oberläche wird mit den Hamaker-Koeffizienten beschrieben, die aus der attraktiven/repulsiven Wechselwirkung der Spezies an der Grenzfläche zweier Medien herrühren.

[27]Das Überschuss-Potential (Δ_i) bezeichnet die positive energetische Abweichung des Potentials eines Elektrodensystems vom thermischen Gleichgewicht (mit verschwindenden Reaktionsraten), um die geforderten Stromdichten zu ermöglichen.

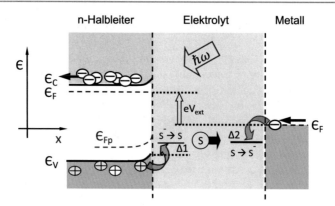

Abb. 5.48 Energietermschema einer photoelektrochemischen Diode mit dem Übergang eines photogenerierten Lochs aus dem n-Halbleiter zur Reduktion der Spezies $S^- \rightarrow S$ unter der Überspannung Δ_1, Diffusion der Spezies S zum Metallkontakt und anschließende Oxidation der Spezies $S \rightarrow S^-$ durch Einfang eines Elektrons aus dem Metallkontakt, wiederum unter einer Überspannung Δ_2

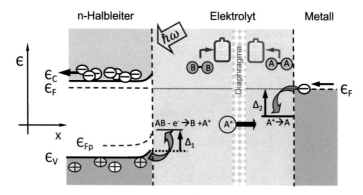

Abb. 5.49 Energietermschema einer photochemischen Diode mit dem Übergang eines photogenerierten Lochs aus dem n-Halbleiter zur Reduktion der Spezies AB, die dadurch dissoziiert in B und A^+ unter der Überspannung Δ_1, Diffusion der Spezies A^+ zum Metallkontakt und anschließende Oxidation der Spezies $A^+ \rightarrow A$ durch Einfang eines Elektrons aus dem Metallkontakt, wiederum unter einer Überspannung Δ_2. Die Komponenten B und A formen Moleküle A_2, B_2, die gespeichert werden können

- so betrieben wird, dass die maximal mögliche Energie des photogenerierten Anregungszustand zur Produktion stabiler chemischer Komponenten bereit gestellt wird; eine der Komponenten entsteht an der Halbleiteroberfläche (Anode), die andere am Metall (Kathode);
- zwischen Anode und Kathode ein Diaphragma aufweist, das die beiden Reaktionsprodukte voneinander trennt, nämlich beispielsweise nur die Spezies A^+ passieren lässt, um Rückreaktionen zu AB zu verhindern.

In Abb. 5.49 finden sich schematisch die Vorgänge von photochemischen Dioden.

Die Präsenz von Löchern an der Grenzfläche der Anode zum Elektrolyten schwächt – abhängig von der elektronischen Struktur der Materie – den Anteil der kovalenten Bindung, weil ein Bindungselektron an der betreffenden Stelle fehlt. Im Inneren von einkristallinen Festkörpern ist der Effekt der Anregung eines Elektrons strukturell nicht bedeutsam, weil die vielen nächsten, übernächsten etc. Nachbarn das Gitter stabilisieren.

An der Grenzfläche jedoch fehlen diese Nachbarn und die durch Präsenz eines Lochs (fehlendes Elektron) verursachte Schwächung der Bindung kann dazu führen, dass anstelle des Transfers einer positiven Ladung in den Elektrolyten ein positives Ion, also ein Gitterbaustein, in Lösung geht: eine photoelektrochemische Auflösung der Halbleiterelektrode. Dieser Prozess der Photodegradation des Halbleiters steht in dynamischer Konkurrenz zur gewünschten Dissoziation der Elektrolyt-Flüssigkeit und der photochemischen Erzeugung von speicherbaren Reaktionsprodukten.

5.9 Absorptionsprofile

Der optische Absorptionskoeffizient $\alpha(\hbar\omega)$ beschreibt die Abnahme der Stromdichte der Photonen $\Gamma_\gamma(x)$ über deren Propagationsrichtung x, sofern der Absorptionsprozess linear von Γ_γ abhängt (Lambert-Beer-Gesetz siehe Abschn. 4.6.2).

$$-\frac{d\Gamma_\gamma(x)}{dx} = \alpha\,\Gamma_\gamma(x) \tag{5.64}$$

Der Absorptionskoeffizient $\alpha(\hbar\omega)$ ergibt sich aus den Maxwell-Gleichungen und den Eigenschaften der Materie (siehe Kap. 4.6.2). Die Dämpfung der Amplitude wird quadriert und ergibt den Koeffizienten $\alpha(\omega)$, der die Abnahme der Stromdichte der Photonen pro Weglänge beschreibt

$$\Gamma_\gamma(x) = \Gamma_{\gamma,0}\exp\left[-\alpha(\omega)x\right]. \tag{5.65}$$

Die örtliche Rate der Generation von photoangeregten Zuständen (Elektron-Loch-Paare und Exzitonen) resultiert aus der lokalen Reduktion der Stromdichte der Photonen $\Gamma_\gamma(x)$ bezogen auf ein senkrecht zur Ausbreitungsrichtung gerichtetes Flächenelement A:

$$g(x) = -A\frac{d\Gamma_\gamma(x)}{dx} = A\alpha(\omega)\Gamma_\gamma(x). \tag{5.66}$$

Somit erhält man die gesamte Generationsrate im Volumen $V = A\,d$ nach Integration über die Weglänge, die der Dicke d des Absorbers gleicht:

$$\begin{aligned} g(d) &= \int_0^d g(x)dx = A\int_0^d \alpha(\omega)\Gamma_\gamma(x)dx \\ &= A\int_0^d \alpha(\omega)\Gamma_{\gamma,0}\exp\left[-\alpha(\omega)x\right]dx = A\Gamma_{\gamma,0}\left(1-\exp\left[-\alpha(\omega)d\right]\right) \end{aligned} \tag{5.67}$$

Mit Vielfachreflexionen an Vorder- und Rückseite des Absorbers und wiederholter Absorption/Generation modifiziert sich die einfache örtliche exponentielle Abnahme von $g(x)$ hauptsächlich bei $x = d$. Ein wesentlicher, weiterer Beitrag zum örtlichen Generationsprofil besteht in der Emission von Photonen aus angeregten Zuständen und der nachfolgenden Absorption *(photon-recycling)*, wodurch das Generationsprofil lokal homogener wird. Für diesen Effekt der Weiterverwendung von Photonen muss allerdings die Rate der strahlenden Rekombination die der nichtstrahlenden substanziell übertreffen.

5.9.1 Exponentielle Generationsprofile und optimale Dicke von Absorbern

In den meisten Halbleitern überwiegt die defektbestimmte Rekombination, und folglich sind Absorption-Emission-Re-Absorption etc. (photon-recycling) vernachlässigbar. Als Beispiel für die Dickenabhängigkeit der Ausbeute von Solarzellen solcher Halbleiter wählen wir eine – nach dem Lambert-Beer-Gesetz – exponentiell über der Weglänge x abfallende Stromdichte der Photonen $\Gamma_\gamma(x) \sim \exp[-\alpha x]$, die die Generationsrate für die Anregung $g(x) = -\frac{d\Gamma(x)}{dx}$ liefert.

Die gesamte Generationsrate $G_{\text{tot}}(d)$ innerhalb der Dicke d des Absorbers folgt aus der Integration

$$G_{\text{tot}}(d) = \Gamma_0 \int_0^d \exp[-\alpha x] dx = \Gamma_0 \left(1 - \exp[-\alpha d]\right),$$

die mit der maximal erzielbaren elektrischen Stromdichte j_{sc} gleichgesetzt wird.

Die Leerlaufspannung in Form des Chemischen Potentials des angeregten elektronischen Systems wird – mit Boltzmann-Approximation – zu

$$\mu_{\text{np},0} = eV_{\text{oc}} = kT \ln\left[\frac{np}{n_0 p_0}\right]$$

bestimmt (siehe Abschn. 4.8.4).

In einem beispielhaft gewählten p-Halbleiter ist nur die Störung der Dichte der Minoritäten von Bedeutung, also nehmen wir an

$$n = n_0 + \Delta n \approx \Delta n, \qquad p = p_0 + \Delta p \approx p_0, \qquad \ln\left[\frac{np}{n_0 p_0}\right] \approx \ln\left[\frac{\Delta n}{n_0}\right].$$

Das Verhältnis von angeregten Elektronen zu thermischer Dichte ist realiter $(\Delta n/n_0) \geq 10$ und wirkt sich unmerklich auf die Form der Funktion $\mu_{\text{np},0}(d)$ aus.

Unbeachtet einer möglichen Umverteilung innerhalb der vorgegebenen Dicke d bilden wir den Mittelwert

$$\bar{\Delta n} = \frac{1}{d}\Gamma_0 \left(1 - \exp[-\alpha d]\right)$$

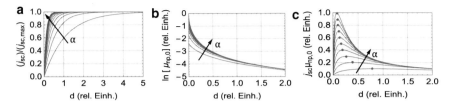

Abb. 5.50 Qualitative Abhängigkeit der charakteristischen Größen Kurzschlussstromdichte j_{sc} (**a**), Leerlaufspannung in Form des Chemischen Potentials $\mu_{np,0}$ (**b**) und Ausgangsleistung $j_{sc} \cdot \mu_{np,0}$ (**c**) von der Dicke d des Absorbers für konstante Füllfaktoren. Parameter ist der Absorptionskoeffizient α; die Photonenstromdichte ist zur Vereinfachung monochromatsich angenommen; optimale Werte für die Ausgangsleistung sind mit Punkten gekennzeichnet

für das Verhältnis im Logarithmus $\ln\left[\bar{\Delta n}/n_0\right]$.

Die qualitative Abhängigkeit der Ausgangsleistung von der Absorberdicke d entnimmt man aus dem Produkt $j_{sc} \cdot \mu_{np,0}$ mit der Näherung von konstaten Füllfaktoren (Abb. 5.50c). In dieser vereinfachten Betrachtung sind weder Rekombination am Front- noch am Rückkontakt der Solarzelle berücksichtet, die das qualitative Bild des Einflusses der Absorberdicke nur wenig ändern.

5.10   Elektrische Ersatzschaltung beleuchteter Dioden

Die elektrische Ersatzschaltung eines Bauelementes enthält passive, reelle und komplexe lineare und nichtlineare Elemente (Widerstände, Kapazitäten, Induktivitäten), sowie aktive Komponenten, die Spannungs- und/oder Stromquellen darstellen. Mit der Anpassung der in einem Ersatzschaltbild verwendeten Komponenten an experimentell ermittelte Daten lassen sich manche internen Effekte und Prozesse von beleuchteten Dioden – wenn auch oft nur qualitativ – identifizieren und erklären.

Im Ersatzschaltbild einer realen Solarzelle wird parallel zu einer unbeleuchteten idealen Diode mit exponentieller Abhänigkeit der Stromdichte von der externen Spannung eine Stromquelle zugeordnet, die die Photostromdichte aus der Beleuchtung repräsentiert (Abb. 5.44a). Das Verhalten dieser Diode wird erweitert um reale Effekte, wie

- die Verringerung der Photostromdichte durch die Diode wegen nichtstrahlender Rekombination, die mit einem Widerstand parallel zur Diode berücksichtigt wird;
- den Spannungsabfall in Zuleitungen, der sich mit einem Serienwiderstand [28] äußert;
- die Änderung der in der Raumladungszone vorhandenen Ladungen in dynamischen Vorgängen, die mit einer Kapazität nachgebildet werden.

---

[28]Die mit Widerstand bezeichneten Bauelemente r_p und r_s verstehen sich in der Einheit $\Omega\,cm^2$.

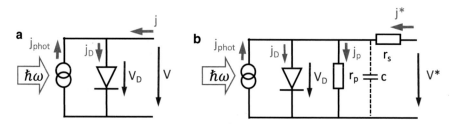

Abb. 5.51 Ersatzschaltung einer idealen beleuchteten Diode mit Stromquelle für die Photostromdichte (**a**) und Erweiterung zur Berücksichtigung von zusätzlichen Rekombinationsverlusten durch einen Parrallelwiderstand r_p, von Spannungsverlusten durch einen Serienwiderstand r_s und für dynamisches Verhalten der Raumladungszone durch eine Kapazität C (**b**)

Diese Modifikationen führen zur vergleichsweise einfachen Ersatzschaltung in Abb. 5.51b Selbstredend unterliegen die internen Prozesse komplexeren, oft nichtlinearen Zusammenhängen (Rekombination, Transport), als dass sie mit solch einfachen Bauelemente exakt modelliert und physikalische Prozesse damit eindeutig identifiziert werden könnten.

Die Stromdichte-Spannungs-Beziehung einer idealen beleuchteten Diode (vgl. Abschn. 3.53) lautet

$$j = j_0 \left(\exp \frac{eV}{kT} - 1 \right) - j_{\text{phot}}. \tag{5.68}$$

Stromdichte j und Spannung V sind von außen zugängliche Größen, die mit internen Parametern j_{phot}, V_D, r_s, r_p verknüpft werden. Die Größen r_p und r_s sind mit der Diodenfläche modifizierte Widerstände.

Die extern erscheinende Stromdichte für stationäre Verhältnisse setzt sich zusammen aus

$$j = j_D + j_p - j_{\text{phot}}. \tag{5.69}$$

Mit

$$V_D = V - jr_s, \qquad j_D = j_0 \left[\exp\left(\frac{e(V - jr_s)}{kT} \right) - 1 \right], \qquad j_p = \frac{V_D}{r_p} = \frac{V - jr_s}{r_p},$$

wird

$$j = j_0 \left[\exp\left(\frac{e(V - jr_s)}{kT} \right) - 1 \right] + \frac{V - jr_s}{r_p} - j_{\text{phot}}. \tag{5.70}$$

Im idealen Fall sind $r_s \to 0$ und $r_p \to \infty$. In der Nähe dieser idealen Werte lassen sich die Einflüsse der Widerstände auf die Stromdichte-Spannungs-Beziehung über die Ableitungen $(\mathrm{d}j/\mathrm{d}V)$ an den charakteistischen Positionen $V(j = 0) = V_{\text{oc}}$ und $V = 0 = V(j_{\text{sc}})$ diskutieren:

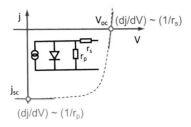

Abb. 5.52 Stromdichte-Spannungs-Beziehung einer realen beleuchteten Diode mit Parallel- und Serienwiderstand r_p und r_s. Der Einfluss dieser Widerstände äußert sich in den Steigungen $(\mathrm{d}j/\mathrm{d}V) = (1/r_p)$ bei j_{sc} und $(\mathrm{d}j/\mathrm{d}V) = (1/r_s)$ bei V_{oc}

$$
\begin{aligned}
1 = j_0 \left(-\frac{e r_s}{kT}\right) \exp\left(-\frac{e j r_s}{kT}\right) \exp\left(\frac{eV}{kT}\right) \\
+ j_0 \exp\left(-\frac{e j r_s}{kT}\right) \left(\frac{e}{kT}\right) \exp\left(\frac{eV}{kT}\right) \left(\frac{\mathrm{d}V}{\mathrm{d}j}\right) \\
+ \frac{1}{r_p}\left(\frac{\mathrm{d}V}{\mathrm{d}j}\right) - \frac{r_s}{r_p}.
\end{aligned}
\tag{5.71}
$$

Man schreibt diese Gleichung um zu

$$
\frac{\mathrm{d}V}{\mathrm{d}j} = r_s + \frac{1}{\dfrac{1}{r_p} + \dfrac{j_0 e}{kT} \exp\left(\dfrac{e(V - j r_s)}{kT}\right)}.
\tag{5.72}
$$

Für Leerlauf ($j = 0$) und für Kurzschluss ($V = 0$) erhält man jeweils

$$
\left.\frac{\mathrm{d}V}{\mathrm{d}j}\right|_{j=0/V=V_{oc}} = r_s + \frac{r_p}{1 + \dfrac{e j_0 r_p}{kT} \exp\left(\dfrac{e V_{oc}}{kT}\right)} \approx r_s
\tag{5.73}
$$

sowie

$$
\left.\frac{\mathrm{d}V}{\mathrm{d}j}\right|_{j=j_{sc}/V=0} = r_s + \frac{r_p}{1 + \dfrac{e j_0 r_p}{kT} \exp\left(-\dfrac{e j_{sc} r_s}{kT}\right)} \approx r_s + r_p \approx r_p.
\tag{5.74}
$$

In der j-V-Beziehung – unter der Voraussetzung kleiner Abweichungen von idealen Werten (Diodenfaktor $n = 1$)[29] – äußern sich in den inversen Steigungen: der Parallelwiderstand r_p bei $V = 0$ (Kurzschlussstromdichte) und der Serienwiderstand r_s bei $j = 0$ (Leerlaufspannung) (Abb. 5.52).

---

[29]Diodenfaktoren $n > 1$ lassen sich formal in einer fiktiven Temperatur T^* als Produkt $nT = T^*$ unterbringen; demgemäß bleiben die Beziehungen unverändert.

5.11   Wirkungsgrade von realen Solarzellen

5.11.1 Verluste in realen Solarzellen

In realen Solarzellen treten neben den Einschränkungen der Wandlungsmöglichkeit, die im Ansatz von Shockley und Queisser enthalten sind, noch weitere Einbußen auf. Unter anderem sind hier zu nennen:

- Reflexion der solaren Photonen an der Oberfläche wegen unterschiedlicher Brechnugsindizes Luft/Materie (minimierbar mit Antireflexionsschichten und/oder strukturierten Oberflächen);
- strahlungslose Rekombination von angeregten Zuständen;
- unvollständige Sammlung der photogenerierten Minoritäten;
- notwendiger Potentialbedarf zum Ladungstransport (ohmsche Verluste) der Majoritäten, der aus dem Chemischen Potential des Anregungszustandes aufgebracht wird.

5.11.2 Tabelle zu Wirkungsgraden von Solarzellen

In der Tab. 5.1 finden sich die Wirkungsgrade von einigen wichtigen Typen von Solarzellen mit einem Absorberhalbleiter.

Tab. 5.1 Tabelle 5.1 zeigt Flächen und Wirkungsgrade von wichtigen Typen von Solarzellen mit jeweils einem Absorberbandabstand aus [1] und [38] zusammengestellt (Beleuchtung $100\,m\mathrm{Wcm}^{-2}$, spektrale Verteilung entsprechend $AM1.5$, $T = 298\,\mathrm{K}(25°\mathrm{C})$)

Zelltyp	Fläche [cm^2]	Wirkungsrad [%]
Silizium		
• Si (einkristallin)	79.0	26.7
• Si (*DS* Wafer)	267.5	24.4
• Si (*DS* Transfer)	23.7	21.2
III-V-Halbleiter		
• GaAs *(DS)*	0.998	29.1
• GaAs (multi-krist.)	4.01	18.4
• InP (einkristallin)	1.0	24.2
Chalkogenide (DS)		
• CIGS (Cd-frei)	1.04	23.35
• CdTe	1.06	21.0
• CZTSSe	1.18	11.0
• CZTS	1.1	10.0
Amorphe/mikrokrist. Absorber (DS)		
• a-Si:H	1.0	10.2
• μc-Si	1.04	11.9

(Fortsetzung)

Tab. 5.1 (Fortsetzung)

Zelltyp	Fläche [cm^2]	Wirkungsrad [%]
Absorber mit Perovskitstruktur (ABX$_3$)		
• Perovskit *(DS)*	1.02	25.2
Farbstoffsensibil. Zellen		
• Dye-Zelle	1.0	11.9
Organische Absorber		
• organ. Zelle	1.01	15.2
(DS steht für Dünnschichtzellen)		
Triple-Solarzelle		
• Mit 3 verschiedenen III-V-Absorbern [39]	0.25	39.5

5.12 Fragen/Aufgaben zu Kap. 5

1. Bestimme analytisch das lokale Profil der Photogeneration von Ladungsträgern $g(x)$ nach Lambert-Beer für den Absorptionskoeffizienten α im Absorber der Dicke d, wenn durch einmalige Reflexion an der Rückseite des Absorbers die nicht absorbierte Strahlung mit Reflexionskoeffizient r dem Absorber erneut zugeführt wird, und berechne den relativen Gewinn an der gesamten photogenerierten Dichte als Funktion des Absorptionskoeffizienten α durch die einmalige Reflexion an der Rückseite mit $r = 1.0$!

2. Berechne die Weite der Raumladungszone eines pn-Übergangs in c-Si mit symmetrisch dotieren Gebieten der Dopandenkonzentration $N_A = N_D = 10^{15} cm^{-3}$ und vergleiche den Wert mit der notwendigen Dicke der Absorption von Photonen mit $\hbar\omega = 2.5\,eV$! (Bandabstand $\epsilon_{g,c-SI} = 1.1\,eV$ (bei $T = 300\,K$), Brechungsindex $n_{Si} = 2.0$.)

3. Skizziere die Quasi-Fermi-Niveaus im Bänderdiagramm einer beleuchteten homogenen pn-Diode für Kurzschlussbetrieb !

4. Gib die Abhängigkeit von dV/dJ einer Diode mit Verlusten durch Serien- und Paralellwiderstand für $J = 0$ und $V = 0$ als Funktion der Beleuchtungsstärke Γ_γ an !

5. Wie hängen die Wellenvektoren a) von Phononen k_{phon} in der periodischen Kette (akustische Mode) und
b) von Elektronen k_{phot} im periodischen Potential
von der Energie ab ?

6. Wie hängt die intrinsische Dichte in Halbleitern n_i von der Temperatur T und dem Bandabstand ϵ_g ab ?

7. Die Leerlaufspannung V_{oc} einer beleuchteten Diode hängt vom Idealitätsfaktor A ab; zeige den Zusammenhang und diskutiere die Auswirkung von $A > 1$ auf V_{oc} !

8. Wie lautet die Bedingung für entartete Dotierung, das heißt dafür, dass das Fermi-niveau am Rand resp. im entsprechenden Band liegt? Diskutiere die Auswirkung einer solch hohen Dotierung auf die Quasi-Fermi-Niveaus in beleuchteten Halb-leitern!

Literatur

1. NREL, best research cell effic., https://www.nrel.gov./ncpv (2019)
2. Ashcroft, N.W., Mermin, N.D.: Solid State Physics. W.B. Saunders Comp, Philadelphia (1976)
3. Hunklinger, S.: Festkörperphysik. Oldenbourg Verlag, München (2007)
4. Paul, R.: Halbleiterphysik. Dr. Alfred Hütig Verlag, Heidelberg (1975)
5. Sapoval, B., Hermann, C.: Physics of Semiconductors. Springer, Berlin (2003)
6. Smoliner, J.: Grundlagen der Halbleiterphysik. Springer, Berlin (2018)
7. Seeger, K.-H.: Semiconductor Physics. Springer, Bewrlin (1991)
8. Sze, S.M.: Physics of Semiconductor Devices. J. Wiley & Sons, New York (1981)
9. Yu, P.Y., Cardona, M.: Fundamentals of Semiconductors. Springer, Berlin (1996)
10. Sauer, R.: Halbleiterphysik. Oldenbourg, München (2009)
11. W. Shockley, W.T. Read: Phys. Rev. **87**, 835 (1952) und R.N. Hall: Phys. Rev. **87**, 387 (1952) (1997)
12. Bauer, G.H.: Lecture Notes in Physics 901. Springer, Berlin (2015)
13. Lüth, H.: Surfaces and Interfaces of Solid Materials. Springer, Berlin (1995)
14. Anderson, R.L.: Sol. Stat. Electronics **5**, 341 (1962)
15. Mönch, W.: Semiconductor Surfaces and Interfaces. Springer, Berlin (1993)
16. Flügge, S.: Rechenmethoden der Quantentheorie. Springer, Berlin (1990)
17. Crandall, R.: J. Appl. Phys. **53**, 3350 (1982)
18. Rösch, M., Brüggemanna, R.: J. Optzoel. and Adv. Mat. **1**, 65 (2005)
19. Ostertag, J.P., Klein, S., Schmidt, O., Brüggemann, R.: J. Appl. Phys. **113**, 124506 (2013)
20. G.H. Bauer, P. Würfel, *Quantum Solar Energy conversion and Application to Organic Solar Cells*, in Organic Photovoltaics, ed. C. Brabec, V. Dyakonov et al., Springer Series in Materials Science 60, Springer, Berlin, 2003
21. Schottky, W.: Zeitschr. Physik **118**, 539 (1942)
22. Henisch, H.K.: Semiconductor Contacts. Clarendon Press, Oxford (1984)
23. Tersoff, J.: Heterojunction, vol. Discontinuities. North Holland, Amsterdam (1987)
24. B. O'Regan, M. Graetzel, Nature, **353**,
25. Yu, G., Gao, J., Humelen, J.C., Wudl, F., Heeger, A.J.: Science **270**, 1789 (1995)
26. Moulé, A.J., Neher, D., Turner, S.T.: P3HT Based Solar Cells, in P3FT Revisited. Progr. in Polymer Science **38**, 1929 (2013)
27. Yan, C., et al.: Nat. Rev. Mater. **3**, 18003 (2018)
28. Q.Liu et al., Sci. Bull., **65**,272 (2022)
29. M. Schwörer , H.-C. Wolf, *Organische Molekulare Festkörper*, Wiley-VCH, Berlin (2005) 3120 (1996)
30. Gregg, B.A.: J. Appl. Phys. **93**, 3605 (2003)
31. Menke, S.M., Holmes, R.J.: Energy and Environmental Science **7**, 499 (2014)
32. Tang, C.W.: Appl. Phys. Lett. **48**, 183 (1986)
33. Scharber, M.C., Sariftcici, N.S.: Progr. in Polymer. Science **38**, 1929 (2013)
34. J.M. Halls, K. Pichler, R.H. Friend, Appl. Phys. Lett., **68**,
35. Kroon, J., Hinsch, A.: Dye-Sensitized Solar Cells. In: Photovoltaics, Organic (ed.) by C. Brabec et al, Springer, Berlin (2003)
36. Mikhnenko, O.V., Blom, P.W., Nguyen, T.-Q.: Energy and Environmental Science **8**, 1867 (2015)

37. Forest, S.R.: MRS-Bulletin **30**, 28 (2005)
38. Green, M., Dunlop, F., Hohl-Ebinger, J., Yoshita, M., Kopidakis, N., Hao, X.: Prog. Photovolt. Res. and Appl. **29**, 3 (2021)
39. France, R.M., Geisz, J.F., Song, T., et al.: Science Direct **6**, 1121 (2022)

Konzepte zur Erhöhung der Ausbeute

6

Überblick

Zur direkten Wandlung von Strahlung in elektronische oder chemische Energie gilt es, die energetische Verteilung und das quantenhafte Verhalten der Strahlung zu betrachten. Für die Wechselwirkung von Photonen mit Materie bestimmt die energetische Schwelle ϵ_g die durch Absorption mögliche Anregung des elektronischen Systems. Da die energetische Relaxation in Materie für angeregte Spezies sehr schnell erfolgt, bleibt von der Energie der Photonen nach sehr kurzer Zeit im Wesentlichen der Anteil $\epsilon_g(+3kT)$ zur Nutzung. Die Konzepte zur Erhöhung der Ausbeute auch über das Limit von Shockley und Queisser hinaus zielen somit auf

- Konzentration der Strahlung,
- energetische Aufteilung des solaren Spektrums und separate Wandlung der spektralen Anteile *(tandem solar cells, intermediate band gaps, spectrum splitting, fluorescence collectors)*,
- spektrale Manipulation der Strahlung, wie Verringerung der Photonenenergie zur Verringerung der Verluste durch Oberflächenrekombination *(down-conversion)*, sowie Erhöhung der Energie von nicht absorbierbaren Photonen mittels nichtlinearer Effekte *(up-conversion)*,
- Nutzung von hochangeregten Elektronen/Löchern durch schnelle Extraktion bevor die thermische Relaxation einsetzt *(hot electron conversion)*,
- Anregung von mehr als einem Elektron-Loch-Paar mit einem absorbierten Photon genügen hoher Energie *(impact ionization, multiple exciton generation, electron hole pair multiplication)*.

© Der/die Autor(en), exklusiv lizenziert an Springer-Verlag GmbH, DE,
ein Teil von Springer Nature 2023
G. H. Bauer, *Photovoltaik – Physikalische Grundlagen und Konzepte*,
https://doi.org/10.1007/978-3-662-66291-5_6

Aktueller Stand und Einschränkungen

Die Konzepte zur Erhöhung der Ausbeute von Solarzellen über das theoretische Limit für Absorber mit einem einzigen optischen Bandabstand und ohne Konzentration der Strahlung [1–5] werden seit mehreren Jahrzehnten intensiv diskutiert. So sind beispielsweise multispektrale Wandlung [2–6], Konzentration der Strahlung eventuell mit spektraler Manipulation in Fluoreszenzkollektoren [7] oder in dispersiven konzentrierenden Hologrammen [8], ferner die Anregung via *impact ionization* zur Generation von mehr als einem Elektron-Loch-Paar [9] und selbst die Nutzung der Energie von *hot electrons* [10], auch in Quantenpunkten [11,12], seit Jahrzehnten bekannt. Diese Vorschläge wurden 2003 unter dem neuen Etikett *Third Generation Photovoltaics* [13] zusammengefaßt.

Die Ausbeute solarer Strahlung hängt von den Temperaturen von Quelle und Empfänger ab und ist zudem reduziert durch den Term, der zum Transport der Strahlung notwendig ist (vgl. Abschn. 3.2.3). Unter diesen Einschränkungen werden für irdische Temperaturen ($T_{abs} = 300\,K$) und maximale Konzentration der mit der Mueser-Anordnung gegebene Wirkungsgrad $\eta_{Mue} = 0.86$ erreicht. Im theoretischen Limit nach Landsberg (Abschn. 3.1.2) mit $\eta_{PL} = 0.931$ kann dem Wandlungssystem allerdings keine Leistung entzogen werden.

Das Limit für die Wandlung solarer Photonen mit einem Absorber mit optimiertem optischem Bandabstand[1] liegt bei $\eta = 0.31$.

Aus der Tab. 5.1 ist zu ersehen, dass mit Ausnahme einer Solarzelle mit einem III-V-Dünnschichtabsorber ($\eta = 0.29$) zwischen theoretischem Limit und bisher maximal erreichten Wirkungsgsraden von Ein-Absorber-Solarzellen eine erhebliche Differenz besteht. Die Abweichungen vom Shockley-Queisser-Limit rühren von

- unvollständiger optischer Absorption: der optische Absorptionskoeffizient $\alpha(\hbar\omega)$ steigt von $\alpha(\hbar\omega = \epsilon_g) = 0$ kontinuierlich an und erlaubt erst für höhere Photonenenenergien eine entsprechend hohe Absorption;
- von begrenzter Dichte von photogenerierten Ladungsträgern wegen nichtstrahlender Rekombination;
- unvollständiger Sammlung (Transport zu den Kontakten) von photogenerierten Ladungen.

Beispielhaft sind im Folgenden einige Methoden und Konzepte zusammengestellt, die erlauben, die theoretische Grenze zu höheren Werten zu verschieben und als Folge auch die Wirkungsgrade realer Solarzellen zu verbessern.

---

[1]Die aus der Theorie abgeleiteten Werte für den Wirkungsgrad variieren als Folge unterschiedlicher Annahmen der integralen und spektralen Verteilung der Solarstahlung (AM0, AM1, AM1.5, $127\,mWcm^{-2}$, $100\,mWcm^{-2}$, etc.); die hier verwendeten Werte entsprechen AM0, $T_{Sun} = 5\,800\,K$, $T_{Earth} = 300\,K$ und $127\,mWcm^{-2}$.

6.1 Erhöhung der Photondichte im Absorber

Die solaren Photonen, die in Absorbern zur Wandlung zur Verfügung stehen, sind von der unvollständigen Einkopplung der Strahlung in die Materie und von der gleichfalls unvollständigen Absorption in der Materie bestimmt.

Wegen unterschiedlicher Brechungsindizes der Medien in denen Photonen propagieren (Vakkum/Luft und Absorber) werden nicht alle solaren Photonen in den Absorber eingekoppelt.

Das Beispiel von c-Si mit senkrechtem Einfall der Strahlung zeigt eine Reflexion der Strahlungsleistung $R = \left(\frac{n_{vac}-n_{Si}}{n_{vac}+n_{Si}}\right)^2 = 0.36$. So gelangen – ohne weitere Maßnahmen – nur 64 % der solaren Strahlung in den Absorber. Wegen unvollständiger Absorption trägt wiederum nur ein Teil davon zur Anregung von Elektron-Loch-Paaren bei.

6.1.1 Einkopplung von Photonen in Materie

Traditionell werden die Oberflächen von Absorbern auf der Strahlungseintrittsseite mit einer *Antireflexionsschicht* versehen. Diese besteht aus einem transparenten (häufig auch) hochleitenden Dielektrikum, dessen Dicke und Brechungsindex für die optimale Einkopplung von Photonen einer bestimmten Wellenlänge ausgelegt sind. Mit solchen Maßnahmen lässt sich die Photonendichte und damit die Dichte der photogenerierten Ladungsträger im Absorber gezielt erhöhen.

Die Einkopplung von Strahlung in Materie wird mit vorwärts und rückwärts laufenden komplexen Amplituden der Feldstärken beschrieben. Die komplexen Amplituden enthalten die mit Wellenvektor und Weglänge formulierten Phasen sowie die Dämpfung, die die Absorption enthält. Insbesondere für Dicken von Antireflexschichten in der Größe von Wellenlängen der Strahlung ist eine solche Beschreibung mit Berücksichtigung der Interferenzeffekte unabdingbar.

Für ein ebenes 3-Schichtsystem mit reellen Brechungsindizes n_0, n_1, n_2, also ohne Absorption und für senkrechten Einfall werden in Abb. 6.1 Leistungen als mit dem Propagationsterm multiplizierte Amplitudenquadrate $((A_2^v/A_0^v)^2 (n_2/n_0)$ nach der Vorschrift aus Abschn. 4.6.3 mit Berücksichtigung der Phasenlagen (Interferenzen) ausgedrückt.

6.1.2 Rauhe und strukturierte Oberflächen

Eine Verbesserung der Einkopplung von Photonen in Materie wird mit rauhen Grenzflächen an der Frontseite des Absorbers (Abb. 6.2a) und eventuell auch an der Rückseite erreicht. Mit einem rückseitigen Spiegel wird die Strahlung nach der Reflexion ein zweites Mal in den Absorber gelenkt. Neben manchen technisch realisierten rauhen Oberflächen (vgl. Abb. 6.2b) existieren zahlreiche Ausführungen von ein- und zweidimensional strukturierten Oberflächen unterschiedlicher

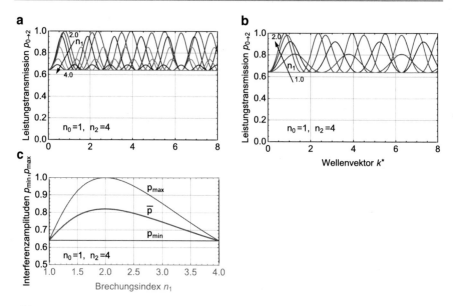

Abb. 6.1 Leistungstransmission in einem 3-Schichtsystem mit den reellen Brechungsindizes $n_0 = 1$, $n_2 = 4$ (senkrechter Einfall) mit Berücksichtigung der Phasenbeziehung für verschiedene n_1 dargestellt ($n_1 = 2.0....4.0$; **(a)** und $n_1 = 1.0......2.0$; **(b)**; jeweils in 0.25-Schritten). Maxima und Minima der Leistungsamplituden p_{max}, p_{min}, sowie deren Mittelwert $\bar{p}$ als Funktion des Brechungsindex n_1 der mittleren Schicht sind gezeigt **(c)**

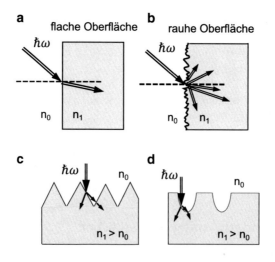

Abb. 6.2 Strukturierte Oberflächen zur Verlängerung des Absorptionsweges und zur besseren Einkopplung von Strahlung in Absorber

Tiefenprofile (Rechteck-Profil, V- oder U-förmige Gräben, wie in Abb. 6.2c und 6.2d, geätzte Pyramiden, invertierte Pyramiden, etc.).

Eine detaillierte Darstellung neuartiger Vorschläge mit experimentellen Untersuchungen finden sich im Projekt *Photon Management* [14].

Durch die Streuung an den Oberflächen wird die Weglänge zur Absorption gegenüber senkrechtem Einfall artifiziell verlängert; für ideal streuende Ober- und Seitenflächen (Lambert'sche Streuung) wird die ankommende Strahlung in den Raumwinkel 2π verteilt. Nach den Vorgaben aus geometrischer Optik und Statistik (vgl. [15] und Appendix A.8) erreicht die maximal erreichbare Dichte des Photonenfeldes in Materie den Faktor n^2 gegenüber dem Vakuum ($n_{vac} = 1$).

Unter diesen Bedingungen ist das Photonenfeld in Materie ergodisch. Es hat demzufolge die Erinnerung an die ursprüngliche Propagationsrichtung verloren [15], wie in Abb. 6.3 mit nichtergodischem und ergodischem Photonenfeld schematisch dargestellt.

In Abb. 6.4 finden sich normierte absorbierte Photonenflüsse von glatten und rauhen Oberflächen mit Lambert'scher idealer Streuung und zugehörige, auf glatte Oberflächen bezogenen Absorptionsraten

$$\xi = \ln[(1 - \exp[\alpha n^2 d)/(1 - \exp[\alpha d])]$$

6.1.3   Konzentration der Strahlung

Die Konzentration solarer Strahlung erhöht generell den Wirkungsgrad der Wandlung (vgl. Abschn. 3.3.1 und 4.13), weil der Anregungszustand einen größeren Abstand zur Besetzung im thermischen Gleichgewicht einnimmt.

Die Konzentration von Strahlung mit passiven optischen Elementen, wie mit ein- oder zweidimensionalen Spiegeln oder Linsen bilden die Quelle – im Idealfall – fehlerfrei ab. Die Erhöhung der Ausbeute ist homogen über die Absorberfläche verteilt. Anstatt parabolischer Konturen werden mit guter Näherung auch technologisch einfachere, nämlich sphärische Oberflächenformen eingesetzt (Abb. 6.5).

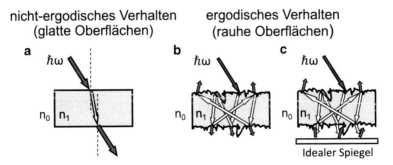

Abb. 6.3 Nichtergodisches (**a**) und ergodische Photonenfelder (**b** und **c**) in dielektrischer Materie durch ideal streuende Oberflächen

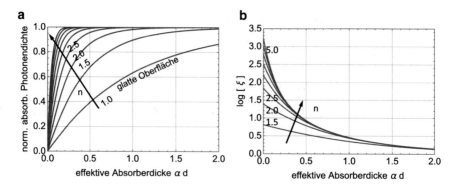

Abb. 6.4 Normierte absorbierte Photonenflüsse in Absorbern mit glatten und mit rauhen Oberflächen mit Lambert'scher idealer Streuung **(a)** und zugehörige, auf glatte Oberfläche bezogenen Absorptionsraten $\xi = ln[(1-\exp[-\alpha n^2 d])/(1-\exp[-\alpha d])]$ **(b)** über der effektiven Absorberdicke αd

Abb. 6.5 Strahlungskonzentration beispielhaft mit abbildenden und nichtabbildenden 1D- und 2D-Spiegeln sowie mit Linsen

Strahlungskonzentration mit nichtabbildenden Elemente kann mit geometrisch vergleichsweise einfachen Komponenten, wie ebenen oder gekrümmten Spiegelflächen oder auch stark streuenden Oberflächen, vorgenommen werden. Eine Version solcher linearer Anordnungen besteht in ein- oder zweidimensionalen V-förmigen Trögen (vgl. Abb. 2.21). Die formale Beschreibung von Konzentrationsfaktoren, von Akzeptanzwinkeln und Akzeptanzflächen wird für einfache Flächen analytisch und für komplexere Formen numerisch vorgenommen [16, 17] (siehe Abschn. 2.7.4). Die lokale inhomogene Verteilung der Strahldichten (Photonen) auf der Absorberfläche bedingt eine Verringerung der Ausbeute wegen zusätzlicher entropischer Terme. In einem Beispiel lässt sich der Einfluss der lokalen Inhomogenität der Photonenstromdichte in einem beleuchteten Absorber beschreiben:

Wir vergleichen das Chemische Potential $\mu_{np,hom}$ eines angeregten Elektronensystems, das aus einer lokal homogenen Überschusskonzentration $\bar{n}$ entsteht mit dem Potential $\mu_{np,inhom}$ das eine inhomogene Verteilung von Photonen in Form der Überschussdichten $\bar{n} + \Delta$ und $\bar{n} - \Delta$ erzeugt.

Im homogen beleuchteten Gebiet ist

$$\mu_{\text{np,hom}} = kT \ln \left[\frac{\overline{n}}{n_0} \right], \tag{6.1}$$

wohingegen in den zwei unterschiedlich stark bestrahlten Regionen die Überlagerung ergibt

$$\mu_{\text{np,inhom}} = \frac{1}{2}kT \left(\ln \left[\frac{\overline{n} + \Delta}{n_0} \right] + \ln \left[\frac{\overline{n} - \Delta}{n_0} \right] \right) = \frac{1}{2}kT \ln \left[\frac{(n + \Delta)(n - \Delta)}{n_0^2} \right]. \tag{6.2}$$

Folglich wird

$$\mu_{\text{np,inhom}} = kT \ln \left[\sqrt{\frac{\overline{n}^2 - \Delta^2}{n_0^2}} \right] = kT \ln \left[\frac{\overline{n}}{n_0} \left(\sqrt{1 - \frac{\Delta^2}{\overline{n}^2}} \right) \right] < \mu_{\text{np,hom}}. \tag{6.3}$$

Für die Abweichungen von der Homogenität Δ ist die Ausbeute aus den Gebieten mit inhomogener Bestrahlung geringer als die aus gleichmäßiger Anregung.

6.2   Spektrale Unterteilung solarer Photonen

Wird ein Absorber mit optischer Absorptionskante ϵ_g mit solaren Photonen angeregt kann nur der Anteil mit Energien $\hbar\omega \geq \epsilon_g$ genutzt werden. Der Teil des solaren Angebotes mit $\hbar\omega < \epsilon_g$ wird nicht absorbiert (vgl. Abb. 6.6a).

Nach der Absorption wird die Überschussenergie $\hbar\omega < \epsilon_g$ sehr schnell thermalisiert und der Anregungszustand (Elektronen und Löcher in Halbleitern resp. Exzitonen und molekularen Absorbern) besitzen nur noch die Energie[2] der optischen Absorptionskante ϵ_g.

Die Aufteilung der solaren Strahlung in $n \geq 2$ Bereiche unterschiedlicher spektraler Absorption (Abb. 6.6b) reduziert die Überschussenergie und gleichsam auch den Anteil der Photonen, die aufgrund der zu geringen Energie $\hbar\omega < \epsilon_{g,\text{min}}$ nicht absorbiert werden. Realiter begrenzen jedoch der hohe technologische Aufwand zur Präparation von multispektralen Solarzellen, sprich die Zusammenschaltung von Halbleitern unterschiedlicher Bandabstände, die geeigneten Hetero- oder homogenen Barrieren und die notwendigen transparenten Kontakte zwischen den Dioden, die Anzahl von monolithisch gestapelten Labormustern derzeit auf $n \leq 4$).

Die Vorschläge des *spectrum splittings,* auch Multispektrale Wandlung genannt, sind seit langer Zeit (1950) im Gespräch und gelten bisher als effektivste Methode zur Steigerung des Wirkungsgrades sowohl von solarthermischer als auch photovoltaischer Wandlung [2]–[6].

---

[2]Hier ist die kinetische Energie von Elektron-Loch-Paaren (jeweils $(3/2kT)$, beziehungsweise die des Exzitons $\epsilon_{\text{kin,exc}}$ nicht erwähnt.

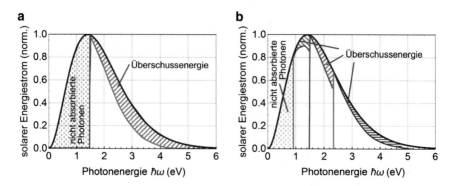

Abb. 6.6 Spektraler solarer Energiestrom mit Absorptionskante eines einzelnen Absorbers ϵ_g und Überschussnergie $\hbar\omega > \epsilon_g$ **(a)**. Unterteilung der Photonenenergien mit drei Absorbern mit $\epsilon_{g1} > \epsilon_{g2} > \epsilon_{g3}$ und deutlicher Reduktion der Überschussenergien, sowie der nicht nutzbaren Anteile mit $\hbar\omega < \epsilon_g$ **(b)**

6.2.1   Spektrale Separation mit optischen Methoden

Die Aufteilung von spektralen Anteilen von Strahlung in unterschiedliche Propagationsrichtungen gelingt generell in transparenten Medien mit wellenlängenabhängigen Brechungsindizes, wie Prismen, sowie mit geometrisch streuenden Strukturen, wie optischen Gittern, oder auch mit dichroitischen Spiegeln.

Allerdings sind Anordnungen, wie Prismen, Gitter, dichroitische Spiegel, die die Strahlung, sei es ohne oder mit nachfolgender Konzentration auf voneinander getrennt aufgestellte Absorber lenken, keine technisch sonderlichen überzeugenden Lösung.

6.2.2   Abfolge von Absorbern mit unterschiedlichen Bandabständen – Tandemsolarzellen

Die optische Serienanordnung von Absorbern mit von der Strahlungseintrittseite abnehmenden Bandabständen erlaubt kompakte Diodenstrukturen mit den Vorteilen des spectrum splittings.

Abb. 6.7 zeigt beispielhaft für ein Tripel unterschiedlicher Absorber die zwei Varianten der elektrischen Verschaltung:

- die einzelnen Dioden sind elektrisch unabhängig voneinander, denn sie sind mit einzelnen separaten Kontakten (Abb. 6.7a) versehen,
- die Dioden sind elektrisch in Serie verbunden, so dass unabhängig von spektraler und integraler Beleuchtung der gleiche Strom J_{el} gefordert ist; ein technologisch einfacheres Konzept mit dem Nachteil, dass spektrale Variationen des solaren Photonenangebotes die Ausbeute stark beeinflussen (Abb. 6.7b).

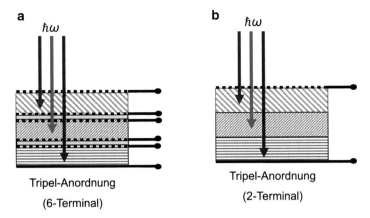

Abb. 6.7 Strukturen von optisch hintereinander angeordneten Tripel-Zellen mit einzelnen Kontakten jeder Diode (6-Terminal, **a**) und drei Dioden in Serie mit zwei Kontakten (2-Terminal) und der Forderung der Stromanpassung *(current matching)* für jegliche spektrale und integrale Beleuchtung (**b**)

Mit einer analytischen Betrachtung lässt sich die Abhängigkeit der Ausgangsleistung einer 2-Terminal-Tandemsolarzelle veranschaulichen. Die zwei betrachteten Dioden sind optisch und elektrisch in Serie angeordnet wie in Abb. 6.8a dargestellt mit den entsprechenden einzelnen J-V-Kennlinien.

$$J_i = J_{0,i} \left(\exp\left[\frac{eV_i}{kT_i}\right] - 1 \right) - J_{\mathrm{phot},i} \,, \tag{6.4}$$

mit den Indizes $i = 1$ und $i = 2$. Der Einfachheit wegen sei $T_1 = T_2 = T$. Die elektrische Serienanordnung fordert nun $J_1 = J_2 = J$ und die zugehörigen Spannungen sind:

$$eV_i = kT \ln\left[1 + \frac{J_i}{J_{0,i}} - \frac{J_{\mathrm{phot},i}}{J_{0,i}} \right]. \tag{6.5}$$

Wegen $J_1 = J_2 = J$ addieren sich die Spannungen zu

$$eV = e(V_1 + V_2) = kT \left(\ln\left[1 + \frac{J}{J_{0,1}} - \frac{J_{\mathrm{phot},1}}{J_{0,1}} \right] + \ln\left[1 + \frac{J}{J_{0,2}} - \frac{J_{\mathrm{phot},2}}{J_{0,2}} \right] \right). \tag{6.6}$$

Für genügende Photoanregung ist die ‚1' im Logarithmus zu vernachlässigen und man erhält

$$\begin{aligned} eV &= kT \left(\ln\left[\frac{J}{J_{0,1}} - \frac{J_{\mathrm{phot},1}}{J_{0,1}} \right] + \ln\left[\frac{J}{J_{0,2}} - \frac{J_{\mathrm{phot},2}}{J_{0,2}} \right] \right) \\ &= kT \left(\ln\left[\frac{1}{J_{0,1}} \left(J - J_{\mathrm{phot},1} \right) \right] + \ln\left[\frac{1}{J_{0,2}} \left(J - J_{\mathrm{phot},2} \right) \right] \right). \end{aligned} \tag{6.7}$$

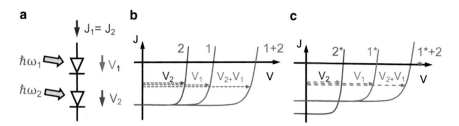

Abb. 6.8 Serienanordnung zweier beleuchteter Dioden. Diese Anordnung erfordert gleiche Ströme/Photoströme in beiden Bauelementen (*current matching*, **a**). Die Superposition von beleuchteten einzelnen Kennlinien für gleiche (**b**) und für unterschiedliche Ströme (**c**) zeigt den limitierenden Einfluss des kleineren Stroms

Ausgeschrieben ergibt sich

$$eV = kT \left(\ln \left[J - J_{\text{phot},1} \right] + \ln \left[J - J_{\text{phot},2} \right] - \ln \left[J_{0,1} \right] - \ln \left[J_{0,2} \right] \right). \quad (6.8)$$

Mit identischen Generationsraten (Photoströme) in Zelle 1 und Zelle 2 $J_{\text{phot},1} = J_{\text{phot},2} = J_{\text{phot}}$, wird

$$\begin{aligned} eV &= kT \left(2 \ln \left[J - J_{\text{phot}} \right] - \ln \left[J_{0,1} \right] - \ln \left[J_{0,2} \right] \right) \\ &= kT \left(2 \ln \left[\widetilde{J} \right] - \ln \left[J_{0,1} \right] - \ln \left[J_{0,2} \right] \right), \end{aligned} \quad (6.9)$$

wobei $\widetilde{J} = J - J_{\text{phot}}$ ist. Wir vergleichen identische Generationsraten in den beiden Dioden mit einer leicht unsymmetrischen Anregung, beispielsweise $J_{\text{phot},1} = J_{\text{phot}} - \Delta$ und $J_{\text{phot},2} = J_{\text{phot}} + \Delta$, resp. $\left(\widetilde{J} + \Delta \right)$ und $\left(\widetilde{J} - \Delta \right)$, und erhalten schließlich die Relation der Spannung V für identische Generationsraten zu der Spannung $\widetilde{V}$ für die unsymmetrische Beleuchtung (Δ).

$$\begin{aligned} eV &= kT \left(2 \ln \left[\widetilde{J} \right] - \ln \left[J_{0,1} \right] - \ln \left[J_{0,2} \right] \right) \\ &> kT \left(\ln \left[\widetilde{J} + \Delta \right] + \ln \left[\widetilde{J} - \Delta \right] - \ln \left[J_{0,1} \right] - \ln \left[J_{0,2} \right] \right) = e\widetilde{V}, \quad (6.10) \end{aligned}$$

Für alle Werte des Stroms J wird die Gesamtspannung des unsymmetrisch angeregten Tandems $\widetilde{V} < V$.

In der Beschreibung solcher Systeme, die optisch aneinander gefügt sind, bleibt sehr häufig der Austausch von Lumineszenzphotonen unter den einzelnen Absorbern, wie in Abb. 6.9 angedeutet, unberücksichtigt. Da die ausgetauschten Photonen die Photoströme beeinflussen und diese wiederum die einzelnen Spannungen, die ihrerseits die Kennlinien bestimmen, stellt sich dieser Zusammenhang als sehr komplexes System gekoppelter Gleichungen dar. Obwohl sich die Auswirkungen der Lumineszenzkopplung auf die Ausbeuten von Tandem- und Tripel-Dioden nicht sonderlich stark auswirken, ist dieser generelle Effekt aus prinzipiellen Gründen erwähnenswert.

Insbesondere in molekularen Halbleitern, deren Absorption für hohe Photonenenergien stark abfällt, verspricht die serielle Anordnung von HOMO-LUMO-Übergängen mit unterschiedlichen Absorptionskanten ($\ldots \epsilon_{g,i-1}, \epsilon_{g,i}, \epsilon_{g,i+1} \ldots$) besondere Vorteile für die Verbesserung des Wirkungsgrads.

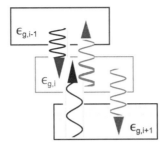

Abb. 6.9 Solarzellenabsorber, die sich sehen, wie die einer Tandem- oder Tripelanordnung, tauschen im angeregten Zustand Lumineszenzphotonen aus, die ihrerseits den Anregungszustand ihrer Nachbarabsorber und deren Lumineszenzverhalten beeinflussen

6.2.3   IMB-Solarzellen

Eine vergleichsweise neuartige multispektrale Diode ist die IMB-Solarzelle (Intermediate Bandgap Cell) [6], die konzeptionell einer Tripel-Anordnung vergleichbar ist.

In einen Absorberhalbleiter mit relativ großer Energielücke zwischen Valenz- (VB) und Leitungsband (CB) $\epsilon_{g3} = \epsilon_C - \epsilon_V$ wird mittels definierter Verunreinigungen ein weiteres Band (IMB) in die Bandlücke eingebaut. Die Zustandsdichte in diesem IM-Band und seine energetische Breite reichen aus, um Absorptionsübergänge VB $\leftrightarrow$ IMB und IMB $\leftrightarrow$ CB unter Bestrahlung mit solaren Photonen zu erlauben (Abb. 6.10a). Außerdem sind die Wellenfunktionen der Elektronen in diesem IM-Band genügend ausgedehnt, wodurch sich das IMB von einem üblichen Defektband unterscheidet. Damit diese Struktur die vorgesehene Funktion erfüllt, ist der Halbleiter intrinsisch und bildet die Absorptionszone einer pin-Diode.

Das Ferminiveau dieser Anordnung liegt im IM-Band, so dass eine Anregung der Zustände im IMB durch Photonen ermöglicht wird, und die entsprechenden Quasi-Fermi-Niveaus sich einstellen können. Elektrische Kontakte bestehen ausschließlich zu Valenz- und Leitungsband; das IM-Band dient somit als Reservoir für angeregte Ladungsträger. Die Netto-Raten für Übergänge von und zum IM-Band müssen sich kompensieren, damit sich eine stationäre Besetzung einstellt:

$$r_{\mathrm{VB}\to\mathrm{IMB,net}} = r_{\mathrm{IMB}\to\mathrm{CB,net}}.$$

Die Leerlaufspannung V_{oc} einer solchen Anordnung wird vom Bandabstand $\epsilon_C - \epsilon_V = \epsilon_g$ und der Trägerkonzentration n in CB resp. p in VB bestimmt, deren thermische Gleichgewichtswerte n_0 und p_0 sind. Somit ist die Leerlaufspannung wie die einer Diode mit nur einem Bandabstand

$$V_{\mathrm{oc}} = \frac{kT}{e} \ln\left[\frac{np}{n_0 p_0}\right].$$

Die Ströme, auch im Kurzschluss, ergeben sich aus den nichtverschwindenden Nettoraten der Zu- und Abgänge der Ladungsträger in CB und VB aus den Niveaus IMB und VB, resp. IMB und CB.

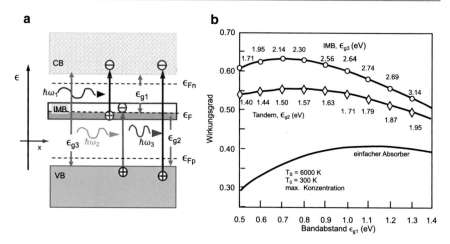

Abb. 6.10 Bänderdiagramm einer IMB-Solarzelle [6] mit optischen Übergängen $\hbar\omega_i = \epsilon_i$ und Quasi-Fermi-Niveaus aus Strahlungsanregung (**a**); zudem gilt $\hbar\omega_1 + \hbar\omega_2 = \hbar\omega_3$; inverse Übergänge mit Emission von Photonen sind nicht eingezeichnet; der theoretische Wirkungsgrad von idealen IMB-Solarzellen im Vergleich mit idealen Tandemdioden und einer Diode mit nur einem Absorber als Funktion des kleinsten Bandabstandes ϵ_{g1} ist in (**b**) gezeigt. In der IMB-Diode gilt $\epsilon_{g3} - \epsilon_{g1} = \epsilon_{g2}$

Die Überschussdichten n und p sind gegenüber denen in Dioden mit nur einem Absorber merklich erhöht wegen der Beiträge der Absorption von niederenergetischen Photonen mit $\hbar\omega \geq \epsilon_1$ und $\hbar\omega \geq \epsilon_2$. Dementsprechend werden nicht nur die Leerlaufspannung sondern auch die Kurzschlussstromdichte und der Wirkungsgrad vergrößert (Abb. 6.10b).

Die IMB-Diode ähnelt somit einer Tripel-Diode mit nur zwei frei wählbaren Bandabständen und erlaubt zudem höhere Ausbeuten als traditionelle Tandemzellen.

6.2.4 Unterteilung eines homogenen Absorbers

In einem Gedankenexperiment unterteilen wir einen idealen, homogenen Absorber in zwei örtliche Bereiche, $0 \leq x \leq d_1$ und $d_1 \leq x \leq d_2$. Der Absorber mit Absorptionskoeffizient α und Rekombinationslebensdauer τ wird monochromatisch beleuchtet. Unter Vernachlässigung von photon recycling wird mit der Generationsrate g_0 eine stationäre Überschussdichte $n(x) = g\tau \exp[-\alpha x]$ erzeugt. Diese verteilt sich durch Diffusion gleichmässig über die Dicke d als $\bar{n}$, weil wir Oberflächenrekombination ausschließen (Abb. 6.11a). Die durch Beleuchtung sich einstellende Aufspaltung der Ferminiveaus kann unter idealen Bedingungen als Leerlaufspannung

$$V_{\text{oc}} = \frac{kT}{e} \ln\left[\frac{g\tau(1 - \exp[-\alpha d_2])}{d_2 n_0} \right]$$

interpretiert werden.

Im nächsten Schritt unterteilen wir die Dicke in zwei getrennte Bereiche und betrachten die photogenerierten Überschussdichten und die daraus sich ergebenden

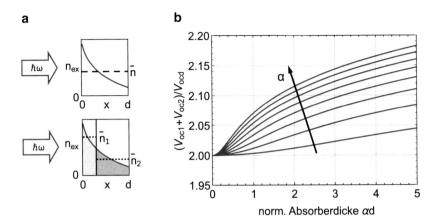

Abb. 6.11 Lokale Tiefenprofile und Mittelwerte photogenerierter Ladungsträger in einem homogenen Absorber der Dicke d_2 (**a**, oben) und nach Unterteilung in zwei getrennte Gebiete der Dicken d_1 und $d_2 - d_1$ (**a**, unten). Die Unterteilung ist so gewählt, dass sich in beiden Gebieten die gleiche Generationsrate einstellt. Der Gewinn an Leerlaufspannung durch die Unterteilung in Form von $(V_{oc1} + V_{oc2})/V_{oc}$ findet sich in (**b**). Die Ströme im unterteilten Absorber betragen jeweils nur die Hälfte des Stroms der ungeteilten Struktur

zwei einzelnen Leerlaufspannungen

$$V_{oc1} = \frac{kT}{e} \ln \left[\frac{g\tau (1 - \exp[-\alpha d_1])}{d_1 n_0} \right],$$

sowie

$$V_{oc2} = \frac{kT}{e} \ln \left[\frac{g\tau (\exp[-\alpha d_1] - \exp[-\alpha d_2])}{(d_2 - d_1) n_0} \right].$$

Zudem fordern wir gleiche Ströme (identische Generationsraten in beiden Bereichen) in einer hypothetischen Solarzelle wegen serieller Anordnung

$$d_1 = -\frac{1}{\alpha} \ln \left[\frac{1}{2} + \frac{1}{2} \exp[-\alpha d_2] \right].$$

In Abb. 6.11, sieht man den Zugewinn an Leerlaufspannung in Form der Verhältnisse $(V_{oc1} + V_{oc2})/V_{oc}$ als Funktion der normierten Absorberdicke; eine Auswirkung der geringeren Mischung von hohen und geringen Anregungszuständen. Durch die Unterteilung wird $(V_{oc1} + V_{oc2})/V_{oc} \geq 2$ und erhöht in einem hypothetischen Produkt $V_{oc} J_{sc}$ die Ausbeute der Strahlungswandlung. Selbstverständlich erhält man durch die Aufteilung in zwei getrennte Gebiete jeweils nur die Hälfte des ursprünglichen Stroms.

6.3   Spektrale Manipulation solarer Photonen

Unter spektraler Manipulation verstehen wir die Änderung der Energie von Photonen einerseits zu geringeren Energien *(down-conversion)*, und andererseits zu höheren Energien *(up-conversion)*. Das Ziel beider Methoden besteht in der effektiveren Nutzung der Energie solarer Photonen.

6.3.1   Verringerung der Photonenenergie – down-conversion

Dieser seit langem bekannte Vorschlag zählt zwar nicht zu den Konzepten der Erhöhung der Ausbeute über das Limit von Shockley und Queisser [1] hinaus, dient aber gleichwohl zur Verbesserung des Wirkungsgrades realer Solarzellen. Aufgrund der mit der Energie ansteigenden Absorption werden hochenergetische Photonen stark absorbiert und generieren Überschussträger hauptsächlich nahe der Oberfläche der Strahlungseingangsseite von Absorbern. Dort wird die Dichte der angeregten Träger durch Rekombination beträchtlich reduziert. Mit der Verringerung *(down conversion)* der Energie hochenergetischer Photonen vor dem Eintritt in den Absorber lässt sich die Generation von Ladungsträgern tiefer in diesen verschieben, wo die Auswirkung der Oberfläche geringer ausfällt. Die Absenkung der hohen Energie der Photonen gelingt durch Absorption in einem auf dem Halbleiter aufgebrachten Farbstoff. Dessen Emission ist gegenüber der Absorption zu kleineren Energien verschoben (Stokes-Shift). Diese Photonen sind nach der Konversion spektral besser an den Bandabstand des Halbleiters angepasst (Abb. 6.12).

Um eine positive Auswirkung der Maßnahme *down-conversion* zu erzielen, muss die Zahl der vom Farbstoff *(down-converter)* in den Absorber gelangenden, konvertierten Photonen mindestens die Anzahl der Photonen übersteigen, die Ladungsträger

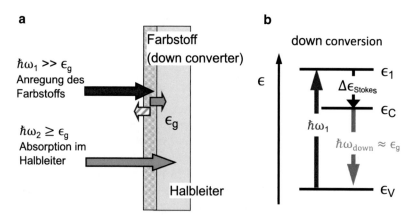

Abb. 6.12 Anordnung eines Farbstoffs auf einem Solarzellenabsorber **(a)** zur Absenkung von hohen Photonenenergien *(down conversion)*, und Energietermschema der Anregung des Farbstoffs mit $\hbar\omega_1$ mit anschließender Relaxation (Stokes-Shift) $\epsilon_1 \to \epsilon_C$, sowie Emission von Photonen der konvertierten Energie $\hbar\omega_{down} \approx \epsilon_g$ **(b)**

generieren, welche in Oberflächenzuständen rekombinieren. Dabei gilt es sowohl die Ausbeute der Konversion der Photonen im Farbstoff als auch die Propagation der konvertierten Photonen in Vor- und Rückwärtsrichtung sowie die jeweiligen Reflexionen an der Vorder- und an der Rückseite der Farbstoffschicht zu berücksichtigen. Für ideale Materialien und Bedingungen kann wohlgemerkt bestenfalls das Limit nach Shockley und Queisser erreicht werden.

Als Beispiel für die erfolgreiche Anwendung dieser Strategie in realen Strukturen gilt eine dünne CdTe-Solarzelle mit einem hochdotierten CdS-Fenster. Mit einem bezüglich down conversion optimierten Farbstoff wird die Oberflächenrekombination in der Fensterschicht stark verringert und im Gegenzug die Photogeneration im Absorber und gleichermaßen der Wirkungsgrad erhöht [18].

6.3.2 Erhöhung der Photonenenergie – up-conversion

Im Vergleich mit der Verringerung der Photonenenergie mittels Absorption/ Anregung/Emission in einem Farbstoff, ist die Erhöhung der Energie von Photonen von $\hbar\omega_i < \epsilon_g$ zu $\hbar\omega_j > \epsilon_g$ ein weitaus schwierigeres Unterfangen.

Dieses benötigt aus Gründen der Energieerhaltung mindestens zwei Photonen, deren Energie sich zu $\hbar\omega_1 + \hbar\omega_2 \geq \epsilon_g$ addiert. Da dieser Prozess von zwei (oder mehr) Photonen abhängt, ist er proportional zu den Dichten (n) beider beteiligter Anteile und steigt folglich nichtlinear mit der Anregungsdichte ($\sim \Gamma_\gamma^n, n \geq 2$).

Ein als up-converter tauglicher Farbstoff besitzt die geeigneten Energieniveaus im infraroten Spektralbereich (vgl. schematische Darstellung in Abb. 6.13). Er wird an der Rückseite des Absorbers angebracht, um mehrere niederenergetische Photonen $\hbar\omega_i < \epsilon_g$ in ein höherenergetisches zu konvertieren und dieses direkt oder nach Reflexion am Rückseitenreflektor der Solarzelle zuzuführen (Abb. 6.13a).

In Abb. 6.14 sind theoretische Wirkungsgrade [19] aus einem Modell mit drei ideal absorbierenden/emittierenden gekoppelten elektronischen Niveaus als Funktion des Bandabstands ϵ_g für verschiedene Faktoren der Strahlungskonzentration dargestellt. Zum Vergleich sind die theoretischen Limits für Absorber ohne *up-conversion* eingezeichnet.

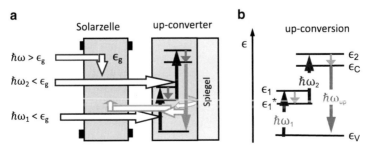

Abb. 6.13 Erhöhung der Energie von Photonen $\hbar\omega_1 + \hbar\omega_2 \geq \epsilon_g$ durch *up-conversion* in einem Farbstoff mit geeigneten Energieniveaus (**b**) und Anordnung des Farbstoffs mit einem Reflektor auf der Rückseite der Solarzelle (**a**)

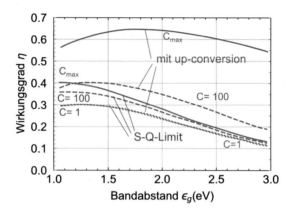

Abb. 6.14 Theoretische Wirkungsgrade [19] aus einem Modell mit Photonen aus drei ideal absor-bierenden/emittierenden gekoppelten elektronischen Niveaus als Funktion des Bandabstands ϵ_g für verschiedene Konzentrationsfaktoren C_{max}, $C = 100$, $C = 1$, sowie die theoretischen Limits nach Shockley und Queisser [1]

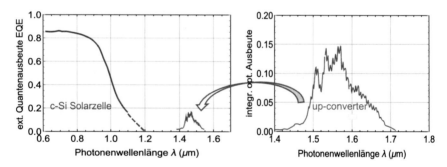

Abb. 6.15 Externe spektrale Quantenausbeute einer c-Si-Solarzelle mit einem zur Hochkonversion geeigneten Farbstoff ($NaYF_4 : 20\%Er^{3+}$) als Funktion der Photonenwellenlänge λ [20]; die Solar-zelle „sieht" zusätzlich die aus $\lambda = 1.5$ mm hochkonvertierten Photonen in Form einer höheren gesamten Quantenausbeute

Abb. 6.15 zeigt ein experimentelles Ergebnis zur *up-conversion* mit einem Erbium-dotierten Natruim-Yttriumfluorid-Konverter ($NaYF_4 : 20\%Er^{3+}$), der für die Hoch-konversion von Photonen zur Absorption in c-Si-Solarzellen geeignet ist [20].

6.3.3 Änderung der Photonenenergie mit gleichzeitiger Konzentration der Strahlung

6.3.3.1 Fluoreszenzkollektoren

Fluoreszenzkollektoren (FLUCOs) bestehen aus einer dielektrischen Matrix mit Bre-chungsindex ($n \approx 2$), in die Farbstoffmoleküle zur Absorption solarer Strahlung ein-

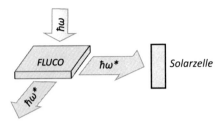

Abb. 6.16 Wirkungsweise eines Fluoreszentkollektors (FLUCO): Solare Photonen werden auf großer FLäche in den Kollektor eingekoppelt und vom Farbstoff absorbiert ($\hbar\omega$). Photonen mit Energien, die nicht zur Absorption des Farbstoffs passen, durchqueren den Kollektor mit den üblichen Reflexionen an den Grenzflächen. Der Farbstoff emittiert die frequenzverschobenen Photonen ($\hbar\omega^*$) isotrop in der Raumwinkel 4π. Durch Totalreflexion an der oberen und unteren Oberfläche des Kollektors wird – bis auf die durch den Auslasskonus entweichende – Fluoreszenzstrahlung zu den schmalen Seitenflächen geleitet, wo spektral angepasste Solarzellen ($\epsilon_g \lesssim \hbar\omega$) angebracht sind. Aus dem Verhältnis von Eingangs- zu Ausgangsfläche ergibt sich u. a. der Faktor der Konzentration. Photonen die den Kollektor passieren ohne absorbiert zu werden können im nächsten Kollektor mit einem Farbstoff geringerer Absorptionsenergie verwendet werden

gebettet sind [7,21]. Die Matrix ist für solare Photonen im weiten Spektralbereich (nahes UV bis nahes IR) transparent; die Dotierung mit Farbstoffen bleibt unterhalb der Konzentration, bei der die Farbstoffmoleküle miteinander elektronisch wechselwirken.

Geometrisch sind FLUCOs dünne Platten mit vergleichsweise großen, der solaren Strahlung zugewandten Flächen und schmalen Kantenflächen. Die großflächig im FLUCO absorbierten Photonen ($\hbar\omega$) werden nach Stokes-Shift als Photonen geringerer Energie ($\hbar\omega^*$) in alle Raumrichtungen homogen emittiert (vgl. Abb. 5.42). Bis auf den geringen Anteil, der durch den Auslasskonus entweicht, gelangen alle durch Totalreflexion an der oberen und unteren Grenzfläche orthogonal zur ursprünglichen Strahlungsrichtung zu den kleinen Seitenflächen, wo sie in Solarzellen eingekoppelt werden können[3] (Abb. 6.16). Das Verhältnis von Fläche des Strahlungseintritts A_{in} zu Seitenfläche/n zur Strahlungsauskopplung (A_{out}) bestimmt zusammen mit den Quantenausbeuten der Frequenzänderung und den Verlusten durch den Auslasskonus den Konzentrationsfaktor von FLUCOs.

Aufgrund der spektralen Überlappung von Absorptions- und Emissionsprofilen können die Fluoreszenzphotonen, die nicht schon durch den Auslasskonus den Kollektor verlassen, einigen Prozessen unterliegen, die die Ausbeute verringern. Diese Photonen können

- von anderen Farbstoffmolekülen re-absorbiert werden; die nachfolgende Re-Emission erfolgt wiederum isotrop in den Raumwinkel 4π,

---

[3]Die um Stokes-Shift emittierten Fluoreszenzphotonen werden isotrop im gesamten Raumwinkel emittiert. Aufgrund der Totalreflexion an der oberen und unteren Grenzfläche wird die Ausbreitung der Fluoreszenz gegenüber der Einstrahlung um 90 umgelenkt.

Abb. 6.17 Emission von
Fluoreszenzphotonen in
einem FLUCO und
Propagation im Kollektor zur
schmalen Grenzfläche A_{out},
sowie Verlust von Photonen
durch den Auslasskonus für
die Propagation in $\alpha < \alpha_c$

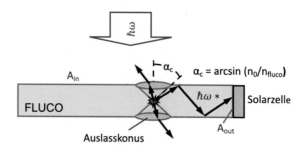

Auslasskonus

- elastisch gestreut werden und die ursprüngliche Richtung ändern, beispielsweise, um in den Auslasskonus zu propagieren,
- nach der Re-Absorption strahlungslos rekombinieren, oder
- den Fluoreszenzkollektor passieren, ohne dass sie absorbiert werden.

Selbstverständlich gelten am schmalen Ende zur Auskopplung der Fluoreszenzphotonen und bei der Einkopplung in Solarzellen die Vorgaben aus der winkelabhängigen Propagation über Phasengrenzen, nämlich die Abhängigkeit der Reflexion, Transmission und Absorption von den (komplexen) energieabhängigen Brechungsindizes $\widetilde{n}_i$ der beteiligten Medien.

Die Koeffizienten der Reflexion (r) und Transmission (t) der elektrischen und magnetischen Feldkomponenetn über Phasengrenzen zwischen zwei Medien $(1, 2)$ sind in den Maxwellgleichungen (Abschn. 4.6.3) mit den komplexen Brechungsindizes $\widetilde{n}_i$ gegeben:

Für die Propagation von Strahlung aus dem optisch dichteren Medium, dem Fluoreszenzkollektor mit n_{fluco} in das optisch dünnere Medium, beispielweise Luft mit $n_0 = 1$, tritt Totalreflexion auf unter dem Winkel

$$\varphi \geq \alpha_c = \arcsin\left[\frac{n_0}{n_{fluco}}\right].$$

Hier ist α_c der kritische Winkel, der den Auslasskonus aufspannt[4]. Außerhalb dieses Winkel α_c propagieren die Photonen im Kollektor, bis sie an der schmalen Grenzfläche den Winkel $\varphi' = 90° - \varphi \leq \alpha_c$ senkrecht zur Strahlungseintrittsfläche sehen und in die Solarzelle gelangen (Abb. 6.17).

6.3.3.2 Ausbeute und Limit der Strahlungswandlung mit Fluoreszenzkollektoren
Die spektrale Fluoreszenzstrahlung, die auf der schmalen Seite der FLUCOS einer Solarzelle mit Bandabstand ϵ_g zugeführt wird, stammt aus dem speziellen Bereich

---

[4]Zur detaillierten Beschreibung der Totalreflexion werden zudem die Polarisationsrichtungen der Photonen bezüglich der Orientierung der Grenzfläche berücksichtigt.

der solaren Photonen, in dem der Farbstoff im Kollektor absorbiert. Die FLUCO-Photonen stammen also aus dem gesamten Eintrag über die Fläche A_{in} unabhängig, ob aus direkter oder diffuser Solarstrahlung.

Zur Bestimmung der maximalen Erhöhung des Photonenflusses am Kollektoreingang [29] eignet sich die Bilanz der Photonenflüsse im strahlenden Limit. Dieses Limit resultiert aus thermodynamischen (statistischen) Betrachtungen und kann nicht mit Beziehungen der geometrischen Optik abgeleitet werden [22–24].

In Materie sind Absorption und Emission von Photonen streng aneinander gebunden[5]. Da Absorption und Emission reversible Prozesse darstellen, stellt sich für beleuchtete Materie ein stationärer Zustand mit Vorwärts- (Absorption) und Rückreaktion (Emission) ein.

Wir beschreiben die Emission von Photonen [25] wie in Abschn. 3.3.1 für die Emission des spektralen Photonenflusses $\Gamma_\gamma(\omega)$ aus dem Medium in den Raumwinkel $\Omega_{out} = 4\pi$ bei der Temperatur T_{abs}, sowie mit dem Chemischen Potential μ mit der Beziehung:

$$\Gamma_\gamma(\omega) = \frac{\Omega_{out}}{c_0^2 4\pi^3 \hbar^3} \frac{(\hbar\omega)^2}{\exp\left(\dfrac{\hbar\omega - \mu}{kT_{abs}}\right) - 1} = \frac{1}{c_0^2 \pi^2 \hbar^3} \frac{(\hbar\omega)^2}{\exp\left(\dfrac{\hbar\omega - \mu}{kT_{abs}}\right) - 1} \,, \quad (6.11)$$

aus der wir mit der Abkürzung $\beta = c_0^2 \pi^2 \hbar^3$ das Chemische Potential extrahieren

$$\mu = \hbar\omega - kT \ln\left[1 + \frac{(\hbar\omega)^2}{c_0^2 \pi^2 \hbar^3 \Gamma_\gamma(\omega)}\right] = \hbar\omega - kT \ln\left[1 + \frac{(\hbar\omega)^2}{\beta \Gamma_\gamma}\right] \quad (6.12)$$

Zu diesem Zweck betrachten wir zwei hypothetische Systeme, die miteinander wechselwirken sollen:

- eines mit optischem Bandabstand $\epsilon_1 = \hbar\omega_1$, dem wir die Absorption solarer Photonen im FLUCO mit dem Photonenfluss $\Gamma_{\gamma,1}$ zuordnen (das selbstverständlich auch emittiert), und
- ein zweites auf gleicher Temperatur ($T_1 = T_2$) mit dem Fluss $\Gamma_{\gamma,2}$ der um die Stokes-Shift verschobenen Photonen $\epsilon_2 = \hbar\omega_2 < \hbar\omega_1$.

Im stationären Zustand sind die beiden Chemischen Potentiale bestenfalls identisch [24] $\mu_1(\Gamma_{\gamma,1}) = \mu_2(\Gamma_{\gamma,2})$.

---

[5]In molekularen Systemen bestreiten Elektronen Übergange zwischen elektronischen Niveaus in Absorptions- und Emissionsprozessen. Zu den diskreten elektronischen Niveaus addieren sich ebenfalls diskrete Energieniveaus von Vibration und Rotation. Nach der elektronischen Anregung durch ein Photon – mit Erhaltung von Energie, Wellenvektor und Spin – relaxiert das Elektron auf tiefer liegende Niveaus von Vibrations- und/oder Rotationsschwingungen. Von diesem Zustand erfolgt die Rückkehr zum elektronischen Ausgangsniveau mit der Emission eines Photons geringerer Energie als zur Absorption.

Die Identität mit der Beziehungen 6.12 ausgedrückt ergibt

$$\hbar\omega_1 - kT_0 \ln\left[1 + \frac{(\hbar\omega_1)^2}{\beta\,\Gamma_{\gamma,1}(\omega)}\right] = \hbar\omega_2 - kT_0 \ln\left[1 + \frac{(\hbar\omega_2)^2}{\beta\,\Gamma_{\gamma,2}(\omega)}\right], \qquad (6.13)$$

und daraus

$$\exp\left(\frac{\hbar\omega_1 - \hbar\omega_2}{kT_0}\right) = \frac{1 + \dfrac{(\hbar\omega_1)^2}{\beta\,\Gamma_{\gamma,1}(\omega)}}{1 + \dfrac{(\hbar\omega_2)^2}{\beta\,\Gamma_{\gamma,2}(\omega)}}.$$

Mit dem Wissen, dass die Photonenstromdichte aus dem System 1 dem aus der Quelle Sonne entspricht $\Gamma_{\gamma,1} = \Gamma_{\text{Sun}}$, erhält man schießlich den maximal erreichbaren Konzentrationsfaktor eines Fluoreszentkollektors

$$C_{\text{max,FLUCO}} = \frac{\Gamma_{\gamma,2}}{\Gamma_{\gamma,1}} = \left(\frac{\hbar\omega_2}{\hbar\omega_1}\right)^2 \left[1 + \beta\,\frac{\Gamma_{\gamma,1}}{(\hbar\omega_1)^2}\left(1 - \exp\left[\frac{\hbar\omega_1 - \hbar\omega_2}{kT_0}\right]\right)\right]^{-1} \times$$

$$\times \exp\left[\frac{\hbar\omega_1 - \hbar\omega_2}{kT_0}\right]. \qquad (6.14)$$

Für übliche solare Photonenflüsse bis zum Konzentrationsfaktor $1 \le C_{\text{Sun}} \le 100$ wird $\beta\,\Gamma_{\gamma,1}/(\hbar\omega_1)^2 < 1$, wonach die Näherung zum maximalen Wert der Strahlungskonzentration in FLUCOs führt:

$$C_{\text{max,FLUCO}} \approx \left(\frac{\hbar\omega_2}{\hbar\omega_1}\right)^2 \exp\left(\frac{\hbar\omega_1 - \hbar\omega_2}{kT_0}\right) = \left(\frac{\hbar\omega_2}{\hbar\omega_1}\right)^2 \exp\left(\frac{\Delta\left(\epsilon_{Stokes\,shift}\right)}{kT_0}\right).$$

$$(6.15)$$

Die dem FLUCO zugeführte Strahlung und demzufolge auch die, die zur schmalen Auslassfläche gelangt, unterliegt Verlusten wegen

- unvollständiger Absorption durch den Farbstoff ($A(\hbar\omega_1) < 1$) und Re-Absorption ($\hbar\omega_2$) auf dem Weg (d) zum Auslass, was beschrieben werden kann mit dem Faktor

$$A(\hbar\omega_1)\left(1 - \exp\left[-\alpha_{dye}(\hbar\omega_2)d\right]\right) < 1,$$

- und weiterhin wegen des Quantenwirkungsgrades des Farbstoffs $\eta_\gamma < 1$ zur Umwandlung von Photonen mit ($\hbar\omega_1$) in Fluoreszenzphotonen mit ($\hbar\omega_2$), sowie wegen strahlungsloser Rekombination des angeregten Farbstoffs.

Das Resultat einer theoretische Betrachtung des Wirkungsgrades von Fluoreszenzkollektoren mit angeschlossesnen idealen Solarzellen mit Berücksichtigung der oben abgeleiteten Abhängigkeit der Strahlungskonzentration (Verhältnis der Eingangs- zur Ausgangsetendue) ist in Abb. 6.18 gezeigt.

Abb. 6.18 Theoretischer
Wirkungsgrad eines
Fluoreszenzkollektors η mit
angeschlossener idealer
Solarzelle über der
Photonenenergie [25] im
Vergleich zum Limit nach
Shockley-Queisser [1]

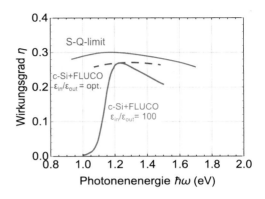

Abb. 6.19 Drei Fluoreszenzkollektoren mit
Farbstoffen unterschiedlicher
Absorptionsbanden in
optischer Serienanordnung
für multispektrale
Strahlungswandlung
($\hbar\omega_1 > \hbar\omega_2 > \hbar\omega_3$)

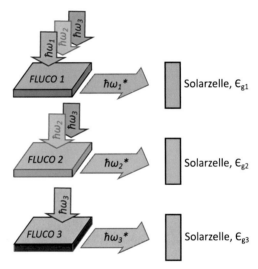

6.3.3.3 Fluoreszenzkollektoren zur multispektralen Wandlung

Die Absorptionsbande von molekularen Farbstoffen ist energetisch vergleichsweise
schmal (vgl. Abschn. 5.7.3). Damit bietet sich zur besseren Ausnutzung des solaren
Spektrums an, Fluoreszenzkollektoren mit Farbstoffen unterschiedlicher spektraler
Absorptionsbanden hintereinander anzuordnen (Abb. 6.19).

Die theoretische Behandlung wird einfach, wenn die sehr schmalen optoelektronischen Energiebereiche für Absorption/Emission eines FLUCOS nicht mit denen
des Nachbar-FLUCOs überlappen (Abb. 6.20). In dieser Konstellation tauschen die
FLUCOs keine absorbierbaren Photonen mit den Nachbarn aus. Der Eintrag von solaren Photonen in die einzelnen Fluoreszenzkollektoren lässt sich dann allein aus dem
solaren Strahlungsfluss über den Matrix-Transfer-Formalismus (Abschn. 4.6.4) mit
Berücksichtigung von Absorption, Transmission und Reflexion durch alle Zwischen-
schichten formulieren. In der Ausbeute der Strahlungswandlung fehlen allerdings die
Beiträge der solaren Photonen in den energetischen Bereichen der Emissionsbanden
(siehe Abb. 6.20).

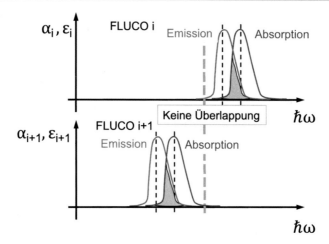

Abb. 6.20 Spektrale Absorption/Emission (α_j, ε_j, $j = 1, 2$) von zwei benachbarten FLUCOS. Die optoelektronisch aktiven energetischen Zonen überlappen sich per Intension nicht, so dass kein Austausch von Photonen mit den Nachbarn stattfindet. Allerdings fehlen die Photonen aus den ausgeschlossenen Bereichen für die Anregung und die Nutzung

Für die Serienanordnung von lückenlos aufeinander folgenden Absorptionsbanden tauschen die Nachbarn Fluoreszenzphotonen aus. Die Emission aus FLUCO (i) wird zu FLUCO ($i + 1$) mit geringerer Absorptionsschwelle gegeben und kann dort absorbiert werden, während der inverse Austausch nicht stattfindet; die Emission aus FLUCO ($i + 1$) ist zu niederenergetisch, um in FLUCO (i) absorbiert zu werden.

Wegen des wechselseitigen Austausches von Photonen zwischen den einzelnen Kollektoren sind die Raten von Absorption und Emission gekoppelt. Das gleiche Problem, dessen Lösung sich komplex gestaltet, stellt sich auch in halbleitenden Tandem- und Triple-Solarzellen (vgl. Abschn. 6.2.2).

6.3.3.4 Dispersiv-konzentrierendes Flächenhologramm

Spektrale Separation und simultane Konzentration der Strahlung aus einer breitbandigen Quelle wie der Sonne lassen sich mit dünnen Flächenhologrammen erzielen, die laterale Muster von Brechungsindizes enthalten [8]. Die Muster der Brechungsindizes – ähnlich einem optischen Gitter – werden in eine photoempfindliche Polymerschicht mittels Laserbelichtung eingeschrieben. Sie erlauben durch Beugung die wellenlängenabhängige Richtungsselektion eines Teils der Strahlung und deren simultane Konzentration bis zu einem Faktor von ca. $C \approx 100$.

Abb. 6.21 zeigt anschaulich die Wirkungsweise eines solchen Transmissions-Flächenhologramms zur spektralen Separation und simultanen Konzentration zweier unterschiedlicher Photonenenergien.

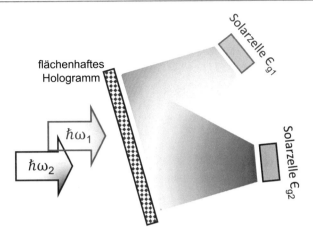

Abb. 6.21 Dispersives und konzentrierendes Flächenhologramm zur spektralen Separation und simultanen Konzentration solarer Strahlung für zwei unterschiedliche Photonenenergien [8]

6.3.3.5 Photonische Gitter zur Reduktion der Emissionsstrahlung

Die Reduktion der Strahlungsemission aus angeregter Materie erhöht zwangsläufig den Anregungszustand, weil eine Komponente in der Energiebilanz, nämlich die der Abgabe, sich verringert [26]. Ein Experiment mit photoangeregtem kristallinem Silizium und einem mit Rhodamin 6G dotierten Fluoreszenzkollektor zeigt den Effekt der Blockade der Emission, wenn die angeregten Absorber an der Strahlungseintrittsseite mit einem Photonischen Gitter[6] [27] bedeckt werden.

In Abb. 6.22 ist der Effekt der Blockade der Emission von Fluoreszenzstrahlung als Funktion von Austrittswinkel (Detektionswinkel) und Wellenlänge dargestellt.

6.4 Überschussenergie der Ladungsträger, *hot electrons*

Die Überschussenergie der Ladungsträger nach der Anregung durch Photonen mit $\hbar\omega > \epsilon_g$ wird in dreidimensionaler Materie vergleichsweise schnell ($< 10^{-12}$s) durch Wechselwirkung mit Phononen auf die Gittertemperatur T abgebaut. Damit bleiben im Durchschnitt zu $\hbar\omega - (\epsilon_g + 3kT)$ ungenutzt. Dieser Anteil ist einer der wesentlichen Verluste in konventionellen Bandsystemen zur Strahlungswandlung.

---

[6]Ein photonisches Gitter ist eine periodische Struktur unterschiedlicher Brechungsidizes und wirkt für Photonen wie ein periodisches Potential eines Kristalls für Elektronen. Im Kristall erzeugen die periodisch angeordneten Ionen die Bandstruktur in Form von stationären Energie-Wellenvektor-Beziehungen $\epsilon(\mathbf{k})$. Die Analogie zu Photonen besteht in der Gleichartigkeit der Differentialgleichungen 2. Ordnung, hier Schrödinger-Gleichung für Elektronen und dort Maxwell-Gleichungen für Photonen. Eine periodische Anordnung von Brechungsindizes hat demnach Bänder und Bandlücken zur Folge, die eine stationäre richtungs- und energieabhängige Propagation von Photonen erlauben beziehungsweise verbieten.

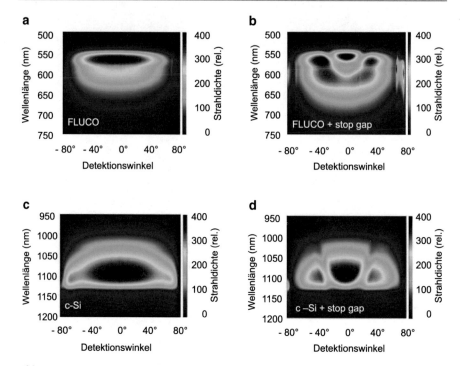

Abb. 6.22 Fluoreszenzstrahlung über Wellenlänge und Richtung von zwei Absorbern, c-Si (**c** und **d**) und mit Rhodamin 6 G dotierter Fluoreszenzkollektor (**a** und **b**); ohne (**a** und **c**) und mit einer photonischen Dünnschicht (stop gap) (**b** und **d**), die speziell für die spektrale Absorption/Emission von c-Si resp. des FLUCO-Farbstoffs ausgelegt ist, um die Emission durch den Auslasskonus zu blockieren [26] und die interne Anregungsdichte zu erhöhen

Die Konservierung dieses Teils für längere Zeiten und seine Extraktion aus dem Absorber würde die Ausbeute der Wandlung solarer Energie substantiell vergrößern.

Die Vorschläge zur Nutzung der Überschussenergie von photogenerierten Trägern resultieren zum Teil aus den 1980er-Jahren [10] und beinhalten:

- Die Elektron-Phonon-Wechselwirkung abzuschwächen, damit die Relaxation langsamer wird. Dafür kommen bestimmte 2-dimenionale Strukturen, aus *II–VI*-Halbleitern in Betracht, zu denen es experimentelle Hinweise der verlangsamten Thermalisierung gibt [28]; aktuelle Vorschläge zu verzögerter Thermalisierung zielen auf kleinskalige dreidimensionale Cluster und auf Quantenpunkte [30–33].
- Die Anregung (Generation) eines weiteren Elektron-Loch-Paares mit der Überschussenegie von $\hbar\omega \geq 2\epsilon_g$. Dieser zur Auger-Rekombination inverse Prozess wird *impact ionization* genannt. Experimentelle Nachweise zu diesem nichtlinearen Effekt gelangen 1959 und später [9, 34–36].

Abb. 6.23 Schematischer Auslass von hochenergetischen Elektronen im Leitungsband eines Quantenpunktes durch einen selektiven Tunnelkontakt. In einer solchen Anordnung muss die Thermalisierung der Elektronenenergie stark verzögert sein

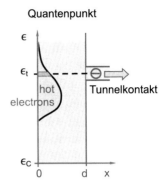

6.4.1 Extraktion hochenergetischer Elektronen

Die Thermalisierung hochenergetischer Elektronen und Löcher durch Wechselwirkung mit Phononen erfolgt im Bereich von ps. Die Thermalisierung über die Wechselwirkung mit freien Elektronen ist zwar noch schneller (10^{-15} s), nur sind unter üblicher solarer Anregung die Dichten freier Ladungen nicht hoch genug um diese schnelle Relaxation einzustellen.

In niederdimensionalen Strukturen (zweidimensionale Schichten) und gleichfalls in kleinskaliger Materie, wie in Clustern oder Quantenpunkten, liegen die diskreten Moden von Elektronen und von Phononen (vgl. Anhang A.5) auf der Skala der Wellenvektoren und der Energie vergleichsweise weit entfernt voneinander und dementsprechend ist ihre Anzahl in der Brillouin-Zone auch sehr gering. So stehen für die Wechselwirkung zur Thermalisierung der Elektronen viel weniger Optionen der Phononen zur Verfügung als in ausgedehnter Materie. Anstelle einer einzigen Interaktion Elektron-Phonon sind dementsprechend mehrere Phononen zu erzeugen (multi-phonon generation), was mit kleinerer Wahrscheinlichkeit erfolgt und demzufolge langsamer abläuft *(phonon bottleneck)* als in großskaliger Materie.

Die Verwendung kleinskaliger Materie böte zudem den weiteren Vorteil, dass die hochenergetischen Träger sich geometrisch sehr nahe an den Auslass-Ventilen (Kontakten) befinden. Als solche Ventile für die Extraktion werden u. a. Tunnelkontakte diskutiert, die die Elektronen bei höherer Energie ϵ_C entnehmen könnten (Abb. 6.23). Solche Kontakte wirkten wie ein Absorber mit höherem Bandabstand. Die *kalten Elektronen* im Metallkontakt dürften allerdings nicht mit den *heißen Elektronen* wechselwirken, obwohl die Wellenfunktionen der einen Sorte mit der anderen überlappen müssen, damit ein Tunneltransfer möglich ist. Weiter stellt sich die Frage, ob die Tunnelkontakte in Raumrichtung der $\epsilon = \epsilon(\mathbf{k})$-Täler (Minima im Leitungsband)[7] anzubringen sind, in denen die *heißen Träger* propagieren.

---

[7]Beispielsweise gibt es für hohe Energien in Si sechs CB-Minima (ellipsoidförmige Zustandsdichten mit Längsachsen in < 100 > Richtung) und acht CB-Minima in Ge (halbe ellipsoidförmige Zustandsdichten mit Längsachsen in < 111 >-Richtung) [29,30].

6.4.2 Impact Ionization

Noch eine Option zur Nutzung der Energie von *heißen* Elektronen besteht in der Generation von mehr als einem Elektron-Loch-Paar pro absorbiertem Photon durch *impact ionization,* die beispielsweise in Ge und Si seit 1959/1976 [31–33] bekannt ist und später in Si nochmals nachgewiesen wurde [9]. Für diese Prozesse beträgt die minimale Photonenenergie $\hbar\omega \geq 2\epsilon_g$, die in der Realität merklich größer ausfällt, weil Wellenvektor- und Energie-Erhaltung der beiden beteiligten Elektronen zusammenpassen müssen (vgl. Darstellung im $\epsilon = \epsilon(\mathbf{k})$-Diagramm für Silizium in Abb. 6.24). Ein aus dem Absorptionsprozess angeregtes energiereiches Elektron überträgt seine Überschussenergie ($\hbar\omega - \epsilon_g$) an ein Valenzelektron in einem bindenden Zustand, das ins Leitungsband angeregt wird.

Der überwiegende Teil der Überschussenergie wird im Elektron deponiert. Bei $\mathbf{k}$-Erhaltung im optischen Übergang entfällt durch die stärkere Bandkrümmung, sprich kleinere effektive Masse im Leitungsband m_n^* gegenüber der des Valenzbandes m_p^* aus

$$\frac{\partial^2 \epsilon(\mathbf{k})}{\partial k^2} \sim \frac{1}{m_n^*} \, ,$$

der weitaus größere Anteil auf das Elektron.

In einer ausführlichen theoretischen Betrachtung wurde die energetische Umverteilung der Elektronen bestimmt [37]. Dabei wurde angenommen, dass die Elelektron-Elektron-Streuung groß ist gegen die Rate der strahlenden Rekombination, die zur Einstellung eines stationären Anregungszustand notwendig ist. Die Elektron-Phonon-Streuung wird vernachlässigt, und die Raten der Extraktion von Elektronen aus dem System soll so klein sein, dass die interne Verteilung sich nicht ändert. Das Ergebnis ist in Form von Wirkungsgraden als Funktion der Photonenenergie in Abb. 6.25 gezeigt. Unter maximaler Strahlungskonzentration ergibt sich für $\epsilon_g \to 0$ der gleiche Wirkungsgrad von $\eta = 0.86$ wie für einen Planck'schen Absorber mit einer Mueser-Maschine.

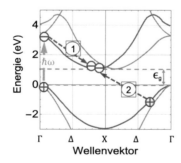

Abb. 6.24 Energie-Wellenvektor-Beziehung $\epsilon(\mathbf{k})$ von c-Si mit Anregung eines Elektrons durch ein Photon mit $\hbar\omega = 3\,\text{eV}$. Das hochangeregte Elektron (1) regt ein zweites Elektron im Valenzband mit Erhalt des Wellenvektors zum Übergang ins Leitungsband an (2) [9]

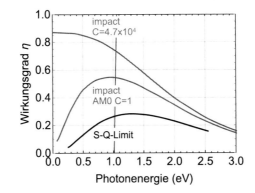

Abb. 6.25 Theoretische Wirkungsgrade von idealen photovoltaischen Wandlern mit impact ionization als Funktion des optischen Bandabstandes für Solarstrahlung ohne ($C = 1$) und mit maximaler Konzentration ($C = 4.7 \cdot 10^4$) nach einer Modellbetrachtung [37]; zum Vergleich ist das Limit nach Shockley-Queisser angegeben

6.4.3 Mehrfach-Trägergeneration durch ein Photon

Die Generation von mehr als einem Elektron-Loch-Paar tritt vornehmlich in kleinskaliger Materie, wie zweidimensionalen Strukturen, Quantenpunkten[8], Quantendrähten oder Nano-Clustern auf. Dabei werden Insbesondere Bi-Exzitonen gebildet. Bi-Exzitonen sind eine Kombination aus zwei Exzitonen mit jeweiliger Bindungsenergie ϵ_X, die schwach aneinander wegen $\epsilon_{XX} = 2\epsilon_X - \epsilon_{B,biex}$ gebunden sind.

Die Mehrfach-Exziton-Generation (multiple exciton generation, MEG) führt bei Dissoziation zu mehr als einem quasifreien Elektron-Loch-Paar. Damit erhöhte sich der Anregungszustand, der mit dem Chemischen Poten018l des Systems quantifizierbar ist. Als Folge solcher Steigerung erhöhten sich auch Leerlaufspannung, Kurzschlussstromdichte und letztlich der Wirkungsgrad von Solarzellen. Experimentelle Ergebnisse des MEG-Effektes in PbSe und PbS [30–32] sowohl in groß-skaliger Materie als auch in Quantenpunkten, der sich in der externen Quantenausbeute pro absorbiertem Photon äußert, sind in Abb. 6.26 als Funktion der Photonenenergie zusammengestellt.

Die gestrichelten Linien sind extrapoliert aus der Bilanz von absorbierten Photonen und der Generation von Elektron-Loch-Paaren:

$$\Delta\epsilon = \epsilon_{\text{loss}} = \left(\hbar\omega - \epsilon_g\right) - (m - 1)\,\epsilon_g = \hbar\omega - m\epsilon_g.$$

Hier bezeichnen $\Delta\epsilon$ den Energieverlust bei der Absorption eines Photons. Wegen der Ganzzahligkeit der multiplen Trägergeneration (in der Anzahl m ausgedrückt), erhält man theoretisch eine stufenförmige Abhängigkeit.

---

[8]Ein Quantenpunkt ist ein dreidimensionaler Festkörper, dessen geometrische Ausdehnung in alle Raumrichtungen so gering ist, dass Niveaus für Elektronen und Phononen merklich voneinander separiert sind und die Anzahl von Zuständen in der Brillouin-Zone drastisch reduziert ist.

Abb. 6.26 Externe
Quantenausbeute der
Vielfach-Elektron-Loch-
Generation (EHPM) in PbS,
PbSe und in
PbSe-Quantenpunkten als
Funktion der Energie der
Photonen [32]

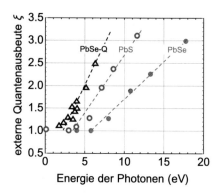

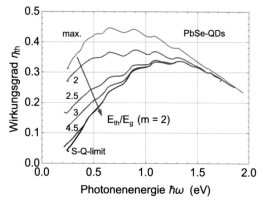

Abb. 6.27 Theoretische Wirkungsgrade von PbSe-Quantenpunkt-Absorbern mit Vielfach-Elektron-Loch-Generation (EHPM) für den Multiplikationsfaktor $m = 2$ aus den Daten in Abb. 6.26. Zur Trägermultiplikation bedarf es der Überschussenergie der Photonen von $\epsilon_{th} - \epsilon_g$, die als Verhältnis $(\epsilon_{th}/\epsilon_g) = 2...4.5$ variiert wurde [32]. Zum Vergleich ist das Limit von Shockley-Queisser angegeben, das einer beliebig hohen Energie ϵ_{th} zur Generation von Vielfach-Elektron-Loch-Paaren entspricht

Die Experimente [31, 32] in Abb. 6.26 zeigen anstatt der Stufenform einen konti-nuierlichen Anstieg mit der Photonennergie $\hbar\omega$, ausgehend von externer Quantenaus-beute „1". Aus den Steigungen lassen sich Wahrscheinlichkeiten für die EHPM (elec-tron hole pair multiplication) (η_{EHPM}) ermitteln. Diese betragen $\eta_{EHPM.PbSe-QD} = 0.6$, $\eta_{EHPM.PbSe} = 0.31$ und $\eta_{EHPM.PbS} = 0.45$.

Mit den Daten der externen Quantenausbeute lässt sich mit dem Ansatz des strah-lenden Limits (Abschn. 3.3.3) ein fiktiver Wirkungsgrad eines idealen Wandlers für verschieden Multiplikationsfaktoren m als Funktion der optischen Schwellenener-gie der Quantenpunkte abschätzen (Abb. 6.27) (Anregung entspricht dem AM1.5-Spektrum[9]).

---

[9]AM1.5-Spektren enthalten Streuung und Absorption in der irdischen Atmosphäre und zeigen deshalb welliges Verhalten, das sich auch in den berechneten Wirkungsgraden $\eta(\hbar\omega)$ findet.

Rechnungen von Bandstrukturen in Kombination mit theoretischen Ansätzen zur Generation von coulombgekoppelten Exzitonenzuständen in Nanokristallen verschiedener Größen und Zusammensetzungen belegen die spezielle Eignung von einigen II-VI-Halbleitern, III-V-Halbleitern und von Halbleitern aus der 4. Gruppe des Periodensystems. Als aussichtsreiche Kandidaten zur Trägermultiplikation gelten PbSe, CdSe, GaAs, InP, and c-Si [33].

6.5   Plasmonische Effekte

In Metallen, die elektromagnetischer Strahlung ausgesetzt sind, werden kollektive Schwingungen von Leitungselektronen (Plasmonen) in einem engen Frequenzbereich ausgelöst. Der klassische Ansatz der Schwingungsgleichung lautet:

$$m^* \frac{\partial^2 x}{\partial t^2} + m^* \frac{1}{\tau_m} \frac{\partial x}{\partial t} = E_{loc}^0 \exp(i\omega_{ext} t) \,,$$

mit effektiver Masse m^*, Relaxationszeit des Impulses (Wellenvektors) τ_m, und Amplitude der lokalen elektrischen Feldstärke E_{loc}^0, sowie Frequenz ω_{ext}.

Die Auslenkung $\mathbf{x}(t)$ der Ladung e in der stationären Schwingung verursacht ein elektrisches Dipolmoment $\mathbf{p} = e\,\mathbf{x}(t, \omega_{ext})$, das mit der Dichte n_v von polarisierbaren Spezies die Polarisation $\mathbf{P} = e\,n_v\mathbf{x}(t, \omega_{ext})$ bewirkt [38].

Daraus gewinnt man die Dielektrizitätsfunktion:

$$\varepsilon(\omega_{ext}) = 1 + \chi_{el,\,bound} + \chi_{el,\,free} = \varepsilon_{el,\,bound} + \chi_{el,\,free}$$

$$= \varepsilon_{el,\,bound}\left[1 - \frac{n_{v,\,free}e^2}{\varepsilon_0 \varepsilon_{el,\,bound} m^* \omega_{ext}\,(\omega_{ext} - i/\tau_m)}\right]. \tag{6.16}$$

Im sichtbaren Frequenzbereich ist $\omega_{ext} \gg 1/\tau_m$. Für Metalle mit quasifreien Leitungselektronen der Dichte $n_{v,\text{free}}$ vereinfacht sich die Beziehung dann zu

$$\varepsilon(\omega_{ext}) \approx \varepsilon_{el,\,bound}\left(1 - \frac{n_{v,\text{free}}e^2}{\varepsilon_0 \varepsilon_{el,\,bound} m^* \omega_{ext}^2}\right) = \varepsilon_{el,\,bound}\left[1 - \left(\frac{\omega_{plasma}}{\omega_{ext}}\right)^2\right], \tag{6.17}$$

mit der Akürzung

$$\omega_{plasma} = \sqrt{\frac{n_{v,\text{free}}e^2}{\varepsilon_0 \varepsilon_{el,\,bound} m^*}} \,, \tag{6.18}$$

die Plasmafrequenz genannt wird.

6.5.1   Plasmonen in Metallclustern

In dimensionsreduzierten Metallen wie in Clustern der Abmessungen von wenigen Nanometern wird die Plasmafrequenz im Vergleich zu ausgedehnten Metallen drastisch verändert. So lässt sich die Plasmafrequenz über Größe und Form der Nanoteilchen (sphärisch oder elongiert, etc.) variieren und gezielt einstellen.

In einem elektrischen Feld wirken solche Nonoteilchen wie Antennen, die elektromagnetische Strahlung empfangen/absorbieren und emittieren/abstrahlen [39]. Die Emission der Antennen enthält unterschiedliche Anteile des elektrischen Feldes, die stark in Amplitude und in Richtung variieren und vom Abstand vom Sender „Nanoteilchen", abhängen.

Beispielhaft sind in Abb. 6.28 normierte frequenzabhängige Absorptionen von AuAg-Nanoteilchen für verschiedenen Zusammensetzungen und für unterschiedliche Größen dargestellt, aus denen die energetische Verschiebung der Plasmafrequenz zu erkennen ist.

Insbesondere die Abhängigkeit vom Abstand von der Quelle $|\mathbf{r}|$ hat Auswirkung auf die Potenz mit der das elektrische Feld örtlich sich abschwächt. Im Fernfeld gilt $|\mathbf{E}| \sim 1/|\mathbf{r}|$, während im Nahfeld die evaneszenten (nicht propagierenden) Komponenten $|\mathbf{E}|$ und $|\mathbf{H}|$ (mit Potenzabhängigkeit $|\mathbf{r}|^{-2s}$ mit $s \geq 1$) die Fernfelder deutlich übertreffen.

Damit lassen sich im Nahfeld bei der Frequenz der Plasmaresonanz deutliche Überhöhungen der nichtpropagierenden Feldstärken erreichen. Das Quadrat dieser evaneszenten Moden $|\mathbf{E}|^2$ ist äquivalent einer evaneszenten Photonendichte nahe der Oberfläche des emittierenden Nanopartikels.

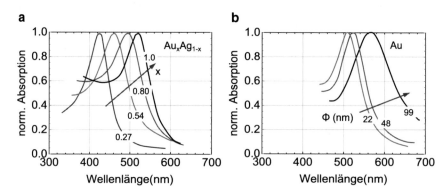

Abb. 6.28 Normierte spektrale Absorption von $Au_x Ag_{1-x}$-Nanopartikeln mit Ducrhmesser 20 nm und unterschiedlichen Kompositionen (**a**), normierte Absorption von Au-Nanoteilchen mit unterschiedlichen Durchmessern ø (**b**) [40,41]

Abb. 6.29 Metallische
Nanopartikel auf der
Oberfläche eines Absorbers,
das zur Erhöhung des
evaneszenten Feldes und zur
nichtlinearen Generation von
Ladungsträger-Paaren dient

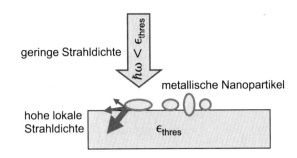

6.5.2 Plasmonresonanz zur Generation freier Ladungsträger

Mit der lokalen hohen Photonendichte aus der evaneszenten Strahlung der Plasamresonenz von Nanopartikeln lassen sich in Absorbern nichtlineare Prozesse auslösen [42,43]. So wird mit Zwei-Photon-Absorption ($2\hbar\omega_{Plasmon} \geq \epsilon_g$) die Anregung von Elektron-Loch-Paaren mit Resonanzfrequenz möglich, obwohl die Frequenz der Plasmaresonanz zur direkten Anregung nicht ausreicht.

Im Kontakt von Nanopartikeln mit einer dielektrischen oder halbleitenden Schicht mit Absorptionskante $\epsilon_{thresh} > \hbar\omega_{plasma}$, die merklich größer ist als die Energie der PLasmaresonanz, wird die hohe evaneszente Feldstärke in das Medium eingekoppelt und kann dort zur Anregung dienen (Abb. 6.29). Das überhöhte evaneszente Feld im Dielektrikum/Halbleiter ist die Folge der Erhaltung der Normalkomponente der dielektrischen Verschiebung $\mathbf{D}_n = \varepsilon_0\varepsilon(\omega)\mathbf{E}_n$ an der Grenzfläche zweier Medien.

Die Eröhung der elektrischen und magnetischen Feldstärken im Nahfeld von Nanoteilchen ist prinzipiell limitiert, weil Absorption und Emission gekoppelt sind, und aus statistischen Gründen Strahlung nicht beliebig komprimiert werden kann.

6.6 Thermophotovoltaik

Das Konzept der Thermophotovoltaik beruht auf einem idealen Strahlungsabsorber, der seinerseits Strahlung emittiert, die selektiv auf einen idealen Strahlungswandler (Solarzelle) gegeben wird [44]. Die Beleuchtung, durch die sich der Absorber auf Temperatur T_{abs} aufheizt, stammt aus konzentrierter solarer Strahlung. Der Absorber emittiert thermische Gleichgewichtsstrahlung unter anderem in die Richtung einer Solarzelle mit Bandabstand ϵ_g. Zwischen Absorber und Solarzelle befindet sich ein optisches Bandfilter, das nur Photonen mit Energie $\hbar\omega = \epsilon_g$ passieren lässt, die zum Bandabstand der Solarzelle passen. Die Photonen mit anderen Energien werden zum Absorber über Reflexion zurückgegeben. Der Bandabstand der Solarzelle und das Transmissionsfenster des Filters sind an das Maximum der Emissionsstromdichte $\Gamma_\gamma(T_{abs})$ des Absorbers angepasst (Abb. 6.30). Die Temperatur des Absorbers stellt sich nach der Bilanz der zu- und abgeführten Photonenflüsse ein:

$$\Omega_{in}\Gamma_{\gamma,in}(T_{Sun}) = (4\pi - \Omega^*_{out})\Gamma_{\gamma,out}(T_{abs}) + \Omega^*_{out}\Gamma_{\gamma,out}(T_{abs}, \epsilon_g).$$

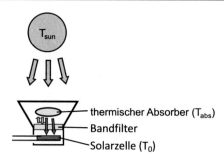

Abb. 6.30 Thermophotovoltaischer Wandler; Solare direkte und/oder diffuse Strahlung mit oder ohne Konzentration trifft auf einen thermischen Absorber, der die Temperatur T_{abs} annimmt. Dieser Absorber emittiert thermische Gleichgewichtsstrahlung der Qualität T_{abs}. Ein Teil dieser Emission wird durch den spektralen Filter auf die Solarzelle (T_0) gegeben, deren Bandabstand an die maximale Emission des thermischen Absorbers/Emitters und die spektrale Transmission des Filters angepasst ist. Photonen, die der Filter nicht akzeptiert, werden an den Absorber zurückgegeben (Reflexion). Auf diese Weise emittiert der Strahler in Richtung Solarzelle für diese eigens selektierte Photonen, und sie erhält Strahlung ohne Überschussenergie und ohne Photonen mit $\hbar\omega < \epsilon_{\text{g}}$

Hier bezeichnen Ω^*_{out} den Raumwinkel, unter dem Absorber Filter und Solarzelle beleuchtet werden und $\Gamma_\gamma(T_{\text{abs}}, \epsilon_{\text{g}})$ benennt den Anteil der Photonen durch das Transmissionsfenster des Filters und im Energiebereich der Bandabstandes.

Die Solarzelle wandelt die ihr angebotenen monochromatischen Photonen ohne die Verluste von Überschussenergie und von Photonen mit Energien, die zu klein sind, um absorbiert zu werden (siehe Abschn. 3.4). Der Wirkungsgrad dieser Anordnung ergibt sich traditionell aus dem Quotienten der elektrischen Ausgangsleistung und der dem Absorber von der Sonne nach spektraler Manipulation zugeführten konzentrierten Strahlungsleistung.

Entgegen dem hohen theoretischen Wirkungsgrad beeinträchtigen in den wenigen bisher verwirklichten Demonstrationsobjekten vor allem Wärmeverluste des Absorbers über Strahlung, Leitung und Konvektion die Ausbeute ($\eta \approx 0.3$). Weitere Nachteile bestehen in verhältnismäßig hohen Kosten (Vakuumtechnik) und der Lebensdauer, die eine kommerzielle Anwendung bisher verhindern (Details finden sich im Übersichtsartikel [44]).

Literatur

1. Shockley, W., Queisser, H.-J.: J. Appl. Phys. **32**, 510 (1961)
2. DeVos, A.: Thermodynamics of Solar Energy Conversion. Wiley-VCH, Weinheim (2008)
3. Shaffer, P.L.: Sol. Energy **2**, 21 (1958)
4. Liebert, C., Hibbard, R.: Sol. Energy **6**, 84 (1962)
5. Baruch, P.: J. Appl. Phys. **57**, 1347 (1985)
6. Luque, A., et al.: J. Appl. Phys. **96**, 903 (2004)
7. Goetzberger, A., Greubel, W.: Appl. Phys. **14**, 123 (1977)
8. Bloss, W.H. et al.: Proc. 3 EU Photovolt. Sol. En. Conf., Reidel. Publ. Comp. Dordrecht (NL), S. 401 (1981)
9. Kolodinsky, S., et al.: Appl. Phys. Lett. **63**, 2405 (1993)

10. Fan, C.C., Turner, G.W., Gale, R.G.P., Bozler, C.O.: Conf. Rec. 14 IEEE Photovolt. Spec. Conf., IEEE, New York, S. 1102 (1980)
11. Kamat, P.V.: Nature Chemistry **2**, 809 (2010)
12. Dimmock, J.A.R., et al.: Progr. in Photovoltaics **22**, 151 (2014)
13. Green, M.A.: Third Generation Photovoltaics: Advanced Solar Energy Conversion. Springer, Berlin (2006)
14. *Photon Management*, physica status solidi A, special issue *Photon Management in Solar Cells*, **205**, 12, 2735–2874 (2008)
15. Yablonovitch, E.: J. Opt. Soc. Am. **72**, 899 (1982)
16. Welford, W.T., Winston, R.: The Optics of Non-Imaging Concentrators. Academic Press, New York (1978)
17. Ries, H.: J. Opt. Soc. Am. **70**, 1362 (1980)
18. Klampaftis, E., et al.: Sol. En. Mat and Sol. Cells **93**, 1182 (2009)
19. Trupke, T., Green, M.A., Würfel, P.: J. Appl. Phys. **92**, 4117 (2002)
20. Fischer, J., et al.: J. Appl. Phys. **108**, 044912 (2010)
21. Weber, W.H., Lambe, J.: Appl. Opt. **15**, 2299 (1976)
22. Yablonovich, E.: J. Opt. Soc. Am. **70**, 1362 (1980)
23. Smestad, G., et al.: Sol. Energ. Mat. **21**, 99 (1990)
24. Markvart:, T. J. Optics A, Pure Appl. Opt. **10**, 015008 (2008)
25. Markvart, T.: J. Appl. Phys. **99**, 026101 (2006)
26. Knabe, S., et al.: Phys. Stat. Sol. (RRL) **4**, 118 (2010)
27. Bielawny, A., et al.: Phys. Stat. Sol. (a) **205**, 2796 (2008)
28. Ross, R.T., Nozik, A.J.: J. Appl. Phys. **53**, 3813 (1982)
29. Nozik, A.J.: Physica E **14**, 115 (2002)
30. Ellington, R.J., et al.: Nanolett. **5**, 865 (2005)
31. Allan, G., Delerue, C.: Phys. Rev. B **73**, 205423 (2006)
32. Beard, M.C., et al.: Nanolett. **10**, 3019 (2010)
33. Luo, J.-W., et al.: Nanolett. **8**, 3174 (2008)
34. Vavilov, V.S.: J. Phys. and Chem. Solids **8**, 223 (1959)
35. Christensen, O.: J. Appl. Phys. **47**, 689 (1976)
36. Wilkinson, F.J., et al.: J. Appl. Phys. **54**, 1172 (1983)
37. Würfel, P. et al.: Prog. in Photovolt., Res. Appl. **13**, 277 (2005)
38. Ashcroft, N.W., Mermin, N.D.: Solid State Physics. W.B. Saunders Comp, Philadelphia (1976)
39. Hallermann, F., et al.: Phys. Stat. Sol. (a) **205**, 2844 (2008)
40. Link, S., et al.: J. Phys. Chem. B **103**, 3529 (1999)
41. Link, S., et al.: J. Phys. Chem. B **103**, 4212 (1999)
42. Pillai, S., et al.: J. Appl. Phys. **101**, 093105 (2007)
43. Mendes, M.J., et al.: Appl. Phys. Lett. **95**, 071105 (2009)
44. Coutts, T.J.: Sol. En. Mat. and Solar Cells **66**, 443 (2000)

ANHANG

Dieser Anhang enthält detaillierte Formulierungen von Inhalten aus den Gebieten Thermodynamik/Statistik, Festkörperphysik, Halbleiterphysik, die vielen Lesern aufgrund ihrer Ausbildung in naturwissenschaftlichen Fächern wohl bekannt sein dürften; anderen Lesern, ohne diese Kenntnisse oder mit Defiziten in diesen mögen diese Ausführungen helfen, die Inhalte der voranstehenden Kapitel besser zu verstehen.

A.1   Energieverteilungen

Im thermischen Gleichgewicht und unter stationären Bedingungen stellt sich in einem Ensemble von N Teilchen eine Verteilung $f(\epsilon_i)$ über der Teilchenenergie ϵ_i ein, die am wahrscheinlichsten ist. Diese Verteilung ist die mit der höchsten Zahl der Realisierungsmöglichkeiten W von Konstellationen, die $N_i(\epsilon_i)$ Partikel auf die Energie ϵ_i zu verteilen. Die einzelnen Konstellationen sind die Mikrozustände.

Die Lösung, wie die N_i den ϵ_i zuzuordnen sind, folgt aus einem typischen Problem der Variationsrechnung mit den Bedingungen, dass für Variationen $\delta N_i(\epsilon_i)$ die Gesamtteilchenzahl $N = \sum N_i(\epsilon_i)$ und die Gesamtenergie $U = \sum \epsilon_i N_i$ erhalten bleiben, und dass für das Maximum von $W = W^*$ (in Analogie zur Ableitung einer Funktion nach deren unabhängiger Variablen) die Variation δW verschwindet ($\delta W = 0$).

Beispielhaft können $N = 2$ Teilchen mit Markierungen A und B auf $W_2 = 2$ Arten angeordnet werden: AB und BA. Für $N = 3$ ergeben sich $W_3 = 6$ Möglichkeiten (ABC, ACB, BCA, BAC, CAB, CBA), und allgemein erhält man $W_n = N!$ Realisierungsmöglichkeiten. Da die Anzahl der Realisierungen W extrem mit der Teilchenzahl N steigt, verwendet man zur weiteren Behandlung anstelle W_n den Logarithmus $\ln[W]$, der mit der Stirling-Approximation ausgedrückt wird, also

$$\ln[W] = \ln[N!] \approx N\ln[N] - N.$$

In klassischer Betrachtung sind die Teilchen unterscheidbar (markierbar), weil man beispielsweise für ideale Gase annehmen kann, dass die Partikel im Mittel genügend

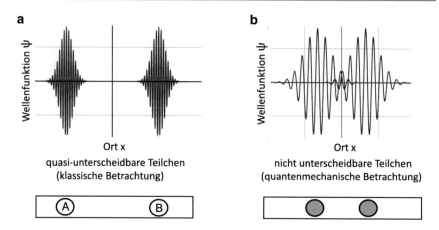

Abb. A.1 Qualitative Wellenfunktionenen über dem Ort von quasiunterscheidbaren Teilchen (für klassische betrachtete ideale Gase, **a**) und von nichtunterscheidbaren Teilchen, wie für Elektronen in Materie, Photonen, Phononen, etc. (**b**) für einen von zwei möglichen Mikrozuständen links ($N = 2$) und den einzigen möglichen Mikrozustand rechts für $N = 2$

weit voneinander entfernt sind, und ihre Wellenfunktionen sich somit nicht überlappen (vgl. Abb. A.1a).

In der Beschreibung für Quantenteilchen (Elektronen in Materie, Photonen, Phononen,...) sind die Partikel nicht unterscheidbar, ihre räumliche Separation ist so gering, dass ihre Wellenfunktionen sich gegenseitig sehen (Abb. A.1b).

A.1.1 Energieverteilung für quasiunterscheidbare Teilchen – Boltzmann-Verteilung

Die Bestimmung der wahrscheinlichsten Energieverteilung von unterscheidbaren Teilchen mit den Bedingungen für Erhalt der Gesamtzahl und der Gesamtenergie sowie der Maximierung der Zahl der Realisierungsmöglichkeiten erfolgt aus den Forderungen

$$N = \sum^k N_k(\epsilon_k); \qquad U = \sum^k \epsilon_k N_k(\epsilon_k); \quad \text{und} \qquad \ln[W] = \max.$$

Die Energieskala wird in diskrete Niveaus ϵ_k mit der Besetzung N_k unterteilt, womit sich W aus der Summe der möglichen Mikrozustände der einzelnen Konstellationen ergibt

$$W = \frac{N!}{\prod^k (N_k!)},$$

beziehungsweise wegen $N \gg 1$ mit der Stirling-Näherung ($\ln[x!] \approx x \ln[x] - x$)

$$\ln[W] = N \ln[N] - N - \sum^k N_k \ln[N_k] + \sum^k N_k = N \ln[N] - \sum^k N_k \ln[N_k].$$

Die Variation der drei Größen $\ln[W]$, $U = \text{const.}$ und $N = \text{const.}$ lautet

$$\delta\left(\ln[W]\right) = -\delta\left(\sum^k N_k \ln[N_k]\right) = -\sum^k\left(\delta N_k \ln[N_k] + N_k \frac{1}{N_k}\delta N_k\right)$$

und wegen der Forderung des Maximums $\delta(\ln[W]) = 0$

$$\delta\left(\ln[W]\right) = -\sum^k \delta N_k\left(\ln[N_k] + 1\right) = 0,$$

sowie

$$\delta\left(\sum^k N_k\right) = \sum^k \delta N_k = \delta N = 0$$

und

$$\delta U = \delta\left(\sum^k \epsilon_k N_k\right) = \sum^k(\epsilon_k \delta N_k) = 0.$$

Zur Bestimmung der Besetzung der Energieniveaus werden die drei variierten Größen (nach dem Rezept der Lagrange-Multiplikatoren) mit den Faktoren 1, β, α multipliziert und addiert

$$1 \cdot (\delta(\ln[W])) + \beta \cdot (\delta U) + \alpha \cdot (\delta N) = 0,$$

woraus man die Summe

$$\sum^k \delta N_k\left(-\ln[N_k] - 1 + \beta\epsilon_k + \alpha\right) = 0$$

erhält, die die allgemeine Lösung für die maximale Zahl der Mikrozustände (für unterscheidbare Teilchen) bei gegebener Gesamtteilchenzahl und gegebener Gesamtenergie angibt:

$$-\ln[N_k] - 1 + \beta\epsilon_k + \alpha = 0$$

oder

$$N_k = \exp[\alpha - 1]\exp[\beta\epsilon_k.]$$

Die Summen $\sum N_k = N$ und $\sum \epsilon_k N_k = U$ sind wegen endlicher Teilchenzahl N und endlicher Gesamtenergie U gleichfalls endlich; somit muss $\beta < 0$ sein.

Aus der Normierung auf die Gesamtteilchenzahl sowie auf die Gesamtenergie lassen sich die Lagrange-Multiplikatoren α und β bestimmen (siehe z. B. [1]). Daraus wird die Zuordnung der N_k zur Energie ϵ_k, nämlich die Boltzmann-Verteilung[1] mit der Zustandssumme

$$\sigma = \sum^{k} \exp[\beta \epsilon_k]$$

$$N_k(\epsilon_k) = \frac{N}{\sigma} \exp\left[-\frac{\epsilon_k}{kT}\right].$$

A.1.2 Energieverteilungen für nichtunterscheidbare Teilchen – Verteilungen nach Fermi-Dirac und nach Bose-Einstein

Quantenteilchen sind aufgrund ihrer Welleneigenschaften nicht unterscheidbar und können beispielsweise für gleiche Energiewerte nur nach physikalischen Eigenschaften, wie Wellenvektoren, Spin etc. eingeteilt werden. Zur Bestimmung der Energieverteilung solcher Teilchen betrachtet man Zellen (Quantenzellen) mit gleicher Energie ϵ_j – und unterschiedlichen physikalischen Eigenschaften – und notiert, wievielfach diese auftreten; von diesen Mikrozuständen sind

- Z_{0j} 0-fach besetzt,
- Z_{1j} 1-fach besetzt,
- Z_{2j} 2-fach besetzt,
- etc.
- Z_{nj} n-fach besetzt.

Die Anzahl der zu betrachtenden Quantenzellen[2] ergibt sich aus der Summe $Z_j = \sum^{n} Z_{nj}$ und die Anzahl der Teilchen mit Energie ist $N_j = \sum^{n} n \cdot Z_{nj}$.

Wir erhalten demnach Gleichungen für die Anzahl von Mikrozuständen, die Anzahl von Teilchen mit bestimmten Energien, die gesamte Teilchenzahl, die Gesamtenergie und letztlich auch die Zahl der Realisierungsmöglichkeiten:

$$Z_j = \sum^{n} Z_{nj},$$

$$N_j = \sum^{n} n Z_{nj},$$

$$N = \sum^{j} N_j = \sum^{j} \sum^{n} n Z_{nj},$$

$$U = \sum^{j} \epsilon_j N_j = \sum^{j} \epsilon_j \left(\sum^{n} n Z_{nj}\right).$$

---

[1]Für klassische Partikel mit ausschließlich kinetischer Energie wird daraus die Maxwell'sche Geschwindigkeitsverteilung abgeleitet.

[2]Im folgenden sind $n = 0$ und $n = 1$ für Fermionen zu wählen und beliebig viele n für Bosonen.

Die Zahl der Realisierungsmöglichkeiten proZelle mit Energie ϵ_j schreibt sich

$$W_j = \frac{Z_j!}{\prod^n Z_{nj}!}.$$

Für das gesamte Ensemble, d. h. für alle Energiniveaus ϵ_j, wird

$$W = \prod^j W_j = \prod^j \left(\frac{Z_j!}{\prod^n Z_{nj}!} \right).$$

Wie in Abschn. A.1.1 erwähnt, betrachten wir den Logarithmus der Anzahl W, fahren wegen der großen Teilchenzahl $N \gg 1$ mit der Approximation nach Stirling fort und erhalten

$$\ln[W] \approx \sum^j Z_j \ln[Zj] - \sum^j \sum^n Z_{nj} \ln[Z_{nj}].$$

Wir variieren die Größen $\ln[W], U, N, Z_j$

$$\delta\left(\ln[W]\right) = - \sum^j \sum^n \delta(Z_{nj}) \left(\ln[Z_{nj}] + 1 \right)$$

$$\delta U = \sum^j \sum^n n\,\epsilon_j \delta(Z_{nj})$$

$$\delta N = \sum^j \sum^n n\delta(Z_{nj})$$

$$\sum^j \delta(Z_j) = \sum^j \sum^n \delta(Z_{nj}),$$

statten diese Variationen mit Lagrange-Multiplikatoren -1; γ; β; (-1) $\left(\ln[\alpha_j] + 1\right)$ aus, setzen sie jeweils 0 und addieren diese Ausdrücke (vgl. Abschn. A.1.1) zu

$$\sum^i \sum^n \delta(Z_{nj}) \left(\ln[Z_{nj}] + 1 + \gamma n\epsilon_j + \beta n - \ln[\alpha_j] - 1 \right) = 0.$$

Die allgemeine Lösung lautet somit

$$\ln[Z_{nj}] + \gamma n\epsilon_j + \beta n - \ln[\alpha_j] = 0$$

oder

$$Z_{nj}(\epsilon_j) = \alpha_j \exp[-n(\gamma\epsilon_j + \beta)].$$

Die Besetzungswahrscheinlichkeit von Zuständen wird mit dem Quotienten aus der Anzahl der Teilchen $N_j(\epsilon_j)$ mit Energie ϵ_j bezogen auf die Zahl der verfügbaren

Zustände $Z_j(\epsilon_j)$ ausgedrückt und bezeichnet die entsprechende Verteilungsfunktion der Energie:

$$f_\epsilon = \frac{N_j(\epsilon_j)}{Z_j(\epsilon_j)} = \frac{\sum^n n\, Z_{nj}}{\sum^n Z_{nj}}.$$

Für Quantanteilchen bestehen zwei Optionen der Besetzung, und zwar

- 0-fache und 1-fache Besetzung von Zuständen für Teilchen mit halbzahligem Spin (Fermionen) und
- beliebig vielfache Besetzung von Zuständen für Teilchen mit ganzzahligem Spin (Bosonen).

Wiederum erhält man die Lagrange-Multiplikatoren – nach ausführlicher algebraischer Prozedur [1] – aus den Normierungen auf die Gesamtteilchenzahl N, auf die Teilchenzahl $Z_j(\epsilon_j)$ und auf die Gesamtenergie U.

Damit werden $\gamma = 1/(kT)$ und $\beta = -\mu/(kT)$, wobei μ das Chemische Potential des Ensembles bezeichnet. Schließlich ergibt sich die Verteilungsfunktion für Fermionen (Fermi-Dirac-Verteilungsfunktion) zu

$$f_{\text{Fermi}} = \frac{1}{\exp\left[\frac{\epsilon-\mu}{kT}\right] + 1}$$

sowie für Bosonen (Bose-Einstein-Verteilungsfunktion) zu

$$f_{\text{Bose}} = \frac{1}{\exp\left[\frac{\epsilon-\mu}{kT}\right] - 1}.$$

A.2   Kronig-Penney-Modell

Das Verhalten von Elektronen in kondensierter Materie lässt sich im Ein-Elektronen-Bild mit einem eindimensionalen Potential verstehen [2–5] (Abb. A.2).

Eine Wellenfunktionen $\exp[ikx]$ wird mit einer Funktion $u(x)$ so modifiziert

$$\Psi(x) = u(x)\exp[ikx], \tag{A.1}$$

dass die resultierende Funktion $\Psi(x)$ an ein rechteckförmiges Potential $V(x)$ angepasst werden kann, indem die Randbedingungen für Stetigkeit von $\Psi(x)$ und $(d\Psi/dx)$ an den abrupten Übergangsstellen erfüllt wird.

Aus der Schrödinger-Gleichung

$$\left[\frac{\hbar^2}{2m}\nabla^2 + \epsilon - V(x)\right]\Psi = 0$$

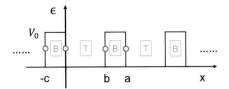

Abb. A.2 Eindimensonales Rechteckpotential $V(x)$ als Abfolge von Barrieren (B mit $V = V_0$) und Trögen (T mit $V = 0$). Die im Text gewählten Orte zur Erfüllung der Randbedingungen $\Psi = $ const., $(\mathrm{d}\Psi/\mathrm{d}x) = $ const. sind mit Kreisen markiert

wird

$$\frac{\hbar^2}{2m}\left[u''\exp[ikx] + 2iku' + +ui^2k^2\exp[ikx]\right] + \epsilon u\exp[ikx] - V(x)u\exp[ikx] = 0$$

oder

$$u'' + 2iku' + u\left[i^2k^2 + \frac{2m}{\hbar^2}(\epsilon - V(x))\right] = 0. \tag{A.2}$$

Die Unterteilung in zwei Regime ergibt für den Trog mit $V(x) = 0$

$$u'' + 2iku' + \left[-k^2 + \alpha^2\right] = 0 \tag{A.3}$$

mit der Abkürzung $\alpha = \pm\sqrt{(2m\epsilon)/\hbar^2}$.
In gleicher Weise gilt für die Barriere mit $V(x) = V_0$

$$u'' + 2iku' + \left[-k^2 - \beta^2\right] = 0 \tag{A.4}$$

mit $\beta = \pm\sqrt{(2m(V_0 - \epsilon))/\hbar^2}$.
   Diese Differentialgleichungen ($u'' + 2iku' + ...$) haben Lösungen der Form $u(x) = U_0\exp[i\gamma x]$. Im Trog wird $\gamma_T = -k \pm \alpha$ und in der Barriere ist $\gamma_B = k \pm i\beta$. Die zur Anpassung an das Potential $V(x)$ modifizierten Funktionen $u(x)$ lauten im Trog

$$u_T(x) = A\exp[i(\alpha - k)x] + B\exp[-i(\alpha + k)x]$$

und in der Barriere

$$u_B(x) = C\exp[i(k + i\beta)x] + D\exp[i(k - i\beta)x].$$

   Zur Bestimmung der Koeffizienten A, B, C, D aus den Randbedingungen der Kontinuität von Ψ und $\mathrm{d}\Psi/\mathrm{d}x$ können beliebige Orte der abrupten Übergänge des Potentials betrachtet werden. Somit ist das aus diesen Gleichungen ableitbare System beliebig überbestimmt. Die Forderung nach Eindeutigkeit der Lösung $\epsilon(k)$ wird erfüllt mit $\mathrm{Det}[u] = 0$.

Abb. A.3 L-Funktion aus dem Kronig-Penney-Modell zur Bestimmung der Beziehung zwischen Energie ϵ und Wellenvektor k in einem periodischen Potential. Die Linearisierung zur Approximation $\epsilon \sim \cos[ak]$ ist gestrichelt angedeutet

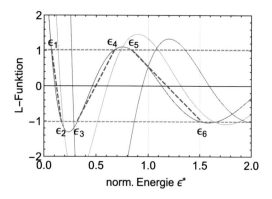

Die Auswertung der Determinante[3] ergibt die Relation

$$k(\epsilon) = \frac{1}{a} \arccos[L(\epsilon/V_0)] = \frac{1}{a} \arccos[L(\epsilon^*)] \tag{A.5}$$

mit den Variablen Barrierenpotential V_0, Energie des Elektrons ϵ und den geometrischen Abmessungen b, c und $b + c = a$

$$L = \frac{(1 - 2\epsilon^*)}{2\sqrt{\epsilon^*(1 - \epsilon^*)}} \sinh\left[\sqrt{\Omega(1 - \epsilon^*)}c\right] \sin\left[\sqrt{\Omega\epsilon^*}b\right]$$
$$+ \cosh\left[\sqrt{\Omega(1 - \epsilon^*)}c\right] \cos\left[\sqrt{\Omega\epsilon^*}b\right]. \tag{A.6}$$

Mit der abschnittsweisen Linearisierung der L-Funktion als Näherung für die erlaubten Regime kann $k = k(\epsilon^*)$ zu $\epsilon^* = \epsilon^*(k) \sim \cos[ak]$ aufgelöst werden. Insbesondere für die Ränder der Energiebänder bei $k = 0$ und $k = \pm(\pi/a)$ gilt die Beziehung $L \sim \epsilon^*$ und $\epsilon^* \sim k^2$ (vgl. Abb. A.3).

A.3   Kramers-Kronig-Relation für komplexen Brechungsindex

Die dielektrische Verschiebung **D** in Materie ist im stationären Zustand und bei beliebig kleinen Frequenzen mit der elektrischen Feldstärke **E** und der Polarisierung **P** linear verknüpft und zwar über $\mathbf{D} = \varepsilon\varepsilon_0\mathbf{E} + \mathbf{P}$. Für höhere Frequenzen oder schnelle Änderungen sind $\mathbf{D}(t)$ und $\mathbf{E}(t)$ nicht notwendigerweise in Phase, sondern $\mathbf{D}(t)$ hängt von der gesamten Vorgeschichte der elektrischen Feldstärke ab, also von $\mathbf{E}(t)$ mit $-\infty < t' \leq t$. Formal wird diese Vorgeschichte in der Aufsummierung aller Beiträge der Feldstärke beschrieben, die mit zunehmender zeitlicher Distanz $t - t'$ zum betrachteten Augenblick t mit einer Bewertungsfunktion $f(t - t')$ gewichtet wird [6]:

---

[3]Nach länglicher algebraischer Umformung.

Abb. A.4 Elektrische
Feldstärke $\mathbf{E}(t)$ (gestrichelt)
und zugehörige
Bewertungsfunktionen
$f(t - t')$ zur Bildung der
dielektrischen Verschiebung
$\mathbf{D}(t)$

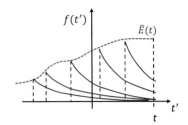

$$\frac{1}{\varepsilon_0} \mathbf{D}(t) = \mathbf{E}(t) + \int_{-\infty}^{t} (f(t - t')) \mathbf{E}(t') dt'. \tag{A.7}$$

Die Bewertungsfunktion muss mit zunehmendem $(t - t')$ abnehmen, $f(t - t') \to 0$ für $t - t' \to \infty$. Ferner enthält sie die Bedingung der Kausalität (vgl. Abb. A.4).

In der folgenden Fourier-Darstellung schreiben wir anstelle von

$$\int_{-\infty}^{t} (f(t - t')) \mathbf{E}(t') dt'$$

nunmehr

$$\int_{-\infty}^{\infty} (f(t - t')) \mathbf{E}(t') dt'$$

unter der zusätzlichen Bedingung

$f(t - t') = 0$ für alle $t' > t$, also für alle Zeitpunkte nach dem betrachteten Augenblick t.

Mit der Darstellung von $\mathbf{D}(t)$, $\mathbf{E}(t)$ und $f(t)$ in der Frequenzebene

$$\mathbf{D}(t) = \frac{1}{2\pi} \int_{-\infty}^{\infty} \mathbf{D}(\omega) \exp[-i\omega t] d\omega, \tag{A.8}$$

$$\mathbf{E}(t) = \frac{1}{2\pi} \int_{-\infty}^{\infty} \mathbf{E}(\omega) \exp[-i\omega t] d\omega, \tag{A.9}$$

$$f(t) = \frac{1}{2\pi} \int_{-\infty}^{\infty} f(\omega) \exp[-i\omega t] d\omega, \tag{A.10}$$

wird die dielektrische Verschiebung aus Gl. A.3

$$\frac{1}{2\pi} \int_{-\infty}^{\infty} \mathbf{D}(\omega) \exp[-i\omega t] d\omega = \frac{1}{2\pi} \int_{-\infty}^{\infty} \mathbf{E}(\omega) \exp[-i\omega t] d\omega$$

$$+ \left(\frac{1}{2\pi}\right)\left(\frac{1}{2\pi}\right) \int \int \int_{-\infty}^{\infty} f(\omega) \mathbf{E}(\omega') \exp[-i\omega(t - t')] \exp[-i\omega' t'] d\omega d\omega' dt'$$

$$= I_1 + I_2. \tag{A.11}$$

Abb. A.5 Auswirkung der
δ-Funktion auf die Abtastung
der elektrischen Feldstärke
$\mathbf{E}(\omega')$ zum Frequenzwert ω

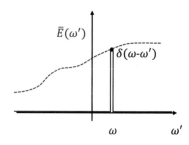

Das Integral I_2 im Detail betrachtet und umsortiert liest sich

$$I_2 = \left(\frac{1}{2\pi}\right)\left(\frac{1}{2\pi}\right)\int_{-\infty}^{\infty}\left[\int_{-\infty}^{\infty}\left[\int_{-\infty}^{\infty}\exp[-i(\omega-\omega')]dt'\right]\mathbf{E}\left(\omega'\right)d\omega'\right]f(\omega)\exp[-i\omega t]d\omega$$

oder

$$I_2 = \left(\frac{1}{2\pi}\right)\left(\frac{1}{2\pi}\right)\int_{-\infty}^{\infty}\left[\int_{-\infty}^{\infty}\left[\delta(\omega-\omega')\mathbf{E}(\omega')d\omega'\right]f(\omega)\exp[-i\omega t]d\omega\right.$$

Aus Abb. A.5 erkennt man die Wirkung der δ-Funktion auf $\mathbf{E}(\omega')$ für die weitere
Ausführung

$$I_2 = \left(\frac{1}{2\pi}\right)\left(\frac{1}{2\pi}\right)\int_{-\infty}^{\infty}\mathbf{E}(\omega)f(\omega)\exp[-i\omega t]d\omega.$$

Damit ergibt sich für $\mathbf{D}(t)$

$$\int_{-\infty}^{\infty}\left[\frac{1}{\varepsilon_0}\mathbf{D}(\omega)-(1+f(\omega)\mathbf{E}(\omega))\right]\exp[-i\omega t]d\omega = 0,$$

oder

$$\frac{1}{\varepsilon_0}\mathbf{D}(\omega) = 1+f(\omega)\mathbf{E}(\omega) = \tilde{\varepsilon}(\omega)\mathbf{E}(\omega) = \varepsilon_1(\omega)+i\varepsilon_2(\omega)\mathbf{E}(\omega).$$

Die dielektrische Funktion $\tilde{\varepsilon}$, die aus der elektrischen Feldstärke $\mathbf{E}(\omega)$ die frequenzabhängige dielektrische Verschiebung $\mathbf{D}(\omega)$ in Amplitude und Phase erzeugt, ergibt
sich also wiederum als komplexe Größe mit Real- und Imaginärteil

$$\tilde{\varepsilon}(\omega) = \varepsilon_1(\omega)+i\varepsilon_2(\omega)$$

aus der Kausalitätsbedingung. Zudem erkennt man aus dem Ansatz

$$f(t) \sim \int_{-\infty}^{\infty}f(\omega)\exp[-i\omega t]d\omega = \int_{-\infty}^{\infty}f(\omega)\left(\cos[\omega t]+i\sin[\omega t]\right)d\omega,$$

dass der Realteil $\varepsilon_1(\omega) = \varepsilon_1(-\omega)$ eine gerade
und der Imaginärteil $i\varepsilon_2(\omega) = -i\varepsilon_2(-\omega)$ eine ungerade Funktion darstellt.

Abb. A.6 Integrationswege C_1, C_2 zur Bestimmung von Real- und Imaginärteil der dielektrischen Funktion $\tilde{\varepsilon}(\omega)$

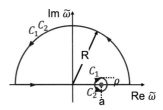

Diese komplexe Funktion $\tilde{\varepsilon}(\omega)$ lässt sich selbstverständlich auch mit einer komplexen Frequenz $\tilde{\omega} = \omega_1 + i\omega_2$ ausdrücken. Damit kann man auch

$$\tilde{\varepsilon}(\omega) - 1 = \int_0^\infty f(t)\exp[i\omega_1 t]\exp[-\omega_2 t]\mathrm{d}t$$

schreiben, wobei die untere Grenze der Integration so zu wählen ist, dass die Auswirkung der Feldstärke $\mathbf{E}(t)$ auf die dielektrische Funktion $\mathbf{D}(t)$ die Kausalitätsbedingung erfüllt ($t \geq 0$). Außerdem sorgt der Term $\exp[-\omega_2 t]$ für die Konvergenz des Integrals für große ω, so dass man nur die obere Halbebene der komplexen ω-Ebene zu betrachten braucht ($\omega_2 \geq 0$).

Für eine komplexe Funktion $\tilde{\chi}(\omega)$ ohne Singularitäten ist nach dem Cauchy-Theorem $\oint \tilde{\chi}(\omega)\mathrm{d}\omega = 0$.

Mit

$$\tilde{\chi} = \frac{\tilde{k}(\omega^*)}{\omega^* - a}$$

tritt bei $\omega^* = a$ ein Pol auf, der in der Integration durch strategische Wahl der Integrationsweges C_1 und C_2 umgangen wird (Abb. A.6). Damit beschränkt sich die Integration auf den Wert des Residuum bei $\omega^* = a$ mit $R \to \infty$ und $\rho \to 0$). Die Integration über die beiden Wege C_1 und C_2 liefert

$$P\int \frac{k(\omega^*)}{\omega^* - a}\mathrm{d}\omega^* = \frac{1}{2}\left[\int_{C_1}\frac{k(\omega^*)}{\omega^* - a}\mathrm{d}\omega^* + \int_{C_2}\frac{k(\omega^*)}{\omega^* - a}\mathrm{d}\omega^*\right]$$

$$= \oint \frac{k(\omega^*)}{\omega^* - a}\mathrm{d}\omega^* = i\pi\tilde{k}(a).$$

Nach der komplexen Beispielfunktion aufgelöst

$$\tilde{k}(\omega) = \frac{P}{\pi}\int_{-\infty}^\infty \frac{k(\omega^*)}{\omega^* - \omega}\mathrm{d}\omega^*$$

erhält man die Beziehung zwischen Real- und Imaginärteil der Funktion $\tilde{k}(\omega)$. Aus der Integration des Realteils über ω^* ergibt sich der Imaginärteil und „vice versa" folgt aus der Integration des Imaginärteils der Realteil von $\tilde{k}$.

$$\tilde{k}(\omega) = \frac{P}{\pi}\left[\int_{-\infty}^\infty \frac{Im\left[\tilde{k}(\omega^*)\right]}{\omega^* - \omega}\mathrm{d}\omega^* - i\int_{-\infty}^\infty \frac{Re\left[\tilde{k}(\omega^*)\right]}{\omega^* - \omega}\mathrm{d}\omega^*\right].$$

Auf die dielektrische Funktion angewendet folgt schließlich

$$\tilde{\varepsilon}_1(\omega) - 1 = \frac{P}{\pi} \int_{-\infty}^{\infty} \frac{\varepsilon_2(\omega^*)}{\omega^* - \omega} d\omega^* = \frac{2P}{\pi} \int_{0}^{\infty} \frac{\omega^* \varepsilon_2(\omega^*)}{\omega^{*2} - \omega^2} d\omega^*$$

und

$$\tilde{\varepsilon}_2(\omega) = -\frac{P}{\pi} \int_{-\infty}^{\infty} \frac{\varepsilon_1(\omega^*) - 1}{\omega^* - \omega} d\omega^* = -\frac{2\omega P}{\pi} \int_{0}^{\infty} \frac{\varepsilon_1(\omega^*)}{\omega^{*2} - \omega^2} d\omega^*.$$

A.4   Absorptionskoeffizienten

A.4.1   Direkter Übergang

Die Wechselwirkung elektromagnetischer Felder mit Materie, hier mit Elektronen, wird üblicherweise als quantenmechanisches Störungsproblem behandelt [7, 8]. Man betrachtet den Übergang eines Elektrons vom Ausgangszustand i zum Endzustand f mit den Bloch-Funktionen $|i\mathbf{k}\rangle$ und $|f\mathbf{k}'\rangle$. Die Photonen werden mit dem Vektorpotential des elektromagnetischen Feldes formuliert

$$\mathbf{A}(\mathbf{r}, t) = \frac{1}{2} A_0 \mathbf{e} \Big\{ \exp\big[\mathrm{i}\,(\mathbf{k}_\mathrm{p} \cdot \mathbf{r} - \omega t)\big] + \exp\big[-\mathrm{i}\,(\mathbf{k}_\mathrm{p} \cdot \mathbf{r} - \omega t)\big] \Big\}, \qquad (A.12)$$

worin $\mathbf{e}$ die normierte vektorielle Polarisation der Strahlung bezeichnet und $\mathbf{H}$ das magnetische Feld das aus $\mathbf{H} = \nabla \times \mathbf{A}$ herrührt. $\mathbf{A}$ bezeichnet das Vektorpotential der elektromagneischen Welle. Der Hamilton-Operator für ein Elektron im ungestörten Fall $\hat{H}_0$ wird im Magnetfeld erweitert zu $\hat{H} = \hat{H}_0 + \hat{H}_1$ mit

$$\hat{H}_1 = \frac{e}{mc} \hat{p} \mathbf{A},$$

und dem entsprechenden Impulsoperator $\hat{p} = -\mathrm{i}\hbar\nabla$.

Damit wird die Schrödinger-Gleichung

$$\left[-\frac{\hbar^2}{2m}\nabla^2 + \frac{\mathrm{i}e\hbar}{2mc}(\nabla\mathbf{A}) + \frac{\mathrm{i}e\hbar}{2mc}(\mathbf{A}\nabla) + \frac{e^2}{2mc^2}(\mathbf{A})^2 + V(\mathbf{r}) \right]\psi = -\mathrm{i}\hbar\frac{\partial\psi}{\partial t}.$$
$$(A.13)$$

Wir nehmen aus Symmetriegründen an, dass $\mathbf{A}\hat{p} = \hat{p}\mathbf{A}$ ist, führen den Enheitsvektor der Polarisation $\mathbf{e}$ ein und vernachlässigen für kleine Störungen den Term $\mathbf{A}^2$. Damit erhalten wir für direkte Übergänge, heißt ohne Beteiligung von Gitterschwingungen (Phononen), die Rate ω_{if} zwischen Ausgangs- $|i\mathbf{k}\rangle$ und Endzustand $|f\mathbf{k}'\rangle$ [2]

$$\omega_{\mathrm{if}} = \frac{\pi e^2}{2\hbar m^2} A_0^2 \Big| \langle f\mathbf{k}' | \exp(\mathrm{i}\mathbf{k}_\mathrm{p} \cdot \mathbf{r})\mathbf{e} \cdot \hat{p} | i\mathbf{k}\rangle \Big|^2 \times \delta\big[\epsilon_\mathrm{f}(\mathbf{k}') - \epsilon_\mathrm{i}(\mathbf{k}) - \hbar\omega\big]. \quad (A.14)$$

Die verwendeten Bloch-Funktionen $|j\mathbf{k}\rangle = u_{j\mathbf{k}}(\mathbf{r})\exp(\mathrm{i}\mathbf{k} \cdot \mathbf{r})$, beschreiben mit j den Ausgangs- (i) und den Endzustand (f); für direkte Übergänge gilt zudem die Erhaltung des Gesamtimpulses (Wellenvektoren) von Photon ($\mathbf{k}_\mathrm{p} \approx 0$) und Gitterschwingung inklusive reziprokem Gittervektor ($\triangle \mathbf{k}_\mathrm{latt} = \mathbf{G}_\mathrm{m}$).

Der Imaginärteil des Brechungsindexes ε_2, der die Dämpfung der Amplitude der elektrischen Feldstärke, also den Absorptionskoeffizienten in Materie beschreibt, wird schließlich

$$\varepsilon_2 = \frac{\pi e^2}{\varepsilon_0 m^2 \omega^2} \sum_{k,k'} |\mathbf{e} \cdot \mathbf{p}_\mathrm{fv}|^2 \delta \left[\epsilon_\mathrm{f}(\mathbf{k}') - \epsilon_\mathrm{i}(\mathbf{k}) - \hbar\omega\right] \delta_{\mathbf{k}\mathbf{k}'}, \qquad \text{(A.15)}$$

oder

$$\varepsilon_2 \sim (\hbar\omega)^{-2} |M_\mathrm{i,f}|^2 (\hbar\omega - (\epsilon_\mathrm{f} - \epsilon_\mathrm{i}))^{1/2}. \qquad \text{(A.16)}$$

Aus dem dimensionslosen Dämpfungsterm $\varepsilon_2(\omega)$ lässt sich der auf die Weglänge bezogene Koeffizient für die Absorption α erzeugen

$$\alpha(\hbar\omega) = \frac{\omega}{c_0} \varepsilon_2(\hbar\omega), \qquad \text{(A.17)}$$

(ω und c_0 sind Frequenz und Vakuum-Lichtgeschwindigkeit).

A.4.2   Indirekter Übergang

Elektronische Übergänge vom Valenz- ins Leitungsband mit unterschiedlichen Wellenvektoren von Ausgangs- und Endzustand bedürfen der Mitwirkung eines Phonons, um die Differenz $\mathbf{k}(\epsilon_\mathrm{C,min}) - \mathbf{k}(\epsilon_\mathrm{V,max}) = \Delta\mathbf{k}_\mathrm{phon} = \mathbf{q}$ auszugleichen.

Eine analoge Betrachtung wie für direkte Übergänge (Abschn. A.4.1 und 4.7.1) führt zum Imaginärteil des Brechungsindexes und zum Absorptionskoeffizienten von indirekten Halbleitern:

$$\varepsilon_2 = \frac{\pi e^2}{\varepsilon_0 m^2 \omega^2} \sum_{m,\alpha,\pm} |M_\mathrm{cv}^{m,\alpha,\pm}|^2 \times \sum_{\mathbf{k},\mathbf{k}'} \delta \left[\epsilon_\mathrm{c}(\mathbf{k}') - \epsilon_\mathrm{v}(\mathbf{k}) - \hbar\omega \pm \hbar\omega_\mathbf{q}^\alpha\right]. \quad \text{(A.18)}$$

Im ersten Term werden die Matrixelemente eines Übergangs zu einem virtuellen Zustand $|m\rangle$ mit Beteiligung der Phonon-Mode α, in Absorption (+) respektive in Emission (−) summiert. Die Verfügbarkeit (Wahrscheinlichkeit) von Phononen $n_\mathbf{q}^{\alpha+1}$, $n_\mathbf{q}^\alpha$ ergibt sich aus der Bose-Einstein-Verteilungsfunktion.

Der zweite Term enthält die Summierung der Energien im $\mathbf{k}$-Raum in der Umgebung von Maximum des Valenz- und Minimum des Leitungsbandes, die bei unterschiedlichen k-Werten liegen, und deren Krümmungen $\partial^2\epsilon/\partial k^2$ die effektiven Massen der Löcher $m_{\mathrm{p}\,x,y,z}^*$ in VB und der Elektronen $m_{\mathrm{n}\,x,y,z}^*$ in CB darstellen:

$$\sum_{\mathbf{k},\mathbf{k}'} \delta \left[\epsilon_\mathrm{c}(\mathbf{k}') - \epsilon_\mathrm{v}(\mathbf{k}) - \hbar\omega \pm \hbar\omega_\mathbf{q}^\alpha\right]$$

$$= \sum_{k,k'} \delta \left[\epsilon_\mathrm{c0} - \epsilon_\mathrm{v0} + \frac{\hbar^2}{2} \left(\frac{k_x^2}{m_\mathrm{px}^*} + \frac{k_y^2}{m_\mathrm{py}^*} + \frac{k_z^2}{m_\mathrm{pz}^*} + \frac{k_x'^2}{m_\mathrm{nx}^*} + \frac{k_y'^2}{m_\mathrm{ny}^*} + \frac{k_z'^2}{m_\mathrm{nz}^*}\right) - \hbar\omega \pm \hbar\omega_\mathbf{q}^\alpha\right].$$

Schließlich wird der Imaginärteil des Brechungsindexes

$$\varepsilon_2 = \frac{\pi e^2}{\varepsilon_0 m^2 \omega^2} \frac{K}{(4\pi)^3} \sum_{m,\alpha,\pm} \left\{ |A_{cv}^{m,\alpha,+}|^2 \frac{\left[\hbar\omega - \hbar\omega_{\mathbf{q}}^\alpha - (\epsilon_{c0} - \epsilon_{v0}) \right]^2}{1 - \exp\left(-\hbar\omega_{\mathbf{q}}^\alpha / kT \right)} \right\}$$

$$+ \frac{\pi e^2}{\varepsilon_0 m^2 \omega^2} \frac{K}{(4\pi)^3} \sum_{m,\alpha,\pm} \left\{ |A_{cv}^{m,\alpha,-}|^2 \frac{\left[\hbar\omega + \hbar\omega_{\mathbf{q}}^\alpha - (\epsilon_{c0} - \epsilon_{v0}) \right]^2}{-1 + \exp\left(+\hbar\omega_{\mathbf{q}}^\alpha / kT \right)} \right\}. \quad \text{(A.19)}$$

Der erste Ausdruck in obiger Gleichung beschreibt die Absorption eines Photons mit Emission (Erzeugung) eines Phonons der Mode α und Energie $\hbar\omega_{\mathbf{q}}^\alpha$ und entsprechendem Wellenvektor $\mathbf{q}$; der zweite Ausdruck enthält den Absorptionsprozess mit Absorption eines Phonons (Entnahme aus dem Reservoir der thermischen Gitterschwingungen) mit ebenfalls zugehöriger Energie und Wellenvektor. Hierbei wird der Beitrag der effektiven Massen von Elektronen und Löchern zusammengefaßt zu

$$K = \left(\frac{2}{2} \right)^3 \sqrt{\left(m_{px} m_{py} m_{pz} \right) \left(m_{nx} m_{ny} m_{nz} \right)}.$$

In kompakter Schreibweise wird der optische Absorptionskoeffizient $\alpha(\hbar\omega)$ $\epsilon_{c0} - \epsilon_{v0} = \epsilon_g$ von indirekten Übergängen mit Phonon-Beteiligung [7,8]:

$$\alpha(\hbar\omega) = C^{\text{phon.,abs.}} \cdot \frac{1}{\omega^2} \left(\hbar\omega + \hbar\omega_{\text{phon}} - \epsilon_g \right)^2$$

$$+ C^{\text{phon.,em.}} \cdot \frac{1}{\omega^2} \left(\hbar\omega - \hbar\omega_{\text{phon}} - \epsilon_g \right)^2. \quad \text{(A.20)}$$

A.5   Dispersionsrelation von Phononen

Das Verhalten von Phononen lässt sich in periodischen Strukturen, wie in Kristallen, vergleichsweise einfach formulieren. Aufgrund der Translationssymmetrie der Anordnung von Massen (Atome oder Moleküle) und der zwischen den Massen wirkenden Bindungskräften (beispielsweise kovalente und/oder ionische Bindung) existieren stationäre Lösungen von Schwingungsmoden nur für ausgewählte Wellenlängen und damit auch für zugehörige diskrete Wellenvektoren und Frequenzen. Im Partikelbild nennt man diese Moden *Phononen*. Zur analytischen Beschreibung kann man die Schwingungsgleichungen in einer Dimension formulieren und lösen [2–4,9] und danach die Lösungen für höhere Dimensionen superponieren.

Die Gleichung der longitudinalen Bewegung $s(t)$ einer Masse in einer eindimensionalen Kette aus einer einzigen Atomsorte ergibt die Auslenkung der Masse m an der Position na

$$m\ddot{s}(na) = -\alpha \left(s(na) - s((n+1)a) + s(na) - s((n-1)a) \right)$$

$$= -\alpha \left(2s(na) - s((n+1)a) - s((n-1)a) \right).$$

Die Federkonstante α rührt aus dem konservativen Potential

$$U = \left(\frac{1}{2}\right) \alpha \sum (s(na) - s((n+1)a))^2$$

her. Man löst mit dem Ansatz

$$s(na, t) = A\exp\left[i(k(na) - \omega t)\right],$$

wobei wir den Wellenvektor $k = (2\pi/\lambda)$ einführen, und die jeweilige Position der Masse m mit $na = x$ angegeben wird, und zwar mit $n = 0, \pm 1, \pm 2, \dots$

Nach wenigen Schritten der Umformung erhält man

$$\omega^2 m = \alpha \left(2 - \exp\left[-ika\right] - \exp\left[ika\right]\right) = 2\alpha \left(1 - \cos\left[ka\right]\right),$$

oder

$$\omega(k) = \pm\sqrt{\frac{2\alpha}{m}} \left(1 - \cos\left[ka\right]\right)^{\frac{1}{2}} = \pm\sqrt{\frac{\alpha}{m}} 2 \sin\left[\frac{ka}{2}\right].$$

Die Funktion $\omega = \omega(k)$ in $-\dfrac{\pi}{a} \leq k \leq \dfrac{\pi}{a}$ wiederholt sich periodisch in $-\infty \leq k \leq +\infty$ und erreicht Frequenzwerte $0 \leq \omega \leq 2\sqrt{\dfrac{a}{m}}$. Aus $\hbar\omega = \epsilon_{\text{phon}}$ erhält man die jeweilige Energie der Moden.

Für eine unendlich lange Kette mit demzufolge unendlich vielen Massen und Federn ($n \to \infty$) ist $\omega = \omega(k)$ kontinuierlich. Für endliche Anzahlen von Massen ($N < \infty$) hingegen besteht $\omega = \omega(k)$ aus N diskreten Werten, die sich äquidistant auf der k-Achse verteilen (vgl. Abb. A.7).

Analog zur Kette mit einer Atomsorte wird die Beschreibung einer eindimensionalen Kette mit zwei Atomsorten und deren zwei unterschiedlichen Massen (m_1, m_2) vorgenommen (vgl. Abb. A.8). Man erhält somit zwei Bewegungsgleichungen für die Auslenkungen der unterschiedlichen Massen $s_1(t)$ und $s_2(t)$:

$$m\ddot{s}_1(na, t) = -\alpha \left(2s_1(na) - s_2((n+1)a) - s_2((n-1)a)\right),$$

$$m\ddot{s}_2(na) = -\alpha \left(2s_2((n+1)a) - s_1(a) - s_1((n+2)a)\right),$$

und löst selbige mit dem Ansatz:

$$s_i(n, a, t) = A_i\exp\left[i(nak - \omega t)\right].$$

Die Lösungen für diese Auslenkungen A_1 und A_2 sind gekoppelt

$$A_1 = A_1(\omega, m_1, A_2)$$

Abb. A.7 Unendlich
ausgedehnte eindimensionale
Kette aus einer Atomsorte
mit Masse m_1 und
Federkonstante α **(a)** zur
Beschreibung der stationären
Schwingungsmoden der
Dispersionsrelation $\omega(k)$ **(b)**

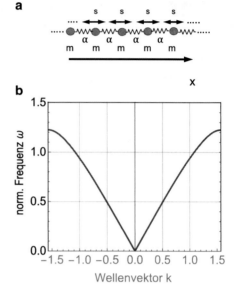

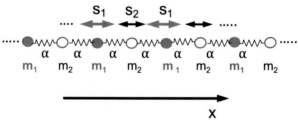

Abb. A.8 Unendlich ausgedehnte eindimensionale Kette aus zwei Atomsorten mit Massen m_1, m_2 und Federkonstante α zur Beschreibung der stationären Schwingungsmoden der Dispersionsrelation $\omega(k)$

beziehungsweise

$$A_2 = A_2(\omega, m_2, A_1)$$

und diese werden durch Det $[A_1, A_2] = 0$ überführt in

$$\omega^4 - 2\alpha \left(\frac{1}{m_1} + \frac{1}{m_2} \right) \omega^2 + \frac{2\alpha^2}{m_1 m_2} [1 - \cos [2ak]] = 0$$

und schließlich wird die Dispersionsrelation für die Kette aus zwei Atomsorten:

$$\omega^2 = \left(\frac{\alpha}{m_1 m_2} \right) \left[(m_1 + m_2) \pm \sqrt{m_1^2 + m_2^2 + 2m_1 m_2 \cos [2ak]} \right].$$

Abb.A.9 Dispersionsrelation von Phononen in einer eindimensionalen Kette aus zwei Atomsorten mit Massen m_1, m_2. Wegen der zwei unterschiedlichen Massen ergeben sich zwei Zweige, die aufgrund der Richtung der örtlichen Auslenkung unterschieden werden: akustischer Zweig mit Auslenkung der Nachbarn in die gleiche Richtung und optischer Zweig mit Auslenkung der Nachbarn in entgegengesetzter Richtung

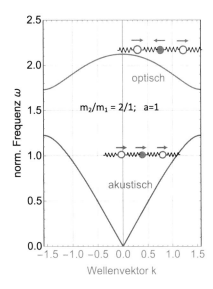

Der zwei Atomsorten und der daraus resultierenden zwei Bewegungsgleichungen wegen, zeigt diese Disperionsrelation zwei Zweige, die akustisch und optisch genannt werden[4] (Abb. A.9).

Die Phononenergien insbesondere für Moleküle und Cluster mit geringer Anzahl N von Massen, wie in Nanoteilchen, sind erkennbar diskret. Diese diskreten Werte schränken in Elektron-Phonon-Wechselwirkungen – beispielsweise in optischen Anregungen oder Rekombinationsprozessen – aus Gründen der Erhaltung von Energie und Wellenvektor – die möglichen Reaktionswege zum Teil drastisch ein.

A.6   Raumladungszone in Schottky-Dioden

Die eindimensionale Poisson-Gleichung aus Abschn. 5.6.1

$$\frac{d^2\varphi(x)}{dx^2} = -\frac{\rho(x)}{\varepsilon_0\varepsilon} = -\frac{e}{\varepsilon_0\varepsilon}\left\{ n_D^+ + p_{n0}\exp\left[\frac{e\varphi(x)}{kT}\right] - n_{n0}\exp\left[-\frac{e\varphi(x)}{kT}\right]\right\} \tag{A.21}$$

wird mit einem integrierenden Faktor umgeschrieben zu:

$$\frac{d^2\varphi(x)}{dx^2} = \frac{d}{dx}\left[\frac{d\varphi(x)}{dx}\right] = \frac{d\varphi'(x)}{dx} = F(x). \tag{A.22}$$

---

[4]Im niederenergetischen Zweig schwingen die Atome für kleine Wellenvektoren parallel und können durch akustische oder mechanische Anregung erzeugt werden und heißen somit *akustische* Moden. Im hochenergetischen Zweig sind die Auslenkungen gegenläufig und werden beispielsweise in ionischen Kristallen mit abwechselnden positiven und negativen Ladungen mit elektrischen Feldstärken als *optische* Moden angeregt.

Die Integration ergibt

$$\varphi' d\varphi' = F(\varphi(x))\varphi' dx = F(\varphi(x))\frac{d\varphi}{dx}dx = F(\varphi)d\varphi, \qquad (A.23)$$

und somit wird auch

$$\int \varphi' d\varphi' = \int F(\varphi)d\varphi. \qquad (A.24)$$

Weiter folgt daraus

$$\frac{1}{2}(\varphi')^2 = \int F(\varphi)d\varphi + \frac{1}{2}\text{const.}, \qquad (A.25)$$

und

$$\varphi' = \sqrt{\left[2\int F(\varphi)d\varphi + \text{const.}\right]}. \qquad (A.26)$$

Mit der Poissson-Gleichung von oben wird explizit

$$\frac{d^2\varphi}{dx^2} = \frac{e}{\varepsilon_0\varepsilon}n_{n0}\left[1 + \frac{p_{n0}}{n_{n0}}\exp\left[\frac{e\varphi}{kT}\right] - \exp\left[-\frac{e\varphi}{kT}\right]\right], \qquad (A.27)$$

und man erhält

$$\frac{d\varphi}{dx} = \varphi' = \sqrt{2\frac{en_{n0}}{\varepsilon_0\varepsilon}}\sqrt{\varphi + \frac{p_{n0}}{n_{n0}}\frac{kT}{e}\exp\left[\frac{e\varphi}{kT}\right] + \frac{kT}{e}\exp\left[-\frac{e\varphi}{kT}\right] + C_1}. \quad (A.28)$$

Anschließend formt man zur Integration noch um

$$\frac{d\varphi}{\sqrt{2\frac{n_{n0}e}{\varepsilon_0\varepsilon}}\sqrt{\varphi + \frac{p_{n0}}{n_{n0}}\frac{kT}{e}\exp\left[\frac{e\varphi}{kT}\right] + \frac{kT}{e}\exp\left[-\frac{e\varphi}{kT}\right] + C_1}} = dx, \qquad (A.29)$$

und gelangt zur Beziehung

$$\int \frac{1}{\sqrt{2\frac{en_{n0}}{\varepsilon_0\varepsilon}}}\frac{d\varphi}{\sqrt{\varphi + \frac{p_{n0}}{n_{n0}}\frac{kT}{e}\exp\left[\frac{e\varphi}{kT}\right] + \frac{kT}{e}\exp\left[-\frac{e\varphi}{kT}\right] + C_1}} = \int dx = x + C_2,$$

$$(A.30)$$

deren Lösung mit numerischen Methoden erreicht werden kann.

Zur weiteren analytischen Behandlung bietet sich an, den Term mit dem Verhältnis der thermischen Gleichgewichtsdichten zu vernachlässigen, weil im n-Halbleiter

$(p_{n0}/n_{n0}) \ll 1$ gilt. Zudem lassen wir den Term $\exp[-e\varphi/kT]$ für genügende Bandverbiegung $|-e\varphi(x)|/kT > 3$ und entsprechend hohe Verarmung an Leitungsbandelektronen unberücksichtigt. Das Resultat besteht aus der einfachen Gleichung

$$\int \frac{d\varphi}{\sqrt{\beta}\sqrt{\varphi + C_1}} = \int dx = x + C_2 \qquad (A.31)$$

mit der Abkürzung $\beta = 2en_{n0}/\varepsilon_0\varepsilon$.

In der Raumladungszone $0 \leq x \leq W$ wird daraus

$$\frac{2}{\sqrt{\beta}}\sqrt{\varphi + C_1} = x + C_2, \qquad (A.32)$$

woraus sich das Potential

$$\varphi(x) = (x + C_2)^2 \frac{\beta}{4} - C_1 \qquad (A.33)$$

ergibt.

Die Konstanten C_1 und C_2 erhält man aus den Randbedingungen mit Bandverbiegung und Potential am Rand der Raumladungszone $x = W$

$$\varphi'(x = W) = 0 = 2(W + C_2)\frac{\beta}{4} \qquad (A.34)$$

sowie

$$\varphi(x = W) = 0 = (W + C_2)^2 \frac{\beta}{4} - C_1. \qquad (A.35)$$

Damit werden

$$\varphi'(x) = (x - W)\frac{\beta}{2} = (x - W)\frac{en_{n0}}{\varepsilon_0\varepsilon} \qquad (A.36)$$

und

$$\varphi(x) = (x - W)^2 \frac{\beta}{4} = (x - W)^2 \frac{en_{n0}}{2\varepsilon_0\varepsilon}. \qquad (A.37)$$

A.7 Details zum sogenannten back surface field

Wir betrachten das Quasi-Fermi-Niveau als Funktion der Elektronendichte unter Beleuchtung im Leitungsband mit örtlich variierender Kante $\epsilon_C(x)$

$$\epsilon_{Fn}(x) = kT \ln\left[\frac{n_C(x) + \Delta n(x)}{n_C(x)}\right].$$

Da die energetische Rampe nur durch Dotierung eingestellt ist, und der Bandabstand sich nicht ändern soll, ist die Rate der Generation von Überschussträgern ($g(x) =$

const.) nicht vom Ort abhängig. Die lokale Verteilung $\Delta n(x)$ stellt sich als Diffusionsprofil mit Rekombination im Volumen (Lebensdauer τ) und an der Grenzfläche zum Metall mit Oberflächenrekombinationsgeschwindigkeit $S_d \to \infty$ ein. Somit wird

$$\epsilon_{Fn}(x) = kT \ln \left[1 + \frac{\Delta n(x)}{N_C \exp\left[-\frac{\epsilon_{C0} - \epsilon_F - \delta x}{kT} \right]} \right]. \tag{A.38}$$

Der Gradient des Quasi-Fermi-Niveaus $\nabla_x[\epsilon_{Fn}] = f(\Delta n(x), d\Delta n(x)/dx)$ ist der Antrieb für den Transport der Elektronen im Gegensatz zum Gradienten $\nabla_x[\epsilon_C(x > 0)] = \delta$:

$$\nabla_x[\epsilon_{Fn}(x)] = \left(\frac{\delta}{\Theta kT} \right) \left(\exp\left[\frac{\epsilon_C - \epsilon_F + \delta x}{kT} \right] \left(\Delta n + \frac{N_C}{\exp\left[\frac{\epsilon_C - \epsilon_F + \delta x}{kT} \right] + 1} \right) \right)$$

$$- \left(\frac{N_C}{\Theta} \right) \left(\Delta n + \frac{N_C}{\exp\left[\frac{\epsilon_C - \epsilon_F + \delta x}{kT} \right] + 1} \right) \tag{A.39}$$

mit

$$\Theta = \left(\exp\left[\frac{\epsilon_C - \epsilon_F + \delta x}{kT} \right] + 1 \right) \left(\Delta n + \frac{N_C}{\exp\left[\frac{\epsilon_C - \epsilon_F + \delta x}{kT} \right] + 1} \right) \times$$

$$\times \ln \left[\frac{\left(\exp\left[\frac{\epsilon_C - \epsilon_F + \delta x}{kT} \right] + 1 \right) \left(\Delta n + \frac{N_C}{\exp\left[\frac{\epsilon_C - \epsilon_F + \delta x}{kT} \right] + 1} \right)}{N_C} \right].$$

A.8   Photondichte in Materie

Die Dichte des Photonenfeldes in Materie lässt sich mit einer Probe beschreiben, die einer thermischen Gleichgewichtsstrahlung der Temperatur T ausgesetzt ist [10] (Abb. A.10). Die thermische Gleichgewichtsstrahlung stammt aus einer Region mit Brechungsindex $n_1 = 1$ (Vakuum) und trifft auf eine nicht absorbierende Scheibe mit Brechungsindex $n_2 > n_1$. Beim Übergang eines Photons aus dem Vakuum in das Medium wird die Photonenenergie erhalten, die Propagationsrichtung ändert sich gemäß dem Snellius-Gesetz und die Wellenlänge λ der Photonen sowie ihre Propagationsgeschwindigkeit c_i verringern sich:

Mit $\hbar\omega_i = \text{const.}$ ($i = 1, 2$) werden der Vakuumumgebung der Probe wegen ($c_1 = c_0, n_1 = 1$) die Wellenlänge λ_2 und der Wellenvektor k_2

$$\lambda_2 = \frac{1}{n_2}(2\pi c_0/\omega), \quad k_2 = n(\omega/c_0) = nk_0.$$

Gl. 2.8 im Vakuum mit $c = c_0$ enthält die Zustandsdichte als Funktion der Frequenz ω und die individuelle Photonenenergie mit deren statistischer Gewichtung

$$\mathrm{d}u_\epsilon(\omega) = \left(\frac{\omega^2}{c_0^3\pi^2}\right)\left(\frac{\hbar\omega}{\exp\left(\dfrac{\hbar\omega}{kT}\right) - 1}\right)\mathrm{d}\omega. \tag{A.40}$$

Wir betrachten die differentielle Energiestromdichte $\mathrm{d}\Gamma_\epsilon(\omega) = \mathrm{d}u_\epsilon(\omega)c_0/n_2$ $(\mathrm{d}\Omega/4\pi)$ pro Raumwinkel im Medium mit Brechungsindex n_2:

$$\mathrm{d}\Gamma_\epsilon(\omega) = \left(\frac{\omega^2 n_2^2 \mathrm{d}\Omega}{c_0^2 4\pi^3}\right)\left(\frac{\hbar\omega}{\exp\left(\dfrac{\hbar\omega}{kT}\right) - 1}\right)\mathrm{d}\omega, \tag{A.41}$$

die der des Vakuums bis auf den Faktor n_2^2 gleicht. Die Energiestromdichte im Medium ist folglich um gerade den Faktor n_2^2 des Mediums größer als im Vakuum.

Dieses Resultat gilt auch für Medien mit rauhen, stark streuenden Oberflächen oder extrem streuender, nichtabsorbierender Materie [10, 11], in denen die Propagationsrichtung der Photonen von der ursprünglichen Einfallsrichtung unabhängig ist (ergodisches Verhalten).

Die maximale Energiestromdichte in Materie mit ergodischem Verhalten der Photonen erreicht man mit idealer Reflexion an der Rückseite der Probe, die zum Faktor $2(n_2)^2$ führt.

Der Bezug zu photovoltaischen Anwendungen besteht in der Erhöhung der Absorption der Strahlung, die anstelle der Beziehung $\exp[-\alpha x]$ nunmehr $\exp[-\alpha 2n^2 x]$ lautet (siehe Abschn. 6.1.2).

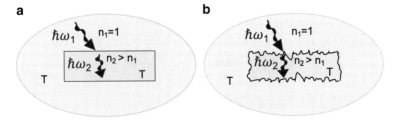

Abb. A.10 Eine nichtabsorbierende Probe mit Brechungsindex n_2 ist einem Photonenfeld von thermischer Gleichgewichtsstrahlung der Temperatur T ausgesetzt. Das die Probe umgebende Photonenfeld befindet sich im Vakuum (Brechungsindex $n_1 = 1$). Beim Übergang vom Vakuum in die Materie ändern sich Wellenvektor und Propagationsrichtung der Photonen gemäß dem Gesetz von Snellius. Für Proben mit glatten Grenzflächen ist die Strahlung in der Probe nichtergodisch, also ist die Propagationsrichtung aus der Einfallsrichtung rekonstruierbar (**a**). Für Proben mit extrem rauhen Oberflächen und/oder starker innerer Streuung ist die Strahlung in der Probe ergodisch, das heißt, die Photonen haben keinerlei Erinnerung mehr an die ursprüngliche Ausbreitungsrichtun (**b**). In beiden Anordnungen verstärkt sich die Photonenstromdichte in der Materie gegenüber der im Vakuum um den Faktor n_2^2 [10]

A.9   Oberflächenrekombination und Trägerprofile

Die Dichte von photogenerierten Ladungsträgern $\Delta n(\mathbf{x})$ in homogenen Absorbern wird mit der stationären Kontinuitätsgleichung ausgedrückt, wobei die Rekombinationsrate mit einem linearen Ansatz $r = (\Delta n(\mathbf{x}/\tau))$ und einer daraus ableitbaren Diffusionslänge $L_D = \sqrt{D\tau}$ beschrieben wird (D bezeichnet den Diffusionskoeffizienten der betreffenden Teilchensorte).

$$\frac{\partial(\Delta n(\mathbf{x}))}{\partial t} + \nabla\,[\Delta n(\mathbf{x})] = g(\mathbf{x}) - r(\mathbf{x}). \tag{A.42}$$

Diese Differentialgleichung lässt sich lösen mit einem eindimensionalen Ansatz für stationäre Bedingungen und eine Trägerstromdichte j, die ausschließlich durch Diffusion angetrieben wird

$$\frac{1}{e}j = -D_n\frac{\partial(\Delta n(x))}{\partial x}.$$

Die Generationsrate sei $g(x) = g_0\exp\left(-\alpha(\hbar\omega)x\right)$ mit dem Absorptionskoeffizienten α. Damit gelangt man zu:

$$\tau D_n\frac{\partial^2(\Delta n(x))}{\partial x^2} + \Delta n(x) = \tau g_0\exp(-\alpha x). \tag{A.43}$$

Die Separation in den homogenen Teil ergibt zwei Exponentialterme

$$\Delta n_{\text{hom}}(x) = A\exp\left[+\frac{x}{L}\right] + B\exp\left[-\frac{x}{L}\right],$$

mit der Diffusionslänge, beispielsweise für Elektronen, $L = \sqrt{D_n\tau}$. Zusammen mit dem inhomogenen Teil ergibt sich[5]

$$\begin{aligned}\Delta n(x) &= \Delta n_{\text{hom}}(x) + \Delta n_{inhom}(x) \\ &= A\exp\left[+\frac{x}{L}\right] + B\exp\left[-\frac{x}{L}\right] + \frac{\tau g_0}{1 - (\alpha L)^2}\exp[-\alpha x].\end{aligned} \tag{A.44}$$

Die Koeffizienten A und B werden mit den örtlichen Randbedingungen bestimmt. An der Frontseite des Absorbers ($x = 0$) sowie an seiner Rückseite ($x = d$), wo die Überschussdichten $\Delta n(x)$ durch die Oberflächenrekombinationsgeschwindigkeiten $S(x = 0) = S_0$ und $S(x = d) = S_d$ gegeben sind, erhält man

$$\Delta n(x_j)S(x_j) = -D_n\partial(\Delta n(x_j))/\partial x.$$

---

[5]Die Lösung dieser Differentialgleichung gilt nur für $(\alpha L)^2 \neq 1$. Der Ansatz für den sog. Resonanz-Fall $(\alpha L)^2 = 1$ lautet $\Delta n(x) = x\exp[\beta x]$.

Die ausführliche Lösung der Vorfaktoren A und B schreibt sich dann [12].

$$A = \left(\frac{\tau g_0}{1-(\alpha L)^2}\right)\left(\exp\left[-\frac{d}{L}\right](LS_0 S_d - D_n S_0 - \alpha D_n^2 + D_n \alpha L S_d)\right)\left(\frac{1}{\Xi}\right)$$

$$+ \left(\frac{\tau g_0}{1-(\alpha L)^2}\right)\left(\exp[-\alpha d](\alpha D_n^2 + \alpha D_n L S_0 - DS_d - LS_0 S_d)\right)\left(\frac{1}{\Xi}\right) \quad (A.45)$$

und

$$B = \left(\frac{\tau g_0}{1-(\alpha L)^2}\right)\left(\exp\left[-\frac{d}{L}\right](LS_0 S_d + D_n S_0 + \alpha D_n^2 + D_n \alpha L S_d)\right)\left(\frac{1}{\Xi}\right)$$

$$+ \left(\frac{\tau g_0}{1-(\alpha L)^2}\right)\left(\exp[-\alpha d](\alpha D_n^2 - \alpha D_n L S_0 - DS_d + LS_0 S_d)\right)\left(\frac{1}{\Xi}\right) \quad (A.46)$$

mit dem Nenner

$$\Xi = 2\left[\left(\frac{D_n^2}{L} + LS_0 S_d\right)\sinh\left[\frac{d}{L}\right] + D(S_0 + S_d)\cosh\left[\frac{d}{L}\right]\right] \quad (A.47)$$

Der Einfluss von Eigenschaften des Absorbers (α, τ, L_d) und der Oberfläche (S_0, S_d) lässt sich in den Abb. A.11) erkennen.

A.10   Homogene pn-Diode mit Metallkontakten

Die Stromdichte-Spannungsrelation einer homogenen pn-Diode mit einseitig unendlich ausgedehnten dotierten Schichten wurde in Abschn. 5.2.2 abgeleitet. Die Trägerdichten am pn-Übergang sind bei einer extern angelegte Spannung und/oder bei Beleuchtung aus dem thermischen Gleichgewicht ausgelenkt. Diese Störungen der Dichte werden auf dem Weg zu den Rändern abgebaut und nähern sich asymptotisch dem thermischen Gleichgewichtswert. In der Diode mit unendlicher Ausdehnung klingen die Dichten mit einer einfachen Exponentialfunktion ab, weil die zweite Randbedingung durch $|x| \to \infty$ automatisch erfüllt ist.

In einer endlich ausgedehnten Diode mit metallischen Kontakten und hoher Oberflächenrekombination ($S(x = -x_{\text{p-dot}}) \to \infty$, und $S(x = +x_{\text{n-dot}}) \to \infty$), verschwinden die Störungen der Minoritäten in endlichen Abständen vom pn-Übergang, nämlich bei $x = -x_{\text{p-dot}}$ und $x = x_{\text{n-dot}}$ (Abb. A.12).

Die Lösungen der Minoritätendichten enthalten jeweils zwei Randbedingungen die mit zwei Exponentialfunktionen mit positivem und mit negativem Argument erfüllt werden.

Die beiden Exponentialterme für jeden dotierten Bereich werden zu hyperbolischen Funktionen kombiniert (vgl. Abschn. A.9), deren Argumente die halbleiterspezifischen Größen, Diffusionslängen der Minoritäten, Diffusionskoeffizient, Dicke

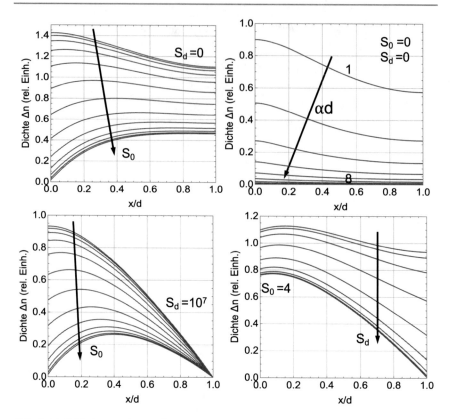

Abb. A.11 Diffusionsprofile von Überschussträgern $\Delta n(x)$ als Funktion des normiertes Ortes x/d für verschieden Oberflächenrekombinationsgeschwindigkeiten S_0, S_d und Absorptionskoeffizienten αd

Abb. A.12 Schematisches Bänderdiagramm einer endlich ausgedehnten pn-Diode mit Kontakten starker Oberflächenrekombination

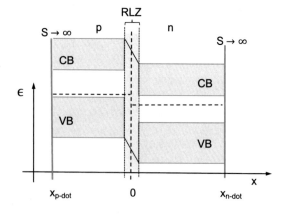

der jeweiligen Schicht und Oberflächenrekombinationsgeschwindigkeit am Rand und beim pn-Übergang enthalten.

In der Stromdichte-Spannungs-Relation der beleuchteten Solarzelle wirken sich die örtlichen Begrenzungen der Dicken der dotierten Schichten nur auf die Sperrsättigungsstromdichte j_0 aus, während die übrigen Zusammenhänge erhalten bleiben. Insbesondere für große negative externe Spannungen ($e V_{ext} \rightarrow -\infty$) stellt sich ausschließlich der Sperrsättigungstrom ein, der aus den Minoritäten beiderseits des pn-Übergangs gespeist wird. Da in den Dichten der Miroritäten die Randbedingungen der endlich ausgedehnten Bereiche enthalten sind, modifizieren sich die Vorfaktoren in der Diodengleichung zu:

$$j_0 = e n_{p0} \left(\frac{D_n}{L_n} \right) \left(\frac{\dfrac{L_n S_p}{D_p} \cosh \left[\dfrac{w_p}{L_n} \right] + \sinh \left[\dfrac{w_p}{L_n} \right]}{\cosh \left[\dfrac{w_p}{L_n} \right] + \dfrac{L_n S_p}{D_n} \sinh \left[\dfrac{w_p}{L_n} \right]} \right)$$

$$+ e p_{n0} \left(\frac{D_p}{L_p} \right) \left(\frac{\dfrac{L_p S_n}{D_p} \cosh \left[\dfrac{w_n}{L_p} \right] + \sinh \left[\dfrac{w_n}{L_p} \right]}{\cosh \left[\dfrac{w_n}{L_p} \right] + \dfrac{L_p S_n}{D_p} \sinh \left[\dfrac{w_n}{L_p} \right]} \right) .$$

Die geometrischen Längen $w_p \approx x_{p-dot}$ und $w_n \approx x_{n-dot}$ sind Näherungen, in denen nicht berücksichtigt ist, dass die Raumladungszonen im p- und im n-Gebiet vergleichsweise kleine, aber nicht verschwindende Ausdehnungen besitzen. Eine ausführliche analytische Behandlung von örtlich begrenzten Dioden finden sich in [12, 13].

A.11   Lösungen und Antworten zu den Kapiteln

zu Kap. 2

1. Über die Maxwell'schen Gleichungen sind die Komponenten in Propagationsrichtung E_y und E_z mit H_z und $-H_y$ linear verknüpft; somit wird für jede Kompnente $E_k = 0$ auch die entsprechende Komponenten $H_l = 0$.
2. Mit der Gleichung in Fußnote 6 in Abschn. 2.5.1 werden $\sigma'(n = 2) = 1.92 \cdot 10^{-10} \, \mathrm{W \, K^{-3} m^{-1}}$ und $\sigma'(n = 4) = 2.01 \cdot 10^{-5} \, \mathrm{W \, K^{-5} m^{-3}}$. Die Dimensionsabhängigkeit von σ_{SB} rührt aus der Zustandsdichte für Photonen $D_{phot} \sim \omega^{n-1}$. Für $n = 2$ fehlt für den Pointing-Vektor wegen $\mathbf{S} = \mathbf{E} \times \mathbf{H}$ die zur Propagation notwendige dritte Dimension, eine zweidimensionale Welt wäre dunkel.

3. Das Maximum der spektralen solaren Photonendichte via Ableitung liegt bei 1.418 eV oder bei Kreisfrequenz $\omega^* = 5.45 \cdot 10^{13}\,\mathrm{s}^{-1}$. Die spektralen Photonendichten sind einmal bezogen auf das Frequenzintervall $d\omega$ zum Anderen auf das Wellenlängenintervall $d\lambda$: $d\omega \sim (-d\lambda)^{-1}$.

4. Der energetische Mittelwert kT ergibt sich als Mittelwert aus der Integration einer Boltzmann-Energieverteilung, wohingegen der Mittelwert für Photonen aus einer thermischen Quelle einer Bose-Verteilung unterliegt, die mit der Zustandsdichte $D_{\mathrm{phot},n=3} \sim \omega^2$ gewichtet wird.

5. Die Energiebilanz für den beleuchteten Würfel liefert jeweils die Abstrahlung auf 4 schwarzen und 2 hellgrauen Flächen ($1\,\mathrm{m}^2(4\varepsilon_\mathrm{s} + 2\varepsilon_\mathrm{gr}) = 1\,\mathrm{m}^2$ 4.2); die Einstrahlung a) mit $\alpha_\mathrm{s} = 1.0$ und b) mit $\alpha_\mathrm{gr} = 0.1$ bewertet. Die Energiebilanz ergibt damit $T_\mathrm{a} = 255\,\mathrm{K}$ und $T_b = 143\,\mathrm{K}$.

6. Ein innen verspiegeltes zylindrisches Rohr der Länge L im Abstand von der sphärischen Quelle d erhält den Photonenstrom am Eingang bis zum Ausgang bei $d + L$. Die Photonenstromdichte mit dem Rohr bleibt über die Länge L konstant, während sie ohne Rohr mit Faktor $d/(d + L)$ abnimmt.

7. In einer Anordnung wie in Abb. 2.10 wird ein Bandfilter eingefügt, das nur Photonen einer Wellenlänge λ^* passieren lässt. Der spektral selektive Strahlungsaustausch zwischen Platte 1 und 2 führt gleichfalls zur Identität $\alpha(\lambda^*) = \varepsilon(\lambda^*)$.

8. Die Emission des Farbstoffs mit $\hbar\omega_2$ wird blockiert und die Energiezustände für Emission werden alle besetzt; die durch Strahlung angeregten Zustände können wegen der Besetzung der Zustände mit Stokes-Shift nicht mehr thermalisieren und die unrelaxierten Zustände emittieren die Strahlung mit $\hbar\omega_1$. Diese Vorrichtung wirkt wie ein stark streuender Spiegel (mit Vergrößerung der Etendue).

zu Kap. 3

1. Die Leistungsziffern für Wärmepumpen Z_HP und für Kühler Z_CO bestimmen sich aus den betrachteten Wärmeströmen auf der warmen (T_1) bzw. kalten Seite (T_2) der Temperaturreservoirs bezogen auf die notwendige Leistung $\dot{W}$: $Z_\mathrm{HP} = -\dot{Q}_1/-\dot{W}$ und $Z_\mathrm{CO} = \dot{Q}_2/-\dot{W}$. Hierbei gilt die Schreibweise für Wärmeströme und Leistungen aus Abschn. 3.2.1. Der Wertebereich für beide Vorgänge ist $\eta_\mathrm{C} \leq (1/Z) \leq 1$.

2. Für $\mu_\mathrm{np} \rightarrow \epsilon_\mathrm{g}$ geht in Gl. 3.43 der Nenner im Integral des 3. Terms mit $\hbar\omega \rightarrow \epsilon_\mathrm{g}$ gegen null und der Wert des Integrals geht gegen unendlich. Damit wird die Rate der spontanen gegenüber der stimulierten Emission (Gl. 2.57) vernachlässigbar. Stimulierte Emission bedeutet „Inversion" ($\mu_\mathrm{np} = \epsilon_\mathrm{g}$) und kennzeichnet das Verhalten als „Superstrahler", der mit entsprechendem Resonator und Spiegel zum Laser wird. Aus der Ratengleichung (2.57) $r_\mathrm{abs} \rightarrow r_\mathrm{stim}$ muss der Vorfaktor in Form des Raumwinkels Ω_out des Intergrals des dritten Terms in Abschn. 3.43 sehr klein werden, was einem typischen Merkmal der stimulierten Emission entspricht. Für $T \rightarrow 0$ ist der Anregungszustand „unbesetzt" und die geringste Anregung führt zue Aufspaltung der Quasi-Fermi-Niveaus $\epsilon_\mathrm{Fn} - \epsilon_\mathrm{Fp} = \mu_\mathrm{np} = \epsilon_\mathrm{g}$. Die Folge davon ist wiederum „Inversion" (vgl. oben).

3. Die Reihenfolge der Entropieproduktion lautet:
   - J_{sc} (Kurzschluss): Die gesamte Energie der absorbierten Photonen wird in „Wärme" umgewandelt und vom System nach außen abgegeben; zusätzlich zur Überschussenergie der Elektronen/Löcher nach der Anregung durch Wechselwirkung mit dem Gitter und anderen Trägern wird gleicherart die Energie vom Niveau der Minoritäten zum Niveau der Majoritäten beim Übergang in der Raumladungszone in Wärme gewandelt.
   - *mpp* (Punkt maximaler Ausgangsleistung): die Überschussenergie der absorbierten Photonen wird in Wärme umgewandelt und zudem wird der Teil – ähnlich wie im Kurzschluss der Energie der Träger zwischen dem Niveau der Minoritäten und dem der Majoritäten in Wärme verwandelt. Dieser Anteil ist, im Vergleich zum Kurzschluss, um die nicht verschwindende Ausgangsspannung geringer. Die Energie der abgestrahlten Photonen ($\mu_{np} > 0$) kann in anderen Systemen zur Anregung wiederverwendet werden.
   - V_{oc} (Leerlauf): die Überschussenergie der Photonen bei der Anregung produziert Wärme; die Energie der abgestrahlten Photonen entspricht nach verallgemeinertem Planck'schen Gesetz $\mu_{np} = eV_{oc}$ und kann ebenfalls unter Berücksichtigung der Raumwinkelanteile Ω_{in}, Ω_{out} wiederverwendet werden.
4. Die Wete von eV_{oc} für $C_a = 1$ werden nach Gl. 3.44
   $V_{oc}(1.5\,\text{eV}) = 1.220\,\text{V}$, $V_{oc}(2.5\,\text{eV}) = 2.168\,\text{V}$ und für $C_b = 100$
   $V_{oc}(1.5\,\text{eV}) = 1.340\,\text{V}$, $V_{oc}(2.5\,\text{eV}) = 2.288\,\text{V}$;
   sowie von eV_{mpp} für $C_a = 1$
   $V_{mpp}(1.5\,\text{eV}) = 1.129\,\text{V}$, $V_{mpp}(2.5\,\text{eV}) = 2.077\,\text{V}$ und für $C_b = 100$
   $V_{mpp}(1.5\,\text{eV}) = 1.248\,\text{V}$, $V_{mpp}(2.5\,\text{eV}) = 2.197\,\text{V}$.
5. Der Füllfaktor einer beleuchteten Diode ist $FF = (J_{mpp}V_{mpp})/(V_{oc}J_{sc})$ mit

$$J = j_0 \left(\exp\left[\frac{eV}{kT}\right] - 1 \right) - C J_{phot},$$

$$eV_{oc} = kT \ln\left[\frac{C J_{phot}}{J_0} + 1 \right]$$

und

$$V_{mpp} \approx V_{oc} - 3.5kT.$$

Der Füllfaktor lässt sich aufteilen in

$$FF = \left(\frac{V_{oc} - 3.5kT}{V_{oc}} \right) \left(\frac{J(V_{oc} - 3.5\text{kT})}{C J_{phot}} \right) = A \cdot B.$$

$$A = 1 - \frac{3.5}{\ln\left[\frac{C J_{phot}}{J_0} + 1 \right]}$$

steigt mit C kontinuierlich an; aus

$$B = \left(\frac{J_0}{C\,J_{\text{phot}}}\right)\left(\exp\left[\frac{eV_{\text{oc}} - 3.5kT}{kT}\right] - 1\right) - 1$$

mit

$$\ln\left[\frac{C\,J_{\text{phot}}}{J_0} + 1\right] - 3.5$$

wegen $\frac{C\,J_{\text{phot}}}{J_0} + 1 \gg 1$ wird nunmehr

$$\left(\frac{J_0}{C\,J_{\text{phot}}}\right)\left(\exp\left[\ln\left[\frac{C\,J_{\text{phot}}}{J_0}\right]\right]\right) \approx \text{const.}$$

Somit steigt der Füllfaktor FF mit der Konzentration kontinuierlich an.

6. Bei $T_{\text{abs}} = T_{\text{Sun}}$ verhält sich der Absorber wie ein Teil der Sonne oder sieht nur die Sonne. Sein Chemisches Potential ist null.

zu Kap. 4

1. Die Amplituden der vorwärtslaufenden Anteile A_i^{v}, sowie die rücklaufenden A_i^{r} mit $i = 1, 2, 3$ ergeben mit den Koeffizienten der Amplitudenttransmission über die Grenzfläche $\tilde{t}_{i,j} = 2\tilde{n}_i/(\tilde{n}_i + \tilde{n}_j)$ und -reflexion $\tilde{r}_{i,j} = (\tilde{n}_i - \tilde{n}_j)/(\tilde{n}_i + \tilde{n}_j)$ die Verhältnisse $A_2^{\text{v}}/A_0^{\text{v}}$ und $A_1^{\text{r}}/A_0^{\text{v}}$ aus deren Quadrate mit der Gewichtung der Wellenvektoren die transmittierten und reflektierten Leistungsanteile ermittelt werden.

$$\xi_{t,0-2} = A_2/A_0 = \frac{\tilde{t}_{12}\tilde{t}_{01}}{1 - \tilde{r}_{10}\tilde{r}_{21}}$$

und

$$\xi_{r,0-0} = A_2/A_0 = \frac{\tilde{t}_{10}\tilde{t}_{01}\tilde{r}_{21}}{1 - \tilde{r}_{10}\tilde{r}_{21}} + \tilde{r}_{01}.$$

Die Leistungstransmission $p_{t,0-2}$ oszilliert wegen der Phasenbeziehung mit der Dicke der Schicht d_1 zwischen $0.64 \leq p_{t,0-2} \leq 1.0$ und die Leistungsreflexion zwischen $0 \leq p_{r,0-0} \leq 0.36$.

2. Die Zustandsdichte für Elektronen ist an den Bandrändern ($k = 0, k = \pi/a$) $D_n \sim \epsilon^{(n/2-1)}$; also $D_1 \sim \epsilon^{-1/2}$ und $D_2 = \epsilon^0 = \text{const.}$

3. Für gleiche Zustandsdichten in Valenz- und Leitungsband $D_V(\epsilon_V - \epsilon) = D_C(\epsilon - \epsilon_C)$ ist $\epsilon_F = (1/2)(\epsilon_C + \epsilon_V)$.
   Für $T \to 0$ sind alle Zustände in $D_V(\epsilon \leq \epsilon_F)$ besetzt und in $D_C(\epsilon > \epsilon_F)$ unbesetzt.
   Für $T > 0$ sortiert sich die Besetzung um, Zustände aus $(\epsilon_V - \Delta\epsilon)$, die mit $(1 - f_F(\epsilon_V - \Delta\epsilon))$ bewertet sind und mit $D_V(\epsilon_V - \Delta\epsilon)$ die Dichte $n(\epsilon_V - \Delta\epsilon)$) ergeben, erscheinen bei $\epsilon_C + \Delta\epsilon$ und ergeben die Dichte $f_F(\epsilon_C + \Delta\epsilon)D_C(\epsilon_C + \Delta\epsilon)$.

Abb. A.13 Strom-
Spannungskennlinien einer
Diode im LED-Betrieb und
als beleuchtete Solarzelle für
gleiche Ausgangsspannungen

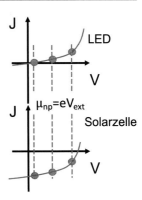

Für verschiedenen Zustandsdichten $D_V(\epsilon_V - \Delta\epsilon) \neq D_C(\epsilon_C + \Delta\epsilon)$ wären mit temperaturunabhängigem Fermniniveau die Trägerdichten $n(\epsilon_V - \Delta\epsilon) \neq n(\epsilon_C + \Delta\epsilon)$ und verletzten die Forderung nach Erhalt der Gesamtdichte.

Zur Erhaltung der Gesamtelektronendichte schiebt das Ferminiveau mit steigender Temperatur für $D_V(\epsilon_V - \epsilon) > D_C(\epsilon - \epsilon_C)$ zu kleineren und für $D_V(\epsilon_V - \epsilon) < D_C(\epsilon - \epsilon_C)$ zu größeren Energiewerten.

4. Die Rekombinationsrate $\dot{r}_{rec} = (dn/dt) = An^s$ wird für $s = 1$ monomolekulare Rekombination $\int(1/n)dn = \int dt$ und $n(t) \sim \exp[t/\tau]$ und für $s = 2$ (bimolekulare Rekombination) erhält man $\int(1/n^2)dn = \int dt$ und $n(t) \sim (1/(a + t))$.

5. Im thermischen Gleichgewicht sind die Raten für Hin- und Rückreaktion gleich, im Zwei-Niveau-System gilt dann $a_{1-2}n_1p_2 = a_{2-1}n_2p_1$. Die Besetzungen n_1, n_2 sowie p_1, p_2 werden mit den Zustandsdichten $N_1(\epsilon_1)$, $N_2(\epsilon_2)$ und der Fermi-Verteilung $f_F(\epsilon_{1,2})$ und $(1 - f_F(\epsilon_{1,2}))$ ausgedrückt.
Im Details ergibt sich $(a_{1-2}/a_{2-1}) = \exp[(\epsilon_2 - \epsilon_1)/kT]$.

6. Abb. A.13 zeigt Kennlinien einer LED und einer Solarzelle mit charakteristischen Punkten gleicher Strahlungsemission, sprich gleichem Chemischem Potential des Elektronensystems.

7. Der Wirkungsgrad einer Solarzelle ist elektrische Ausgangsleistung $P = J_{sc}V_{oc}FF$ bezogen auf die angebotene Strahlungsleistung $S = \Omega_{in}\Gamma_\epsilon$. Da $J_{sc} \sim S, V_{oc} \sim \ln[S]$, und FF schwach ansteigend mit S ist, steigt der Wirkungsgrad näherungsweise mit dem Logarithmus der Strahlungsleistung resp. der Konzentration.

zu Kap. 5

1. Die Rate der Generation $g(x)$ nach Lambert-Beer schreibt sich

$$g(x) = \alpha\exp[-\alpha x]$$

und wird durch die Reflexion an der Rückseite mit Faktor r ergänzt zu

$$g(x) = \alpha\left(\exp[-\alpha x] + r\exp[-\alpha d]\exp[-\alpha(d - x)]\right).$$

Der gesamte Zugewinn G an photogenerierten Spezies ergibt sich aus der gesamten Generation in der Schichtdicke $2d$ gegenüber der Schichtdicke d und beträgt mit $r = 1$

$$G = (1 - \exp[-2\alpha d])/(1 - \exp[-\alpha d]).$$

2. Zur Abschätzung der Weite der Raumladungszone

$$W = \sqrt{(2\epsilon\epsilon_0 V_{bi}/e N_D N_A)(1/N_D + 1/N_A))}$$

benötigt man außer den Konstanten und den gegebenen Dopandendichten $N_D\,N_A$ noch die Diffusionsspannung, die wir (mit dem Bandabstand aus Abb. 2.5.1 von $\epsilon_g = 1.1\,\text{eV}$) zu $V_{bi} \approx 0.8\,\text{V}$ annehmen dürfen. Damit ergibt sich die Weite der Raumldungszone zu $W \approx 0.85\,\mu\text{m}$. Mit dem Absorptionskoeffizienten $\alpha(1.5\,\text{eV}) = 10^3\text{cm}^{-1}$ von c-Si (gleichfalls aus Abb. 2.10) beträgt die zur Absorption notwendige Schichtdicke $d_{abs} > 2 \times 10^{-3}\,\text{cm} = 20\,\mu\text{m}$.

3. Im Kurzschluss liegen in einer idealen homogenen pn-Diode wie im thermischen Gleichgewichtsfall auf dem horizontal zwischen den Kontakten angeordneten Ferminiveau; in der idealen pn-Diode wird zum Ladungstransport keine Gradient des Chemischen Potentials benötigt.

4. Aus den Gl. 5.73 und 5.74 ersieht man leicht, dass r_s so gut wie nicht von der Beleuchtung $\Gamma_\gamma \sim j_{sc}$ beeinflusst ist und r_p näherungsweise wegen des vernachlässigbaren Terms gegenüber der „1" im Nenner ebenfalls nicht von j_{sc} abhängt.

5. Wellenvektor von Phononen im nidrigsten (akustischen) Band $\omega_{phon} \sim k$; Wellenvektor von Photonen: $k_{phot} \sim (1/\lambda) \sim \omega \sim \epsilon$, von Elektronen im periodischen Potential aus L-Funktion mit $k = L(\epsilon)$ und daraus für die Nähe der Bandkanten $\epsilon \sim k^2$.

6. Mit $n_2 = N_C\exp[(\epsilon_C - \epsilon_F)/kT]$ und $p_1 = N_V\exp[(\epsilon_F - \epsilon_V)/kT]$ wird das Produkt $n_2 p_1 \sim \exp[(\epsilon_C - \epsilon_V)/kT] = n_i^2$ und damit $n_i \sim \exp[\epsilon_g/2kT]$.

7. Die Leerlaufspannung einer beleuchteten Diode mit Diodenfaktor A ist: $V_{oc} = (kT/e)\ln[j_{phot}/j_0 + 1]$. Da für $A > 1$ zum einen j_0^* ansteigt und zum anderen j_{phot} wegen erhöhter Rekombination sinkt, wird der Anstieg von A mehr als ausgeglichen und V_{oc} sinkt folglich mit steigendem Diodenfaktor.

8. Das Ferminiveau für entartete Dotierung (am Beispiel für n-Halbleiter) liegt im Leitungsband bei $\epsilon_F > \epsilon_C$; das Niveau der Donatoren ist bekannt (z. B. $\epsilon_C - \epsilon_D \approx 20\,\text{meV}$). Die Dichte der Elektronen im Leitungsband stammen so gut wie alle aus dem Donator – das Valenzband als Elektronenreservoir kann wegen des großen Abstands $(\epsilon_F - \epsilon_V) \gg (\epsilon_F - \epsilon_D)$ vernachlässigt werden. Damit gilt:

$$n_C = \int_{\epsilon_C}^{\infty} D_C(\epsilon) f_F(\epsilon, \epsilon_F)\mathrm{d}\epsilon = N_D(1 - f_F(\epsilon_D, \epsilon_F)).$$

Das Integral wird näherungsweise ersetzt durch das Integral über die Zustandsdichte mit vollständiger Besetzung $f_F = 1$ im Energiebereich $\epsilon_C \leqslant \epsilon \leqslant \epsilon_F$. Damit wird

$$n_C = \frac{4}{3\sqrt{\pi}}N_C\left(\frac{\epsilon_F - \epsilon_C}{kT}\right)^{3/2} = N_D(1 - f_F(\epsilon, \epsilon_F)).$$

Aus dieser Beziehung wird die für die Entartung notwendige Konzentration der Dotieratome N_D bestimmbar. Bei Dotierung mit extrem hoher Konzentration von Dopanden/Verunreinigungen verschwindet die Separation des Quasi-Fermi-Niveaus der Majoritäten (z. B. für n-Dotierung $\epsilon_{Fn} = \epsilon_F$; gegebenenfalls wird die Separation $\epsilon_F - \epsilon_{Fp}$ durch Rekombination über Defekte begrenzt; extreme Dotierung verringert die Beweglichkeit der Ladungsträger durch Streuung.

Literatur

1. Weizel, W.: Lehrbuch der Theoretischen Physik, 3. Aufl. Springer, Berlin (1963)
2. Hunklinger, S.: Festkörperphysik. Oldenbourg Wissenschaftsverlag, München (2007)
3. Ashcroft, N.W., Mermin, N.D.: Solid State Physics. W.B. Saunders Comp, Philadelphia (1976)
4. Elliott, S.: The Physics and Chemistry of Solids. J. Wiles & Sons, Chichester (2006)
5. Seeger, K.: Semiconductor Physics, 5. Aufl. Springer, Berlin (1991)
6. Anselm, A. A., (übersetzt von M.M. Samohvalov): Introduction to Semiconductor Theory. MIR Publ., Moskau (1981)
7. Hamagichi, C.: Basic Semiconductor Physics. Spinger, Berlin (2001)
8. Yu, P.Y., Cardona, M.: Fundamentals of Semiconductors. Springer, Berlin (1996)
9. Harrison, W.A.: Solid State Theory. Diover Publ, New York (1979)
10. Yablonovitch, E.: J. Opt. Soc. Am. **72**, 899 (1982)
11. Ollangier, J.M.: Ergodic Theory and Statistical Mechanics. Springer, Berlin (1985)
12. Wagemann, H.G., Eschrich, H.: Grundlagen der Photovoltaischen Energiewandlung. Teubner, Stuttgart (2010)
13. Sze, S.M.: Physics of Semiconductor Devices. Wiley, New York (1981)

Stichwortverzeichnis

© Der/die Herausgeber bzw. der/die Autor(en), exklusiv lizenziert an Springer-Verlag
GmbH, DE, ein Teil von Springer Nature 2023
G. H. Bauer, *Photovoltaik – Physikalische Grundlagen und Konzepte*,
https://doi.org/10.1007/978-3-662-66291-5

Printed in the United States
by Baker & Taylor Publisher Services